军事建模案例与实战

张 辉 编著

国防工业出版社

·北京·

内 容 简 介

本书从军事背景和军事角度出发，通过数学建模和量化分析来解决有关军事问题，本书是在教学实践和参考相关资料、书籍的基础上编写的，可以作为军事学领域研究者、学习者的参考教材。

本书注重提炼数学建模思想方法，重视数学软件在军事问题中的应用。全书主要内容包括软件篇、案例篇和实战篇。软件篇包括了 MATLAB、LINGO 和 SPSS 基础介绍，案例篇通过军事问题描述、模型建立、模型求解和结果分析格式，重点介绍了导弹追击目标问题、目标轨迹预测问题、导弹毁伤目标问题、军备竞赛核作战模型、无人机安全飞行问题、火力打击任务分配问题、军事评价问题和军事资源分配问题，实战篇主要研究了军事联合投送问题、军事信息资源的数据分析问题、战场目标估算与定位问题和装备测试任务调度问题。

本书所有例题均配有 MATLAB 或 LINGO 源程序，程序设计思路清晰，简单精炼，注释详尽，有利于编程基础较弱的读者快速入门。同时部分程序隐含了编者多年的编程经验和技巧，为有一定编程基础的读者提供了便捷之路。

本书不仅可作为军队院校数学建模培训教材，而且可作为对口大学本科生和研究生的自学教材。

图书在版编目（CIP）数据

军事建模案例与实战/张辉编著. —北京：国防工业出版社，2023.1
ISBN 978-7-118-12702-7

Ⅰ.①军… Ⅱ.①张… Ⅲ.①军事技术–系统建模
Ⅳ.①E9

中国版本图书馆 CIP 数据核字（2022）第 256012 号

※

国防工业出版社出版发行

（北京市海淀区紫竹院南路 23 号　邮政编码 100048）
北京富博印刷有限公司印刷
新华书店经售

*

开本 787×1092　1/16　印张 27¼　字数 628 千字
2023 年 1 月第 1 版第 1 次印刷　印数 1—3000 册　定价 78.00 元

（本书如有印装错误，我社负责调换）

国防书店：（010）88540777　　书店传真：（010）88540776
发行业务：（010）88540717　　发行传真：（010）88540762

前　言

数学建模体现了学生将实际应用问题转化为数学问题，并利用数学手段、方法和计算机，分析和解决实际问题的能力。自 1992 年全国大学生数学建模竞赛创办以来，经过 30 多年的不断发展和壮大，数学建模越来越成为体现大学生创新能力、团队协作意识和能力、计算机编程能力等综合素质的平台，其最大的特点就是问题来源于时下的热点问题、解决问题需要涉及多方面的背景知识、没有标准答案，这也是这些年来广大学生和教师都为之吸引和不懈努力的原因。

2010 年，为了响应我军"为战育人"以及军事定量化和实战化的需求，面向军队院校的本科生和研究生举办全军军事建模竞赛，简称军事建模。军事建模对于增强广大学生尤其是军队学员的创新意识，运用定量分析方法解决部队作战训练和建设管理中的重难点问题，推动我军作战理论与实践向工程化、精确化、标准化、实战化转变具有重要意义。经过编者多年来指导学员参加本科、研究生层次的全国数学建模竞赛，以及全军建模竞赛的培训、教学和指导的经验，在业界众人的不断努力、大力支持和辛勤的工作下，经过近 3 年的时间准备，《军事建模案例与实战》终于顺利问世了。

本书详细介绍了军事建模常用的软件，提供了基础和综合的常用军事建模案例，每一个案例都按照问题描述、模型建立、模型求解和结果分析 4 个部分进行编排，有部分案例还有第五部分问题拓展，提供了案例分析、数学建模与求解、程序代码和结果分析的全过程，可读性强，更加贴近军事应用，方便学员进行实践操作和拓展练习。全书共分 3 篇，第一篇软件篇，共 3 章，简要介绍了军事建模案例中常用的 MATLAB、LINGO 和 SPSS 基础；第二篇案例篇，共 8 章，详细介绍了军事建模中常用的导弹追击目标问题、目标轨迹预测问题、导弹毁伤目标问题、军备竞赛和作战模型、无人机安全飞行问题、火力打击任务分配问题、军事评价问题、军事资源分配问题等基础案例；第三篇实战篇，共 4 章，具体介绍了军事建模的军事联合投送问题、军事信息资源的数据分析问题、战场目标估算与定位问题、装备测试任务调度问题等综合案例。

编写本书的人员有张辉、李应岐、陈春梅、刘素兵、王正元、方晓峰，他们多年从事高等数学、工程数学和数学建模课程的讲授，编写过多本大学数学教学和数学建模指导书，并指导学生多次获得国际一等奖和国家一等奖，具有很好的基础和经验。具体分工：第 1 章（张辉、李应岐）、第 2 章（陈春梅）、第 3 章（刘素兵）、第 4 章（张辉、方晓峰）、第 5 章（张辉、刘素兵）、第 6 章（张辉、李应岐）、第 7 章（张辉、方晓峰）、第 8 章（张辉）、第 9 章（陈春梅）、第 10 章（陈春梅、刘素兵）、第 11 章（张辉、刘素兵）、第 12 章（张辉、李应岐）、第 13 章（陈春梅）、第 14 章（王正元）、第 15 章（王正元）。

在本书筹划和编写过程中,得到了各级机关和领导的支持和协助。刘卫东教授给予了鼓励和支持,并进行了全面审定;同时,参阅和借鉴了各领域专家学者和同行的著述和文献,直接引用和间接引用的在此一并感谢。最后,编者十分感谢国防工业出版社对本书出版所给予的大力支持。

本书可供广大大中专院校特别是军队院校的本科生、研究生作为数学建模的学习读物和竞赛辅导教材,也可作为从事数学建模培训与指导的教师和研究人员的参考书。由于编者水平所限,书中内容难免有不足之处,敬请各位读者不吝赐教。

本书的 MATLAB 程序在 MATLAB2016A 下全部调试通过,使用过程中如发现问题可以加 QQ(34571182)和作者交流。需要本书源程序电子文档的读者,可扫描书后二维码下载,也可以发电子邮件(Email:zh53054958@163.com)索取,或到国防工业出版社网站"资源下载"栏目下载。

编 者

2023 年 1 月

目 录

第一篇 软 件 篇

第1章 MATLAB 基础知识 ... 2
- 1.1 MATLAB 操作环境 ... 2
  - 1.1.1 MATLAB 的启动与退出 ... 2
  - 1.1.2 MATLAB 工具栏 ... 7
- 1.2 MATLAB 程序设计基础 ... 10
  - 1.2.1 基本程序元素 ... 10
  - 1.2.2 MATLAB 的运行方式 ... 21
  - 1.2.3 运算符 ... 24
  - 1.2.4 数据类型 ... 31
  - 1.2.5 程序控制流 ... 38
  - 1.2.6 工具箱 ... 43

第2章 LINGO 基础知识 ... 45
- 2.1 LINGO 基本操作 ... 46
  - 2.1.1 LINGO 基本操作界面 ... 46
  - 2.1.2 LINGO 程序设计规则 ... 51
- 2.2 LINGO 中集合的使用 ... 52
  - 2.2.1 原始集 ... 53
  - 2.2.2 派生集 ... 53
- 2.3 LINGO 的模型结构 ... 55
  - 2.3.1 集合(sets endsets) ... 55
  - 2.3.2 数据(data enddata) ... 55
  - 2.3.3 初始(init endinit) ... 56
  - 2.3.4 目标与约束(sets endsets) ... 56
  - 2.3.5 计算段(calc endcalc) ... 57
- 2.4 LINGO 编程实例 ... 57
  - 2.4.1 问题输入 ... 57
  - 2.4.2 问题求解 ... 61
  - 2.4.3 结果分析 ... 61

第3章 SPSS 基础知识 ... 62
- 3.1 SPSS 概况 ... 62

3.1.1 SPSS 的启动与退出 62
3.1.2 SPSS 窗口 63
3.2 数据处理 65
3.2.1 数据变量 65
3.2.2 数据管理 66

第二篇 案 例 篇

第 4 章 导弹追击目标问题 73
4.1 敌舰定夹角曲线逃生 73
4.1.1 问题描述 73
4.1.2 模型建立 73
4.1.3 模型求解 75
4.1.4 结果分析 81
4.2 敌机非等高匀加速直线逃生 90
4.2.1 问题描述 90
4.2.2 模型建立 91
4.2.3 模型求解 92
4.2.4 结果分析 102

第 5 章 目标轨迹预测问题 109
5.1 侦察无人机运动轨迹模型 109
5.1.1 问题描述 109
5.1.2 模型建立 110
5.1.3 模型求解 110
5.1.4 结果分析 115
5.2 基于测角的侦察无人机运动轨迹预测模型 120
5.2.1 问题描述 120
5.2.2 模型建立 121
5.2.3 模型求解 123
5.2.4 结果分析 128
5.2.5 模型推广 131
5.3 无人机轨迹预测的灰色模型 138
5.3.1 问题描述 138
5.3.2 模型建立 138
5.3.3 模型求解 139
5.3.4 结果分析 140

第 6 章 导弹毁伤目标问题 144
6.1 导弹击中敌舰毁伤敌舰群 144
6.1.1 问题描述 144
6.1.2 模型建立 145

		6.1.3 模型求解	146
		6.1.4 结果分析	166
	6.2	导弹击中敌机毁伤敌机群	167
		6.2.1 问题描述	167
		6.2.2 模型建立	168
		6.2.3 模型求解	169
		6.2.4 结果分析	190

第7章 军备竞赛和作战模型 192

- 7.1 理查森军备竞赛 192
  - 7.1.1 问题描述 192
  - 7.1.2 模型建立 193
  - 7.1.3 模型求解 193
  - 7.1.4 结果分析 208
  - 7.1.5 模型推广 214
- 7.2 兰彻斯特作战模型 215
  - 7.2.1 问题描述 215
  - 7.2.2 模型建立 216
  - 7.2.3 模型求解 217
  - 7.2.4 结果分析 233
  - 7.2.5 模型推广 236

第8章 无人机安全飞行问题 238

- 8.1 等高水平匀速直线飞行 238
  - 8.1.1 问题描述 238
  - 8.1.2 模型建立 239
  - 8.1.3 模型求解 240
  - 8.1.4 结果分析 248
  - 8.1.5 模型推广 251
- 8.2 非等高非水平匀速直线飞行 255
  - 8.2.1 问题描述 255
  - 8.2.2 模型建立 256
  - 8.2.3 模型求解 258
  - 8.2.4 结果分析 264

第9章 火力打击任务分配问题 265

- 9.1 单个波次火力打击任务分配 265
  - 9.1.1 问题描述 265
  - 9.1.2 模型建立 266
  - 9.1.3 模型求解 267
  - 9.1.4 结果分析 269
- 9.2 弹目分配模型 271

  9.2.1 问题描述 ········· 271
  9.2.2 模型建立 ········· 271
  9.2.3 模型求解 ········· 272
  9.2.4 结果分析 ········· 272
 9.3 多个波次火力打击任务分配 ········· 274
  9.3.1 问题描述 ········· 274
  9.3.2 模型建立 ········· 274
  9.3.3 模型求解 ········· 277
  9.3.4 结果分析 ········· 281
  9.3.5 问题拓展 ········· 285

第10章 军事评价问题 ········· 286
 10.1 军队保密风险评价问题 ········· 286
  10.1.1 问题描述 ········· 286
  10.1.2 模型建立 ········· 286
  10.1.3 模型求解 ········· 290
  10.1.4 结果分析 ········· 291
 10.2 军人心理健康状况评价问题 ········· 293
  10.2.1 问题描述 ········· 293
  10.2.2 模型建立 ········· 294
  10.2.3 模型求解 ········· 295
  10.2.4 结果分析 ········· 298
 10.3 军校学员教学训练质量评估问题 ········· 304
  10.3.1 问题描述 ········· 304
  10.3.2 模型建立 ········· 308
  10.3.3 模型求解 ········· 310
  10.3.4 结果分析 ········· 312
 10.4 地空导弹武器系统作战效能评估问题 ········· 313
  10.4.1 问题描述 ········· 313
  10.4.2 模型建立 ········· 314
  10.4.3 模型求解 ········· 316
  10.4.4 结果分析 ········· 318

第11章 军事资源分配问题 ········· 319
 11.1 弹药供应问题 ········· 319
  11.1.1 问题描述 ········· 319
  11.1.2 模型建立 ········· 319
  11.1.3 模型求解 ········· 321
  11.1.4 结果分析 ········· 329
 11.2 武器-目标分配问题 ········· 333
  11.2.1 问题描述 ········· 334

11.2.2 模型建立 ……………………………………………………… 334
11.2.3 模型求解 ……………………………………………………… 336
11.2.4 结果分析 ……………………………………………………… 342
11.3 飞行计划安排问题 ………………………………………………… 342
11.3.1 问题描述 ……………………………………………………… 342
11.3.2 模型建立 ……………………………………………………… 343
11.3.3 模型求解 ……………………………………………………… 344
11.3.4 结果分析 ……………………………………………………… 345
11.4 起降带优选问题 …………………………………………………… 348
11.4.1 问题描述 ……………………………………………………… 348
11.4.2 模型建立 ……………………………………………………… 349
11.4.3 模型求解 ……………………………………………………… 352
11.4.4 结果分析 ……………………………………………………… 352

第三篇 实 战 篇

第 12 章 军事联合投送问题 …………………………………………… 354
12.1 问题提出 …………………………………………………………… 354
12.2 问题假设 …………………………………………………………… 355
12.3 建模思路 …………………………………………………………… 355
12.4 模型的建立与求解 ………………………………………………… 355
12.4.1 基于自适应遗传算法的联合投送路径规划 …………………… 355
12.4.2 紧急任务下的联合投送策略调整 ……………………………… 364
12.4.3 特殊情况下的联合投送策略调整 ……………………………… 366
12.5 模型评价 …………………………………………………………… 369
12.6 模型的改进与推广 ………………………………………………… 370

第 13 章 军事信息资源的数据分析问题 ……………………………… 371
13.1 问题提出 …………………………………………………………… 371
13.2 问题主要的建模方法 ……………………………………………… 371
13.2.1 数据挖掘方法 ………………………………………………… 371
13.2.2 数据挖掘过程中的数据预处理 ………………………………… 372
13.3 问题主要的建模思路 ……………………………………………… 375
13.4 问题假设 …………………………………………………………… 376
13.5 符号说明 …………………………………………………………… 376
13.6 模型的建立与求解 ………………………………………………… 377
13.6.1 数据预处理 …………………………………………………… 377
13.6.2 装备区域及类别的划分 ……………………………………… 378
13.6.3 相关性分析模型及检验模型的建立 …………………………… 380
13.6.4 装备状态与区域的相关性模型及求解 ………………………… 381
13.6.5 装备状态与装备类别的相关性模型及求解 …………………… 388

13.6.6　装备状态与装备满编率相关性模型及求解 389
　　13.6.7　装备状态与时间相关性模型及求解 392
　　13.6.8　装备库存管理建立与求解 393
　　13.6.9　装备损耗与需求评价模型的建立与分析 397
13.7　模型的评价 400
　　13.7.1　模型的特点 400
　　13.7.2　模型的优缺点 401
　　13.7.3　模型的改进方向 402

第14章　战场目标估算与定位问题 403

14.1　问题描述 403
14.2　目标区域地表面积计算 403
　　14.2.1　目标区域地表面积近似计算 404
　　14.2.2　目标区域地表面积估计 404
　　14.2.3　目标区域地表面积计算精度 405
14.3　观测哨部署问题 405
　　14.3.1　观察哨部署问题分析 405
　　14.3.2　两点间通视性判别模型 406
　　14.3.3　给定观察哨部署位置时监视区域模型 408
　　14.3.4　观察哨部署位置优化模型 408
　　14.3.5　覆盖全部目标区时观察哨数量优化模型 409
　　14.3.6　求解结果与分析 410
　　14.3.7　小结 411

第15章　装备测试任务调度问题 412

15.1　问题描述 412
15.2　装备测试任务调度问题 412
　　15.2.1　装备测试任务调度问题数学模型 413
　　15.2.2　单一流水线装备测试任务调度问题的下界 413
　　15.2.3　单一流水线装备测试任务调度问题求解的启发式方法 414
　　15.2.4　多流水线待测试装备分配方法 414
　　15.2.5　装备并行测试任务调度问题求解的启发式方法 415
　　15.2.6　装备并行测试任务调度问题求解结果与分析 416
15.3　装备并行测试流水线双工位设置优化问题 417
　　15.3.1　装备并行测试流水线双工位设置优化问题数学模型 418
　　15.3.2　装备并行测试流水线双工位设置问题求解及结果分析 419
　　15.3.3　小结 422

参考文献 423

第一篇

软 件 篇

第 1 章　MATLAB 基础知识

　　MATLAB 是美国 MathWorks 软件开发公司出品的商业数学软件,是众多大学生常用、喜欢的实用软件。MATLAB 由 matrix(矩阵)和 laboratory(实验室)两个单词的前 3 个字母组合而成,意为矩阵实验室。20 世纪 80 年代初,MATLAB 的创始人 Cleve Moler 博士在美国新墨西哥州大学讲授线性代数时发现采用高级语言编写程序很不方便,为了有效解决学生编程所面对的困难,他构思并开发了 MATLAB 软件。经过一段时间的试用之后,该软件于 1984 年正式公开推出。之后,以 Moler 博士为首的一批数学工作者与软件工作者组建了 MathWorks 软件开发公司,专门扩展并改进 MATLAB。MathWorks 公司发布 MATLAB 版本几乎形成了一个规律,即每年的 3 月和 9 月分别推出当年的 a 和 b 版本。

　　MATLAB 的基本数据单位是矩阵(Matrix)。MATLAB 解决问题要比用 C 语言和 FORTRAN 语言等完成相同的事情便捷得多,并且 MATLAB 也吸收了其他数学软件 Maple 等的优点,从而成为一款功能强大的数学软件。MATLAB 主要面对科学计算、可视化及交互式程序设计的高科技计算环境。它将矩阵计算、数值分析、科学数据可视化及非线性动态系统的建模和仿真等诸多功能集成在一个易于使用的视窗环境中,为科学研究、工程设计及必须进行有效数值计算的众多科学领域提供了全面的解决方案,并在很大程度上摆脱了传统的非交互式程序设计语言。MATLAB 经过 30 多年的研究与不断完善,现已成为世界流行的科学计算和工程计算软件工具之一,也成为一种具有广泛应用前景的、全新的计算机高级编程语言。

　　本书编程基于 MATLAB 软件 2016b 中文版本。

1.1　MATLAB 操作环境

1.1.1　MATLAB 的启动与退出

　　对于不同的计算机系统而言,MATLAB 的启动与退出不尽相同。由于目前大部分用户使用的是 Windows 操作系统,在此仅介绍 Windows 操作系统中 MATLAB 的启动与退出。

　　启动 MATLAB,通常有以下两种方法。

　　(1) 选择菜单"开始"—"所有程序"—"MATLAB";

　　(2) 双击系统桌面上的 MATLAB 快捷方式图标。

　　启动 MATLAB 后,首先桌面出现 MATLAB 版本及版权信息界面,如图 1.1 所示,然后就进入了 MATLAB 的默认界面,如图 1.2 所示。

图 1.1　MATLAB 版本及版权信息界面

由图 1.2 可见，MATLAB 默认界面由 Command Windows(命令行窗口)、Workspace(工作区)、Current Folder(当前文件夹)和 Command History(历史命令记录)4 个窗口组成。此外，用户可以根据自己的习惯单击菜单上的布局来调整窗口的风格。

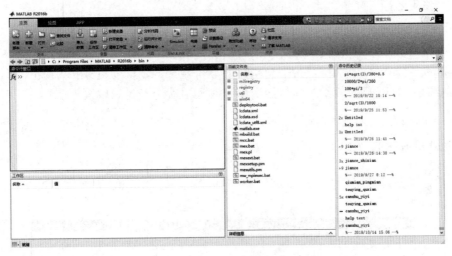

图 1.2　MATLAB 的默认界面

1. 命令行窗口

命令行窗口是用户使用 MATLAB 进行工作的主要窗口，也是用户实现 MATLAB 各种功能的窗口，用户可以直接在此窗口中输入相关命令，实现相应功能。用户可以单击上方的布局按钮调整窗口的布局，或按快捷键 Ctrl+Shift+U 将此窗口脱离操作界面。

命令行窗口中下方的空白区域为命令编辑区，用于输入和显示计算结果。命令编辑区中的"≫"是命令提示符，在其后面可以输入运算命令和运行程序，按回车键便可运行，然后命令行窗口显示运行结果。若编写程序不符合要求，则会出现错误提示信息。

例 1.1　计算表达式 $\sqrt{2.2}+\sin\left(\dfrac{2}{5}\pi\right)$ 的值。

在命令行窗口输入以下命令：

>>sqrt(2.2)+sin(2/5*pi)

或

>>2.2^(1/2)+sin(2/5*pi)

按回车键可得结果,如图1.3所示。

ans =
    2.4343

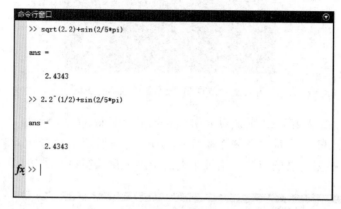

图1.3 例1.1计算过程的MATLAB界面

ans是英文"answer"的简写,是MATLAB软件定义的默认变量,用于存储当前指令运行后的结果。若要将计算结果赋值给变量A,则可在命令行窗口输入

>>A=sqrt(2.2)+sin(2/5*pi)

按回车键可得结果,如图1.4所示。

A =
    2.4343

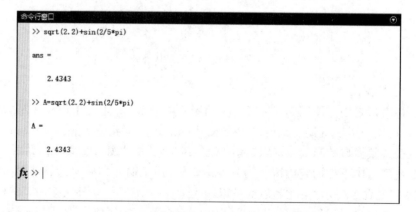

图1.4 例1.1计算过程的MATLAB界面

在上述语句中,如果在输入命令后面加分号";",则按回车键后命令窗口中不显示结果,如图1.5所示。

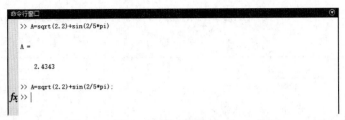

图 1.5　例 1.1 计算过程的 MATLAB 界面

这说明在命令语句后面添加分号";"可以有效阻止结果的输出,这对数据运算量较大的程序而言特别有用,这是因为写屏将会花费大量系统资源来进行十进制数和二进制数之间的转换,而分号阻止不必要的输出将会使程序运行速度成倍提高。虽然在程序后面加分号使得运行结果无法显示,但是在工作区可以得到变量 A 的取值,如图 1.6 所示。

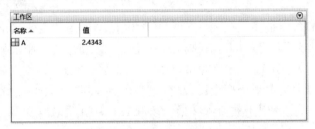

图 1.6　例 1.1 的 MATLAB 工作区界面

在命令编辑区当输入的程序语句较长时,可以分行输入,只需在需要换行的地方增加续行符"…"即可,这里的续行符是 3 个或 3 个以上的点。如果选择续行符"…",则续行符的前面需要留一个空格;如果选择续行符"…",则续行符的前面不需要留空格,直接在程序语句后面一起输入;如果程序语句后面直接输入续行符"…"而不留空格,那么按回车键后 MATLAB 往往会提示错误信息(错误:MATLAB 运算符异常。)。

例 1.2　计算表达 1+2+3+4+5+6+7+8+9+10 的值。

通过 3 种情形进行输入操作,如图 1.7 所示。

若程序语句以运算符号结束,则在其后面可以直接输入续行符"…",可以不留出空格也可以留出空格,如图 1.8 所示。

图 1.7　MATLAB 命令行窗口界面

图 1.8　MATLAB 命令行窗口界面

命令行窗口有一些常用的功能键,利用它们可以使操作更便捷,如表1.1所列。

表1.1 命令行窗口常用功能键

功能键	说明	功能键	说明
↑	回调上一次输入命令	Esc	清除命令行
↓	回调下一次输入命令	Del	删除光标处字符
←	光标左移一个字符	Home	光标移至行首
→	光标右移一个字符	End	光标移至行尾
Ctrl+←	光标左移一个单词	Backspace	删除光标左边字符
Ctrl+→	光标右移一个单词	Ctrl+K	删除至行尾

2. 工作区

工作区窗口的功能是显示当前MATLAB的内存中使用的变量的名称,包括变量名、变量数值和变量类型等,用户可对其进行编辑、保存、修改等。工作区随MATLAB的启动而产生,当关闭MATLAB时,工作区中的变量信息将被删除。

在工作区窗口中选定某个变量后,双击此变量名,将打开数组编辑器窗口,显示该变量具体内容,该显示主要用于数值型变量。以例1.1为例,如图1.9所示。

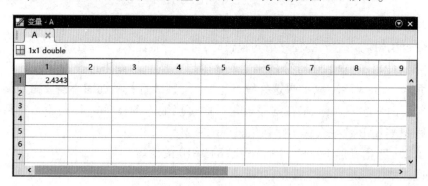

图1.9 例1.1中的变量A的信息

3. 当前文件夹

该窗口显示当前工作目录下所有文件的文件夹名、文件名和文件类型,用户可以选中文件对象进行编辑或运行等操作。用户也可以在该窗口上方的小窗口中调整当前文件夹,如图1.10所示。

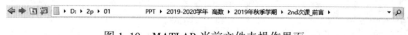

图1.10 MATLAB当前文件夹操作界面

4. 历史命令记录

该窗口记录已经运行过的函数及其表达式,用户可对其进行复制、删除及再运行等操作。利用该窗口,一方面可以查看已经执行过的命令;另一方面可重复利用原来输入的命令行,只需在命令历史窗口中直接双击某个命令即可。

对于MATLAB退出,通常有以下3种方法:

(1) 单击 MATLAB 界面窗口右上角的关闭图标；

(2) 在 MATLAB 界面直接按快捷键 Ctrl+Q；

(3) 在命令行窗口输入 quit 或者 exit，然后按回车键。

1.1.2 MATLAB 工具栏

MATLAB 将 Windows 系统中常用的一些系统按钮和 MATLAB 的一些常用功能按钮集中在一个区域，即 MATLAB 工具栏，如图 1.11 所示。

图 1.11 MATLAB 工具栏

工具栏左边包括主页、绘图和 APP 三类功能工具栏，右边包括多个常见按钮功能键。表 1.2 列出了常见按钮的功能。

表 1.2 MATLAB 工具栏常见按钮功能

图 标	中文标签	功 能	快 捷 键
	新建快捷方式	打开快捷方式编辑器新建快捷方式	—
	保存	保存已有信息	Ctrl+S
	剪切	剪切所选信息	Ctrl+X
	复制	复制所选信息	Ctrl+C
	粘贴	粘贴所选信息	Ctrl+V
	撤销	撤销上一步操作	Ctrl+Z
	重做	重新执行上一步操作	Ctrl+Y
	切换窗口	切换到所需的窗口	—
	帮助	打开 MATLAB 帮助导航/浏览器	F1

1. 主页

MATLAB 界面上的主页工具栏用于实现有关具体的操作，如图 1.12 所示。

图 1.12 MATLAB 主页工具栏

1) 新建脚本

新建脚本的英文标签为 New Script,功能是新建一个脚本 M 文件,快捷键为 Ctrl+N,如图 1.13 所示。用户可以在其中编写程序,然后选择合适路径进行保存,最后单击工具栏中"运行"得出结果。

2) 新建

新建的功能是创建新文档,包括脚本、实时脚本、函数和示例等,如图 1.14 所示。

图 1.13　MATLAB 新建脚本　　　　图 1.14　MATLAB 新建工具栏

3) 打开

打开的英文标签是 Open file,功能是打开文件,快捷键是 Ctrl+O。用户单击工具栏中的"打开"图标,会出现最近使用的文件,再单击"打开"图标会出现 MATLAB 默认文件夹 bin 或者最近使用的文件夹,如图 1.15 所示。

图 1.15　MATLAB 打开默认文件夹界面

4) 查找文件

查找文件的功能是基于名称或内容搜索文件,快捷键是 Ctrl+Shift+F,如图 1.16 所示。

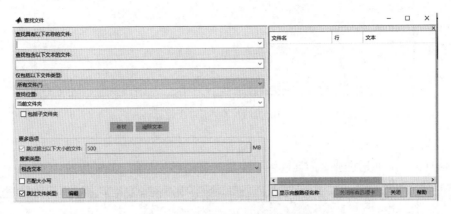

图 1.16　MATLAB 查找文件界面

5) 比较

比较的功能是比较两个文件的内容,如图 1.17 所示。

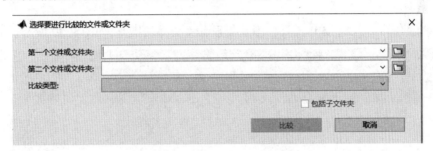

图 1.17　MATLAB 比较界面

6) 导入数据

导入数据的功能是导入文件中的数据。用户可以选择合适的路径导入文件中的数据。

7) 保存工作区

保存工作区的功能是将工作区变量保存到文件,快捷键是 Ctrl+S,保存的文件的后缀名是 mat。

8) 新建变量

新建变量的功能是创建并打开变量进行编辑,如图 1.18 所示。

9) 打开变量

打开变量的功能是打开工作区变量进行编辑。

10) 清除工作区

清除工作区的功能是清除工作区变量。用户也可以在命令行窗口输入 clear all 然后单击回车键清除工作区所有变量。

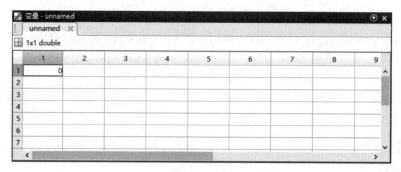

图 1.18　MATLAB 新建变量界面

2. 绘图

MATLAB 界面上的绘图工具栏用于实现有关图形的绘制,如图 1.19 所示。

图 1.19　MATLAB 的绘图功能界面

3. APP

MATLAB 界面上的 APP 工具栏用于实现有关文件的操作,如图 1.20 所示。

图 1.20　MATLAB 的 APP 功能界面

1.2　MATLAB 程序设计基础

本节将介绍 MATLAB 编程的各种基础知识,包括基本程序元素、MATLAB 的运行方式、运算符、数据类型、程序控制流和工具箱等。

1.2.1　基本程序元素

1. 常量与变量

在 MATLAB 运行过程中数值大小不能改变或者预定义的量称为常量。表 1.3 列出了 MATLAB 中一些常用的常量。

表 1.3　MATLAB 常用的一些常量

常量名称	说明
ans	命令行窗口的默认变量
eps	浮点数相对精度,MATLAB 计算时的容许误差,近似值为 2.2×10^{-16}

(续)

常量名称	说明
i 或 j	虚数单位
pi	无理数 π 或圆周率
realmax	计算机能表示的最大浮点数
realmin	计算机能表示的最小浮点数
Inf 或 inf	无穷大
NaN 或 nan	非数(不是一个数)

变量是任何程序设计语言的基本元素之一，MATLAB 也不例外，它是指其数值在数据处理的过程中可能会发生变化的数据量名称。MATLAB 中的变量具有如下特点：

(1) 不要求对所使用的变量进行事先说明，也不需要指定变量的类型，MATLAB 会根据所赋予变量的数值或对变量所进行的操作来确定变量的类型。

(2) 在赋值过程中若变量已经存在，则 MATLAB 会用新的数值代替已有数值，并以新的变量类型来代替原先的变量类型。

变量的命名应遵循如下原则：
(1) 以英文字母开头，后面可跟字母、数字和下画线。
(2) 变量名不超过 31 个字符。
(3) 变量名要区分英文字母的大小写。
(4) 关键字不能作为变量名，避免使用函数名作为变量名。

MATLAB 将变量存储在工作区中。根据变量的作用域不同，可以将变量分为局部变量和全局变量。局部变量是在函数体内部使用的变量，其影响范围只能在本函数内；每个函数在运行时，都会占用独立的函数工作区，此工作区和 MATLAB 的基本工作区是相互独立的，而局部变量仅仅存在于函数的工作区中，只有在函数运行时才存在，函数执行完毕变量就会消失。

全局变量是可以在不同的函数工作区和基本工作区中共享使用的变量，全局变量在使用前必须用 global 定义，由于全局变量在任何定义过的函数值都可修改，损害函数的封装性，因此应谨慎使用全局变量。为了提高程序的可读性，建议将全局变量的定义放在函数体的开始，尽量选取大写字母来表示。全局变量一经定义就会始终存在，若用户想清除已经定义的全局变量，可以使用如下两种方式：

(1) clear global var：清除指定的全局变量，var 是要清除的全局变量的名称；
(2) clear global：清除所有的全局变量，保留工作区中的其他变量。

在 MATLAB 系统中，数据的存储和计算都是双精度的，用户可以利用菜单或 format 命令来调整数据的显示格式。在默认情况下，若数据为整数，则就以整数表示；若数据为实数，则以保留小数点后 4 位的精度近似表示。表 1.4 所列为 format 命令格式与作用。

表 1.4 format 命令格式与作用

命令格式	作用
format/format short	5 位定点数点表示
format long	15 位定点数点表示
format short e	5 位浮点数表示
format long e	15 位浮点数表示
format +	+表示正数
format hex	十六进制的表示

2. 数组和矩阵

MATLAB 的主要数据对象是矩阵,数组或标量可以看成矩阵的特例,对于数组和矩阵有一些特定的操作。

1) 数组

表 1.5 所列为数组创建方法表。

表 1.5 数组创建方法表

方法	命令格式	功能	备注
直接输入法	[a b c d]	数组(a,b,c,d)	
冒号生成法	a:h:b	a 为起点、b 为终点、h 为步长的数组	h=1 时可省略
冒号生成法	a:b	a 为起点、b 为终点、1 为步长的数组	
线性等分法	linspace(a,b)	将区间[a,b]用 100 个点等分所得的数组	
线性等分法	linspace(a,b,n)	将区间[a,b]用 n 个点等分所得的数组	生成 n 维行向量

对于数组或向量的创建方法,需要注意以下几点:

(1) 符号 ".'" 表示转置运算。例如,在命令行窗口输入

>>a=[1 2 3],b=a'

按回车键,输出结果为

a =
    1　2　3
b =
    1
    2
    3

(2) 直接输入法中,元素之间可以用空格、逗号或分号分隔。用空格或逗号分隔生成行数组或行向量,用分号分隔生成列数组或列向量。同时在生成数组的过程中,允许元素参与数值运算。例如,在命令行窗口输入

>>c=[1; sqrt(2); 3^2]

按回车键,输出结果为

c =
    1.0000
    1.4142
    9.0000

(3) 冒号生成法中,根据 a、b 和 h 的取值,生成数组或行向量的最后一个分量有可能不是 b。同时步长 h 的取值可以为负数,但要求 a 的取值大于 b 的取值,进而生成一个递减数组。例如,在命令行窗口输入

>>x=1:4,y=1.7:4,z=4:-0.5:1.1

按回车键,输出结果为

x =
    1   2   3   4
y =
    1.7000   2.7000   3.7000
z =
    4.0000   3.5000   3.0000   2.5000   2.0000   1.5000

(4) 线性等分法中,MATLAB 提供了线性等分函数 linspace 用来生成一维数组,其使用格式为

x=linspace(a,b,n)

功能是生成 n 维数组或行向量,其中 $x(1)=a$,$x(n)=b$。当不输入 n 的取值时,MATLAB 默认生成 100 维数组或行向量。同时 a 的取值可以大于 b 的取值,进而生成一个递减数组。例如,在命令行窗口输入

>>A=linspace(0,pi,6),B=linspace(pi,0,6)

按回车键,输出结果为

A =
    0   0.6283   1.2566   1.8850   2.5133   3.1416
B =
    3.1416   2.5133   1.8850   1.2566   0.6283   0

表 1.6 所列为数组访问方法表。

表 1.6 数组访问方法表

方法	功能
x(n)	数组 x 的第 n 个元素
x(m:h:n)	数组 x 的第 m,m+h,m+2h,…,n 个位置的元素
x([m n])	数组 x 的第 m、n 个位置的元素
x([m k n])	数组 x 的第 m、k、n 个位置的元素

例如,在命令行窗口输入

>>A=linspace(0,pi,6),B=A(2),C=A(2:2:6),D=A([2 6])

按回车键,输出结果为

A =

  0 0.6283 1.2566 1.8850 2.5133 3.1416

B =

  0.6283

C =

  0.6283 1.8850 3.1416

D =

  0.6283 3.1416

表 1.7 所列为数组操作的命令表。

表 1.7 数组操作的命令表

命　　令	功　　能
length(x)	数组 x 的维数
min(x)	数组 x 的最小元素或分量
max(x)	数组 x 的最大元素或分量
sum(x)	数组 x 的所有元素或分量之和
mean(x)	数组 x 的所有元素或分量的平均值

例如,在命令行窗口输入

>>A=linspace(0,pi,6);n=length(A),min(A),max(A),mean(A),sum(A)

按回车键,输出结果为

n =

  6

ans =

  0

ans =

  3.1416

ans =

  1.5708

ans =

  9.4248

需要注意的是,以空格或逗号分隔的元素指定的是不同列的元素,而以分号分隔的元素指定的是不同行的元素。当数组或向量 A 的元素包含复数时,A.'生成的是 A 的转置矩阵,A'生成的是 A 的共轭转置矩阵。当 A 的元素不包含复数时,A.'和 A'生成的都为转置矩阵。例如,在命令行窗口输入

```
>>A=[1 2+i 3-i;0 -2 sqrt(-1)];B=A',C=A'
```

按回车键,输出结果为

B =
   1.0000 + 0.0000i   0.0000 + 0.0000i
   2.0000 - 1.0000i -2.0000 + 0.0000i
   3.0000 + 1.0000i   0.0000 - 1.0000i

C =
   1.0000 + 0.0000i   0.0000 + 0.0000i
   2.0000 + 1.0000i -2.0000 + 0.0000i
   3.0000 - 1.0000i   0.0000 + 1.0000i

2) 矩阵

(1) 数值矩阵的生成。

① 直接输入法。对于规模较小的矩阵,直接输入是较为常见、方便的方法。在直接输入法中,矩阵要以"[ ]"为标识,矩阵的同行元素以空格或者","分隔,行与行之间使用分号";"或回车键分隔,矩阵元素可以为运算表达式。例如,在命令行窗口输入

```
>>A=[1   2   3*2; 4   sqrt(5)   exp(1)]
```

按回车键,输出结果为

A =
   1.0000   2.0000   6.0000
   4.0000   2.2361   2.7183

② 函数生成法。MATLAB 提供了一些函数来生成特殊的矩阵,包括 ones(元素全为 1 的矩阵)、zeros(元素全为 0 的矩阵)、eye(单位阵)、rand(均匀分布随机阵)、randn(正态分布随机阵)等。以上 5 个函数生成特殊矩阵的方式如下:

ones(n):生成元素全为 1 的 n 阶方阵;
ones(m,n):生成元素全为 1 的 m×n 矩阵;
ones(size(A)):生成与矩阵 A 同维数的元素全为 1 的矩阵;
zeros(n):生成元素全为 0 的 n 阶方阵;
zeros(m,n):生成元素全为 0 的 m×n 矩阵;
zeros(size(A)):生成与矩阵 A 同维数的元素全为 0 的矩阵;
eye(n):生成 n 阶单位阵;
eye(m,n):生成 m×n 单位阵;
eye(size(A)):生成与矩阵 A 同维数的单位阵;
rand(n):生成元素服从均匀分布的 n 阶随机阵;
rand(m,n):生成元素服从均匀分布的 m×n 随机阵;
rand(size(A)):生成与矩阵 A 同维数的均匀分布随机阵;
randn(n):生成元素服从正态分布的 n 阶随机阵;
randn(m,n):生成元素服从正态分布的 m×n 随机阵;

randn(size(A)):生成与矩阵 A 同维数的正态分布随机阵。

例如,在命令行窗口输入

>>A=ones(2,3),B=zeros(2,3),C=eye(size(A)),D=rand(size(B)),E=rand(size(B))

按回车键,输出结果为

A =
   1   1   1
   1   1   1

B =
   0   0   0
   0   0   0

C =
   1   0   0
   0   1   0

D =
   0.2785   0.9575   0.1576
   0.5469   0.9649   0.9706

E =
   0.2785   0.9575   0.1576
   0.5469   0.9649   0.9706

MATLAB 还提供了一些其他特殊矩阵生成函数,如 magic(n)生成 n 阶幻方矩阵,hilb(n)生成 n 阶 Hilbert 方阵,pascal(n)生成 n 阶 Pascal 方阵,invhilb(n)生成 n 阶逆 Hilbert 方阵,toeplitz 生成 Toeplitz 矩阵,Wilkinson 生成 Wilkinson 特征值测试阵。例如,在命令行窗口输入

>>A=magic(3),B=hilb(3),C=pascal(3)

按回车键,输出结果为

A =
   8   1   6
   3   5   7
   4   9   2

B =
   1.0000   0.5000   0.3333
   0.5000   0.3333   0.2500
   0.3333   0.2500   0.2000

C =
   1   1   1
   1   2   3
   1   3   6

③ 脚本 M 文件生成法。M 文件是一种可以在 MATLAB 系统中运行的文本文件,分

为脚本 M 文件和函数 M 文件。当矩阵的维数较大时,直接输入元素值稍显笨拙,出现差错也不易修改。为了有效解决此问题,可以利用脚本 M 文件创建矩阵。具体方法是先将矩阵元素输入一个脚本 M 文件中,再将此脚本 M 文件保存到适合的文件夹(保存类型为 MATLAB 代码文件),最后以 .m 为扩展名进行命名。在 MATLAB 命令行窗口输入此脚本 M 文件的名称,则所需的矩阵数据就被调入工作区中。注意此时当前文件夹应选为脚本 M 文件所在文件夹。

例如,建立脚本 M 文件 zhang.m,代码如下:

A = [1   2   3   4   5   6   7   8   9   10
　　 11 12 13 14 15 16 17 18 19 20
　　 21 22 23 24 25 26 27 28 29 30];

现将当前文件夹选取 zhang.m 文件所在的文件夹,然后在命令行输入 zhang 并按回车键,此时工作区变有矩阵 A 的数据,如图 1.21 所示。

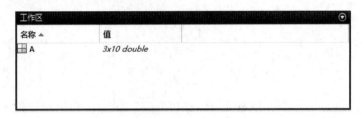

图 1.21　矩阵 A 的数据

④ 读取 Excel 文件中的数据。命令 xlsread 是 MATLAB 中读取 Microsoft Excel 文件中数据的一个命令函数。其功能是从当前文件夹中按照参数指定的范围从给定 Excel 文件中读取数据。具体使用格式为

A = xlsread('filename','Sheet','range')

例如,在 data.xls 文件中存储数据,如图 1.22 所示。

图 1.22　data.xls 数据

现将当前文件夹选取 data.xls 文件所在的文件夹,然后在命令行窗口输入

A = xlsread('data.xls','Sheet1','B1:C10')

或

$$A = xlsread('data.xls', 1, 'B1:C10')$$

或

$$A = xlsread('data.xls', 'B1:C10')$$

按回车键,命令行窗口即有

```
A =
    11    21
    12    22
    13    23
    14    24
    15    25
    16    26
    17    27
    18    28
    19    29
    20    30
```

用户在利用 xlsread 命令读取数据中,若 Sheet 项不输入,则表示读取 Sheet1 中的数据;若 Sheet 项输入的仅仅是数字 n,则表示读取 Sheetn 中的数据。注意,格式中的单引号"'"是不能省略的。同时,xlsread 命令也能读取后缀名为 xlsx 的 Microsoft Excel 文件,具体格式和要求同上。

⑤ 读取纯文本文件中的数据。命令 textread 是 MATLAB 中读取纯文本文件中数据的一个命令函数。其功能是从当前文件夹读取给定后缀名为 txt 纯文本文件中的数据。具体使用格式为

A = textread('filename')

例如在 data.txt 文件中存储数据,如图 1.23 所示。

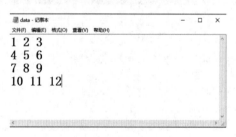

图 1.23 data.txt 数据

现将当前文件夹选取 data.txt 文件所在的文件夹,然后在命令行窗口输入

>> A = textread('data.txt')

按回车键,命令行窗口即有

A =
    1   2   3
    4   5   6
    7   8   9
  10 11 12

（2）符号矩阵的生成。在 MATLAB 中符号矩阵的生成与数值矩阵的生成的方法是相似的,只不过需要用到符号定义函数 sym 和 syms,具体为先定义一些符号变量,再利用生成数值矩阵的方法去生成符号矩阵即可。例如,首先建立脚本文件 fuhao_matrix.m,代码如下：

```
clc,clear all
syms x y z Zhang Hui Pao
A=[x y z;Zhang Pao Hui]
B=sym('[a b c; zhang pao hui]')
```

运行结果为

A =
[x,   y,   z]
[Zhang, Pao, Hui]
B =
[a,   b,   c]
[zhang, pao, hui]

事实上,数值型和符号型在 MATLAB 中是两种不同的类型,但可以通过 MATLAB 命令 sym 或 double 将两者进行相互的转化。例如,首先建立脚本文件 shuzhitofuhao.m,代码如下：

```
clc,clear all
format long
A=[1/2 pi; sin(pi/2) tan(pi);log(3) exp(2)]
B=sym(A)
```

运行结果为

A =
  0.500000000000000   3.141592653589793
  1.000000000000000 -0.000000000000000
  1.098612288668110   7.389056098930650
B =
[1/2,   pi]
[1,-4967757600021511/40564819207303340847894502572032]
[2473854946935173/2251799813685248, 4159668786720471/562949953421312]

需要注意的是,将数值矩阵转换为符号矩阵时,符号矩阵的元素一般情形下采用浮点型变量保存的,都是以最接近原数值的有理数形式或者函数形式表示。

再如建立脚本文件 fuhaotoshuzhi.m,代码如下:

```
clc,clear all
format long
syms x y
[X Y]=solve(2*x+y-2,x+3*y-10)    %符号型
A=double(X)                       %数值型
B=double(Y)
```

运行结果为

X =
−4/5
Y =
18/5
A =
 −0.800000000000000
B =
 3.600000000000000

3. 常用的数学函数

MATLAB 的数值计算功能可以通过函数实现。MATLAB 拥有丰富的内部函数,用户也可以根据问题需求定义函数。MATLAB 系统内部函数一般写全称,函数中的自变量用符号()括起来,若有多个自变量,则自变量之间用逗号分隔开。表 1.8 所列为 MATLAB 中常用的数学函数。

表 1.8 MATLAB 中常用的数学函数

函　数	名　　称	函　数	名　　称
exp(x)	以 e 为底的指数函数	pow2(x)	以 2 为底的指数函数
log(x)	自然对数函数	log2(x)	以 2 为底的对数函数
log10(x)	以 10 为底的对数函数	sqrt(x)	算术平方根
sin(x)	正弦函数	cos(x)	余弦函数
tan(x)	正切函数	cot(x)	余切函数
sec(x)	正割函数	csc(x)	余割函数
asin(x)	反正弦函数	acos(x)	反余弦函数
atan(x)	反正切函数	acot(x)	反余切函数
asec(x)	反正割函数	acsc(x)	反余割函数
sinh(x)	双曲正弦函数	cosh(x)	双曲余弦函数
tanh(x)	双曲正切函数	coth(x)	双曲余切函数
sech(x)	双曲正割函数	csch(x)	双曲余割函数
asinh(x)	反双曲正弦函数	acosh(x)	反双曲余弦函数
atanh(x)	反双曲正切函数	acoth(x)	反双曲余切函数

(续)

函 数	名 称	函 数	名 称
asech(x)	反双曲正割函数	acsch(x)	反双曲余割函数
abs(x)	绝对值	min(A)	元素的最小值
max(A)	元素的最大值	sign(x)	符号函数
round(x)	取整函数	fix(x)	向 0 取整
floor(x)	不大于 x 的最大整数	ceil(x)	不小于 x 的最大整数
mean(x)	求均值	sum(A)	元素的求和
conj(x)	共轭复数	real(x)	复数的实部
imag(x)	复数的虚部	angle(x)	复数相角
var(x)	求方差	std(x)	求标准差
sort(x)	排序	prod(x)	求积
median(x)	求中位数	norm(x)	欧几里得距离或范数
cumsum(x)	累加和	sumprod(x)	累乘积
length(x)	向量维数	size(x)	矩阵维数
dot(x,y)	两向量内积	cross(x,y)	两向量外积
abs(x)	复数的模或实数的绝对值	rand	生成 0 到 1 直角均匀分布的随机数

在使用 MATLAB 过程中,若用户处理的函数不是 MATLAB 内部函数,则可以利用自定义函数功能定义一个函数。自定义的函数可以像 MATLAB 内部函数一样使用。

1.2.2　MATLAB 的运行方式

MATLAB 提供了两种运行方式:命令行运行方式和 M 文件运行方式。

命令行运行方式通过直接在命令行窗口中输入命令来实现数值计算,如图 1.4 和图 1.7 所示。但这种方式在处理大量数据和比较复杂的问题时相当困难,不易操作。

M 文件运行方式是先新建一个以 m 为扩展名的 M 文件,然后在其中输入一系列命令,最后运行此程序。MATLAB 的 M 文件有两种类型:脚本 M 文件和函数 M 文件。

1. 脚本文件

对于一些比较简单的问题,从 MATLAB 命令行窗口直接输入指令进行计算是较为便捷的操作。但随着指令数的增加或控制流复杂度的增加,以及重复计算和反复调试程序要求的提出,需要用户建立一个脚本 M 文件并将其保存下来以便运行计算。脚本 M 文件可以看成是命令的叠加,反映的是 MATLAB 只是按照用户所编写的程序指令来执行。脚本 M 文件运行后所产生的所有变量都保留在 MATLAB 工作区中,只要用户不使用 clear 指令清除,这些变量就一直保存在工作区中。

建立脚本 M 文件的方法是单击 MATLAB 主页工具栏中的"新建"图标,如图 1.11 所示。在脚本 M 文件中编辑完程序之后,单击工具栏下面的操作栏中的浏览文件夹 将其保存到合适的文件夹内,如图 1.24 所示。

图 1.24 MATLAB 界面

脚本 M 文件的后缀名为 .m,命名规则如下:
(1) 第一个字符必须是英文字母,大小写都可以的,但不能是数字或下画线。
(2) M 文件名要有英文字符,但不能有中文,数字是可有可无的。
(3) M 文件名不要取为 MATLAB 的固有函数名,这样容易出现一些莫名其妙的错误。
(4) M 文件名既有字母也有数字时必须用下画线"_"连接起来,不能留有空格。
(5) MATLAB 保存 M 文件的默认名称是 Untitled,如果是多个,则名称依次是 Untitled2、Untitled3……。

用户在保存脚本 M 文件之后再单击 MATLAB 编辑器工具栏中的"运行"图标,运行结果将在命令行窗口中显示出来。如果脚本 M 文件不在 MATLAB 的默认文件夹内,则单击"运行"图标后会弹出如图 1.25 所示的界面,用户只需单击"更改文件夹"按钮便会开始运行。

图 1.25 MATLAB 界面

事实上,脚本 M 文件程序中分号与分行符的功能和使用与命令行窗口是一致的。现以例 1.1 和 1.2 为例,编写脚本 M 文件如图 1.26 所示,运行结果如图 1.27 所示。

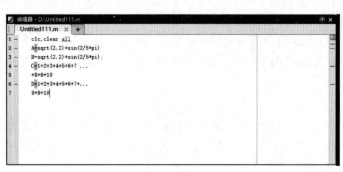 

图 1.26 MATLAB 的 M 文件　　　　图 1.27 MATLAB 运行结果

为了方便了解脚本 M 文件中每行程序的意义和作用,用户可以在每行程序的后面、上面或下面加上有效注释,方法是"%注释语句"。

2. 函数文件

MATLAB 的内部函数是有限的,有时为了方便研究某一个函数的性态,需要定义新的 MATLAB 函数,为此用户需要编写函数 M 文件(Function File)。函数文件是文件名后缀为 m 的 M 文件,这类文件的第一行程序必须以特殊字符 function 开始,格式为

```
function [输出变量列表] = 函数名(输入变量列表)
注释说明语句(以%开始)
函数体语句
```

当输入、输出变量不止一个时,变量与变量之间用逗号隔开。当输出变量只有一个时,方括号可以不用写出。保存此函数 M 文件名与函数名是同名的。函数文件中的变量均为局部变量,仅在此函数运行期间有效。若需要在工作区中保留函数中的某些变量,可用 global 语句说明是全局变量。

与脚本 M 文件不同,函数 M 文件犹如 MATLAB 的一个"黑箱"。从外界只看到传给它的输入量和送出来的计算结果,而内部运作是藏而不见的。相对于脚本 M 文件,函数 M 文件的主要特点如下。

(1) 从形式上来看,函数 M 文件总是以 function 引导,第一行可以看成"函数声明行",同时此行还包含了函数与外界联系的输入/输出总量,但是对"输入/输出总量"的个数并没有进行限制。

(2) 从运行上来看,每当函数 M 文件运行时,MATLAB 就会专门为其开辟一个临时工作区,称为函数工作区。所有中间变量都存放在在函数工作区中,当执行完文件最后一条指令或遇到 return 时,就会结束该函数文件的运行,同时该函数工作区以及所有变量便立即被清除掉。函数工作区随具体函数 M 文件被调用而产生,随调用结束而删除。函数工作区相对基本工作区是独立的、临时的。在 MATLAB 运行过程中,可以产生多个临时函数工作区。

函数 M 文件与前面介绍的脚本 M 文件主要有以下不同:

(1) 函数 M 文件名必须与函数名相同。

(2) 脚本 M 文件没有输入参数和输出参数,而函数 M 文件有输入参数和输出参数。对函数进行调用时,可以少于函数 M 文件规定的输入与输出变量的个数,但不能多于规定的输入与输出变量的个数。

(3) 脚本 M 文件运行后产生的变量都是全局变量,而函数 M 文件的变量若没有特殊约束则都是局部变量。

调用函数 M 文件的方式主要有两种:

(1) 在命令行窗口输入"函数名(输入变量取值列表)",当前文件夹选为函数 M 文件所在的文件夹,按回车键运行。

(2) 在同一文件夹内建立另一个脚本 M 文件,编写程序调用函数 M 文件。

例 1.3 编写 M 函数文件计算前 20 个斐波那契(Fibonacci)数。

函数 M 文件程序代码:

```
function a = fibonacci(n)
    a(1) = 1;
    a(2) = 1;
for i = 3:n
    a(i) = a(i-1)+a(i-2);        %斐波那契数列的递推公式
end
```

编写完之后以 fibonacci.m 为文件名(默认)选择合适的文件夹进行保存,然后把当前文件夹选择为 fibonacci.m 所在的文件夹,最后在命令行窗口中输入

>> A = finonacci(20)

按回车键,输出结果为

A =
  1 至 10 列
   1   1   2   3   5   8   13   21   34   55
  11 至 20 列
   89   144   233   377   610   987   1597   258   4181   6765

3. 脚本文件与函数文件的比较

脚本 M 文件与函数 M 文件的主要区别在于:脚本文件不用在程序的开头定义函数名,也没有输入/输出总量,通过生成和访问工作区中的变量可与外界和其他函数交换数据,而函数文件需要定义函数名,一般都需要带输入/输出变量。此外,脚本文件生成的变量在文件执行结束后仍然会保存在内存中而不会消失,而函数文件的变量仅在函数执行期间才有效,当函数文件执行结束或遇到 return 指令时,它所定义的全部过程变量都会被清除,只有输出变量可以在工作区中查看到。

对于程序的调试工作而言,脚本 M 文件比函数 M 文件更加方便些。因为脚本文件的过程变量的相关信息可通过工作区来查看,一些不正确的语法可以直接被发现,进而大大降低了调试的难度。尽管如此,函数文件仍然是 MATLAB 程序设计的主流,这是因为函数文件方便管理,也能够提高程序的执行效率。

1.2.3 运算符

1. 算术运算符

MATLAB 的数据对象主要是矩阵,表 1.9 所列为常用的矩阵算术运算符。

表 1.9 矩阵的算术运算符

运算符	运算	语法格式	数学定义	备注
+	加法	C = A+B	$c_{ij} = a_{ij} + b_{ij}$	A、B 和 C 是同型矩阵,或者 A 和 B 至少有一个为标量
-	减法	C = A-B	$c_{ij} = a_{ij} - b_{ij}$	A、B 和 C 是同型矩阵,或者 A 和 B 至少有一个为标量,该运算符可以作为单目运算符,如 -A
.*	乘法	C = A.*B	$c_{ij} = a_{ij} \cdot b_{ij}$	A、B 和 C 是同型矩阵,或者 A 和 B 至少有一个为标量
*	乘法	$C = A_{m \times p} * B_{p \times m}$	$c_{ij} = \sum_{k=1}^{p} a_{ik} b_{kj}$	A 的列数和 B 的行数必须相等,C 是一个 m×n 矩阵
.\	左除	C = A.\B	$c_{ij} = b_{ij}/a_{ij}$	A、B 和 C 是同型矩阵,或者 A 和 B 至少有一个为标量
./	右除	C = A./B	$c_{ij} = a_{ij}/b_{ij}$	A、B 和 C 是同型矩阵,或者 A 和 B 至少有一个为标量

(续)

运算符	运 算	语法格式	数学定义	备 注
\	左除	C=A\B	矩阵方程 AX=B 的解 C	相当于函数 mldivide 的功能
/	右除	C=A/B	矩阵方程 XB=A 的解 C	相当于函数 mrdivide 的功能,等价于(B'\A')'
.^	标量的矩阵幂	C=k.^A	$c_{ij}=k^{a_{ij}}$	A 和 C 是同型矩阵
	矩阵的标量幂	C=A.^k	$c_{ij}=a_{ij}^{k}$	A 和 C 是同型矩阵
	矩阵的矩阵幂	C=A.^B	$c_{ij}=a_{ij}^{b_{ij}}$	A、B 和 C 是同型矩阵
^	标量的方阵幂	C=k^A	$C=k^A$	A 必须为方阵,表示 V*k.^D/V,其中[V,D]=eig(A)
	方阵的标量幂	C=A^k	$C=A^k$	A 必须为方阵,分 3 种情况讨论:①若 k 为正整数,表示 k 个 A 相乘;②若 k 为负整数,表示 -k 个 A 相乘所得方阵的逆矩阵;③若 k 为分数,表示 V*D.^k/V,其中[V,D]=eig(A)
.'	矩阵的转置	C=A.'	$c_{ij}=a_{ji}$	相当于 transpose 的功能
'	Hermit 转置	C=A'	$c_{ij}=\overline{a_{ji}}$	相当于 ctranspose 的功能,即若矩阵 A 元素中包含复数,则转置时相应的元素取该复数的共轭复数

注:若 A 和 B 都是方阵,则在命令行输入 A^B 按回车键,会出现提示:"错误使用^,输入必须为标量和方阵。要按元素进行 POWER 计算,请改用 POWER (.^)"。

例如,在命令行窗口输入

```
>>a=[1 0 0;0 2 0;0 0 3];b=[1 2 3;-1 -2 -3]';c=a*b,d=a\b,e=a.^2,f=a^(1/2),g=a.',h=a',
i=a.^a
```

按回车键,输出结果为

c =
    1   -1
    4   -4
    9   -9

d =
    1   -1
    1   -1
    1   -1

e =
    1   0   0
    0   4   0
    0   0   9

f =
    1.0000   0   0
    0   1.4142   0
    0   0   1.7321

g =
    1   0   0

```
         0    2    0
         0    0    3
h =
         1    0    0
         0    2    0
         0    0    3
i =
         1    1    1
         1    4    1
         1    1   27
```

数组或标量可以看成矩阵的特例,因此表1.9所列出的矩阵的算术运算符也适用于数组或标量,而数组运算是数组对应元素之间的运算。表1.10所列为常用的数组算术运算符。

表1.10 数组的算术运算符

运算符	运算	语法格式	数学定义	备注
+	加法	C=A+B	$c_i = a_i + b_i$	A和B的维数相等,或者A和B至少有一个为标量
-	减法	C=A-B	$c_i = a_i - b_i$	A和B的维数相等,或者A和B至少有一个为标量,该运算符可以作为单目运算符,例如-A
.*	乘法	C=A.*B	$c_i = a_i \cdot b_i$	A和B的维数相等,或者A和B至少有一个为标量
.\	左除	C=A.\B	$c_i = b_i / a_i$	A和B的维数相等,或者A和B至少有一个为标量
./	右除	C=A./B	$c_i = a_i / b_i$	A和B的维数相等,或者A和B至少有一个为标量
.^	标量的数组幂	C=k.^A	$c_i = k^{a_i}$	A和C的维数相等
.^	数组的标量幂	C=A.^k	$c_i = a_i^k$	A和C的维数相等
.^	数组的数组幂	C=A.^B	$c_i = a_i^{b_i}$	A和B的维数相等,或者A和B至少有一个为标量
.'	转置	C=A.'	$c_i = a_i$	相当于transpose的功能
'	Hermit转置	C=A'	$c_i = \overline{a_i}$	相当于ctranspose的功能,即若数组A中包含复数,则转置时相应的元素取该复数的共轭复数

例如,在命令行窗口输入

```
>>A=[1 2 3 4];B=[4 3 2 1];C=A+B,D=A-B,D=A.*B,E=A./B,F=A.^B, G=2-A
```

按回车键,输出结果为

```
C =
         5    5    5    5
D =
        -3   -1    1    3
D =
```

```
        4       6       6       4
E =
        0.2500  0.6667  1.5000  4.0000
F =
        1       8       9       4
G =
        1       0      -1      -2
```

注:如果输入的命令改为"D = A * B",则 MATLAB 命令行会出现提示:"错误使用 *,内部矩阵维度必须一致。"

例如,在命令行窗口输入

>>A = [1 2 3i -4i];B = A.',C = A'

按回车键,输出结果为

```
B =
    1.0000 + 0.0000i
    2.0000 + 0.0000i
    0.0000 + 3.0000i
    0.0000 - 4.0000i
C =
    1.0000 + 0.0000i
    2.0000 + 0.0000i
    0.0000 - 3.0000i
    0.0000 + 4.0000i
```

注:若数组 A 的所有元素都不是复数,则 A.'和 A'的运行结果是一样的。

2. 关系运算符

关系运算是用来判定两个操作对象关系的运算,其中操作对象可以是各种数据类型的常量或变量,而运算的结果是逻辑类型的数据。若对两个矩阵或数组进行比较,则矩阵或数组的维数必须相等。标量也可以和矩阵或数组进行比较,返回的结果是和原矩阵或数组同型的逻辑类型矩阵或数组。MATLAB 关系运算符主要有 6 种,如表 1.11 所列。

表 1.11 关系运算符

运算符	说明	运算符	说明	运算符	说明
==	相等	<	小于	=<	小于等于
~=	不相等	>	大于	>=	大于等于

关系运算符是通过比较对应的元素产生一个仅包含 1 和 0 的数值或矩阵,其元素代表的意义如下:

(1) 返回值为 1,比较结果为真。
(2) 返回值为 0,比较结果为假。

需要注意的是,"="和"=="是不同的,主要区别在于"="是将运输的结果赋予一个变量,而"=="的运算法则为比较两个变量,当它们相等时返回 1,当它们不相等时返回 0。

例如,在命令行窗口输入

>>a=[1 2 3;4 5 6;7 8 9];b=a';a>b

按回车键,输出结果为

  ans =

  3×3 logical 数组

  0 0 0

  1 0 0

  1 1 0

>>3<=a

按回车键,输出结果为

  ans =

  3×3 logical 数组

  0 0 1

  1 1 1

  1 1 1

3. 逻辑运算符

MATLAB 提供了两种类型逻辑运算,即元素运算和短路运算,如表 1.12 所列。

表 1.12 逻辑运算符

运算类型	运算符	说明	运算类型	运算符	说明
元素运算	&	与	短路运算	&&	与
	~	非			
	|	或		||	或
	xor	异或			

例如,在命令行窗口输入

>>a=[1 2 3;4 5 6;7 8 9]; a>1&a<4

按回车键,输出结果为

  ans =

  3×3 logical 数组

  0 1 1

  0 0 0

  0 0 0

>>a~=3

按回车键,输出结果为

```
ans =
  3×3 logical 数组
   1   1   0
   1   1   1
   1   1   1
```

再如建立脚本文件 luoji.m,程序代码如下:

```
clc,clear all
x=linspace(1,10,10);
n=length(x);
for i=1:n
    if x(i)<3|x(i)>6          %小于3或大于6的元素变为0
        x(i)=0;
    end
end
x
```

运行结果为

```
x =
   0   0   3   4   5   6   0   0   0   0
```

注:短路运算只能对标量值执行逻辑与和逻辑或运算。

与关系运算符一样,逻辑运算符也可以进行矩阵与数值之间的比较,比较的方式为将矩阵的每一个元素都与数值进行比较,比较结果为一个相同维数的矩阵,新生成矩阵的每一个元素分别代表原来矩阵中相同位置上的元素与该数值的逻辑运算结果。

使用逻辑运算符比较两个相同维数的矩阵时,是按元素来进行比较的,其比较的结果是一个包含 0 和 1 的相同维数的矩阵。元素 0 表示逻辑为假,而元素 1 表示逻辑为真。

A&B 返回一个与 A 和 B 相同维数的矩阵,其中元素为 0 或 1,A 和 B 对应元素都为非零时,则对应项为 1;至少有一个为零时,则对应项为 0。

A|B 返回一个与 A 和 B 相同维数的矩阵,其中元素为 0 或 1,A 和 B 对应元素至少有一个为零时,则对应项为 1;都为零时,则对应项为 0。

~A 返回一个与 A 相同维数的矩阵,其中元素为 0 或 1,A 中的元素为零时,对应项为 1;非零时,对应项为 0。

例如,在命令行窗口输入

```
>>A=[1 2;0 3];B=[1 2;1 4];A&B,A|B,~A
```

按回车键,输出结果为

```
ans =
  2×2 logical 数组
```

　　　　1　1
　　　　0　1
　　ans =
　　　2×2 logical 数组
　　　　1　1
　　　　1　1
　　ans =
　　　2×2 logical 数组
　　　　0　0
　　　　1　0

MATLAB 还提供了一些其他与逻辑运算相关的函数,包括 xor、any、all、find、logical 等,如表 1.13 所列。

表 1.13　MATLAB 逻辑运算函数

函　数	运　算　法　则
xor(x,y)	异或运算。x 和 y 不同时,返回 1;x 与 y 相同时,返回 0
any(x)	x 为向量时,x 至少有一个非零元素时,返回 1;否则返回 0
any(x)	x 为矩阵时,x 中每一列至少有一个非零元素时,返回 1;否则返回 0
all(x)	x 为向量时,x 中所有元素非零时,返回 1;否则返回 0
all(x)	x 为矩阵时,x 中每一列所有元素非零时,返回 1;否则返回 0

例如,在命令行窗口输入

　　>>A=[1 2;0 3];B=[1 2;1 4];xor(A,B),any(A),all(A)

按回车键,输出结果为

　　ans =
　　　2×2 logical 数组
　　　　0　0
　　　　1　0
　　ans =
　　　1×2 logical 数组
　　　　1　1
　　ans =
　　　1×2 logical 数组
　　　　0　1

4. 运算符优先级

在运算符的表达式中,运算顺序是按优先级进行的。优先级高的先执行,优先级低的后执行。运算符按优先级从高到低排列如表 1.14 所列。

表1.14 运算符优先级

序号	运算符	备注	序号	运算符	备注
1	( )	优先级最高	6	< <= > >= == ~=	
2	.' .^ ' ^		7	&	
3	+ - ~	单目运算	8	|	
4	.* ./ .\ * / \		9	&&	
5	+ -	双目运算	10	||	优先级最低

例如,在命令行窗口输入

>>-4+pi<=sin(5^2-3*9)

按回车键,输出结果为

ans =
 logical
  0

1.2.4 数据类型

MATLAB 中的数据类型主要包括数值类型、逻辑类型、字符串、函数句柄、结构体和单元数组。这 6 种基本的数据类型都是按照数组形式存储和操作的。另外,MATLAB 中还有两种用于高级交叉编程的数据类型,分别是用户自定义的面向对象的用户类类型和 Java 类类型。

1. 数值类型

MATLAB 基本的数值类型包括整数、单精度浮点数和双精度浮点数。因此,MATLAB 中数值类型的数据包括有符号整数、无符号整数、单精度浮点数和双精度浮点数。事实上,在未加说明与特殊定义时,MATLAB 对所有数值按照双精度浮点数类型进行存储和操作。

根据实际需要,在编程中可以指定系统按照整数型或单精度浮点型或双精度浮点型对指定的数字或数组进行存储或运算。相对于双精度浮点型,整数型与单精度浮点型的优点在于能节省变量占用的内存空间。

(1) 整数类型。MATLAB 中提供了 8 种内置的整数类型,如表 1.15 所列。

表 1.15 MATLAB 整数类型

整数类型	数值范围	转换函数
有符号 8 位整数	$-2^7 \sim 2^7-1$	int8
无符号 8 位整数	$0 \sim 2^8-1$	uint8
有符号 16 位整数	$-2^{15} \sim 2^{15}-1$	int16
无符号 16 位整数	$0 \sim 2^{16}-1$	uint16
有符号 32 位整数	$-2^{31} \sim 2^{31}-1$	int32

(续)

整 数 类 型	数 值 范 围	转 换 函 数
无符号32位整数	$0 \sim 2^{32}-1$	uint32
有符号64位整数	$-2^{63} \sim 2^{63}-1$	int64
无符号64位整数	$0 \sim 2^{64}-1$	uint64

不同的整数类型所占用的位数不同,因此能够表示的数值范围也不同。在实际问题中,应根据实际需求选择合适的整数类型。由于MATLAB中数值的默认类型为双精度浮点类型,因此将变量设置为整数类型时,需要用转换函数将双精度浮点类型转换为指定的整数类型。

MATLAB中提供了4类不同运算法则的取值函数,可以将浮点类型转换为整数类型,如表1.16所列。

表1.16　MATLAB的取整函数

取 整 函 数	运 算 法 则	示　　例
floor(x)	向下取整	floor(1.5)=1, floor(-2.5)=-3
ceil(x)	向上取整	ceil(1.5)=2, ceil(-2.5)=-2
fix(x)	向0取整	fix(1.5)=1, fix(-2.5)=-2
round(x)	最接近的整数;若小数部分为0.5,则向绝对值大的方向取整	round(1.5)=2, round(-2.5)=-3

(2) 浮点数类型。 MATLAB中提供了单精度浮点数类型和双精度浮点数类型,它们的存储位宽、数值范围和转换函数都不相同,如表1.17所列。

表1.17　MATLAB的浮点数类型

浮点类型	存储位宽	数值范围	转换函数
单精度	32	$-3.40282e+038 \sim -1.17549e-038$ $1.17549e-038 \sim 3.40282e+038$	single
双精度	64	$-1.79769e+308 \sim -2.22507e-308$ $2.22507e-308 \sim 1.79769e+308$	double

双精度浮点数参与运算时,返回值的类型依赖于参与运算的其他数据类型。若参与运算的其他数据类型为整数类型,则返回结果的类型也为整数类型;若参与运算的其他数据类型为单精度浮点类型,则返回结果的类型也为单精度浮点类型;若参与运算的其他数据类型为逻辑类型或字符类型,则返回结果的类型为双精度浮点类型。

需要注意的是,单精度浮点类型不能与整数类型进行算术运算。

2. 逻辑类型

逻辑类型的数据是指布尔类型的数据以及数据之间的逻辑关系。除了一般的数学运算,MATLAB还包括关系运算和逻辑运算。这些运算的目的是提供求解真/假命题的答案。MATLAB中关系和逻辑表达式的输出结果为:对于真命题输出1,对于假命题输出0。逻辑类型数据进行运算时需用到关系操作符和逻辑运算符,如表1.11和表1.12所列。

例如,在命令行窗口输入

　　a=0:10;b=10-a;c=(a==b)

按回车键,运行结果为

　　c =
　　　1×11 logical 数组
　　　0 0 0 0 0 1 0 0 0 0 0

再如,在命令行窗口输入

　　a=0:10;b=(a>4)&(a<8)

按回车键,运行结果为

　　b =
　　　1×11 logical 数组
　　　0 0 0 0 0 1 1 1 0 0 0

事实上,MATLAB 还提供了大量的函数,在运算过程中用来测试特殊值或条件是否存在,并返回相应的表示结果的逻辑值,如表 1.18 所列。

表 1.18　MATLAB 测试函数

函数名称	函数功能
isglobal	参量是一个全局变量,返回真值
isempty	参量为空,返回为真
finite	元素有限,返回真值
isinf	元素无穷大,返回真值
isreal	参量无虚部,返回真值
isspace	元素为空格字符,返回真值

例如,在命令行窗口输入

　　a=[1 2;3 4];a(:,:)=[ ],isempty(a)

按回车键,运行结果为

　　a =
　　　空的 0×2 double 矩阵
　　ans =
　　　logical
　　　1

再如,在命令行窗口输入

　　b=[1 1+i;0 i];isreal(b)

按回车键,运行结果为

```
ans =
  logical
   0
```

3. 字符和字符串

在 MATLAB 中,文本当作特征字符串或者简单地当作字符串。字符串能够显示在屏幕上,也可以用来构成一些命令,这些命令在其他的命令中用于求值或者被执行。

在 MATLAB 中常常会遇到对字符和字符串的操作。一个字符串是存储在一个向量中的文本,这个向量中的每一个元素代表一个字符。实际上,元素中存放的是字符的内部代码,即 ASCII 码。

当在屏幕上显示字符变量的值时,显示出来的是文本,而不是 ASCII 数字。由于字符串是以向量的形式来存储的,因此可以通过它的下标对字符串中的任何一个元素进行访问。字符矩阵也可以通过下标索引进行访问,但是矩阵的每行字符数必须相同。字符串一般是 ASCII 值的数值数组,它作为字符串表达式进行显示。一个字符串是由单引号括起来的简单文本。在字符串里的每个字符是数组里的一个元素,字符串的存储要求每个字符是 8 字节。

例如,在命令行窗口输入

```
>> A='I love my mother country, China';B=size(A),C=abs(A)
```

按回车键,运行结果为

```
B =
     1    31
C =
  1 至 14 列
  73   32  108  111  118  101   32  109  121   32  109  111  116  104
  15 至 28 列
 101  114   32   99  111  117  110  116  114  121   44   32   67  104
  29 至 31 列
 105  110   97
```

4. 函数句柄

MATLAB 中对函数调用的方法主要有两种,即直接调用法和间接调用法。在直接调用法中,被调用的函数称为子函数。子函数只能被与其 M 文件同名的主函数或在 M 文件中的其他函数所调用,同时在一个文件中只能有一个主函数。而利用间接调用法,可避免上述问题。间接调用法主要使用函数句柄对函数进行调用。创建函数句柄需用到操作符@。对于 MATLAB 库函数中提供的各种 M 文件中的函数和用户自主编写的程序中的内部函数,都可以通过创建函数句柄实现对这些函数的间接调用。

创建函数句柄的语句格式为

function_handle=@function_filename

其中,function_filename 为 MATLAB 内部函数的名称或者函数所对应的 M 文件名称,

function_handle 变量保存了这一函数句柄,并在后续的运算中作为数据流进行传递。

例如,求解函数 $f(x)=\sin(3x)$ 在点 $x=1$ 和点 $x=4$ 附近的根,首先建立函数文件 myfun.m,代码如下:

function F = myfun(x)
F = sin(3*x);

然后在命令行窗口输入

x = fsolve(@myfun,[1 4],optimoptions('fsolve','Display','off'))

最后按回车键,输出结果为

x =
    1.0472   4.1888

事实上,上面这个问题也可以简化程序来解决,只需在命令行窗口输入

x = fsolve(@(x) sin(3*x),[1 4],optimoptions('fsolve','Display','off'))

然后按回车键,输出结果为

x =
    1.0472   4.1888

5. 结构体

MATLAB 中的结构体与 C 语言中的结构体类似,一个结构体可以通过字段存储多个不同类型的数据。因此,结构体相当于一个数据容器,可以把多个相关联的不同类型的数据存储在一个结构体对象中。也就是说,一个结构体可以具有多个字段,每个字段可以存储不同类型的数据,通过这种方式就把多个不同类型的数据存储在一个结构体对象中。

创建结构体对象的方法有两种:一是使用结构体创建函数 struct;二是直接通过赋值语句给结构体字段赋值。利用 struct 函数创建结构体的格式为

S = struct('field1',VALUES1,'field2',VALUES2,…)

详细介绍可以在命令行窗口输入 help struct 后按回车键得到。

例如,在命令行窗口输入

>> S=struct('xingbie','nan','shengao','180cm','tizhong','75kg')

按回车键后运行结果为

S =

包含以下字段的 struct:

xingbie: 'nan'
shengao: '180cm'
tizhong: '75kg'

如果通过字段赋值创建结构体,那么操作较为复杂。首先建立脚本文件 jiegouti.m,代码如下:

```
clc,clear all
S.xingbie='nan';
S.shengao='180cm';
S.tizhong='75kg';
S
```

运行结果为

S =

包含以下字段的 struct:

xingbie: 'nan'
shengao: '180cm'
tizhong: '75kg'

需要注意的是,在进行字段赋值操作时,没有明确赋值的字段,MATLAB 默认赋值为空数组。通过圆括号索引进行字段赋值,还可以创建任意尺寸的结构体数组,并且同一结构体数组中的所有结构体对象具有相同的字段组合。

6. 单元数组

MATLAB 中进行运算的所有数据类型,都是按照数组及矩阵的形式进行存储和运算的。而数组和矩阵在 MATLAB 中的基本运算性质是不同的,数组强调的是元素与元素之间的运算,矩阵则采用线性代数的运算法则。下面主要介绍数组类型,关于矩阵类型可以推广研究。

数组的属性以及数组之间的逻辑关系,是编写程序时非常重要的两个方面。在 MATLAB 中,数组的定义是广义的,也就是说数组的元素可以是任意的数据类型,例如数值、字符、字符串、指针等。

当数组的元素个数为 0 时,则称此数组为空数组。事实上,空数组是一种特殊的数组,它不包含任何元素。空数组主要用于逻辑运算、数组声明以及数组的清空等。

在 MATLAB 中,可以使用冒号":"来进行数值的定义,其语句格式为

Array=i:n:j

创建从 i 开始、步长为 n、到 j 结束的数组向量,即 i,i+n,i+2n,…,i+kn,其中 i+kn 不超过 j。注意 i 和 j 的取值不一定是整数。若 j 大于 i,则 n 的取值必须为正数;若 j 小于 i,则 n 的取值必须为负数。若 n 不写的话则默认步长为 1。

例如,在命令行窗口输入

\>\> a=0.1:1:5.5,b=6.1:-1:0,c=0:0:3,d=1:4

按回车键,得

a =

    0.1000   1.1000   2.1000   3.1000   4.1000   5.1000

```
b =
    6.1000    5.1000    4.1000    3.1000    2.1000    1.1000    0.1000
c =
    空的 1×0 double 行矢量
d =
    1    2    3    4
```

除了一般的数值数组之外,MATLAB 还提供了一种特殊的数组:单元数组。单元数组是一种无所不包的广义矩阵,它的每一个元素称为一个单元。一个单元可以包括一个任意数组,如数值数组、字符串数组、结构体数组或另一个单元数组,因此一个单元可以具有不同的大小和内存占用空间。MATLAB 中使用单元数组的作用是可以把不同类型的数据归并到一个数组中去。和一般的数值数组一样,单元数组的维数也不受限制。

在 MATLAB 中单元数组有两种创建方法:一是利用 cell 函数;二是使用赋值语句。需要注意的是,在使用赋值语句创建单元数组时是使用花括号"{ }"来完成的,而使用空格或逗号","来分隔单元,使用分号";"进行分行。例如,在命令行窗口输入

```
>> A={pi 'x';[1 2 3] 'abc'}
```

按回车键,得

```
A =
  2×2 cell 数组
    [    3.1416]    'x'
    [1×3 double]    'abc'
```

与一般的数值数组一样,单元数组的内存空间也是动态分配的。因此,使用 cell 函数创建空单元数组的主要目的是为该单元数组预先分配连续的存储空间,以节约内存占用,提高执行效率。

需要注意的是,在单元数组中,单元和单元中的内容是两个不同的概念。因此,寻访单元和单元中的内容是两个不同的操作。对于单元数组 C 而言,$C(m,n)$ 表示的是单元数组中第 m 行第 n 列的单元,$C\{m,n\}$ 表示的是单元数组中第 m 行第 n 列单元的内容。例如,在命令行窗口输入

```
>> A={pi 'x';[1 2 3] 'abc'};B=A(1,2),C=A{1,2}
```

按回车键,得

```
B =
  cell
    'x'
C =
x
```

同上,对单元数组还可以进行合并、删除单元数组中的指定单元,改变单元数组的形状等操作。例如,在命令行窗口输入

```
>> A={pi 'x';[1 2 3] 'abc'};A{1,1}=1,A{2,1}=[]
```

按回车键,得

```
A =
  2×2 cell 数组
    [        1]    'x'
    [1×3 double]   'abc'
A =
  2×2 cell 数组
    [1]    'x'
    []     'abc'
```

1.2.5 程序控制流

MATLAB 主要提供了 3 种控制流结构,即顺序结构、选择结构和循环结构。

1. 顺序结构

顺序结构是 MATLAB 程序中最基本的结构,表示程序中的各操作是按照它们出现的先后顺序执行的。顺序结构可以独立使用构成一个简单的完整程序,常见的输入、计算、输出 3 个环节的程序就是顺序结构。一般情形下,顺序结构作为程序的一部分,与其他结构一起构成一个复杂的程序。例如分支结构中的复合语句、循环结构中的循环体等。

例如,计算半径为 2 的圆面积和半径为 2 的球体积。首先建立脚本文件 mianjitiji.m,代码如下:

```
clc,clear all
r=2;
S=pi*r.^2;
V=4/3*pi*r.^3;
fprintf('半径为 2 的圆面的面积为%f\n',S)
fprintf('半径为 2 的球体的体积为%f\n',V)
```

运行结果为

半径为 2 的圆面的面积为 12.566371
半径为 2 的球体的体积为 33.510322

2. 选择结构

MATLAB 提供了一种主要的选择结构:if-end。该选择结构主要有以下几种情形:
(1) 若逻辑表达式为真,则执行以下语句,否则跳出,具体格式为

```
if  逻辑表达式
    语句
end
```

(2) 若逻辑表达式为真,则执行语句 1,否则执行语句 2,具体格式为

```
if  逻辑表达式
```

语句 1
else
　　语句 2
end

（3）若逻辑表达式为 3 种以及 3 种以上情形,则具体格式为

if　逻辑表达式 1
　　语句 1
elseif 逻辑表达式 2
　　语句 2
else
　　语句 3
end

例如,给定自变量 x 的值,计算分段函数 $y = \begin{cases} x-1, x<0 \\ 0, x=0 \\ x+1, x>0 \end{cases}$ 的函数值,首先建立脚本文件 fenduan.m,代码如下:

```
clc,clear all
x = input('输入自变量 x 的值:');
if x<0
    y = x-1;
elseif x = = 0
    y = 0;
else
    y = x+1;
end
disp('函数 y 的函数值为')
disp(y)
```

若考虑自变量取值为 3,则运行结果为

```
输入自变量 x 的值:3
函数 y 的函数值为
    4
```

对于选择结构,除了 if-end 结构之外,MATLAB 还提供了 switch-case 结构和 try-catch 结构。本书在此不再赘述,请读者自行学习。

3. 循环结构

MATLAB 中提供的循环结构有 for 循环结构和 while 循环结构两种。

for 循环结构针对大型复杂运算是一种相当有效的运算方法。for 循环重复执行一组语句一个预先给定的次数,匹配 end 结束描述该语句。for 循环的语句格式为

for i = array

循环体
end

对于 for 循环的语句格式,需要注意:

(1) for 和 end 是同时出现的;若缺少 end,则运行提示出现错误。

(2) for 指令后面的变量 i 称为循环变量,循环变量的取值是确定的,表示循环体被重复执行的次数。

(3) for 循环体中语句末尾的分号可以隐藏变量结果的输出。如果循环体中包含变量,则循环后可在命令行窗口直接输出此变量的结果。

例如,利用 for 循环求解 1+2+…+100 的值,首先建立脚本文件 qiuhe.m,代码如下:

```
clc,clear all
format long
sum=0;
for i=1:100
    sum=sum+i;
end
fprintf('所求的和为%f\n',sum)
```

运行结果为

所求的和为 5050.000000

再如,利用 for 循环计算前 10 个斐波那契数,首先建立脚本文件 fibonacci1.m,代码如下:

```
clc,clear all
a(1)=1;
a(2)=1;
for i=3:10
  a(i)=a(i-1)+a(i-2);        %斐波那契数列的递推公式
end
a
```

运行结果为

a =
       1   1   2   3   5   8   13   21   34   55

再如,若把三阶矩阵 $\begin{bmatrix} 0 & 2 & -2 \\ 2 & 0 & -1 \\ 9 & -12 & 0 \end{bmatrix}$ 中的正数元素变为 1 和负数元素变为 -1,首先建立脚本文件 juzhen.m,代码如下:

```
clc,clear all
a=[0 2 -2;2 0 -1;9 -12 0];
[m,n]=size(a);
```

```
for i = 1:m
    for j = 1:n
        if a(i,j)>0
            a(i,j) = 1;
        elseif a(i,j)<0
            a(i,j) = -1;
        end
    end
end
A = a
```

运行结果为

```
A =
     0     1    -1
     1     0    -1
     1    -1     0
```

while 循环在一个逻辑条件的控制下重复执行一组语句一个不定的次数,匹配 end 结束描述该语句。while 循环的语句格式为

while 逻辑表达式
    循环体
end

对于 while 循环的语句格式,需要注意:

(1) while 和 end 是同时出现的;若缺少 end,则运行提示出现错误。

(2) while 循环之前首先确定逻辑表达式的值,若其值为真则执行循环体命令;循环体命令执行完之后继续确定逻辑表达式的值,若其值仍为真则继续执行循环体命令,直至逻辑表达式的值为假时结束循环。

(3) 逻辑表达式的值在大多情形下都是标量值,但 MATLAB 同样也适应于数组的情形。事实上,当表达式为数组且数组所有元素的逻辑取值均为真时,while 循环才继续执行循环体。

(4) 当逻辑表达式为空数组,则 MATLAB 默认表达式的值为假,此时直接结束循环。

(5) while 循环体中语句末尾的分号可以隐藏变量结果的输出。如果循环体中包含变量,则循环后可在命令行窗口直接输出此变量的结果。

例如,利用 while 循环求解 $1+2+\cdots+100$ 的值,首先建立脚本文件 qiuhe1.m,代码如下:

```
clc,clear all
format long
sum = 0;
i = 1;
while i<101
```

```
        sum=i+sum;
        i=i+1;
    end
    fprintf('所求的和为%f\n',sum)
```

运行结果为

```
所求的和为 5050.000000
```

再如,利用 while 循环计算大于 500 的最小斐波那契数,首先建立脚本文件 fibonacci2.m,代码如下:

```
clc,clear all
a(1)=1;
a(2)=1;
i=2;
while a(i)<=500
    i=i+1;
    a(i)=a(i-1)+a(i-2);
end
i
a(end)     %或者 a(i)
```

运行结果为

```
i =
    15
ans =
    610
```

再如,求解函数 $x^3-x^2+x+\sin\left(\dfrac{\pi}{2}x\right)-106$ 的最小正整数根,首先建立脚本文件 zhenggen.m,代码如下:

```
clc,clear all
x=1;
while 1
    A=x^3-x^2+x+sin(x*pi/2)-106;
    if A==0
        disp('所求的最小正整数根为')
        disp(x)
        break
    end
    x=x+1;
end
```

运行结果为

所求的最小正整数根为

5

  for 循环和 while 循环是 MATLAB 中常见的两种循环结构。它们之间的主要区别为：for 循环的循环次数是确定的，而 while 循环的次数是不确定的。因此，当用户无法确定循环的次数时，推荐使用 while 循环，只有满足逻辑表达式的结果为真便会持续循环。

  除此之外，MATLAB 还提供了控制程序流的其他常用指令，比如 return 指令、pause 指令、continue 指令、break 指令等。

  对于 return 指令，如果在循环中或调用函数中插入该指令，那么可以强制 MATLAB 结束此次循环或者结束执行此函数并把控制权转出。

  对于 pause 指令，功能是控制执行文件的暂停与恢复，其调用格式为

  pause：表示暂停执行文件，等待用户按任意键继续；

  pause(n)：表示暂停 n 秒，再继续执行文件。

  对于 continue 指令，功能是把控制传给下一个在其中出现的 if 或 while 循环的迭代，忽略任何循环体中保留的语句。在嵌套循环中，continue 把控制传给下一个 for 或 while 循环所嵌套的迭代。

  对于 break 指令，功能是对 for 循环或 while 循环结构的终止，可以不必等待循环的预定结束时而是根据循环内部设置的终止条件来判断。若终止条件满足，则执行 break 指令退出循环；若终止条件不满足，则继续运行至循环的预定结束时。

  最后，在运行脚本文件时也会遇到错误指令 error 或警告指令 warning，此时根据命令行窗口给出的提示信息进行修正更改。

1.2.6 工具箱

  MATLAB 附带了很多工具箱(Toolbox)，而且每次发布新版本时，工具箱几乎都要随之增加。MATLAB 工具箱一般具有较深厚的专业背景。在 MATLAB 主界面按 F1 键打开 MATLAB 的"Help"，在窗口的左边显示了 MATLAB 的所有工具箱，如图 1.28 所示。

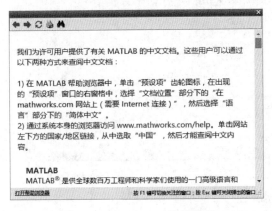

图 1.28 MATLAB 工具箱界面

  一般情形下，每个工具箱针对一个具体的问题，如偏微分方程工具箱(Partial Differential Equation Toolbox)是偏微分方程(组)求解函数的集合，图像处理工具箱(Image Processing

Toolbox)主要针对数字图像处理问题。例如,在命令行窗口输入

    >>pdetool

按回车键,运行结果如图 1.29 所示。

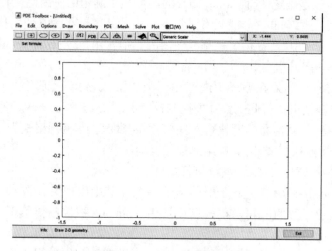

图 1.29 pdetool 工具箱界面

事实上,一个工具箱包含若干个函数,也是一个函数库,在功能方面与 MATLAB 主体中的数值计算和数据可视化部分相同,并且工具箱中的函数都是基于 MATLAB 的二次开发,即用 MATLAB 语言编写的 M 文件,可用函数 edit 打开这些文件就可以看到源代码。例如,在命令行窗口输入

    >> edit pdetool

按回车键,运行结果如图 1.30 所示。

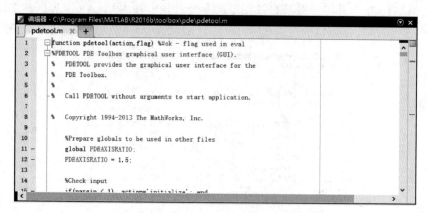

图 1.30 pdetool 工具箱源代码

第 2 章　LINGO 基础知识

LINGO 是 Linear Interactive and General Optimizer 的缩写,即"交互式线性和通用优化求解器"。与常用的数学软件 MATLAB 和 SPSS 相比,LINGO 在求解优化问题方面具有明显的优势,如线性规划、非线性规划、整数规划、0-1 规划、二次规划、组合优化问题等,其编程简单,建立的优化模型不需要太大的改动,利用 LINGO 求解器可以快速求得结果,是一款具有强大求解最优化模型功能的交互式数学软件,也是数学建模求解过程中必不可少的软件工具之一。

下面先来看一个优化问题的例子。

例 2.1　军用物资的运输问题。某军工厂在完成生产任务后,需要安排车辆将 A、B、C 三类军用物资运送至部队,在装载时车辆既要受到容积的限制,还要受到运载重量的限制,已知军工厂需要运送的 A、B、C 三类物资的运载消耗情况如表 2.1 所列。

表 2.1　军用物资运载消耗情况表

军用物资	容积(m^3/箱)	质量(kg/箱)	效益(千元/箱)
A	5	200	18
B	4	500	20
C	3	300	15
运载限制	30	1800	

该军工厂每装载一件 A 类物资所获得的效益为 18 千元/箱,每装载一件 B 类物资所获得的效益为 20 千元/箱,每装载一件 C 类物资所获得的效益为 15 千元/箱,该军工厂应如何安排物资装载才能使所获得的效益最大?

下面把这个问题用数学模型来表示。设军工厂运载 A、B、C 三类物资的数量分别为 x_1、x_2、x_3 箱,可获得的效益用 Z 来表示,则有

$$\max Z = 18x_1 + 20x_2 + 15x_3$$

还要考虑容积和质量的限制:运载的军用物资的容积不超过 $30 m^3$,即

$$5x_1 + 4x_2 + 3x_3 \leq 30$$

运载的军用物资还要受到质量的限制,即

$$200x_1 + 500x_2 + 300x_3 \leq 1800$$

另外,两种产品的产量是非负的整数,即 $x_1, x_2, x_3 \geq 0$。

可以发现,该问题的数学模型具有以下 3 个方面的特征:

(1) 一组变量表示某个方案,一般这些变量取值是非负的。

(2) 存在一定的约束条件,可以用线性等式或线性不等式来表示。

(3) 有一个要达到的目标,可以用决策变量的线性函数来表示。

这3个方面的特征简称为决策变量(Decision variable)、约束条件(Constraints)和目标函数(Objective Function)。在建立数学模型时,确定了决策变量以后,一般第一行是目标函数,接下来是约束条件,用 s.t. 来表示。例2.1中的数学模型可以表示为

$$\max Z = 18x_1 + 20x_2 + 15x_3$$

$$\text{s.t.} \begin{cases} 5x_1 + 4x_2 + 3x_3 \leqslant 30 \\ 200x_1 + 500x_2 + 300x_3 \leqslant 1800 \\ x_1, x_2, x_3 \geqslant 0 \\ x_1, x_2, x_3 \text{ 均为整数} \end{cases} \quad (2.1)$$

优化模型2.1建立好以后,便可以利用LINGO软件来求解,下面从LINGO的基本操作开始讲述。

2.1 LINGO 基本操作

2.1.1 LINGO 基本操作界面

双击LINGO图标,或在Windows下运行LINGO软件,会看到LINGO的界面如图2.1所示。

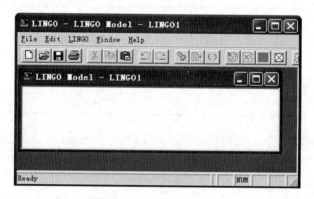

图2.1 LINGO 运行窗口

LINGO软件的主窗口称为用户界面,在这个主窗口之内包含有菜单栏和工具条,还有一个标题为LINGO Model-LINGO1的窗口称为LINGO的默认模型窗口,最下边是状态栏。下面分别介绍主窗口里每一项的具体功能。

1. 菜单栏

在主窗口文件名的第一行包括File、Edit、LINGO、Window、Help等功能。

1)"文件"(File)下拉菜单

单击"文件"(File)下拉菜单可以看到与其他软件类似,选项有新建(New)、打开(Open)、保存(Save)、另存为(Save as)、关闭(Close)、打印(Print)、打印设置(Print Setup)、打印预览(Print Preview)、输出到日志文件(Log Output)、提交脚本文件(Take Commands)、输出文件(Export File)、退出(Exit),界面如图2.2所示。由图2.2可以看到,在下拉菜单前10个选项的右边有快捷键,也可以直接按快捷键启动相应选项。

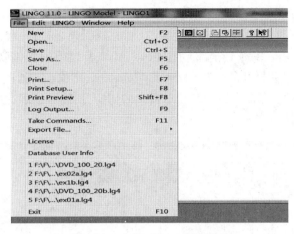

图 2.2 "文件"(File)下拉菜单

2)"编辑"(Edit)下拉菜单

单击"编辑"(Edit)下拉菜单,选项有恢复(Undo)、重做(Redo)、剪切(Cut)、复制(Copy)、粘贴(Paste)、粘贴特定(Paste Special)、全选(Select All)、查找(Find)、查找下一处(Find Next)、替换(Replace)、到指定行(Go To Line)、匹配小括号(Match Parenthesis)、粘贴函数(Paste Function)、选择字体(Select Font)、插入新对象(Insert New Object)、链接(Links)、对象属性(Object Properties)、对象(O),如图 2.3 所示。当模型窗口没有代码时,除了粘贴、粘贴特定、粘贴函数和插入新对象 4 个选项外,其余的选项都呈灰白色,不能使用,当模型窗口输入代码后,灰白色的选项会变黑,此时就可以使用了。

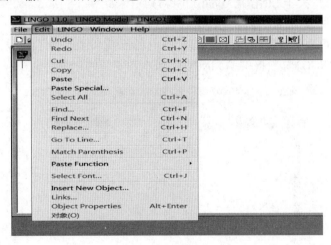

图 2.3 "编辑"(Edit)下拉菜单

3)LINGO 下拉菜单

单击 LINGO 下拉菜单,选项有求解模型(Solve)、求解结果(Solution)、灵敏性分析(Range)、选择(Option)、产生(Generate)、图片(Picture)、调试(Debug)、模型统计(Model Statistics)、查看(Look),如图 2.4 所示。当模型窗口没有代码时,只有选择和产生这两个选项可以使用,当模型窗口输入代码以后,其他的选项就可以使用了。可见,LINGO 下拉菜单对 LINGO 程序调试、模型求解和结果分析验证起到了非常重要的作用。

4) Window 下拉菜单

单击 Window 下拉菜单,选项有命令窗口(Command Window)、状态窗口(Status Window)、控件置后(Send to Back)、全部关闭(Close All)、标题(Tile)、串联(Cascade)、重排图标(Arrange Icons)、目前打开的窗口(1 LINGO Model-LINGO1),如图 2.5 所示。Window 下拉菜单可以完成对所在命令窗口和状态窗口的切换,还能对显示的窗口置前或置后,完成对显示窗口的设置。

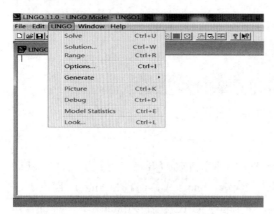

图 2.4　LINGO 下拉菜单

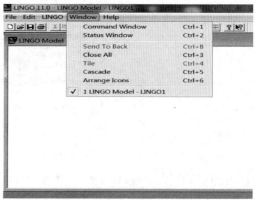

图 2.5　Window 下拉菜单

5)"帮助"(Help)下拉菜单

单击"帮助"(Help)下拉菜单,选项有帮助主题(Help Topics)、注册(Register)、自动更新(AutoUpdate)、关于 LINGO(About LINGO)4 个,如图 2.6 所示。注册(Register)提供了 LINGO 系统注册的相关信息,可以根据个人情况进行注册。选择自动更新(AutoUpdate)后可以根据官网提供的信息,当出现新版本时,系统会自动进行更新。关于 LINGO(About LINGO)选项提供了 LINGO 的版本和安装的相关信息。

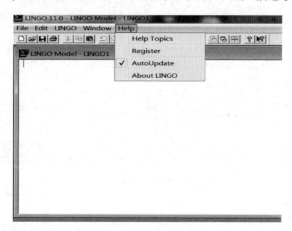

图 2.6　"帮助"(Help)下拉菜单

"帮助"下拉菜单中最主要的选项就是"帮助主题"(Help Topics),点开这个选项后,会出现如图 2.7 所示对话框。这个对话框分三部分,最上面一行是菜单栏,左侧的对话框有目录、索引、搜索、收藏 4 个选项,当选择某一选项之后,右侧的对话框会显示具体内容。LINGO 提供了强大的帮助功能,包括菜单的使用、集的使用、不同类型变量的设定、数据集的设定等,每一项功能还有具体的算例,非常直观,便于初学者和使用软件过程中使用。

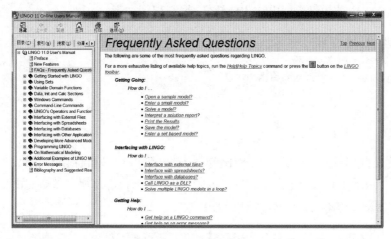

图 2.7 "帮助主题"(Help Topics)选项卡

2. 工具栏

工具栏中列出了菜单栏中的常用选项,如新建、打开、保存、打印文件,复制、剪切、粘贴、取消操作、恢复操作、查找、定位、匹配括号、求解、显示等,每个选项的含义和快捷键的用法如图 2.8 所示。

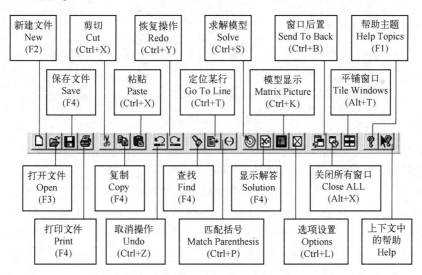

图 2.8 工具栏选项的功能和快捷键

3. 模型窗口

用于输入 LINGO 优化模型的程序,也称命令窗口。LINGO 有两种命令模式:Windows 模式和 Command-line(命令行)模式。在窗口菜单中选 Command Window 命令或按快捷键 Ctrl+1 可以打开 LINGO 的命令行窗口,在命令提示符":"后可以输入想要输入的命令。

4. 状态栏

显示目前的状态。最左边显示"Ready",表示准备就绪,最右边显示的是光标的位置和当前的时间。

根据例 2.1 中的模型,使用 LINGO 软件,编制程序如下:

max = 18 * X1+20 * X2+15 * X3;
5 * X1+4 * X2+3 * X3<=30;
200 * X1+500 * X2+300 * X3<=1800;
@gin(X1);
@gin(X2);
@gin(X3);

可以发现,这个程序与式(2.1)相比变化不大,第一行是目标函数,第二行和第三行是约束条件,除了 LINGO 程序本身的非负限制外,x_1、x_2、x_3 必须是整数,用 @gin 进行限制。单击工具条上的 按钮,结果如图 2.9 所示。

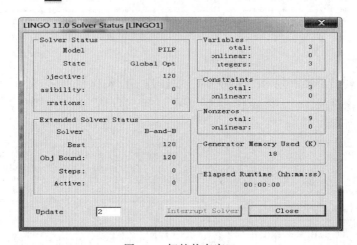

图 2.9　解的状态窗口

图 2.9 是解的状态窗口(LINGO11.0 Solver Status),左侧有两部分求解状态(Solver Status)和扩展求解状态(Extended Solver Status)。

求解状态中模型(Model)显示的是模型类别,包括线性模型(LP)、二次模型(QP)、整数线性模型(ILP)、整数二次模型(IQP)、纯整数线性模型(PILP)、纯整数二次模型(PIQP)、非线性模型(NLP)7 种类型。可以看到,本例中的模型是纯整数线性模型(PILP)。状态(State)中可能的状态包括:全局优化(Global Optimum)、局部优化(Local Optimum)、(Feasible)、(Infeasible)、(Unbounded)、(Interrupted)、(Undetermined)。Objective 后面表示的是目标函数的值,本例中的目标函数值为 117。Infeasibility 后面表示的是不满足约束条件的个数,Iterations 后面表示的是迭代的次数,本例中不满足约束条件的个数和迭代的次数都是 0。

状态右侧是具体的细节,有 Variables、Constrains、Nonzeros、Generator Memory Used(K)、Elapsed Runtime(hh:mm:ss)。在最下面一行的左侧是更新状态窗口(Update),用来显示更新状态窗口的相隔时间,系统一般默认为 2 秒。最下面一行的右侧还有两个按钮,一个是"打断求解"(Interrupt Solver)按钮,另一个是"关闭"(Close)按钮。

图 2.10 中 Solution Report-LINGO1 显示的是模型运行后的结果。在 LINGO 中每处理完一个程序,就会生成一个模型求解的报告窗口。

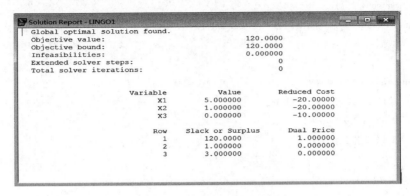

图 2.10　模型运行后的结果

2.1.2　LINGO 程序设计规则

程序设计中,LINGO 有一些使用规则:

(1) 在 LINGO 中最开始是优化模型的目标函数,表示求目标函数的最大值或者最小值。

(2) 变量和它前面的系数之间要用"＊"连接,输入时变量中间可以有空格也可以不加入空格,LINGO 读取程序时是可以忽略空格的,可以根据自己的需要加上空格方便程序的阅读。

(3) 变量名不区分大小写,但必须以字母开头,不超过 32 个字符。

(4) 每行的数学表达式结束时要用分号";",表达式可以写在多行上,但是表达式中间不能用分号。

(5) 用"<="和">="表示"小于等于"和"大于等于"。

(6) 如果语句开头用感叹号"!",则表示该语句为注释,可跨多行。

小规模规划问题,直接输入即可,可以不使用集合。但是对于大规模的优化问题,直接输入的方法是非常困难的,这里使用集合就会非常方便。

同样是例 2.1,还可以利用下面的程序得到结果:

model:
!6 发点 8 收点运输问题;
sets:
　warehouses/wh1..wh6/: capacity;
　vendors/v1..v8/: demand;
　links(warehouses,vendors): cost, volume;
endsets
!目标函数;
　min=@sum(links: cost * volume);
!需求约束;

```
@for( vendors( J) :
 @sum( warehouses( I) : volume( I,J))= demand( J));
!产量约束;
@for( warehouses( I) :
 @sum( vendors( J) : volume( I,J) )<= capacity( I));
!这里是数据;
data:
 capacity = 60 55 51 43 41 52;
 demand = 35 37 22 32 41 32 43 38;
 cost = 6 2 6 7 4 2 9 5
     4 9 5 3 8 5 8 2
     5 2 1 9 7 4 3 3
     7 6 7 3 9 2 7 1
     2 3 9 5 7 2 6 5
     5 5 2 2 8 1 4 3;
enddata
end
```

单击工具条上的"运行"按钮可以得到结果为

Global optimal solution found.
Objective value: 664.0000
Infeasibilities: 0.000000
Total solver iterations: 17
Elapsed runtime seconds: 0.22
Model Class: LP
Total variables: 48
Nonlinear variables: 0
Integer variables: 0
Total constraints: 15
Nonlinear constraints: 0
Total nonzeros: 144
Nonlinear nonzeros: 0

程序主要分为以下4个部分:集合、目标函数、约束条件、数据。集合的使用是程序的主要部分,下面来具体介绍。

2.2 LINGO 中集合的使用

对优化问题进行建模和求解的时候,首先要明确的就是研究对象,在 LINGO 中这些相互联系的对象构成集(sets),如加工的零件、汽车、工厂的工人等所构成的群体。集中的每一个对象称为集的成员,每个成员可能有一个或多个与之有关联的特征称为属性。例如,加工的零件集中的每个零件可以有质量属性;汽车集中的每汽车卡车可以有价格属性;工厂的工人集中的每位工人的工资就是工资属性,还可以有性别属性,工龄属性等,属性值可以预先给定,也可以是未知的,有待于 LINGO 求解。

当把研究对象作为集合,就可以利用集来解决复杂的优化问题,进而发挥 LINGO 建模语言的优势。LINGO 有两种类型的集,即原始集(primitive set)和派生集(derived set)。

2.2.1 原始集

原始集是由一些最基本的对象组成的,定义一个原始集语法如下:

$$setname[/member\_list/][:attribute\_list];$$

setname 是定义的集的名称,集名称的命名规则为:可以用拉丁字母或下画线(_)为首字符,其后可以是拉丁字母(A~Z)、下画线、阿拉伯数字(0,1,…,9)组成的长度不超过 32 个字符的字符串,其中字母不区分大小写,"[ ]"中的内容根据需要可选。

Member_list 是集成员列表。集成员可以有两种方式定义:一种是直接放在集定义中,有显式罗列和隐式罗列两种方式;另一种是放在后面的数据部分再定义它们。

(1)当集成员个数较少时用显式罗列,在集名称的斜杠后面输入每一个成员的名字,中间用空格或逗号搁开,允许混合使用。

(2)当集成员个数较多时,用隐式罗列会更加方便。

隐式罗列只需要给出第一个集成员的名字和最后一个成员的名字,LINGO 将自动产生中间的所有成员名字。LINGO 可以有一些特定的成员名字,如日期、年月、时间等。隐式成员列表格式及示例如表 2.2 所列。

表 2.2 隐式成员列表格式及示例

隐式成员列表格式	数学运算含义	示 例	所产生集成员
1..n	数字型	1..8	1,2,3,4,5,6,7,8
StringA..StringB	字符数字型	Pen20..Pen325	Pen20,Pen21,…,Pen325
DayA..DayB	日期型	Mon..Fri	Mon,Tue,Wed,Thu,Fri
MonthA..MonthB	月份型	Sep..Feb	Sep,Oct,Nov,Dec,Jan,Feb
MonthYearA..MonthYearB	年月型	Nov2019..Jan2020	Nov2019,Dec2019,Jan2020

attribute_list 是集成员的属性,可以指定一个或多个集成员的属性,属性之间用逗号隔开。

2.2.2 派生集

由其他集合而定义出来的集合称为派生集,该集合的成员来自于其他已存在的集合。定义一个派生集必须声明集的名字和父集的名字。定义一个派生集语法如下:

$$setname(parent\_set\_list)[/member\_list/][:attribute\_list];$$

setname 是集的名字,parent_set_list 是已定义的父集的列表,如果有多个则用逗号分隔,如果没有指定父集的成员列表,则 LINGO 会自动创建所有组合作为派生集的成员。派生集的父集既可以是原始集,也可以是其他的派生集。

例 2.2　allowed 集生成

```
sets:
 product/A B/;
 machine/M N/;
 week/1..2/;
 allowed(product,machine,week):x;
endsets
```

LINGO 生成了 3 个父集的所有组合共 8 组作为 allowed 集的成员,列表如下:

编号　　　成员
1　　　（A,M,1）
2　　　（A,M,2）
3　　　（A,N,1）
4　　　（A,N,2）
5　　　（B,M,1）
6　　　（B,M,2）
7　　　（B,N,1）
8　　　（B,N,2）

派生集分为两类:根据派生集的成员是否为父集的所有组合构成,分为稠密集和稀疏集。如果派生集成员由父集成员所有的组合构成,则这样的集是稠密集。如果集成员仅仅是父集成员所有组合构成集合的一个子集,则这样的派生集是稀疏集。派生集的成员列表也有两种方式:

（1）显式罗列。与原始集的显示罗列类似,显式罗列需要给出所有在派生集中的成员,显示罗列的派生集应该是稠密集。使用前面的例子,显式罗列派生集的成员:

　　　　　allowed(product,machine,week)/A M 1,A N 2,B N 1/;

（2）设置成员资格过滤器。如果需要生成一个大的、稀疏的集,则可以将稀疏集的成员所满足的条件利用逻辑条件来加以区分。这种逻辑条件就相当于把不在派生集中的成员给过滤掉。

用竖线"|"来标记一个成员资格过滤器的开始。#eq#是逻辑运算符,用来判断是否"相等"。

例 2.3　成员资格过滤器的设置

```
sets:
 !学生集:性别属性 sex,1 表示男性,0 表示女性;年龄属性 age.;
 students/John,Jill,Rose,Mike/:sex,age;
 !男学生和女学生的联系集:友好程度属性 friend,[0,1]之间的数..;
 linkmf(students,students)|sex(&1) #eq# 1 #and# sex(&2) #eq# 0: friend;
 !男学生和女学生的友好程度大于 0.5 的集;
 linkmf2(linkmf) | friend(&1,&2) #ge# 0.5 : x;
endsets
```

```
data:
 sex,age = 1 16
         0 14
         0 17
         0 13;
 friend = 0.3 0.5 0.6;
enddata
```

用竖线(|)来标记一个成员资格过滤器的开始。#eq#是逻辑运算符,用来判断是否"相等"。&1可看作派生集的第1个原始父集的索引,它取遍该原始父集的所有成员;&2可看作派生集的第2个原始父集的索引,它取遍该原始父集的所有成员;……,以此类推。如果派生集B的父集是另外的派生集A,那么上面所说的原始父集是集A向前回溯到最终的原始集,其顺序保持不变,并且派生集A的过滤器对派生集B仍然有效。因此,派生集的索引个数是最终原始父集的个数,索引的取值是从原始父集到当前派生集所作限制的总和。

2.3　LINGO的模型结构

LINGO的模型结构由以下四部分构成:

2.3.1　集合(sets endsets)

集合是LINGO特有的部分,把实际问题中的事物与数学变量及常量联系起来,是将实际问题抽象成数学量。从"sets:"到"endsets",集合是LINGO模型结构中重要的部分,在前面已经详细地介绍过,这里不再赘述。

2.3.2　数据(data enddata)

数据初始化部分与其他部分的语句分开,对同一模型用不同数据进行计算时,只需改动数据部分即可,用法为属性=常数列表,从"data:"到"enddata"。

数据部分以关键字"data:"开始,以关键字"enddata"结束。在这里,可以指定集成员、集的属性。其语法如下:

$$\text{object\_list} = \text{value\_list};$$

例2.4　数据生成

```
sets:
 set1/A,B,C/: X,Y;
endsets
data:
 X=1,2,3;
 Y=4,5,6;
enddata
```

在集 set1 中定义了两个属性 X 和 Y，X 的 3 个值是 1、2 和 3，Y 的 3 个值是 4、5 和 6，也可采用如下例子中的复合数据声明(data statement)实现同样的功能。

例 2.5 数据声明的复合

```
sets：
 set1/A,B,C/：X,Y;
endsets
data：
 X,Y = 1 4
   2 5
   3 6;
enddata
```

看到这个例子，可能会认为 X 被指定了 1、4 和 2 三个值，因为它们是数值列中前 3 个，而正确的答案是 1、2 和 3。假设对象列有 n 个对象，LINGO 在为对象指定值时，首先在 n 个对象的第 1 个索引处依次分配数值列中的前 n 个对象，然后在 n 个对象的第 2 个索引处依次分配数值列中紧接着的 n 个对象，以此类推。

模型的所有数据——属性值和集成员——被单独放在数据部分，这可能是最规范的数据输入方式。

2.3.3 初始(init endinit)

用于定义迭代的初始值，从"init："到"endinit"。

初始部分是 LINGO 提供的另一个可选部分。在初始部分中，可以输入初始声明(initialization statement)，与数据部分中的数据声明相同。对实际问题的建模时，初始部分并不起到描述模型的作用，在初始部分输入的值仅被 LINGO 求解器当作初始点来用，并且仅仅对非线性模型有用。与数据部分指定变量的值不同，LINGO 求解器可以自由改变初始部分初始化的变量的值。

一个初始部分以"init："开始，以"endinit"结束。初始部分的初始声明规则和数据部分的数据声明规则相同。也就是说，可以在声明的左边同时初始化多个集属性，可以把集属性初始化为一个值，可以用问号实现实时数据处理，还可以用逗号指定未知数值。

例 2.6 初始的确定

```
init：
X, Y = 0, .1;
 endinit
 Y = @log(X);
 X^2+Y^2 <= 1;
```

好的初始点会减少模型的求解时间。

2.3.4 目标与约束(sets endsets)

使用了集合以及 @FOR 和 @SUM 等集合函数便于用简洁的语句表达出目标函数和

约束条件，模型易于扩展，如果在集合部分增加集合成员的个数，求解时程序自动扩展，不需要改动目标函数和约束条件。用法为 MIN(MAX)= 表达式。

2.3.5 计算段(calc endcalc)

对原始数据的计算处理，从"calc:"到"endcalc"。

注意在编程之前一定要确保模型的正确性，清楚每个变量的含义，每个式子的意思，否则即使用 LINGO 编程，也未必能够得到需要的结果。

2.4 LINGO 编程实例

例 2.7 用 LINGO 软件求解线性规划问题

$$\min \quad -2x_1-5x_2$$
$$\text{s.t.} \quad x_1+2x_2 \leq 8$$
$$x_1 \leq 4$$
$$x_2 \leq 3$$
$$x_1, x_2 \geq 0$$

2.4.1 问题输入

1. 基本函数

LINGO 有 9 种类型的函数：基本运算符（包括算术运算符、逻辑运算符和关系运算符）；数学函数（包括三角函数和常规的数学函数）；金融函数；概率函数；变量界定函数；集操作函数；集循环函数；数据输入输出函数；辅助函数。

建立优化模型后，LINGO 中包含许多常用的内部函数，方便编程时调用，这些函数用法简单方便，使用时用"@"开头调用。下面列出常用的函数及使用方法。

(1) 算术运算符。算术运算符是针对数值进行操作的。

LINGO 提供了加、减、乘、除、乘方 5 种二元运算符，表示数与数的运算方式。具体表示形式如表 2.3 所列。

表 2.3 LINGO 常用的算术运算符

算术运算符	数学运算含义	算 例
+	加法	A+B 表示数 A 与数 B 相加
−	减法	A−B 表示数 A 与数 B 相减
*	乘法	A*B 表示数 A 与数 B 相乘
/	除法	A/B 表示数 A 除以数 B
^	乘方	A^B 表示数 A 的数 B 次幂

(2) 逻辑运算符。逻辑运算符通常作为过滤条件来使用，如果运算结果为"真(TRUE)"，则用数字"1"表示，如果运算结果为"假(FALSE)"，则用数字"0"表示。LINGO 的运算符有 9 种，分为两类，具体使用方法如表 2.4 所列。

表 2.4　LINGO 常用的逻辑运算符

逻辑运算符的分类	逻辑运算符的作用	逻辑运算符的表示	逻辑运算符表达的含义
第一类	逻辑值之间的运算，即操作的对象就是逻辑值或逻辑表达式，计算结果也是逻辑值	#AND#	逻辑与
		#OR#	逻辑或
		#NOT#	逻辑非
第二类	用于进行"数与数"之间的比较，即操作的对象是两个数，但计算得到的结果是逻辑值	#EQ#	等于
		#NE#	不等于
		#GT#	大于
		#GE#	大于等于
		#LT#	小于
		#LE#	小于等于

（3）关系运算符。在 LINGO 中关系运算符用来表示数与数之间的大小关系，也就是优化模型的约束条件。一共有"<"，"="，">"3 种，分别表示小于等于、等于和大于等于。需要注意的是，在优化模型中，约束条件一般没有严格小于和严格大于的关系。

运算符的优先级和其他程序语言类似，算术运算符、逻辑运算符和关系运算符的优先级关系依次为由高到低的关系，如表 2.5 所列。

表 2.5　LINGO 常用的关系运算符

运算符的优先级	运　算　符	运算符的表示
最高	逻辑运算符(非)	#NOT#,-(负号)
	算术运算符	^(乘方)
		*,/(乘法,除法)
		+,-(加法,减法)
次之	逻辑运算符	#EQ#,#NE#,#GT#,#GE#,#LT#,#LE#
		#AND#,#OR#
最低	关系运算符	<,=,>

（4）数学函数（表 2.6）。

表 2.6　LINGO 的数学函数

函数调用格式	名　　称	表 达 含 义
@SIN(X)	正弦函数	返回 X(弧度)的正弦值
@COS(X)	余弦函数	返回 X(弧度)的余弦值
@TAN(X)	正切函数	返回 X(弧度)的正切值
@EXP(X)	指数函数	返回 e^x 的值，e 为自然对数的底
@LOG(X)	自然对数函数	返回 X 的自然对数值
@ABS(X)	绝对值函数	返回 X 的绝对值
@FLOOR(X)	取整函数	返回 X 的整数部分

(续)

函数调用格式	名 称	表 达 含 义
@SQR(X)	平方函数	返回X的平方对应的值
@SQRT(X)	开平方函数	返回X的平方根对应的值
@MOD(X,Y)	模函数	返回X除以Y的余数
@SMAX(list)	最大值函数	返回一列数的最大值
@SMIN(list)	最小值函数	返回一列数的最小值
@LGM(X)		返回 ln(X-1)!
@SIGN(X)	符号函数	返回X的符号值 (x≥0返回1,x<0返回-1)

(5) 集合循环函数(表2.7)。

表2.7 LINGO常用的集合循环函数

集合循环函数	表 达 含 义	用 法
@FOR	集合元素的循环函数	
@MAX	集合属性的最大值函数	返回集合表达式的最大值
@MIN	集合属性的最小值函数	返回集合表达式的最小值
@PROD	集合属性的求积函数	返回集合表达式的积
@SUM	集合属性的求和函数	返回集合表达式的和

用法:集合函数名(集合名(集合索引列表)I条件:表达式组)。

(6) 集合循环函数(表2.8)。

表2.8 LINGO常用的集合循环函数

集合循环函数	表 达 含 义	用 法
@IN	判断一个集合中是否含有某个索引值	@IN(集合名,集合元素名,…,集合元素名)
@INDEX	给出集合中的元素在集合中的索引值	@INDEX(集合名,集合元素名)
@WRAP	用于防止集合的索引值越界	@WRAP(1,N),循环计数 当I位于[1,N]时返回I,一般情况下返回J=I-K*N,其中J位于[1,N],K为整数
@SIZE	返回数据集中包含元素的个数	@SIZE(集合名)

用法:集合函数名(集合名(集合索引列表)I条件:表达式组)。

(7) 变量定界函数(表2.9)。

优化模型中的变量根据不同的含义可以取某一范围内的实数、整数、0或1等数值,可以利用下面的变量定界函数来限制或取消限制。

表2.9 LINGO常用的变量定界函数

变量定界函数	表 达 含 义
@BND(L,X,U)	L≤X≤U 的实数
@BIN(X)	X 为 0 或 1
@FREE(X)	X 可以是任意实数
@GIN(X)	X 为整数

(8)文件输入输出函数。当模型中的数据规模比较大时,数据都是存放在电子表格或文本文件当中的,LINGO 允许使用文本文件或电子表格文件的数据,还可以借助电子表格与 LINGO 系统传递数据。常用的文件输入输出函数有@FILE(fn)、@TEXT('fn')和@OLE,具体使用方法如表 2.10 所列。

表 2.10　LINGO 常用的文件输入输出函数

文件输入输出函数	表达含义	用　　法
@FILE(fn)	通过文本文件传输数据	fn 为存放数据的文件名,可以是相对路径或绝对路径。这个函数可以在集合和数据段中使用,但不允许嵌套使用
@TEXT('fn')	通过文本文件传输数据	fn 为存放数据的文件名,可以是相对路径或绝对路径,这个函数通常只在数据段使用
@OLE(…)	通过 Excel 文件传输数据	调用格式:@OLE(SHEET_file [, range_name_list]),其中 SHEET_file 表示电子表格文件名,range_name_list 表示数据的范围; 输入数据格式:变量(或属性) = @OLE(…);输出数据格式:@OLE(…) = 变量(或属性)

2. 求解程序的输入

先运行 LINGO 程序,然后输入

```
model:                    !程序开始
  sets:                   !变量集合开始
    var/1..2/:x;          !说明 x 是二维变量
  endsets                 !集合说明结束
  min=-2*x(1)-5*x(2);     !目标函数求极小
    x(1)+2*x(2)<=8;       !约束函数
    x(1)<=4;
    x(2)<=3;
end                       !程序结束
```

注意:如果不加以说明,则 LINGO 认为所有变量均是非负的。在 LINGO 程序中,"!"后面的语句是说明语句。具体情况如图 2.11 所示。

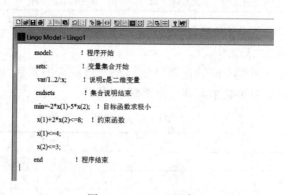

图 2.11　LINGO 程序

2.4.2 问题求解

单击"运行" 图标,或单击 LINGO 菜单下的 Solve 选项,或按快捷键 Ctrl+S,LINGO 开始进行求解。将可看到 LINGO Solver Status 窗口。在 LINGO Solver 窗口中,报告模型的运行情况,如图 2.12 所示。

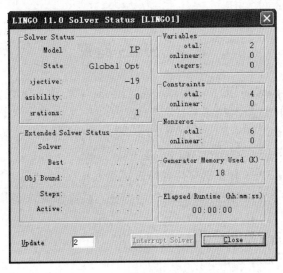

图 2.12　模型的运行情况

2.4.3 结果分析

当求解结束后,关闭 LINGO Solver Status 窗口,将出现报告窗口(Solution Report),在报告窗口下,可看到计算结果如图 2.13 所示。

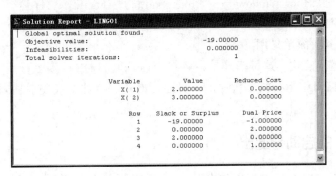

图 2.13　计算结果

这里最优解 $x^* = (2,3)^T$,最优目标函数值为 $f^* = -19$,Reduced Cost 表示简约花费,Dual Price 表示对偶价格,实际上是最优对偶可行解。

第 3 章　SPSS 基础知识

3.1　SPSS 概况

SPSS(statistical package for social science,社会科学统计软件包)是一个组合式软件包,它集数据整理、分析过程、结果输出等功能于一身,是世界上著名的统计分析软件之一。但是随着 SPSS 产品服务领域的扩大和服务深度的增加,SPSS 公司已于 2000 年正式将该软件包的英文全称改为"statistical product and service solutions",意为"统计产品与服务解决方案",标志着 SPSS 软件的应用领域有了重大拓展。SPSS 解决方案广泛应用于市场研究、电信、卫生保健、银行、财务金融、保险、制造业、零售等众多领域。SPSS 具有以下五大特色:

(1)智能操作,易学易用。
(2)一般情况下无须编写程序。
(3)数据转换接口有很好的兼容性。
(4)具有丰富的统计分析功能和完善的分析报告功能。
(5)Complex Samples 模块增加了统计建模的功能。

SPSS 主要有 3 种运行模式:

(1)批处理模式。这种模式把已编写好的程序(语句程序)存为一个文件,提交给"开始"菜单—"SPSS for Windows"—"Production Mode Facility"程序运行。

(2)完全窗口菜单运行模式。这种模式通过选择窗口菜单和对话框完成各种操作。用户无须学会编程,简单易用。

(3)程序运行模式。这种模式是在语句(Syntax)窗口中直接运行编写好的程序或者在脚本(script)窗口中运行脚本程序的一种运行方式。这种模式要求掌握 SPSS 的语句或脚本语言。

3.1.1　SPSS 的启动与退出

单击"开始"—"程序"—"IBM SPSS Statistics 25",即可启动 SPSS 软件,进入启动界面,如图 3.1 所示。

SPSS 软件的退出方法与其他 Windows 应用程序相同,有 3 种常用的退出方法:

(1)单击"文件"—"退出"命令退出程序。
(2)直接单击 SPSS 窗口右上角的"关闭"按钮,回答系统提出的是否存盘的问题之后即可安全退出程序。
(3)双击 SPSS 窗口左上角的控制菜单图标即可关闭 SPSS 窗口。

图 3.1　IBM SPSS Statistics 25 启动界面

3.1.2　SPSS 窗口

SPSS 软件运行过程中会出现多个界面,各个界面用处不同。其中,最主要的界面有 3 个,即数据编辑窗口、结果输出窗口和语句窗口。

1. 数据编辑窗口

启动 SPSS 后看到的第一个窗口便是数据编辑窗口,如图 3.2 所示。在数据编辑窗口中可以进行数据的录入、编辑以及变量属性的定义和编辑,是 SPSS 的基本界面,主要由以下几部分构成:标题栏、菜单栏、工具栏、编辑栏、变量名栏、观测序号、窗口切换标签、状态栏。

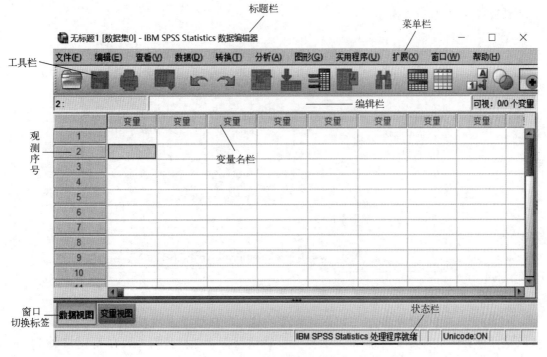

图 3.2　数据编辑窗口

（1）标题栏：显示数据编辑的数据文件名。

（2）菜单栏：通过对这些菜单的选择，用户可以进行几乎所有的SPSS操作。关于菜单的详细的操作步骤将在后续内容中详细介绍。

（3）工具栏：为了方便用户操作，SPSS软件把菜单项中常用的命令放到了工具栏里。当鼠标停留在某个工具栏按钮上时，会自动跳出一个文本框，提示当前按钮的功能。另外，如果用户对系统预设的工具栏设置不满意，也可以用"视图"—"工具栏"—"设定"命令对工具栏按钮进行定义。

（4）编辑栏：可以输入数据，以使它显示在内容区指定的方格里。

（5）变量名栏：列出了数据文件中所包含变量的变量名。

（6）观测序号：列出了数据文件中的所有观测值。观测的个数通常与样本容量的大小一致。

（7）窗口切换标签：用于"数据视图"和"变量视图"的切换，即数据浏览窗口与变量浏览窗口。数据浏览窗口用于样本数据的查看、录入和修改。变量浏览窗口用于变量属性定义的输入和修改。

（8）状态栏：用于显示SPSS当前的运行状态。SPSS被打开时，将会显示"IBM SPSS Statistics Processor"的提示信息。

2. 结果输出窗口

在SPSS中大多数统计分析结果都将以表和图的形式在结果输出窗口中显示，如图3.3所示。窗口右边部分显示统计分析结果，左边是导航窗口，用来显示输出结果的目录，可以通过单击目录来展开右边窗口中的统计分析结果。当用户对数据进行某项统计分析时，结果输出窗口将被自动调出。右边为内容区，显示与目录一一对应，可以对输出结果进行复制、编辑等操作。

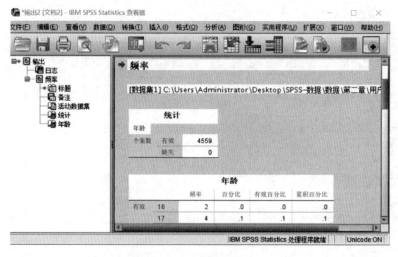

图3.3　SPSS结果输出窗口

输出窗口也有保存功能，可以保存需要的数据分析结果或图表，SPSS数据结果文件默认保存文件格式为spv，而SPSS数据文件默认保存文件格式为sav，在安装SPSS软件的前提下，均可双击打开相应的数据文件或数据结果文件。

3. 语句窗口

语句窗口是程序语句编辑器窗口的简称，主要用来编写各种程序，在此窗口生成文件的扩展名为 sps。语句窗口是编辑和运行命令文件的编辑器，不仅可以编辑对话框操作不能实现的特殊过程的命令语句，还可以将所有分析过程汇集在一个命令语句文件中，以避免处理较复杂资料时因数据的小小改动而大量重复分析过程。

用户可以根据自己的需求对命令文件进行修改和编辑，也可以编写针对当前数据文件的命令程序。在任何对话框上，都可以通过单击"粘贴"按钮自动打开命令语句窗口，将执行 SPSS 过程的相应命令语句写在窗口上。

3.2 数 据 处 理

3.2.1 数据变量

1. 变量名

变量即字段，在数据库中称为字段，在统计学中称为变量。变量名是变量访问和分析的唯一标志。变量的起名规则如下：

(1) 变量名必须以字母、汉字或@开头，剩下的字符可以是字母、数字、句点、@、#、_、$等。

(2) 变量名不能以句点结尾。

(3) 变量名字符个数不能超过 8 个。

(4) 空格和特殊字符不能使用，如?、!、'、*。

(5) 每一个变量名必须是唯一的，重复的变量名是不被允许的。

(6) 变量名无大小写之分。

(7) 下列关键词不能用作变量名：

all NE EQ TO le lt by or gt and not ge with

举例：location loc#5 x.1 over$500

SPSS 有默认的变量名，它以字母"VAR"开头，后面补足 5 位数字，例如 VAR00001，VAR00032 等。

2. 数据类型

数据类型是指每个变量取值类型。常用的数据类型主要有 3 种，即字符型数据、数值型数据、日期型数据。

1) 字符型数据

字符型是 SPSS 常用的数据类型，由一串字符组成。如职工号码、姓名、地址等变量都可以定义为字符型数据。

字符型数据的默认列宽是 8 个字符位，它不能进行算术运算，且区分大小写字母。字符型数据在 SPSS 命令处理中应用一对双引号括起来，但在输入数据时，不应输入双引号，否则，双引号将会作为字符型数据的一部分。

2) 数值型数据

数值型数据是 SPSS 最常用的数据类型，它是直接使用自然数或度量单位进行计量的数值数据。通常由阿拉伯数字 0~9 和其他特殊符号(如美元符号、逗号、圆点)等组成。例如,收入、年龄、体重、身高、考试成绩这几个变量均为数值型数据。对于数值型数据,可以直接用算术运算方法进行汇总和分析,这是区分数据是否属于数值型数据的重要特征。

3) 日期型

日期型数据用来表示日期或时间数据,可以进行算术运算,所以它是一种特殊的数值型数据。日期型数据主要应用在时间序列分析中。

3.2.2 数据管理

1. 创建一个数据文件

数据文件的创建分成 3 个步骤:

(1) 选择菜单"文件"—"新建"—"数据",新建一个数据文件,进入数据编辑窗口。窗口顶部标题为"PASW Statistics 数据编辑器"。

(2) 单击左下角【变量视窗】标签进入变量视图界面,根据试验的设计定义每个变量类型。

(3) 变量定义完成以后,单击【数据视窗】标签进入数据视窗界面,将每个具体的变量值录入数据库单元格内。

2. 读取外部数据

当前版本的 SPSS 可以很容易地读取 Excel 数据,步骤如下:

(1) 按"文件"—"打开"—"数据"的顺序使用菜单命令调出"打开数据"对话框,在文件类型下拉列表中选择数据文件,如图 3.4 所示。

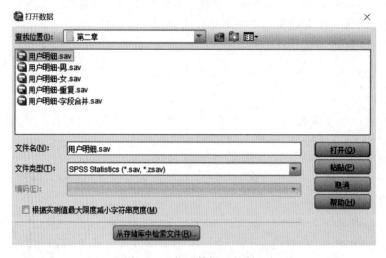

图 3.4 "打开数据"对话框

(2) 选择要打开的 Excel 文件,单击"打开"按钮,调出"读取 Excel 文件"对话框,如图 3.5 所示。对话框中各选项的意义如下:

"工作表"下拉列表:选择被读取数据所在的 Excel 工作表。

"范围"输入框:用于限制被读取数据在 Excel 工作表中的位置。

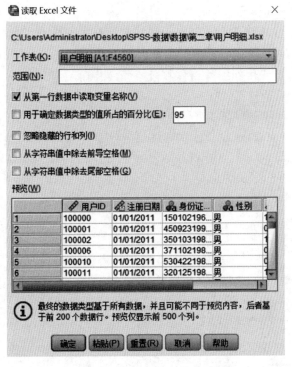

图 3.5 "读取 Excel 文件"对话框

3. 数据编辑

在 SPSS 中,对数据进行基本编辑操作的功能集中在 Edit 和 Data 菜单中。

4. SPSS 数据的保存

SPSS 数据录入并编辑整理完成以后应及时保存,以防数据丢失。保存数据文件可以通过"文件"—"保存"或者"文件"—"另存为"菜单来执行。在"将数据另存为"对话框(图 3.6)中根据不同要求进行 SPSS 数据保存。

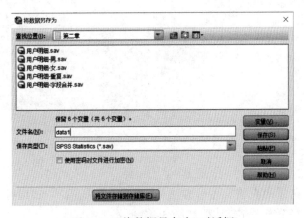

图 3.6 "将数据另存为"对话框

5. 数据整理

在 SPSS 中,数据整理的功能主要集中在"数据"和"转换"两个主菜单下。

1) 数据排序(Sort Case)

对数据按照某一个或多个变量的大小排序将有利于对数据的总体浏览,基本操作说明如下:

选择菜单"数据"—"排列个案",打开对话框,如图3.7所示。

2) 抽样(Select Case)

在统计分析中,有时不需要对所有的观测进行分析,而可能只对某些特定的对象有兴趣。利用SPSS的Select Case命令可以实现这种样本筛选的功能。以SPSS安装配套数据文件Growth study.sav为例,选择产品数量大于150的观测,基本操作说明如下:

（1）打开数据文件Growth study.sav,选择"数据"—"选择个案"命令,打开对话框,如图3.8所示。

图3.7 "排列个案"对话框

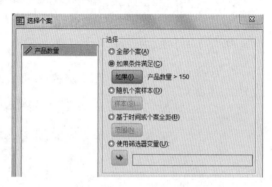

图3.8 "选择个案"对话框

（2）指定抽样的方式:选择"全部个案"时不进行筛选;选择"如果条件满足"要按指定条件进行筛选,本例设置为"产品数量>150",单击"如果条件满足",如图3.9所示。

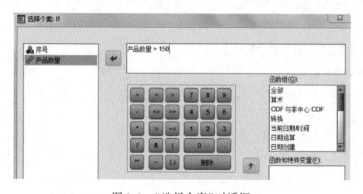

图3.9 "选择个案"对话框

设置完成以后,单击"继续"按钮,进入下一步。

（3）确定未被选择的观测的处理方法,这里选择默认选项"过滤掉未选定的个案"。

（4）单击"确定"进行筛选,结果如图3.10所示。

3) 增加个案的数据合并("合并文件"—"添加个案")

将新数据文件中的观测合并到原数据文件中,在SPSS中实现数据文件纵向合并的方法如下:

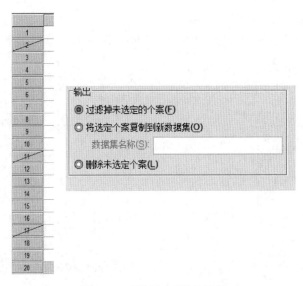

图 3.10 "选择个案"的结果

选择菜单"数据"—"合并文件"—"添加个案",如图 3.11 所示。选择需要追加的数据文件,单击"打开"按钮,弹出"添加个案从"对话框,如图 3.12 所示。

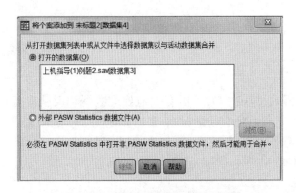

图 3.11 选择个体数据来源的文件

图 3.12 "添加个案从"对话框

4) 增加变量的数据合并("合并文件"—"添加变量")

增加变量时指把两个或多个数据文件实现横向对接。例如将不同课程的成绩文件进行合并,收集来的数据被放置在一个新的数据文件中。在 SPSS 中实现数据文件横向合并的方法如下:

选择菜单"数据"—"合并文件"—"添加变量",选择合并的数据文件,单击"打开"按钮,弹出"添加变量"对话框,如图 3.13 所示。

单击"确定"执行合并命令。这样,两个数据文件将按观测的顺序一对一地横向合并。

5) 数据拆分(Split File)

在进行统计分析时,经常要对文件中的观测进行分组,然后按组分别进行分析。例如要求按性别不同分组。在 SPSS 中具体操作如下：
（1）选择菜单"数据"—"分割文件"，打开对话框，如图 3.14 所示。

图 3.13　"添加变量"对话框

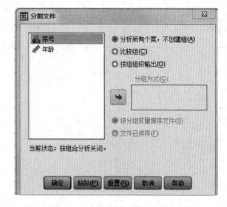

图 3.14　"分割文件"对话框

（2）选择拆分数据后，输出结果的排列方式，该对话框提供了 3 种方式："分析所有个案，不创建组"，对全部观测进行分析，不进行拆分；"比较组"，在输出结果中将各组的分析结果放在一起进行比较；"按组织输出"，按组排列输出结果，即单独显示每一分组的分析结果。

（3）选择分组变量。

（4）选择数据的排序方式。

（5）单击"确定"按钮，执行操作。

6）计算新变量

在对数据文件中的数据进行统计分析的过程中，为了更有效地处理数据和反映事务的本质，有时需要对数据文件中的变量加工产生新的变量，如经常需要把几个变量加总或取加权平均数，SPSS 中通过"计算"菜单命令来产生这样的新变量，其步骤如下：

（1）在选择菜单"转换"—"计算变量"，打开对话框，如图 3.15 所示。

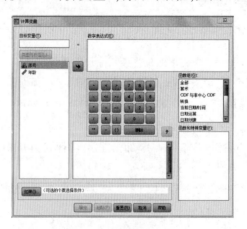

图 3.15　"计算变量"对话框

（2）在"目标变量"输入框中输入生成的新变量的变量名。单击输入框下面的"类型与标签"按钮，在弹出的对话框中对新变量的类型和标签进行设置。

（3）在"数字表达式"输入框中输入新变量的计算表达式。例如"年龄>20"。

（4）单击"如果"按钮，弹出子对话框，如图 3.16 所示。

（5）单击"确定"按钮，执行命令，则可以在数据文件中看到一个新生成的变量。

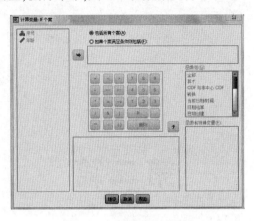

图 3.16　"如果"子对话框

第二篇

案 例 篇

第4章 导弹追击目标问题

在军事战斗和军事战略上,需要导弹拦截飞机或者敌方导弹;利用鱼雷追踪并击毁敌方军舰;一个部队或士兵去追赶附近的敌方部队或敌方士兵;精锐的枪支弹药去射击敌方目标;诸如此类问题均属于追击问题。建立解决追击问题的模型称为追击模型。本章将介绍两个追击模型,包括基于敌舰定夹角曲线逃生的导弹攻击敌方军舰问题和基于敌机非等高匀加速直线逃生的导弹攻击敌方战机问题。

4.1 敌舰定夹角曲线逃生

4.1.1 问题描述

我军舰正在某海域内巡逻,突然发现附近有一敌方军舰正在匀速率航行,同时敌方军舰也发现了我巡逻军舰,敌舰立即逃生,我军舰便立即向敌方军舰发射导弹进行攻击。设导弹发射出去瞬间和敌方军舰的距离为d(单位:m),自动导航系统使得导弹飞行方向始终朝着敌方军舰,而此时敌方军舰始终朝着与导弹运行方向成定夹角$\theta(0 \leqslant \theta \leqslant \pi)$的方向匀速率曲线航行逃生。已知我方导弹飞行速度大小恒为v_1(单位:m/s),敌方军舰航行速度大小恒为v_2($v_2<v_1$,单位:m/s),试建立模型求解下列问题:

(1) 我方导弹飞行多长时间(单位:s)后能够击中敌方军舰?

(2) 假设敌方军舰具有反击机制,即当发现有导弹攻击时可以在Ts后发射自带导弹进行反击自保,我方导弹飞行速度大小v_1最小应该是多少(单位:m/s)时才能有效击中敌方军舰?

4.1.2 模型建立

由题目可知,若定夹角$\theta=0$,则导弹和敌方军舰始终同向运动;若定夹角$\theta=\pi$,则导弹和敌方军舰始终反向运动。这两种情形均可利用初等物理的知识来解决。下面,主要来研究$0<\theta<\pi$这个一般情形。事实上,当$\theta=\frac{\pi}{2}$时,即为敌方垂直曲线逃生问题。

以导弹发射出去时的瞬间位置作为坐标原点,以此刻导弹到敌方军舰的射线作为x轴的正半轴,选取与敌方军舰逃生航行的初始方向的夹角为锐角的方向作为y轴正半轴方向建立平面直角坐标系,我方导弹攻击运行的轨迹曲线和敌方军舰的逃生曲线如图4.1所示,下面分别对定夹角为锐角和直角或钝角两种情形进行讨论。

基于所建立的平面坐标系,敌方军舰逃生的初始位置坐标为$(d,0)$。设我方导弹攻击敌方军舰的运动轨迹方程为$y=y(x)$,且在发射ts后的位置坐标为$P(x(t),y(t))$,运动方向的倾角为$\alpha(t)$,而敌方军舰逃生航行的运动轨迹方程为$Y=Y(X)$,且在航行ts后

的位置坐标为 $Q(X(t),Y(t))$。因为我方导弹在攻击过程中始终朝着敌方军舰,而敌方军舰航行方向与导弹运行方向的夹角按逆时针方向始终为 θ,因此敌方军舰逃生航行 ts 后的运动方向的倾角大小为 $\alpha(t)+\theta$。由导数的几何意义,导弹的运动方向恰好是运动轨迹曲线 $y=y(x)$ 的切线方向,进而可得

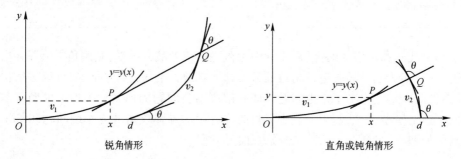

图 4.1 我方导弹攻击敌方军舰示意图

$$\begin{cases} \dfrac{dy}{dx} = \tan\alpha(t) = \dfrac{Y(t)-y(t)}{X(t)-x(t)} \\ \dfrac{dY}{dX} = \tan(\alpha(t)+\theta) = \dfrac{\sin(\alpha(t)+\theta)}{\cos(\alpha(t)+\theta)} = \dfrac{\sin\alpha(t)\cos\theta+\cos\alpha(t)\sin\theta}{\cos\alpha(t)\cos\theta-\sin\alpha(t)\sin\theta} \end{cases} \quad (4.1)$$

又 $\dfrac{dy}{dx} = \dfrac{\frac{dy}{dt}}{\frac{dx}{dt}}$,$\dfrac{dY}{dX} = \dfrac{\frac{dY}{dt}}{\frac{dX}{dt}}$,由式(4.1),得

$$\dfrac{dx}{dt} = \lambda_1(t)(X(t)-x(t)),\dfrac{dy}{dt} = \lambda_1(t)(Y(t)-y(t)) \quad (4.2)$$

$$\dfrac{dX}{dt} = \lambda_2(t)(\cos\alpha(t)\cos\theta-\sin\alpha(t)\sin\theta),\dfrac{dY}{dt} = \lambda_2(t)(\sin\alpha(t)\cos\theta+\cos\alpha(t)\sin\theta) \quad (4.3)$$

为了得到 $\lambda_1(t)$ 和 $\lambda_2(t)$ 的表达式,现考虑导弹运动的速度大小 v_1 和敌方军舰航行的速度大小 v_2,由弧微分的相关知识,得

$$\sqrt{\left(\dfrac{dx}{dt}\right)^2+\left(\dfrac{dy}{dt}\right)^2} = v_1 \quad (4.4)$$

$$\sqrt{\left(\dfrac{dX}{dt}\right)^2+\left(\dfrac{dY}{dt}\right)^2} = v_2 \quad (4.5)$$

由实际问题可得 $\dfrac{dx}{dt}>0$ 和 $\dfrac{dY}{dt}>0$,则 $\lambda_1(t)>0$ 和 $\lambda_2(t)>0$。将式(4.2)、式(4.3)分别代入式(4.4)、式(4.5),得

$$\lambda_1(t) = \dfrac{v_1}{\sqrt{(X(t)-x(t))^2+(Y(t)-y(t))^2}},\lambda_2(t) = v_2$$

即有

$$\dfrac{dx}{dt} = \dfrac{v_1(X(t)-x(t))}{\sqrt{(X(t)-x(t))^2+(Y(t)-y(t))^2}},\dfrac{dy}{dt} = \dfrac{v_1(Y(t)-y(t))}{\sqrt{(X(t)-x(t))^2+(Y(t)-y(t))^2}} \quad (4.6)$$

$$\frac{dX}{dt}=v_2(\cos\alpha(t)\cos\theta-\sin\alpha(t)\sin\theta),\frac{dY}{dt}=v_2(\sin\alpha(t)\cos\theta+\cos\alpha(t)\sin\theta) \quad (4.7)$$

由式(4.6),得

$$\cos\alpha(t)=\frac{X(t)-x(t)}{\sqrt{(X(t)-x(t))^2+(Y(t)-y(t))^2}},\sin\alpha(t)=\frac{Y(t)-y(t)}{\sqrt{(X(t)-x(t))^2+(Y(t)-y(t))^2}} \quad (4.8)$$

把式(4.8)代入式(4.7),得

$$\frac{dX}{dt}=\frac{v_2[(X(t)-x(t))\cos\theta-(Y(t)-y(t))\sin\theta]}{\sqrt{(X(t)-x(t))^2+(Y(t)-y(t))^2}}$$

$$\frac{dY}{dt}=\frac{v_2[(Y(t)-y(t))\cos\theta+(X(t)-x(t))\sin\theta]}{\sqrt{(X(t)-x(t))^2+(Y(t)-y(t))^2}} \quad (4.9)$$

联立式(4.6)和式(4.9),得

$$\begin{cases} \dfrac{dx}{dt}=\dfrac{v_1(X(t)-x(t))}{\sqrt{(X(t)-x(t))^2+(Y(t)-y(t))^2}} \\ \dfrac{dy}{dt}=\dfrac{v_1(Y(t)-y(t))}{\sqrt{(X(t)-x(t))^2+(Y(t)-y(t))^2}} \\ \dfrac{dX}{dt}=\dfrac{v_2[(X(t)-x(t))\cos\theta-(Y(t)-y(t))\sin\theta]}{\sqrt{(X(t)-x(t))^2+(Y(t)-y(t))^2}} \\ \dfrac{dY}{dt}=\dfrac{v_2[(Y(t)-y(t))\cos\theta+(X(t)-x(t))\sin\theta]}{\sqrt{(X(t)-x(t))^2+(Y(t)-y(t))^2}} \end{cases} \quad (4.10)$$

此时,式(4.10)即为导弹攻击敌方军舰过程中导弹运动、敌方军舰航行轨迹曲线的参数方程所满足的微分方程组。根据导弹攻击实际问题,导弹初始时刻的位置为原点,敌方军舰初始时刻的位置坐标为$(d,0)$,则微分方程组式(4.10)的初值条件为$x(t)|_{t=0}=0$,$y(t)|_{t=0}=0$,$X(t)|_{t=0}=d$,$Y(t)|_{t=0}=0$。

4.1.3 模型求解

在4.1.2节中已经得到了导弹攻击敌方军舰过程中导弹运动以及敌方军舰航行轨迹曲线的参数方程所满足的微分方程以及初始条件。同时,微分方程式(4.10)是一阶非线性微分方程组。对于需要解决的两个问题,都可通过 ode45 命令进行求解。基本的思路和方法是首先对于t的任意给定区间$[0,\bar{t}]$,利用 ode45 命令可得到此区间内不同离散点处$x(t)$、$y(t)$、$X(t)$和$Y(t)$的函数值,尤其是在区间右端点$\bar{t}$处的函数值,然后对于给定区间$[\bar{t},\bar{t}+\Delta t]$,利用 ode45 命令可得到此区间内不同离散点处$x(t)$、$y(t)$、$X(t)$和$Y(t)$的函数值,尤其是在区间右端点$\bar{t}+\Delta t$处的函数值,最后确定相应的指标来求解给定的问题。

1. 问题一的求解

首先,给定一个所求导弹攻击敌方军舰的初始时间值T_{chushi},利用 ode45 命令研究在$[0,T_{\text{chushi}}]$上$x(t)$、$y(t)$、$X(t)$和$Y(t)$的离散取值,进而得到$x(t)$、$y(t)$、$X(t)$和$Y(t)$在点$t=T_{\text{chushi}}$处的函数值$x(T_{\text{chushi}})$、$y(T_{\text{chushi}})$、$X(T_{\text{chushi}})$和$Y(T_{\text{chushi}})$;其次给定一时间步长Δt

(较小的正数),利用 ode45 命令研究在区间$[[T_{chushi},T_{chushi}+\Delta t]$ 上 $x(t)$、$y(t)$、$X(t)$ 和 $Y(t)$ 的离散取值,进而得到 $x(t)$、$y(t)$、$X(t)$ 和 $Y(t)$ 在点 $t=T_{chushi}+\Delta t$ 处的函数值 $x(T_{chushi}+\Delta t)$、$y(T_{chushi}+\Delta t)$、$X(T_{chushi}+\Delta t)$ 和 $Y(T_{chushi}+\Delta t)$;再次,考虑 $t=T_{chushi}+\Delta t$ 时导弹与敌方军舰之间的距离

$$D=\sqrt{(x(T_{chushi}+\Delta t)-y(T_{chushi}+\Delta t))^2+(X(T_{chushi}+\Delta t)-Y(T_{chushi}+\Delta t))^2}$$

的大小;最后,根据 D 的取值来求解我方导弹飞行的时间。解算的关键是如何确定循环的终止条件,假设循环终止的距离阈值为 $\overline{D}$(较小的正数),若 $D>\overline{D}$,则继续循环;利用 ode45 命令得到区间$[T_{chushi}+\Delta t,T_{chushi}+2\Delta t]$ 上 $x(t)$、$y(t)$、$X(t)$ 和 $Y(t)$ 的离散取值,进而得到 $x(t)$、$y(t)$、$X(t)$ 和 $Y(t)$ 在点 $t=T_{chushi}+2\Delta t$ 处的函数值 $x(T_{chushi}+2\Delta t)$、$y(T_{chushi}+2\Delta t)$、$X(T_{chushi}+2\Delta t)$ 和 $Y(T_{chushi}+2\Delta t)$;然后考虑 $t=T_{chushi}+2\Delta t$ 时导弹与敌方军舰之间的距离

$$D=\sqrt{(x(T_{chushi}+2\Delta t)-y(T_{chushi}+2\Delta t))^2+(X(T_{chushi}+2\Delta t)-Y(T_{chushi}+2\Delta t))^2}$$

的大小。若 $D>\overline{D}$,则继续循环;利用 ode45 命令得到区间$[T_{chushi}+2\Delta t,T_{chushi}+3\Delta t]$ 上 $x(t)$、$y(t)$、$X(t)$ 和 $Y(t)$ 的离散取值,依次循环下去。当 $D\leq\overline{D}$ 时则循环终止,记录此时的时间区间$[T_{chushi}+(k-1)\Delta t,T_{chushi}+k\Delta t]$,则 $T_{chushi}+k\Delta t$ 即为我方导弹击中敌方军舰的飞行时间。

假设我方导弹和敌方军舰的初始距离 $d=4200\text{m}$,敌方军舰逃生的航行速度大小 $v_2=11\text{m/s}$,我方导弹运行速度大小 $v_1=220\text{m/s}$,设定距离阈值为 0.1m。若取定夹角 θ 为锐角 $\pi/6$,利用 MATLAB 编程可得,导弹发射后飞行约 19.9548s 后便可击中敌方军舰,此时我方导弹的位置坐标约为 (4387.0663, 114.6297)(m),敌方军舰的位置坐标约为 (4387.0998, 114.64)(m)。编程具体如下:首先建立函数文件 seir4.m,程序代码如下:

```
function dy = seir4(t,y,flag,v1,v2,theta)
dy = zeros(4,1);
dy(1) = v1 * (y(3)-y(1))/sqrt((y(1)-y(3))^2+(y(2)-y(4))^2);
dy(2) = v1 * (y(4)-y(2))/sqrt((y(1)-y(3))^2+(y(2)-y(4))^2);
dy(3) = v2 * (cos(theta) * (y(3)-y(1))-sin(theta) * (y(4)-y(2)))/sqrt((y(1)-y(3))^2+(y(2)-y(4))^2);
dy(4) = v2 * (sin(theta) * (y(3)-y(1))+cos(theta) * (y(4)-y(2)))/sqrt((y(1)-y(3))^2+(y(2)-y(4))^2);
```

再建立主程序脚本文件 question1.m,程序代码如下:

```
clc,clear all,close all
format long
%%%%%%%%输入下列参数值
theta = pi/6;                    %定夹角
v1 = 220;                        %我方导弹的速率    单位:m/s
v2 = 11;                         %敌方的速度大小    单位:m/s
d = 4200;                        %初始位置的距离    单位:m
D = 0.1;                         %阈值  循环终止条件——距离
L = 2;                           %线宽
```

```
subplot(1,2,1)
grid on
box on
hold on
%[0,T1]上的数据以及图形
T1 = d/(v1+v2);
TT = T1;
[T,Y] = ode45('seir4',[0 T1],[0 0 d 0],[ ],v1,v2,theta);
plot(Y(:,1),Y(:,2),'r-','Linewidth',L)              %画出我方导弹运动轨迹曲线图
hold on
plot(Y(:,3),Y(:,4),'b-','Linewidth',L)              %画出我方导弹运动轨迹曲线图
hold on
xx = Y(end,1);
yy = Y(end,2);
XX = Y(end,3);
YY = Y(end,4);
x_chushi = Y(end,1);
y_chushi = Y(end,2);
X_chushi = Y(end,3);
Y_chushi = Y(end,4);
t_buchang = 0.001;
DD = d;                                              %初始值
while DD>D^2                                         %终止条件
T1 = T1+t_buchang;
[T,Y] = ode45('seir4',[T1-t_buchang T1],[x_chushi y_chushi X_chushi Y_chushi],[ ],v1,v2,
theta);
x_chushi = Y(end,1);
y_chushi = Y(end,2);
X_chushi = Y(end,3);
Y_chushi = Y(end,4);
DD = (Y(end,1)-Y(end,3))^2+(Y(end,2)-Y(end,4))^2;   %两点之间的距离
end
Distance = vpa(sqrt(DD))                             %距离
Time = T(end)                                        %所用时间
daodan_x = Y(end,1)                                  %导弹击中敌方军舰的坐标
daodan_y = Y(end,2)
dijunjian_x = Y(end,3)
dijunjian_y = Y(end,4)
%画[T1 Time]曲线图
[T,Y] = ode45('seir4',[TT Time],[xx yy XX YY],[ ],v1,v2,theta);
plot(Y(:,1),Y(:,2),'r-','Linewidth',L)              %画出我方导弹运动轨迹曲线图
hold on
plot(Y(:,3),Y(:,4),'b-','Linewidth',L)              %画出敌方军舰运动轨迹曲线图
```

```
legend('我方导弹','敌方军舰','Location','northwest')    %位置设置 西北角
xlabel x
ylabel y
axis([0 d+200 0 dijunjian_y+30])                      %调整 100 值
title 导弹攻击敌方的路线图
subplot(1,2,2)
plot(Y(:,1),Y(:,2),'r-','Linewidth',L)                %画出我方导弹运动轨迹曲线图
hold on
plot(Y(:,3),Y(:,4),'b-','Linewidth',L)                %画出敌方军舰运动轨迹曲线图
axis([4380 4388   110 116])
legend('我方导弹','敌方军舰','Location','northwest')    %位置设置 西北角
xlabel x
ylabel y
grid on
box on
title 导弹攻击敌方的路线图
```

运行结果为

```
Distance =
   0.035120720622202138139211768930181
Time =
   19.954818181820350
daodan_x =
     4.387066306524866e+03
daodan_y =
     1.146297056121114e+02
dijunjian_x =
     4.387099800836608e+03
dijunjian_y =
     1.146402695175442e+02
```

图 4.2 为我方导弹运动轨迹的曲线图(一)。

2. 问题二的求解

对于问题一,利用导弹与敌方军舰的距离小于给定阈值的方法得到了导弹击中敌方军舰的飞行时间 T_D。对于问题二,由于敌方军舰具有反击机制,为了保证我方导弹有效击中敌方军舰,只需时间 T_D 小于等于时间 T 即可。现在的问题就转化为了当 v_1 取何值时,使得 $T_D = T$。事实上,此问题是问题一的逆问题。具体求解方法和过程如下:

若定夹角 θ 为锐角或直角,首先选取 $\frac{d}{T} - \rho$ (ρ 为适可的较小正数)作为 v_1 的初始值 $\overline{v_1}$,若定夹角 θ 为钝角,选取 $\frac{d}{T} - v_2$ 作为 v_1 的初始值 $\overline{v_1}$,并选取较小的导弹速率步长 Δv(如 0.05),然后利用式(4.10)和问题一的方法得到导弹以速度值 $\overline{v_1} + \Delta v$ 去攻击敌方军舰所用

的时间 T_D，当 $T_D>T$ 时继续考虑导弹以速度值 $\overline{v_1}+2\Delta v$ 去攻击敌方军舰所用的时间 T_D，当 $T_D>T$ 时继续循环，依次下去，当 $T_D \leqslant T$ 时停止循环，记录此时的导弹速度值 $\overline{v_1}+k\Delta v$，即为所求的导弹运动速度值 v_1 的最小值。

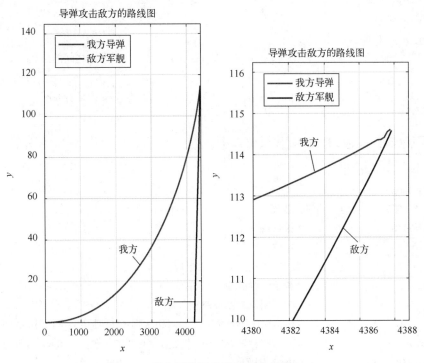

图 4.2　我方导弹运动轨迹的曲线图(一)

假设我方导弹和敌方军舰的初始距离 $d=4200\text{m}$，敌方军舰逃生的航行速度 $v_2=11\text{m/s}$，且发射导弹所用时间 $T=10\text{s}$，设定距离阈值为 0.1m。若取定夹角 θ 为锐角 $\dfrac{\pi}{6}$，利用 MATLAB 编程可得，我方导弹飞行的最小速度值应约为 429.65m/s，发射后约 9.998s 导弹便可击中敌方军舰，此时敌方军舰位置坐标约为 $(4294.4987, 56.2209)(\text{m})$。编程具体如下：首先建立和问题一相同的函数文件 seir4.m，再建立另一个函数文件 T_daodan.m，程序代码如下：

```
function [TT,YY]=T_daodan(v1,v2,D,d,tt)
%[0,T1]上的数据以及图形
t_buchang=0.001;                %取值越小精度越高　保持不变
T1=tt-10*t_buchang;             %保存不变　T1值的选取，决定运行时间长短
[T,Y] = ode45('seir3',[0 T1],[0 0 d 0],[ ],v1,v2);
x_chushi=Y(end,1);
y_chushi=Y(end,2);
X_chushi=Y(end,3);
Y_chushi=Y(end,4);
DD=1+D^2;                       %初始值
while DD>D^2                    %终止条件
```

```
T1 = T1+t_buchang;
[T,Y] = ode45('seir3',[T1-t_buchang T1],[x_chushi y_chushi X_chushi Y_chushi],[],v1,v2);
x_chushi = Y(end,1);
y_chushi = Y(end,2);
X_chushi = Y(end,3);
Y_chushi = Y(end,4);
DD = (Y(end,1)-Y(end,3))^2+(Y(end,2)-Y(end,4))^2;    %两点之间的距离
end
TT = T1;                                             %导弹运行时间
YY = Y;
```

建立主程序文件 question2.m,程序代码如下:

```
clc,clear all,close all
format long
%%%%%%%%输入下列参数值
theta = pi/6;              %锐角或钝角
tt = 10;                   %单位:s
v2 = 11;                   %敌方的速度大小    单位:m/s
d = 4200;                  %初始位置的距离    单位:m
D = 0.1;                   %距离阈值  循环终止条件
v1_buchang = 0.05;         %运行时间不是太长  取值越小精度越高但运行时间越长
v1 = d/tt-1;               %导弹的初始速度值,决定运行时间的长短    theta 为锐角
%v1 = d/tt-v2;             %theta 为钝角
T = 1+tt;                  %初始值,比 tt 大即可
while T>tt                 %终止条件
    v1 = v1+v1_buchang;
    %对于 v1 求导弹运行时间  调用函数 T_daodan
    [T,Y] = T_daodan(v1,v2,D,d,tt,theta);
end
v1_min = v1
Time = T                   %最小时间
daodan_x = Y(end,1)        %导弹击中敌方军舰的坐标
daodan_y = Y(end,2)
dijunjian_x = Y(end,3)
dijunjian_y = Y(end,4)
Distance = sqrt((daodan_x-dijunjian_x)^2+(daodan_y-dijunjian_y)^2)
%画曲线图
[T,Y] = ode45('seir4',[0 Time],[0 0 d 0],[],v1_min,v2,theta);
subplot(1,2,1)
plot(Y(:,1),Y(:,2),'r-','Linewidth',2)               %画出我方导弹运动轨迹曲线图
hold on
plot(Y(:,3),Y(:,4),'b-','Linewidth',2)               %画出敌方军舰运动轨迹曲线图
legend('我方导弹','敌方军舰','Location','northwest')  %位置设置  西北角
```

```
xlabel x
ylabel y
grid on
box on
title 导弹攻击敌方的路线图
subplot(1,2,2)
plot(Y(:,1),Y(:,2),'r-','Linewidth',2)              %画出我方导弹运动轨迹曲线图
hold on
plot(Y(:,3),Y(:,4),'b-','Linewidth',2)              %画出敌方军舰运动轨迹曲线图
legend('我方导弹','敌方军舰','Location','northwest')   %位置设置  西北角
xlabel x
ylabel y
grid on
box on
title 导弹攻击敌方的路线图
axis([4290 4297 55.5 56.5])                          %需要调整
```

运行结果为

```
v1_min =
    4.296500000000024e+02
Time =
    9.998000000000006
daodan_x =
    4.294497788481157e+03
daodan_y =
   56.220738191058949
dijunjian_x =
    4.294498712753352e+03
dijunjian_y =
   56.220906084182168
Distance =
    9.393972492466588e-04
```

图 4.3 为我方导弹运动轨迹曲线图(二)。

4.1.4 结果分析

对于敌方军舰定夹角曲线逃生的两个问题,它们之间是互逆的,而问题二的求解比问题一更难一些,在此主要利用 MATLAB 命令 ode45 来解决的。

对于问题一,主要利用导弹与敌方军舰的距离小于给定阈值(如 0.1m)的方法得到了导弹击中敌方军舰的飞行时间。导弹击中敌舰所用时间究竟与定夹角 θ 的大小有什么内在联系呢? 下面选取 25 个不同的定夹角,给出导弹攻击敌方军舰所用的时间,如表 4.1 所列。由表 4.1 可知,定夹角的取值从 0 等差递增到 π,我方导弹击中敌方军舰所用的时间是持续减小的(先凸减后凹减),如图 4.4 所示。这就说明了给定导弹飞行速度

值、敌方军舰航行速度值以及导弹和敌方军舰的初始距离值,敌方军舰沿着和导弹飞行方向同向($\theta=0$)的方向(x 轴正向)进行逃生时导弹攻击飞行时间最长,对敌方军舰而言可以争取更多的营救时间;而敌方军舰沿着和导弹飞行方向反向($\theta=\pi$)的方向(x 轴负向)进行逃生时导弹攻击飞行时间最短,对敌方军舰而言将很快被导弹击中。

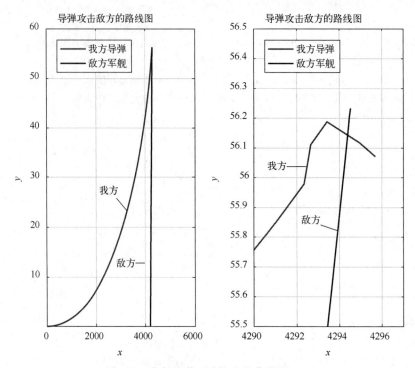

图 4.3 我方导弹运动轨迹的曲线图(二)

表 4.1 导弹攻击敌方军舰所用时间

定夹角	0	$\frac{\pi}{24}$	$\frac{\pi}{12}$	$\frac{\pi}{8}$	$\frac{\pi}{6}$	$\frac{5\pi}{24}$	$\frac{\pi}{4}$
时间/s	20.0957	20.0878	20.0598	20.0158	19.9558	19.8798	19.7918
定夹角	$\frac{7\pi}{24}$	$\frac{\pi}{3}$	$\frac{3\pi}{8}$	$\frac{5\pi}{12}$	$\frac{11\pi}{24}$	$\frac{\pi}{2}$	$\frac{13\pi}{24}$
时间/s	19.6898	19.5818	19.4638	19.3418	19.2178	19.0918	18.9678
定夹角	$\frac{7\pi}{12}$	$\frac{5\pi}{8}$	$\frac{2\pi}{3}$	$\frac{17\pi}{24}$	$\frac{3\pi}{4}$	$\frac{19\pi}{24}$	$\frac{5\pi}{6}$
时间/s	18.8478	18.7338	18.6258	18.5278	18.4398	18.3638	18.2998
定夹角	$\frac{7\pi}{8}$	$\frac{11\pi}{12}$	$\frac{23\pi}{24}$	π			
时间/s	18.2478	18.2118	18.1898	18.1818			

利用 MATLAB 编程可得表 4.1 给出的不同结果,具体如下:首先建立和问题二相同的函数文件 seir4.m 和 T_daodan.m,然后建立主程序文件 time_dingjiajiao.m,程序代码如下:

```
clc,clear all,close all
format long
%%%%%%%%输入下列参数值
delta_theta = pi/24;                        %选取多个特殊的定夹角
v1 = 220;                                   %我方导弹的速率    单位:m/s
v2 = 11;                                    %敌方的速度大小    单位:m/s
d = 4200;                                   %初始位置的距离    单位:m
D = 0.1;                                    %阈值  循环终止条件—距离
x_chushi = 0;
y_chushi = 0;
n = 1+pi/delta_theta;
T = zeros(n,1);
xx = zeros(n,1);
tt = d/(v1+v2);                             %初始值
for i = 1:n
    xx(i) = (i-1) * delta_theta;
end
T(1) = d/(v1-v2);
T(end) = d/(v1+v2);
for i = 2:n-1
    theta = (i-1) * delta_theta;
    [TT,YY] = T_daodan(v1,v2,D,d,tt,theta); %所用时间
    T(i) = TT;
end
T
plot(xx,T,'ro-','Linewidth',2)              %画出折线图
xlabel 定夹角
ylabel 攻击时间
grid on
box on
axis([0 pi 18 20.5])
title 导弹攻击敌舰所用时间与定夹角的关系图
```

运行结果为

T =

  20.095693779904305

  20.087818181817116

  20.059818181817132

  20.015818181817156

  19.955818181817190

  19.879818181817232

  19.791818181817280

  19.689818181817337

19.581818181817397
19.463818181817462
19.341818181817530
19.217818181817599
19.091818181817668
18.967818181817737
18.847818181817804
18.733818181817867
18.625818181817927
18.527818181817981
18.439818181818030
18.363818181818072
18.299818181818107
18.247818181818136
18.211818181818156
18.189818181818168
18.181818181818183

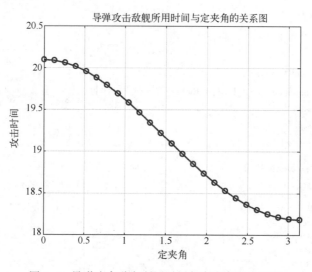

图 4.4　导弹攻击敌方所用时间与定夹角的关系图

此时,我们研究这样一个问题:敌方军舰的航行速度值对导弹攻击飞行时间有什么影响? 对此,首先给定导弹速度值为 220m/s,选取 14 个不同的敌方军舰逃生航行速度值, 取定夹角 θ 分别为锐角 $\frac{\pi}{6}$ 和钝角 $\frac{5\pi}{6}$,给出导弹击中敌方军舰所用的时间,分别如表 4.2 和表 4.3 所列。对于确定的导弹飞行速度值和初始距离值,若固定定夹角为一锐角,则由表 4.2 可知,导弹攻击时间随着敌舰航行速度值的增大而增大,这就意味着敌舰逃生时需要增大航行速度值,为自己争取更多的营救时间;若固定定夹角为一钝角,则由表 4.3 可知,导弹攻击时间随着敌舰航行速度值的增大而减少,这就意味着敌舰逃生时需要减少航行速度值,为自己争取更多的营救时间。事实上,当定夹角为直角时,即为模型三的情形。

在模型三的问题分析中,我们知道导弹攻击时间与敌方军舰的速度大小是没有太大的联系,也就是说敌方军舰无论以较小的速度值还是以较大的速度值逃生,都会经过几乎相同的时间后被我方导弹击中。因此,定夹角分别为锐角、钝角和直角3种情形的结论是完全不一样的。当定夹角为锐角时,敌方军舰需要增大逃生航行速度值获得更多的救援时间,这是因为敌方军舰和导弹的运行方向是同一侧向的,敌舰逃生航行越快而导弹攻击飞行时间越长;当定夹角为钝角时,敌方军舰需要减少逃生航行速度值获得更多的救援时间,这是因为敌方军舰和导弹的运行方向是相反侧向的,敌舰逃生航行越慢而导弹攻击飞行时间越长;当定夹角为直角时,敌方军舰的航行速度值不影响导弹攻击飞行时间,对于敌方军舰而言逃生航行快或慢都无济于事。

表 4.2 $\theta=\dfrac{\pi}{6}$ 情形下导弹攻击敌方军舰所用时间

敌舰速度值/(m/s)	11	22	33	44	55	66	77
时间/s	19.9548	20.9014	21.9408	23.0901	24.3667	25.7913	27.3944
敌舰速度值/(m/s)	88	99	110	121	132	143	154
时间/s	29.2094	31.2811	33.6703	36.4547	39.7408	43.6772	48.4799

表 4.3 $\theta=\dfrac{5\pi}{6}$ 情形下导弹攻击敌方军舰所用时间

敌舰速度值/(m/s)	11	22	33	44	55	66	77
时间/s	18.2988	17.5693	16.8958	16.2721	15.6937	15.1543	14.6504
敌舰速度值/(m/s)	88	99	110	121	132	143	154
时间/s	14.1794	13.7371	13.3223	12.9317	12.5628	12.2152	11.8859

利用 MATLAB 编程可得表 4.2 给出的不同结果,具体如下。首先建立和问题一相同的函数文件 seir4.m,再建立主程序文件 time_disu.m,程序代码如下:

```
clc,clear all,close all
format long
%%%%%%%%%输入下列参数值
v1 = 220;                    %我方导弹的速率    单位:m/s
d = 4200;                    %初始位置的距离    单位:m
D = 0.1;                     %阈值  循环终止条件—距离
theta = pi/6;                %定夹角  pi/6
L = 2;                       %线宽
delta_v2 = 11;               %敌方的速度大小    单位:m/s
n = 14;
vv = zeros(n,1);             %生成列向量
Time = zeros(n,1);           %生成列向量
for i = 1:n
```

```
v2 = i * delta_v2;                   %从11到220
vv(i) = v2;
%[0,T1]上的数据以及图形
T1 = d/(v1+v2);                      %初始值
[T,Y] = ode45('seir4',[0 T1],[0 0 d 0],[],v1,v2,theta);
x_chushi = Y(end,1);
y_chushi = Y(end,2);
X_chushi = Y(end,3);
Y_chushi = Y(end,4);
t_buchang = 0.001;                   %时间步长
DD = 1+D^2;                          %初始值
ii = 0;
while DD>D^2                         %终止条件
ii = ii+1;
[T,Y] = ode45('seir4',[T1+t_buchang*(ii-1) T1+t_buchang*ii],[x_chushi y_chushi X_chushi Y_chushi],[],v1,v2,theta);
x_chushi = Y(end,1);
y_chushi = Y(end,2);
X_chushi = Y(end,3);
Y_chushi = Y(end,4);
DD = (Y(end,1)-Y(end,3))^2+(Y(end,2)-Y(end,4))^2;   %两点之间的距离
end
Time(i) = T(end);                    %所用时间
end
Time
TimeCha = max(Time)-min(Time)
plot(vv,Time,'ro-','Linewidth',L)    %画出时间与敌方军舰速度值关系图
xlabel 敌方军舰速度值
ylabel 攻击时间
grid on
box on
title 导弹攻击时间与敌方军舰速度值关系图
```

运行结果为

```
Time =
   19.954818181818183
   20.901371900826447
   21.940790513833992
   23.090090909090907
   24.366727272727275
   25.791314685314685
   27.394414141414142
   29.209363636363637
```

31.281144200626962
33.670272727272732
36.454715542521996
39.740818181818184
43.677247933884296
48.479946524064175
TimeCha =
28.525128342245992

图 4.5 所示为 $\theta=\dfrac{\pi}{6}$ 情形下导弹攻击敌方所用时间与敌舰速度值的关系图。

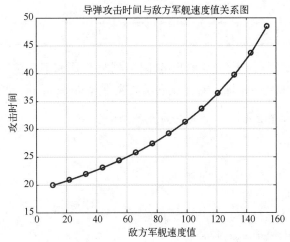

图 4.5　$\theta=\dfrac{\pi}{6}$ 情形下导弹攻击敌方所用时间与敌舰速度值的关系图

事实上,将文件 time_disu.m 中第六行的 theta 取值改为 5 * pi/6 运行就可以得到表 4.3 中的结果,在此不再赘述。

对于问题二,主要通过考虑导弹和敌方军舰在不同时刻的位置坐标点之间的距离这个指标,利用 ode45 命令得到了在已知要求时间条件下导弹能有效击中敌方军舰的最小速度值。事实上,当定夹角发生变化时,导弹的最小速度值也会随之改变。下面研究导弹的最小速度值与定夹角的大小直接究竟有何联系。首先选取 25 个不同的定夹角,给出导弹能有效击中敌方军舰的最小速度值,如表 4.4 所列。由表 4.4 可知,定夹角的取值从 0 等差递增到 π,我方导弹的最小速度值是持续减小的(先凸减后凹减),如图 4.6 所示。这就说明了定夹角越小,导弹能在规定时间内击中敌方军舰的最小速度值越大。对敌方军舰而言,可以选择和导弹飞行方向同向($\theta=0$)的方向(x 轴正向)进行逃生,这样使得导弹的最小速度值最大,如果导弹的最大速度无法达到所得的最小速度值,敌舰便可通过发射自带导弹进行反击自保成功。对我方军舰而言,如果发射的导弹以 431m/s 的速度值去攻击敌方军舰,无论定夹角为何值,都会在 10s 内有效击中敌方军舰。

表 4.4 导弹攻击敌方军舰所用时间

定夹角	0	$\frac{\pi}{24}$	$\frac{\pi}{12}$	$\frac{\pi}{8}$	$\frac{\pi}{6}$	$\frac{5\pi}{24}$	$\frac{\pi}{4}$
最小速度值/(m/s)	431	431	430.7	430.25	429.65	428.85	427.9
定夹角	$\frac{7\pi}{24}$	$\frac{\pi}{3}$	$\frac{3\pi}{8}$	$\frac{5\pi}{12}$	$\frac{11\pi}{24}$	$\frac{\pi}{2}$	$\frac{13\pi}{24}$
最小速度值/(m/s)	426.8	425.6	424.3	422.95	421.55	420	418.65
定夹角	$\frac{7\pi}{12}$	$\frac{5\pi}{8}$	$\frac{2\pi}{3}$	$\frac{17\pi}{24}$	$\frac{3\pi}{4}$	$\frac{19\pi}{24}$	$\frac{5\pi}{6}$
最小速度值/(m/s)	417.25	415.9	414.6	413.4	412.3	411.35	410.55
定夹角	$\frac{7\pi}{8}$	$\frac{11\pi}{12}$	$\frac{23\pi}{24}$	π			
最小速度值/(m/s)	409.95	409.45	409.2	409			

利用 MATLAB 编程可得表 4.4 给出的不同结果,具体如下。首先建立和问题二相同的函数文件 seir4.m 和 T_daodan.m,再建立函数文件 V_daodan.m,程序代码如下:

```
function V = V_daodan(v2,d,tt,T,v1_buchang,theta,D)
if theta>0&theta<pi/2          %锐角情形
    v1 = d/tt;                 %初始值
    while T>tt                 %终止条件
        v1 = v1+v1_buchang;
        %对于v1求导弹运行时间  调用函数T_daodan
        T = T_daodan(v1,v2,D,d,tt,theta);
    end
elseif theta>pi/2&theta<pi     %钝角情形
    v1 = d/tt-v2;              %初始值
    while T>tt                 %终止条件
        v1 = v1+v1_buchang;
        %对于v1求导弹运行时间,调用函数T_daodan
        T = T_daodan(v1,v2,D,d,tt,theta);
    end
end
V = vpa(v1);                   %导弹最小速度大小
```

建立主程序文件 minV_dingjiajiao.m,程序代码如下:

```
clc,clear all,close all
format long
%%%%%%%%%输入下列参数值
delta_theta = pi/24;           %多个不同定夹角大小
tt = 10;                       %单位:s
v2 = 11;                       %敌方的速度大小  单位:m/s
d = 4200;                      %初始位置的距离  单位:m
```

```
D = 0.1;                        %距离阈值  循环终止条件
T = 20;                         %初始值
v1_buchang = 0.05;              %和问题二相等
x_chushi = 0;
y_chushi = 0;
n = 1+pi/delta_theta;           %25 个定夹角
V = zeros(n,1);
xx = zeros(n,1);
V(1) = d/tt+v2;                 %0 情形
%锐角情形
for i = 2:(n-1)/2
  theta = (i-1) * delta_theta;
  V(i) = V_daodan(v2,d,tt,T,v1_buchang,theta,D);
end
V((n+1)/2) = 420;               %直角情形  模型三的结果 419.999999
%钝角情形
for i = (1+(n+1)/2):(n-1)
theta = (i-1) * delta_theta;
V(i) = V_daodan(v2,d,tt,T,v1_buchang,theta,D);
end
V(end) = d/tt-v2;               %pi 情形
V
for i = 1:n
    xx(i) = (i-1) * delta_theta;
end
plot(xx,V,'ro-','Linewidth',2)  %画出折线图
xlabel 定夹角
ylabel 最小速度值
grid on
box on
title 导弹的最小速度值与定夹角的关系图
axis([0 pi 400 440])            %调整 400   440 值
```

运行结果为

V =

　　1.0e+02 *

　　4.310000000000000
　　4.310000000000000
　　4.307000000000000
　　4.302500000000000
　　4.296500000000000
　　4.288500000000000
　　4.279000000000000

4.268000000000000
4.256000000000000
4.243000000000000
4.229500000000000
4.215500000000001
4.200000000000000
4.186500000000000
4.172500000000000
4.159000000000000
4.146000000000000
4.134000000000000
4.123000000000000
4.113500000000000
4.105500000000000
4.099500000000000
4.094500000000000
4.092000000000000
4.090000000000000

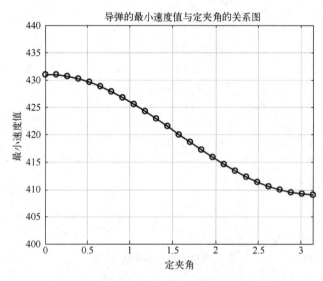

图 4.6 导弹的最小速度值与定夹角的关系图

4.2 敌机非等高匀加速直线逃生

4.2.1 问题描述

我国战机正在我某空域内巡逻,突然发现东北方向附近有一敌方战机正匀速直线非等高飞行,敌方战机的飞行速度为 v_2(单位:m/s),且飞行方向与正东方向、正北方向和正上方向的 3 个夹角分别为 θ_1、θ_2 和 $\theta_3(0 \leqslant \theta_1, \theta_2 \leqslant \pi, 0 < \theta_3 < \pi)$,同时敌方战机在发现了我

巡逻战机后逃生。我战机便立即向敌方战机发射导弹进行攻击,导弹发射出去那一瞬间导弹和敌方战机的距离为 d(单位:m),且导弹发射时的仰角(发射时的初始方向与水平面的夹角)为 β,同时敌方战机正处在导弹正东方向偏北角度为 α 方向的位置,然后敌方战机做加速度为 a(单位:m/s²)的非等高匀加速直线飞行逃生且飞行方向不变。已知我方导弹飞行速度大小恒为 v_1(单位:m/s),自动导航系统使得导弹飞行方向始终朝着敌方战机。请建立模型求解下列问题:

(1) 我方导弹飞行多长时间(单位:s)后能够击中敌方战机?

(2) 假设敌方战机的正北方向有其安全区,敌方战机一旦进入安全区后,由于电子干扰等作用使得我方导弹无法进行追击。如果我方导弹发射时敌方战机距正北方向安全区的垂直距离为 D,那么我方导弹飞行速度大小 v_1 最小应该是多少(单位:m/s)时才能有效击中敌方战机?

4.2.2 模型建立

以导弹发射出去时的瞬间位置作为坐标原点,以导弹正向东方向的射线作为 x 轴的正半轴,以导弹正向北方向的射线作为 y 轴的正半轴,以右手准则建立空间直角坐标系,我方导弹攻击飞行的轨迹曲线和敌方战机的逃生曲线如图 4.7 所示。

基于所建的空间直角坐标系,敌方战机逃生的初始位置点 M 坐标为 ($d\cos\beta\cos\alpha$, $d\cos\beta\sin\alpha$, $d\sin\beta$)。设我方导弹在发射 t s 后的位置点 P 坐标为 $(x(t), y(t), z(t))$,敌方战机逃生飞行 t s 后的位置点 Q 坐标为 $(X(t), Y(t), Z(t))$。因为我方导弹在攻击过程中始终朝着敌方战机,由一元向量值函数导数的几何意义,导弹在 t s 时刻的运行方向为 $(x'(t), y'(t), z'(t))$,且有

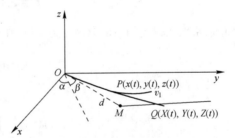

图 4.7 我方导弹攻击敌方战机示意图

$$(x'(t), y'(t), z'(t)) // (X(t)-x(t), Y(t)-y(t), Z(t)-z(t))$$

记

$$\frac{x'(t)}{X(t)-x(t)} = \frac{y'(t)}{Y(t)-y(t)} = \frac{z'(t)}{Z(t)-z(t)} = \lambda(t) \qquad (4.11)$$

为了得到 $\lambda(t)$ 的表达式,现考虑导弹运动的速度大小恒为 v_1,由弧微分的相关知识,得

$$\sqrt{(x'(t))^2 + (y'(t))^2 + (z'(t))^2} = v_1 \qquad (4.12)$$

由实际问题可得 $z'(t) > 0$,则 $\lambda(t) > 0$。将式(4.11)代入式(4.12),得

$$\lambda(t) = \frac{v_1}{\sqrt{(X(t)-x(t))^2 + (Y(t)-y(t))^2 + (Z(t)-z(t))^2}} \qquad (4.13)$$

又因为敌方战机是以 v_2 为初速度做非等高匀加速(大小为 a)直线飞行,且飞行方向与 3 个坐标轴正向的夹角(方向角)分别为 θ_1、θ_2 和 θ_3,则 $\cos^2\theta_1 + \cos^2\theta_2 + \cos^2\theta_3 = 1$。方便起见记 $x_0 = d\cos\beta\cos\alpha$, $y_0 = d\cos\beta\sin\alpha$, $z_0 = d\sin\beta$,则有

$$\begin{cases} X(t)=x_0+\overline{X}(t) \\ Y(t)=y_0+\overline{Y}(t) \\ Z(t)=z_0+\overline{Z}(t) \end{cases} \quad (4.14)$$

由一阶导数和二阶导数的物理意义可得,$\overline{X}(0)=\overline{Y}(0)=\overline{Z}(0)=0$,且

$$X'(0)=\overline{X}'(0)=v_2\cos\theta_1, Y'(0)=\overline{Y}'(0)=v_2\cos\theta_2, Z'(0)=\overline{Z}'(0)=v_2\cos\theta_3$$
$$X''(t)=\overline{X}''(t)=a\cos\theta_1, Y''(t)=\overline{Y}''(t)=a\cos\theta_2, Z''(t)=\overline{Z}''(t)=a\cos\theta_3$$

则由微分方程相关知识,得

$$\overline{X}(t)=tv_2\cos\theta_1+\frac{a}{2}t^2\cos\theta_1, \overline{Y}(t)=tv_2\cos\theta_2+\frac{a}{2}t^2\cos\theta_2, \overline{Z}(t)=tv_2\cos\theta_3+\frac{a}{2}t^2\cos\theta_3$$

(4.15)

将式(4.15)代入式(4.14),得

$$\begin{cases} X(t)=x_0+tv_2\cos\theta_1+\dfrac{a}{2}t^2\cos\theta_1 \\ Y(t)=y_0+tv_2\cos\theta_2+\dfrac{a}{2}t^2\cos\theta_2 \\ Z(t)=z_0+tv_2\cos\theta_3+\dfrac{a}{2}t^2\cos\theta_3 \end{cases} \quad (4.16)$$

将式(4.13)和式(4.16)代入式(4.11)中得微分方程组:

$$\begin{cases} x'(t)=\dfrac{v_1(x_0+tv_2\cos\theta_1+\dfrac{a}{2}t^2\cos\theta_1-x(t))}{\varphi(t)} \\ y'(t)=\dfrac{v_1(y_0+tv_2\cos\theta_2+\dfrac{a}{2}t^2\cos\theta_2-y(t))}{\varphi(t)} \\ z'(t)=\dfrac{v_1(z_0+tv_2\cos\theta_3+\dfrac{a}{2}t^2\cos\theta_3-z(t))}{\varphi(t)} \end{cases} \quad (4.17)$$

其中

$$\varphi(t)=\sqrt{\left(x_0+tv_2\cos\theta_1+\frac{a}{2}t^2\cos\theta_1-x(t)\right)^2+\left(y_0+tv_2\cos\theta_2+\frac{a}{2}t^2\cos\theta_2-y(t)\right)^2+\left(z_0+tv_2\cos\theta_3+\frac{a}{2}t^2\cos\theta_3-z(t)\right)^2}$$

根据导弹攻击敌机实际问题,导弹在初始时刻的位置点为原点,则微分方程组式(4.17)的初值条件为$x(t)|_{t=0}=0, y(t)|_{t=0}=0, z(t)|_{t=0}=0$。

4.2.3 模型求解

前面已经得到了导弹运动轨迹的参数方程$x=x(t), y=y(t), z=z(t)$所满足的微分方程及初值条件。事实上,微分方程式(4.17)是一阶非线性微分方程组。对于需要解决的两个问题,都可通过ode45命令进行求解。基本的思路和方法是首先对于t的任意给定区间$[0,\bar{t}]$,利用ode45命令可得到此区间内不同离散点处$x(t)$、$y(t)$和$z(t)$的函数值,尤其是在区间右端点$\bar{t}$处的函数值,然后对于给定区间$[\bar{t},\bar{t}+\Delta t]$,利用ode45命令可得到此区

间内不同离散点处 $x(t)$、$y(t)$ 和 $z(t)$ 的函数值,尤其是在区间右端点 $\bar{t}+\Delta t$ 处的函数值,最后确定相应的指标来求解给定的问题。

1. 问题一的求解

首先给定一个适合的导弹攻击敌方战机的初始时间值 T_{chu}(决定程序运行时间),利用 ode45 命令研究在 $[0,T_{chu}]$ 上 $x(t)$、$y(t)$ 和 $z(t)$ 的离散取值,进而得到 $x(t)$、$y(t)$ 和 $z(t)$ 在点 $t=T_{chu}$ 处的函数值 $x(T_{chu})$、$y(T_{chu})$ 和 $z(T_{chu})$;然后给定一时间步长 Δt(较小的正数),利用 ode45 命令研究在区间 $[T_{chu},T_{chu}+\Delta t]$ 上 $x(t)$、$y(t)$ 和 $z(t)$ 的离散取值,进而得到 $x(t)$、$y(t)$ 和 $z(t)$ 在点 $t=T_{chu}+\Delta t$ 处的函数值 $x(T_{chu}+\Delta t)$、$y(T_{chu}+\Delta t)$ 和 $z(T_{chu}+\Delta t)$,由式(4.16)可得 $X(t)$、$Y(t)$ 和 $Z(t)$ 在点 $t=T_{chu}+\Delta t$ 处的函数值 $X(T_{chu}+\Delta t)$、$Y(T_{chu}+\Delta t)$ 和 $Z(T_{chu}+\Delta t)$;然后考虑 $t=T_{chu}+\Delta t$ 时导弹与敌方战机之间的距离

$$D=\sqrt{(x(T_{chu}+\Delta t)-X(T_{chu}+\Delta t))^2+(y(T_{chu}+\Delta t)-Y(T_{chu}+\Delta t))^2+(z(T_{chu}+\Delta t)-Z(T_{chu}+\Delta t))^2}$$

的大小;最后根据 D 的取值来求解我方导弹飞行的时间,关键是如何确定循环的终止条件。假设循环终止的距离阈值为 $\bar{D}$(较小的正数),若 $D>\bar{D}$,则继续循环;利用 ode45 命令得到区间 $[T_{chu}+\Delta t,T_{chu}+2\Delta t]$ 上 $x(t)$、$y(t)$ 和 $z(t)$ 的离散取值,进而得到 $x(t)$、$y(t)$ 和 $z(t)$ 在点 $t=T_{chu}+2\Delta t$ 处的函数值 $x(T_{chu}+2\Delta t)$、$y(T_{chu}+2\Delta t)$ 和 $z(T_{chu}+2\Delta t)$;利用 $X(t)$、$Y(t)$ 和 $Z(t)$ 在点 $t=T_{chu}+2\Delta t$ 处的函数值 $X(T_{chu}+2\Delta t)$、$Y(T_{chu}+2\Delta t)$ 和 $Z(T_{chu}+2\Delta t)$,然后考虑 $t=T_{chu}+2\Delta t$ 时导弹与敌方战机之间的距离

$$D=\sqrt{(x(T_{chu}+2\Delta t)-X(T_{chu}+2\Delta t))^2+(y(T_{chu}+2\Delta t)-Y(T_{chu}+2\Delta t))^2+(z(T_{chu}+2\Delta t)-Z(T_{chu}+2\Delta t))^2}$$

的大小。若 $D>\bar{D}$,则继续循环;利用 ode45 命令得到区间 $[T_{chu}+2\Delta t,T_{chu}+3\Delta t]$ 上 $x(t)$、$y(t)$ 和 $z(t)$ 的离散取值,依次循环下去。当 $D\leq\bar{D}$ 时则循环终止,记循环次数为 k,记录此时的时间区间 $[T_{chu}+(k-1)\Delta t,T_{chu}+k\Delta t]$,则 $T_{chu}+k\Delta t$ 即为我方导弹击中敌方战机的飞行时间。

假设我方导弹和敌方战机的初始距离 $d=4200\mathrm{m}$,导弹的运行速度大小 $v_1=220\mathrm{m/s}$,导弹发射时的仰角 $\beta=\dfrac{\pi}{18}$,而敌方战机初始位置在正东方向偏北角度 $\alpha=\dfrac{\pi}{12}$,初始飞行速度 $v_2=80\mathrm{m/s}$,飞行加速度 $a=1.2\mathrm{m/s^2}$,飞行方向与正东方向、正北方向的夹角 θ_1 和 θ_2 分别为 $\dfrac{27\pi}{80}$ 和 $\dfrac{41\pi}{240}$,与正上方向的夹角 θ_3 为锐角(敌机仰角上升)。设定导弹击中敌机的距离阈值为 0.5m,利用 MATLAB 编程可得,我方导弹发射后飞行约 34.841s 后便可击中敌方战机,且与敌方战机的距离约为 0.3773m,此时我方导弹的位置坐标约为(5536.945,3782.131,1204.385)(m),敌方战机被击中的位置坐标约为(5537.138,3782.45,1204.443)(m)。编程具体如下。首先建立函数文件 seir3.m,程序代码如下:

```
function dy= seir3(t,y,~,v1,x0,y0,z0,a,v2,yuxian_x,yuxian_y,yuxian_z)   %flag 用~代替
dy=zeros(3,1);
xt=x0+t*v2*yuxian_x+t^2*a*yuxian_x/2;
yt=y0+t*v2*yuxian_y+t^2*a*yuxian_y/2;
zt=z0+t*v2*yuxian_z+t^2*a*yuxian_z/2;
dy(1)=1/sqrt((xt-y(1))^2+(yt-y(2))^2+(zt-y(3))^2);
dy(2)=dy(1);
```

```
dy(3) = dy(1);
dy(1) = v1 * (xt-y(1)) * dy(1);
dy(2) = v1 * (yt-y(2)) * dy(2);
dy(3) = v1 * (zt-y(3)) * dy(3);
```

建立主程序脚本文件 question1.m,程序代码如下:

```
clc,clear all,close all
format long
%输入下列参数值
alpha = pi/12;         %初始位置方位角
beta = pi/18;          %导弹发射仰角
v1 = 220;              %我方导弹的速率    单位:m/s
v2 = 80;               %敌方战机的速度大小    单位:m/s
d = 4200;              %初始位置的距离    单位:m
a = 1.2;               %敌方战机加速度大小
DD = 0.5;              %距离阈值
Dis = 1+DD^2;          %初始值    比 DD^2 大
x0 = d * cos(beta) * cos(alpha);
y0 = d * cos(beta) * sin(alpha);
z0 = d * sin(beta);
theta1 = 81 * pi/240;  %3 个方向角
theta2 = 41 * pi/240;
yuxian_x = cos(theta1);
yuxian_y = cos(theta2);
yuxian_z = sqrt(1-yuxian_x^2-yuxian_y^2);
if yuxian_z>0 | yuxian_z = = 0
    diji_yangjiao = 90-acos(yuxian_z) * 180/pi        %度数,不是弧度,与水平面的夹角
else
    diji_fujiao = acos(yuxian_z) * 180/pi-90          %度数,不是弧度,与水平面的夹角
end
syms t   x y z         %敌方战机路线的参数方程
XX = x0+t * v2 * yuxian_x+t^2 * a * yuxian_x/2;
YY = y0+t * v2 * yuxian_y+t^2 * a * yuxian_y/2;
ZZ = z0+t * v2 * yuxian_z+t^2 * a * yuxian_z/2;
julifang = (x-XX)^2+(y-YY)^2+(z-ZZ)^2;                %距离平方表达式
%%%%%%%%下面求解导弹攻击飞行时间
T1 = d/v1;             %初始值    合适的 T1,可以减少运行时间
t_buchang = 0.05;      %取值越小精度越高
x_chu = 0;
y_chu = 0;
z_chu = 0;
%[0,T1]上的数据以及图形
[T,Y] = ode45('seir3',[0 T1],[x_chu y_chu z_chu],[],...        %有空格
```

```
           v1,x0,y0,z0,a,v2,yuxian_x,yuxian_y,yuxian_z);
plot3(Y(:,1),Y(:,2),Y(:,3),'r-','Linewidth',2)    %画出我方导弹运动轨迹曲线图
hold on
xx = subs(XX,T);      %画出敌机的曲线图
yy = subs(YY,T);
zz = subs(ZZ,T);
    plot3(xx,yy,zz,'b-','Linewidth',2)
hold on
x_chu = Y(end,1);
y_chu = Y(end,2);
z_chu = Y(end,3);
TT = T1;
while Dis>DD^2        %导弹与敌机距离满足的条件
    TT = TT+t_buchang;
[T,Y] = ode45('seir3',[TT-t_buchang TT],[x_chu y_chu z_chu],[],...   %有空格
        v1,x0,y0,z0,a,v2,yuxian_x,yuxian_y,yuxian_z);
x_chu = Y(end,1);
y_chu = Y(end,2);
z_chu = Y(end,3);
DDD = subs(julifang,{t,x,y,z},[T(end),Y(end,1),Y(end,2),Y(end,3)]);   %将点代入
Dis = vpa(DDD);        %导弹与敌机之间距离的平方
plot3(Y(:,1),Y(:,2),Y(:,3),'r-','Linewidth',2)    %画出我方导弹运动轨迹曲线图
hold on
   end
Time = TT           %所用时间
Distance = sqrt(Dis)
x_daodan = Y(end,1)
y_daodan = Y(end,2)
z_daodan = Y(end,3)
%敌方战机运动的参数方程
t2 = linspace(T1,Time,100);
xx2 = subs(XX,t2);
yy2 = subs(YY,t2);
zz2 = subs(ZZ,t2);
x_diji = vpa(xx2(end))
y_diji = vpa(yy2(end))
z_diji = vpa(zz2(end))
gaoducha = z_diji-z_daodan
plot3(xx2,yy2,zz2,'b-','Linewidth',2)
hold on
plot3(x0,y0,z0,'b*','Linewidth',2)
legend('我方导弹','敌方战机')
xlabel x
```

ylabel y

zlabel z

grid on

title 导弹攻击敌方战机的路线图

运行结果为

diji_yangjiao =

  8.659686519951166

Time =

  31.840909090909271

Distance =

0.377262243216249422676935541820 63

x_daodan =

  5.536945416314886e+03

y_daodan =

  3.782130887332618e+03

z_daodan =

  1.204385233591303e+03

x_diji =

5537.1380605702205254235955013122

y_diji =

3782.4500813204484049572226659681

z_diji =

1204.4429413825966007712587090568

gaoducha =

0.0577077912931968163057538108382 91

我方导弹运动轨迹的曲线图如图 4.8 所示。

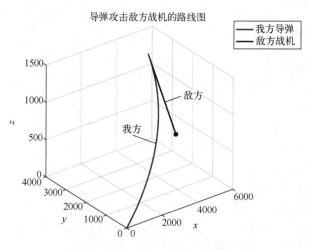

图 4.8 　 我方导弹运动轨迹的曲线图

若选取敌方战机飞行方向与正上方向的夹角 θ_3 为钝角(敌机俯角下降),则需将脚本文件 question1.m 中 yuxian_z 表达式改为-sqrt(1-yuxian_x^2-yuxian_y^2),运行结果为

diji_fujiao =
　　8.659686519951151
Time =
　　31.190909090909262
Distance =
0.315158518260086881213172653603420
x_daodan =
　　5.499560256911869e+03
y_daodan =
　　3.716365839439577e+03
z_daodan =
　　2.657781013941809e+02
x_diji =
5499.7182687633928354735984259449
y_diji =
3716.6346679394939950684911695903
z_diji =
265.73240255346975302438420864031
gaoducha =
-0.045698840711154821636791655566022

我方导弹运动轨迹的曲线图如图 4.9 所示。

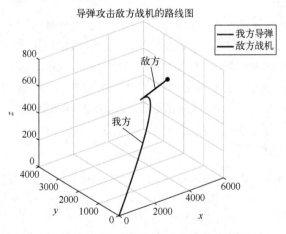

图 4.9　我方导弹运动轨迹的曲线图

由运行结果可得,我方导弹发射后飞行约 31.191s 后便可击中敌方战机,此时导弹的位置坐标约为(5499.56,3716.366,265.778)(m),且与敌方战机的距离约为 0.315m。

2. 问题二的求解

对于问题一,我们是通过计算我方导弹与敌方战机之间的距离且要求此距离小于击

中距离阈值而得到了导弹击中敌机的飞行时间。对于问题二,由于敌方战机一旦进入安全区后我方导弹便无法进行有效攻击,所以导弹必须在敌方战机进去安全区之前击中它。下面,我们从敌方战机被导弹击中时的位置纵坐标这个指标来求解导弹的最小速度值。因为导弹发射时敌方战机的位置坐标为 (x_0, y_0, z_0),且距正北方向安全区的垂直距离为 D,那么敌方战机飞入安全区时位置的纵坐标为 y_0+D。为了保证我方导弹有效击中敌方战机,只需敌方战机被击中时位置的纵坐标 $y_{jizhong}$ 小于等于 y_0+D 即可。现在的问题就转化为了当导弹速度值 v_1 取何值时,使得纵坐标 $y_{jizhong} = y_0 + D$。事实上,此问题是问题一的逆问题。具体求解方法和过程如下:

首先选取 $\overline{v_1}$ 作为导弹飞行速度值 v_1 的初始值,注意 $\overline{v_1}$ 的取值与敌方战机飞行加速度 a 的大小有关,恰当的初始值 $\overline{v_1}$ 可以使得 MATLAB 程序运行结果精度高、运行时间较短,并选取较小的导弹速度值步长 Δv(如 0.01),然后利用 MATLAB 命令 ode45 得到我方导弹以速度值 $\overline{v_1}+\Delta v$ 大小去攻击时敌方战机被击中时位置的纵坐标 $y_{jizhong}$,当 $y_{jizhong} > y_0 + D$ 时继续循环,再考虑导弹以速度值 $\overline{v_1}+2\Delta v$ 大小去攻击时敌方战机被击中时位置的纵坐标 $y_{jizhong}$,当 $y_{jizhong} > y_0 + D$ 时继续循环,再考虑导弹以速度值 $\overline{v_1}+3\Delta v$ 大小去攻击时敌方战机被击中时位置的纵坐标 $y_{jizhong}$,当 $y_{jizhong} > y_0 + D$ 时继续循环依次下去,当 $y_{jizhong}$ 小于等于 y_0+D 时则停止循环,记录此时的导弹速度值 $\overline{v_1}+k\Delta v$,即为所求的导弹运动速度值 v_1 的最小值。

假设我方导弹和敌方战机的初始距离 $d=4200\text{m}$,导弹发射时的仰角 $\beta = \dfrac{\pi}{18}$,而敌方战机初始位置在正东方向偏北角度 $\alpha = \dfrac{\pi}{12}$,且距北方安全区的垂直距离 $D=2000\text{m}$,初始飞行速度 $v_2 = 80\text{m/s}$,逃生飞行加速度 $a=1.2\text{m/s}^2$,飞行方向与正东方向、正北方向的夹角 θ_1 和 θ_2 分别为 $\dfrac{27\pi}{80}$ 和 $\dfrac{41\pi}{240}$,与正上方向的夹角 θ_3 为锐角(敌机仰角上升)。设定导弹击中敌机的距离阈值为 0.5m,导弹速度值初始值为 244m/s,利用 MATLAB 编程可得,我方导弹发射后以 247.15m/s 的速度值去攻击且飞行约 25.1s 后便可击中敌方战机,此时敌方战机被击中时位置坐标约为 (5130.325,3066.6,1079.086)(m)。这就说明了,如果我方导弹飞行的最大速度值小于 247.15m/s,那么导弹发射后就无法有效击中敌方战机,此时敌方战机便可顺利飞入安全区,对于我方战机而言需要进行调整攻击策略进而完成巡航任务。编程具体如下。首先建立和问题一相同的函数文件 seir3.m,再建立另一个函数文件 T_daodan.m,程序代码如下:

```
function [T Y_diji Distance]=T_daodan(v1,v2,d,alpha,beta,DD,... % 加空格
                                Tchu,x0,y0,z0,a,yuxian_x,yuxian_y,yuxian_z);
syms t  x y z           % 敌方战机路线的参数方程
XX=x0+t*v2*yuxian_x+t^2*a*yuxian_x/2;
YY=y0+t*v2*yuxian_y+t^2*a*yuxian_y/2;
ZZ=z0+t*v2*yuxian_z+t^2*a*yuxian_z/2;
julifang=(x-XX)^2+(y-YY)^2+(z-ZZ)^2;    % 距离平方表达式
%%%%%%下面求解导弹攻击飞行时间
t_buchang=0.05;         % 取值越小精度越高  和问题一的值一样
x_chu=0;
```

```
y_chu = 0;
z_chu = 0;
 %[0,Tchu]上的数据以及图形
[TTT,Y] = ode45('seir3',[0 Tchu],[x_chu y_chu z_chu],[],...
          v1,x0,y0,z0,a,v2,yuxian_x,yuxian_y,yuxian_z);
x_chu = Y(end,1);
y_chu = Y(end,2);
z_chu = Y(end,3);
Dis = DD^2+2;              %比 DD^2 大即可
while Dis>DD^2             %导弹的高度值满足的条件
   Tchu = Tchu+t_buchang;
[T,Y] = ode45('seir3',[Tchu-t_buchang Tchu],[x_chu y_chu z_chu],[],...
          v1,x0,y0,z0,a,v2,yuxian_x,yuxian_y,yuxian_z);
x_chu = Y(end,1);
y_chu = Y(end,2);
z_chu = Y(end,3);
Dis = subs(julifang,{t,x,y,z},[Tchu,Y(end,1),Y(end,2),Y(end,3)]);  %将点代入
Dis = vpa(Dis);            %导弹与敌机之间的距离的平方
 end
T = Tchu;                  %导弹运行时间
Y_diji = Y(end,2);         %敌机的纵坐标
Distance = sqrt(Dis);      %导弹和敌机之间的距离
```

建立主程序文件 question2.m,程序代码如下:

```
clc,clear all,close all
format long
%输入下列参数值
alpha = pi/12;             %初始位置方位角
beta = pi/18;              %导弹发射仰角
v2 = 80;                   %敌方战机的速度大小    单位:m/s
d = 4200;                  %初始位置的距离    单位:m
a = 1;                     %敌方战机加速度大小
D = 2000;                  %敌方距安全区的距离    单位:m
DD = 0.5;                  %击中距离阈值
x0 = d * cos(beta) * cos(alpha);
y0 = d * cos(beta) * sin(alpha);
z0 = d * sin(beta);
Y_anquanqu = y0+D;         %敌机安全区边界的纵坐标
theta1 = 27 * pi/80;       %3 个方向角
theta2 = 41 * pi/240;
yuxian_x = cos(theta1);
yuxian_y = cos(theta2);
yuxian_z = sqrt(1-yuxian_x^2-yuxian_y^2);        %向上  正号  向下  负号
```

```
if yuxian_z>0 | yuxian_z = = 0
    diji_yangjiao = 90-acos(yuxian_z) * 180/pi         %度数,不是弧度,与水平面的夹角
else
    diji_fujiao = acos(yuxian_z) * 180/pi-90           %度数,不是弧度,与水平面的夹角
end
%%%%%%%%%%下面求解导弹攻击飞行最小速度值
v1 = 244;                %导弹速度值初始值   偏小点
Tchu = 25;
v1_buchang = 0.01;       %导弹速度值步长
Y_diji = Y_anquanqu+1;   %初始值   比 Y_anquanqu 大
while Y_diji>Y_anquanqu  %终止条件        %导弹纵坐标与 y0+D 的大小关系
    v1 = v1+v1_buchang;
    %对于 v1 求导弹运行时间   调用函数 T_daodan
    [T Y_diji Distance] = T_daodan(v1,v2,d,alpha,beta, ...    %有空格
                DD,Tchu,x0,y0,z0,a,yuxian_x,yuxian_y,yuxian_z); end
Vmin = v1              %导弹最小速度值
Time = T               %攻击时间
Distance               %导弹与敌机间的距离
%画导弹运动曲线图
[TT,Y] = ode45('seir3',[0 T],[0 0 0],[], ...     %有空格
            v1,x0,y0,z0,a,v2,yuxian_x,yuxian_y,yuxian_z);
x_zuobiao = Y(end,1);
y_zuobiao = Y(end,2);
z_zuobiao = Y(end,3);
plot3(Y(:,1),Y(:,2),Y(:,3),'r-','Linewidth',2) %画出我方导弹运动轨迹曲线图
hold on
%敌机直线图
syms t  x y z             %敌方战机路线的参数方程
XX = x0+t * v2 * yuxian_x+t^2 * a * yuxian_x/2;
YY = y0+t * v2 * yuxian_y+t^2 * a * yuxian_y/2;
ZZ = z0+t * v2 * yuxian_z+t^2 * a * yuxian_z/2;
t2 = linspace(0,T,100);
xx2 = subs(XX,t2);
yy2 = subs(YY,t2);
zz2 = subs(ZZ,t2);
x_diji = vpa(xx2(end))     %敌舰被击中坐标
y_diji = Y_diji
z_diji = vpa(zz2(end))
plot3(xx2,yy2,zz2,'b-','Linewidth',2)
hold on                    %敌机初始位置点
plot3(x0,y0,z0,'b * ','Linewidth',2)
%画安全区
[x,z] = meshgrid(1000:100:8000,200:50:1200);
```

```
y = 0 * x+0 * z+y0+D;
mesh(x,y,z)
legend('我方导弹','敌方战机')
xlabel x
ylabel y
grid on
title 导弹攻击敌方战机的路线图
view(-31,35)
```

运行结果为

diji_yangjiao =
　　8.659686519951166
Vmin =
　　　2.471499999999980e+02
Time =
　　25.100000000000001
Distance =
0.39390698524660297231422158l6439
x_diji =
5130.324805873264433l042527241493
y_diji =
　　3.066595079523121e+03
z_diji =
1079.086234336281388319495055938S

我方导弹运动轨迹的曲线图如图 4.10 所示。

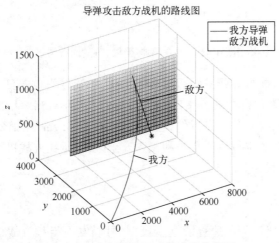

图 4.10　我方导弹运动轨迹的曲线图

若选取敌方战机飞行方向与正上方向的夹角 θ_3 为钝角(敌机俯角下降),则需将脚本文件 question2.m 中 yuxian_z 表达式改为 -sqrt(1-yuxian_x^2-yuxian_y^2),运行结果为

```
diji_fujiao =
    8.659686519951151
Vmin =
    2.446999999999994e+02
Time =
    25.100000000000001
Distance =
0.400583104055453832884428369246l
x_diji =
5130.324805873264433104252724l493
y_diji =
    3.066587022444006e+03
z_diji =
379.558458065933985332l489307802
```

我方导弹运动轨迹的曲线图如图 4.11 所示。

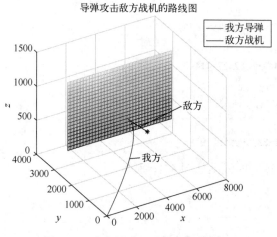

图 4.11　我方导弹运动轨迹的曲线图

由运行结果可得,我方导弹发射后以 244.7m/s 的速度去攻击且飞行约 25.1s 后便可击中敌方战机,此时敌方战机被击中时的位置坐标约为(5130.325,3066.587,379.558)(m)。这就说明,如果我方导弹飞行的最大速度小于 244.7m/s,那么我方导弹就无法有效击中敌方战机,此时敌方战机便会顺利飞入安全区,对于我方战机而言需要进行调整攻击策略进而完成巡航任务。

4.2.4　结果分析

针对敌方战机非等高匀加速直线逃生模型,可以发现当敌方战机逃生飞行方向的 3 个方向角 θ_1、θ_2、θ_3 满足 $\theta_1+\theta_2=\dfrac{\pi}{2}$ 和 $\theta_3=\dfrac{\pi}{2}$ 且加速度 $a=0$ 时即为敌方战机等高匀速定向直线逃生模型。对于需解决的两个问题,它们之间是互逆的,而问题二的求解比问题一更难一些,在此都是利用 MATLAB 命令 ode45 来解决的。

对于问题一,我们利用在不同时刻导弹位置坐标点和敌方战机位置坐标点之间的距离这个指标来研究导弹击中敌方战机的飞行时间,求解精度高、误差小。下面,我们来研究导弹击中敌方战机的飞行时间与敌方战机飞行加速度 a 的大小的内在联系。现给定我方导弹和敌方战机的初始距离 $d=4200m$,导弹的运行速度大小 $v_1=220m/s$,导弹发射时的仰角 $\beta=\dfrac{\pi}{18}$,而敌方战机初始位置在正东方向偏北角度 $\alpha=\dfrac{\pi}{12}$,初始飞行速度 $v_2=80m/s$,飞行加速度 $a=1.2m/s^2$,飞行方向与正东方向、正北方向的夹角 θ_1 和 θ_2 分别为 $\dfrac{27\pi}{80}$ 和 $\dfrac{41\pi}{240}$,与正上方向的夹角 θ_3 为锐角(敌机仰角上升)。若设定导弹击中敌机的距离阈值为 $0.5m$,下面选取 26 个不同的敌机飞行加速度 a 的大小,给出我方导弹击中敌机的飞行时间,如表 4.5 所列。从表 4.5 结果可以看出,敌方战机逃生飞行的加速度 a 从 0 等差递增到 2.5,我方导弹击中敌方战机的飞行时间持续增加(曲线为凹弧),如图 4.11 所示。这说明敌方战机逃生飞行的加速度越大(小),我方导弹击中敌机飞行时间越长(短)。从物理学角度来看,敌方战机飞行的加速度越大,则敌机的飞行速度增加的更多,因此我方导弹击中敌机的时间会更长,而对于敌机而言可以争取更长的救援时间。

表 4.5 导弹击中敌方战机的飞行时间

加速度 $a/(m/s^2)$	0	0.1	0.2	0.3	0.4	0.5	0.6
时间/s	27.691	27.991	28.241	28.491	28.791	29.141	29.491
加速度 $a/(m/s^2)$	0.7	0.8	0.9	1.0	1.1	1.2	1.3
时间/s	29.791	30.191	30.541	30.941	31.191	31.841	32.291
加速度 $a/(m/s^2)$	1.4	1.5	1.6	1.7	1.8	1.9	2.0
时间/s	32.841	33.391	33.991	34.691	35.441	36.291	37.241
加速度 $a/(m/s^2)$	2.1	2.2	2.3	2.4	2.5		
时间/s	38.391	39.641	41.241	43.491	46.841		

利用 MATLAB 编程可得表 4.5 中的结果,具体如下。首先建立和问题二相同的函数文件 seir3.m 和 T_daodan.m,然后建立主程序文件 time_jiasudu.m,程序代码如下:

```
clc,clear all,close all
format long
%输入下列参数值
alpha=pi/12;          %初始位置方位角
beta=pi/18;           %导弹发射仰角
v1=220;               %我方导弹的速率   单位:m/s
v2=80;                %敌方战机的速度大小  单位:m/s
d=4200;               %初始位置的距离   单位:m
DD=0.5;               %距离阈值
Dis=1+DD^2;           %初始值  比 DD^2 大
x0=d*cos(beta)*cos(alpha);
```

```
y0 = d * cos(beta) * sin(alpha);
z0 = d * sin(beta);
theta1 = 81 * pi/240;        %3 个方向角
theta2 = 41 * pi/240;
yuxian_x = cos(theta1);
yuxian_y = cos(theta2);
yuxian_z = sqrt(1-yuxian_x^2-yuxian_y^2);
delta_a = 0.1;
n = 26;
Time = zeros(n,1);
jiasudu = zeros(n,1);
TT = d/v1;                   %选择 27.6,运行时间更短点
for i = 1:n
a = (i-1) * delta_a;         %不同加速度  a = 0 是匀速直线飞行
jiasudu(i) = a;
Tchu = TT;                   %合适的 Tchu,可以减少运行时间
%调用 T_daodan 函数
Time(i) = T_daodan(v1,v2,d,alpha,beta,DD,Tchu,x0,y0,z0,...   %加空格
        a,yuxian_x,yuxian_y,yuxian_z);
TT = Time(i);
end
Time                         %列向量
%画图
plot(jiasudu,Time,'ro-','Linewidth',2)
xlabel 敌机飞行加速度
ylabel 导弹飞行时间
grid on
box on
title 导弹击中敌机飞行时间与敌机飞行加速度的关系图
```

运行结果为

Time =

　27.690909090909212
　27.990909090909216
　28.240909090909220
　28.490909090909224
　28.790909090909228
　29.140909090909233
　29.490909090909238
　29.790909090909242
　30.190909090909248
　30.540909090909253
　30.940909090909258

31.340909090909264
31.840909090909271
32.290909090909260
32.840909090909228
33.390909090909197
33.990909090909163
34.690909090909123
35.440909090909081
36.290909090909032
37.240909090908978
38.390909090908913
39.640909090908842
41.240909090908751
43.490909090908623
46.840909090908433

导弹击中敌方战机飞行时间与敌机飞行加速度的关系图如图 4.12 所示。

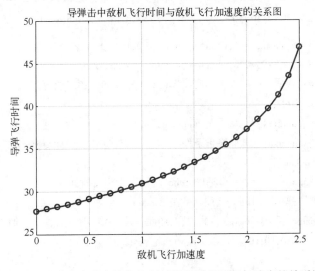

图 4.12　导弹击中敌方战机飞行时间与敌机飞行加速度的关系图

对于问题二,我们利用我方导弹击中敌方战机时敌方战机位置的纵坐标这个重要指标,利用 ode45 命令得到了在已知加速度条件下导弹能有效击中敌方战机的最小速度值。若利用前面相同的参数值,下面选取 26 个不同的加速度大小,选取适合的导弹速度初始值 213(有效减少程序运行的时间),利用 MATLAB 编程可以得到导弹的最小速度值,如表 4.6 所列。由表 4.6 可以看出,敌方战机逃生飞行的加速度 a 从 0 等差递增到 2.5,我方导弹能有效击中敌方战机的最小速度值持续增加(曲线为凸弧),如图 4.12 所示。这说明了敌方战机逃生飞行的加速度越大(小),我方导弹的最小速度值也越大(小)。从物理学角度来看,敌方战机飞行的加速度越大,则飞行进入安全区的时间越短,进而我方导弹需要更快的飞行速度使得在敌机飞入安全区之前击中它。同时,如果我方导弹的飞行速度最大能够达到 286.35m/s,那么敌方战机进行逃生的加速度取区间[0,2.5]内任一值都会在进入安全区之前被我方导弹击中；如果我方导弹的飞行速度最大值达不到 213.15m/s，那么敌方战机即使非等高匀速(无加速度)直线飞行逃生，那么我方导弹也无法击中敌方战机，此时敌方战机便会顺利飞入安全区，对于我方战机而言需要进行调整攻击策略进而完成巡航任务。

表 4.6 导弹能有效击中敌方战机的最小速度值

加速度 $a/(m/s^2)$	0	0.1	0.2	0.3	0.4	0.5	0.6
最小速度/(m/s)	213.15	216.85	220.6	224.3	227.85	231.15	234.45
加速度 $a/(m/s^2)$	0.7	0.8	0.9	1.0	1.1	1.2	1.3
最小速度/(m/s)	237.9	241.1	244.1	247.15	250.2	252.8	255.7
加速度 $a/(m/s^2)$	1.4	1.5	1.6	1.7	1.8	1.9	2.0
最小速度/(m/s)	258.7	261.15	264.1	266.5	269.4	271.8	274.25
加速度 $a/(m/s^2)$	2.1	2.2	2.3	2.4	2.5		
最小速度/(m/s)	276.9	279.45	281.7	284	286.35		

利用 MATLAB 编程可得表 4.6 中的结果，具体如下。首先建立和问题二相同的函数文件 seir3.m 和 T_daodan.m，再建立另一个函数文件 V_daodan.m，程序代码如下：

```
function [V TT]=V_daodan(v1,v2,d,alpha,beta,D,DD,...      %加空格
                       x0,y0,z0,a,yuxian_x,yuxian_y,yuxian_z);
    v1_buchang=0.05;          %导弹速度步长        %和问题二相等
    Y_anquanqu=y0+D;
    Y_diji=Y_anquanqu+1;      %比 Y_anquanqu 大
    while Y_diji>Y_anquanqu   %终止条件          %导弹纵坐标与 y0+D 的大小关系
        v1=v1+v1_buchang;
        Tchu=d/v1+5.5;        %合适的 Tchu,可以减少运行时间
        %对于 v1 求导弹运行时间   调用函数 T_daodan
        [T Y_diji Distance]=T_daodan(v1,v2,d,alpha,beta,DD,Tchu,...   %加空格
                            x0,y0,z0,a,yuxian_x,yuxian_y,yuxian_z);
    end
    V=vpa(v1);                %导弹最小速度大小
    TT=T;                     %导弹飞行时间
```

建立主程序文件 minV_jiasudu.m，程序代码如下：

```
clc,clear all,close all
format long
%%%输入下列参数
alpha=pi/12;              %初始位置方位角
beta=pi/18;               %导弹发射仰角
v2=80;                    %敌方战机的速度大小    单位:m/s
d=4200;                   %初始位置的距离       单位:m
D=2000;                   %敌方距安全区的距离    单位:m
```

```
DD = 0.5;                    %距离阈值
x0 = d * cos(beta) * cos(alpha);
y0 = d * cos(beta) * sin(alpha);
z0 = d * sin(beta);
theta1 = 81 * pi/240;        %3 个方向角
theta2 = 41 * pi/240;
yuxian_x = cos(theta1);
yuxian_y = cos(theta2);
yuxian_z = sqrt(1-yuxian_x^2-yuxian_y^2);
delta_a = 0.1;
n = 26;
minV = zeros(n,1);
Time = zeros(n,1);           %记录导弹击中敌机时间
jiasudu = zeros(n,1);
Vchuzhi = 213;               %初始值  自己输入
%%%%%%%%%下面求解导弹攻击飞行最小速度值
for i = 1:n
    a = (i-1) * delta_a      %不同加速度  a = 0 是匀速直线飞行
    jiasudu(i) = a;
    v1 = Vchuzhi;            %合适的 v1,可以减少运行时间
    [minV(i) Time(i)] = V_daodan(v1,v2,d,alpha,beta,D,DD,...   %加空格
                        x0,y0,z0,a,yuxian_x,yuxian_y,yuxian_z);
    Vchuzhi = minV(i)+2;     %减少运行时间
end
minV
plot(jiasudu,minV,'ro-','Linewidth',2)    %画出折线图
xlabel 敌机飞行加速度
ylabel 导弹最小速度值
grid on
box on
title 导弹的最小速度值与敌机飞行加速度的关系图
```

运行结果为

minV =

  1.0e+02 *

  2.1315000000000000
  2.1685000000000000
  2.2060000000000000
  2.2430000000000000
  2.2785000000000000
  2.3115000000000000
  2.3445000000000000
  2.3790000000000000

2.411000000000000
2.441000000000000
2.471500000000000
2.502000000000000
2.528000000000000
2.557000000000000
2.587000000000000
2.611500000000000
2.641000000000000
2.665000000000000
2.694000000000000
2.718000000000000
2.742500000000000
2.769000000000000
2.794500000000000
2.817000000000000
2.840000000000000
2.863500000000000

导弹的最小速度值与敌机飞行加速度的关系图如图 4.13 所示。

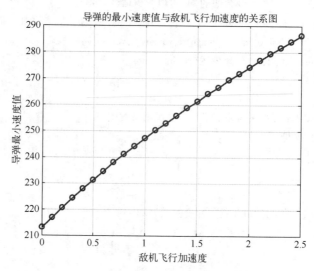

图 4.13 导弹的最小速度值与敌机飞行加速度的关系图

需要说明的是,问题二中导弹的最小速度值是利用我方导弹击中敌方战机时敌方战机位置的纵坐标小于等于安全区位置的纵坐标这个约束条件来求解的,事实上,也可以利用我方导弹击中敌方战机的时间小于等于敌方战机飞行进入正北安全区的时间这个约束条件来求解导弹的最小速度值,求解思路和方法同上,请读者自行完成。

第5章 目标轨迹预测问题

5.1 侦察无人机运动轨迹模型

在军事侦察领域,无人机(简称UAV)得到了广泛的应用,为侦察工作的开展提供了更多的保障。目前,较多国家的海军、陆军和空军已经开始利用无人机进行海陆空的侦察。侦察无人机是利用无线电遥控设备和自备的程序控制装置操作的不载人飞机。为了更好地完成军事任务,侦察无人机的各项参数的研究也是至关重要的。本案例主要利用三次样条插值和曲线拟合两种方法研究侦察无人机的运动轨迹方程问题,进而可得到侦察无人机飞行的速度,为军事侦察任务的开展提供有力支撑。

5.1.1 问题描述

在某次军事试验中,用测距仪对空中某型侦察无人机飞行数据进行测量来分析和研究侦察无人机的运动轨迹。假设地面上有3个测距仪 A_1、A_2 和 A_3,其中 A_2 在 A_1 的正北方500m,A_3 位于 A_1 与 A_2 的东侧,且与 A_1、A_2 的距离分别为300m和400m。从初始时刻 $t=0$ 开始,每间隔0.5s测得侦察无人机到3个测距仪的距离,具体数据如表5.1所列。

表5.1 3个测距仪到侦察无人机的距离数据

时间/s	测距仪 A_1 到侦察无人机的距离/m	测距仪 A_2 到侦察无人机的距离/m	测距仪 A_3 到侦察无人机的距离/m
0	1906.16	1611.81	1929.43
0.5	1908.63	1612.18	1929.67
1	1908.49	1609.64	1927.39
1.5	1903.36	1602.03	1920.59
2	1890.88	1587.18	1907.26
2.5	1868.8	1563.03	1885.53
3	1835.15	1527.87	1853.86
3.5	1788.46	1480.64	1811.28
4	1728.15	1421.47	1757.86
4.5	1655.14	1352.53	1695.32
5	1572.89	1279.44	1628.05

请利用表5.1的数据给出在0~5s内侦察无人机的运动轨迹方程。

5.1.2 模型建立

以 A_1 点作为坐标原点,以点 A_1 的正东方向作为 x 轴的正半轴,以射线 A_1A_2(正北方向)作为 y 轴的正半轴,建立点 A_1、点 A_2 和点 A_3 所在的平面直角坐标系,进而以右手准则得到空间直角坐标系。因此,点 A_1 的坐标为 $(0,0,0)$,点 A_2 的坐标为 $(0,500,0)$,点 A_3 的坐标为 $(240,180,0)$。

由表 5.1 可以看到有 11 个侦察无人机数据测量点,不妨记第 $i(i=1,2,\cdots,11)$ 个测量点的坐标为 (x_i,y_i,z_i),并且到第 $j(j=1,2,3)$ 个测距仪 A_j 的距离为 d_{ij},由距离关系可以建立如下非线性方程组:

$$\begin{cases} x_i^2+y_i^2+z_i^3=d_{i1}^2 \\ x_i^2+(y_i-500)^2+z_i^3=d_{i2}^2 \\ (x_i-240)^2+(y_i-180)^2+z_i^3=d_{i3}^2 \end{cases} \quad (i=1,2,\cdots,11) \tag{5.1}$$

5.1.3 模型求解

首先利用 MATLAB 函数 solve 可以求解出式(5.1)的解,进而得到 11 个观测时间点侦察无人机的三维坐标 $(x_i,y_i,z_i)(i=1,2,\cdots,11)$。为了得到侦察无人机在 0~5s 内的运动轨迹,再建立侦察无人机运动轨迹的参数方程为 $x=x(t),y=y(t),z=z(t)$。因为求解仅仅得到了 11 个观测点的侦察无人机三维坐标数据,所以选择插值方法进行求解运动轨迹的参数方程,在这里使用三次样条插值方法。三次样条是应用最广泛的样条,它有明确的力学意义。早期绘图员在制图时,用一种富有弹性的细长木条,称为样条,把它用压铁固定在若干样点上后面出的曲线称为样条曲线。这种样条曲线在数学上表现为三次样条函数。设在闭区间 $[a,b]$ 上给定一个分划 $a=x_0<x_1<\cdots<x_{n-1}<x_n=b$,$S$ 是以 $x_0,x_1,\cdots,x_{n-1}$,x_n 为节点的三次样条函数。如果 S 满足插值条件 $S(x_i)=y_i(i=0,1,2,\cdots,n)$,则 S 称为三次样条插值函数。下面就用三次样条插值函数来近似作为侦察无人机的运动轨迹方程,关键是确定三次样条插值函数的 4 个系数。事实上,MATLAB 函数 csape 可以求解三次样条插值函数的系数。函数 csape 可以实现三次样条曲线的各种条件,包括第一边界、第二边界、循环边界、混合边界等,也可以实现一维至多维的各种情况,比函数 spline 适用范围广。利用 MATLAB 编程可以求得侦察无人机运动轨迹参数方程不同时间区间上的每组系数值,进而以分段函数的形式可以得到在整个区间 $[0,5]$ 上参数方程,它们的图形如图 5.1 所示。具体编程如下。首先将所给数据放在文本文件 juli.txt 中,然后建立脚本文件 ydgj.m,代码如下:

```
clc,clear all,close all
syms x y
syms z positive
format long g          %长小数的数据显示格式
a=load('juli.txt');    %读取 juli.txt 中的数据
d=a(:,[2:end]);        %提取 3 个测距仪到观测点的距离,a 的第一列为时间
n=size(a,1);           % a 的行数
sol=[];                %sol 为保存观测点坐标的矩阵,这里初始化,行数和列数不确定
```

```matlab
for i=1:n
    eq1=x^2+y^2+z^2-d(i,1)^2;
    eq2=x^2+(y-500)^2+z^2-d(i,2)^2;
    eq3=(x+240)^2+(y-180)^2+z^2-d(i,3)^2;
    [xx,yy,zz]=solve(eq1,eq2,eq3);        %求x,y,z的符号解
    sol=[sol;double([xx,yy,zz])]          %数据类型转换,符号数据无法进行插值运算
end
sol                    %显示求得侦察无人机11个时刻对应点的三维坐标
                       %第1列都是横坐标,第2列都是纵坐标,第3列都是竖坐标
pp1=csape(a(:,1),sol(:,1));        %求x(t)的插值函数
x_xishu=pp1.coefs
pp2=csape(a(:,1),sol(:,2));        %求y(t)的插值函数
y_xishu=pp2.coefs
pp3=csape(a(:,1),sol(:,3));        %求z(t)的插值函数
z_xishu=pp3.coefs
figure                 % x(t)图形的描绘
for i=1:n-1
    t=0.5*(i-1):0.05:0.5*i;
    x=x_xishu(i,1)*(t-0.5*(i-1)).^3+x_xishu(i,2)*(t-0.5*(i-1)).^2...    %加空格
      +x_xishu(i,3)*(t-0.5*(i-1))+x_xishu(i,4);
    plot(t,x,'r-','Linewidth',2)
    grid on
    xlabel t
    ylabel x(t)
    hold on
end
figure                 % y(t)图形的描绘
for i=1:n-1
    t=0.5*(i-1):0.05:0.5*i;
    y=y_xishu(i,1)*(t-0.5*(i-1)).^3+y_xishu(i,2)*(t-0.5*(i-1)).^2...    %加空格
      +y_xishu(i,3)*(t-0.5*(i-1))+y_xishu(i,4);
    plot(t,y,'b-','Linewidth',2)
    grid on
    xlabel t
    ylabel y(t)
    hold on
end
figure                 % z(t)图形的描绘
for i=1:n-1
    t=0.5*(i-1):0.05:0.5*i;
    z=z_xishu(i,1)*(t-0.5*(i-1)).^3+z_xishu(i,2)*(t-0.5*(i-1)).^2...    %加空格
      +z_xishu(i,3)*(t-0.5*(i-1))+z_xishu(i,4);
    plot(t,z,'m-','Linewidth',2)
```

```
grid on
xlabel t
ylabel z(t)
hold on
end
```

运行结果为

```
sol =
                       962.582059           1285.5144695          1026.80780772131
              951.053576708333           1293.7441245          1031.79053661682
              939.582637875001           1301.3931505          1032.42162634049
                       929.4732484          1306.2791687          1025.91106024313
              921.826643999999            1306.286822          1009.59276516863
              917.867037866666           1299.3506591           980.622968063806
              918.836124824999           1283.3887856           936.177826704272
              925.858410666666            1256.294362           873.555865989582
              940.213590158332           1215.9254616           789.9532259662
              963.074686524999           1160.1510187           682.660370597362
              995.603533874999           1087.0162385           548.773407403206
x_xishu =
1.70032837574763      -2.47375180452612     -22.2451707750095      962.582059
1.85371300605703       0.0767407590953297   -23.4436762977249      951.053576708333
1.31686679997421       2.85731026818086     -21.9766507840868      939.582637875001
1.68870552741231       4.83261046814218     -18.1316904159253      929.4732484
1.72201662371067       7.36566875926063     -12.0325508022239      921.826643999999
1.35678657773206       9.94869369482663      -3.37536957518026     917.867037866666
1.84688339870203      11.9838735614247        7.59091405294542     918.836124824999
1.49323796078608      14.7541986594778       20.9599501633967      925.858410666666
1.56435055816701      16.9940556006568       36.834077293464       940.213590158332
1.54403267320095      19.3405814379073       55.0013958127461      963.074686524999
y_xishu =
-2.90108069351786       3.19912074675495     15.5850198000017     1285.5144695
-2.93611151943625      -1.15250029352187     16.6083300266183     1293.7441245
-2.8135036287219       -5.55666757267625     13.2537460935192     1301.3931505
-2.73273076568507      -9.77692301575911      5.58695079930154    1306.2791687
-2.77918370854468     -13.8760191642867      -6.23952029072138     1306.286822
-2.80568960011624     -18.0447947271038     -22.1999272364166     1299.3506591
-2.85277389102464     -22.2533291272782     -42.3489891636075     1283.3887856
-2.91862843574791     -26.5324899638151     -66.7418987091542      1256.294362
-2.52123796600654     -30.910432617437      -95.4633599997802     1215.9254616
-2.63477810021823     -34.6922895664468    -128.264721091722      1160.1510187
z_xishu =
-3.69185075204399      -3.13733076869709     12.4570858633614     1026.80780772131
-3.80453653961091      -8.67510689676307      6.55086703063134    1031.79053661682
-3.41013628312669     -14.3819117061794      -4.97764227083991    1032.42162634049
```

-3.88350357683493	-19.4971161308695	-21.9171561893644	1025.91106024313
-3.80603383490472	-25.3223714961219	-44.32690000286	1009.59276516863
-3.48309887867231	-31.0314222484789	-72.5037968751604	980.622968063806
-3.873371453966	-36.2560705664875	-106.147543282644	936.177826704272
-3.45429493376105	-42.0661277474366	-145.308642439606	873.555865989582
-3.98573710510141	-47.2475701480782	-189.965491387363	789.9532259662
-3.83389648471848	-53.2261758057305	-240.202364364267	682.660370597362

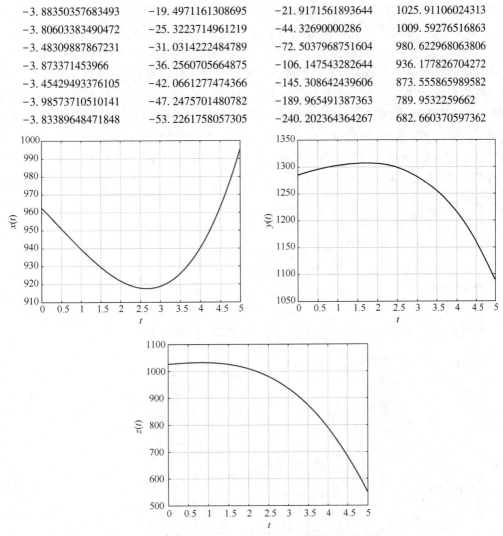

图 5.1 侦察无人机运动轨迹参数方程的图形

所得结果 sol 是一个 11×3 矩阵，x_xishu、y_xishu 和 z_xishu 都是 10×4 矩阵，sol 中第 $i(i=1,2,\cdots,11)$ 行的 3 个元素分别表示第 i 个时刻侦察无人机位置的横坐标、纵坐标和竖坐标，x_xishu、y_xishu 和 z_xishu 中第 $i(i=1,2,\cdots,10)$ 行的 4 个元素分别为在第 i 个区间上侦察无人机轨迹参数方程 $x=x(t)$、$y=y(t)$ 和 $z=z(t)$ 表达式（三次多项式）中的 4 个系数。若把插值所得的侦察无人机轨迹参数方程全部写出来则稍显繁琐，下面只给出最后一个区间 $[4.5,5]$，即最后两个观测点之间的侦察无人机运动轨迹的参数方程为

$$\begin{cases} x=1.54403267320095(t-4.5)^3+19.3405814379073(t-4.5)^2 \\ \quad +55.0013958127461(t-4.5)+963.074686524999 \\ y=-2.63477810021823(t-4.5)^3-34.6922895664468(t-4.5)^2 \\ \quad -128.264721091722(t-4.5)+1160.1510187 \\ z=-3.83389648471848(t-4.5)^3-53.2261758057305(t-4.5)^2 \\ \quad -240.202364364267(t-4.5)+682.660370597362 \end{cases} (t\in[4.5,5])$$

以上是利用三次样条插值的方法来求解侦察无人机运动轨迹的参数方程(分段表示)。事实上,也可以利用曲线拟合的方法来得到在整个区间[0,5]上参数方程 $x(t)$、$y(t)$ 和 $z(t)$ 的表达式,可和前面方法一样选取三次多项式。在科学和工程领域,曲线拟合的主要功能是寻求平滑的曲线来最好地表现带有噪声的测量数据,并从这些测量数据中寻求两个变量之间的内在关系或者变化趋势,最后得到曲线拟合的函数表达式。同时,由于在进行曲线拟合的时候,已经认为所有测量数据中包含噪声,因此所得的拟合曲线并不要求一定通过每一个数据点,衡量拟合数据的标准则是整体数据拟合的误差最小。一般情况下,MATLAB 的曲线拟合方法用的是"最小方差"函数。下面可以利用 cftool 函数来进行求解,具体操作如下。和前面方法一样首先运行脚本文件 ydgj.m,然后在 MATLAB 命令行窗口输入

>> t=a(:,1);
>> x=sol(:,1);
>> y=sol(:,2);
>> z=sol(:,3);
>> cftool

按回车键后,MATLAB 界面会弹出一个新的窗口,如图 5.2 所示。

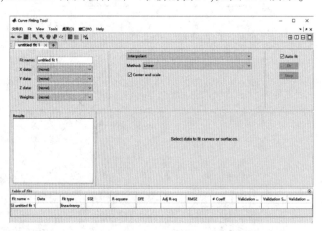

图 5.2 cftool 函数运行后的 MATLAB 界面

在 X data 处选择 t,在 Y data 处选择 x,确定 Polynomial 后选择 Degree 为 3,左边 Results 处可得

Linear model Poly3:
    f(x) = p1*x^3 + p2*x^2 + p3*x + p4
Coefficients (with 95% confidence bounds):
    p1 =   1.6   (1.597, 1.603)
    p2 =   −2.205   (−2.23, −2.18)
    p3 =   −22.37   (−22.42, −22.32)
    p4 =   962.6   (962.6, 962.6)
Goodness of fit:
  SSE: 0.001288

R-square：1

Adjusted R-square：1

RMSE：0.01356

由所得系数可得,横坐标的参数方程为 $x(t)=1.6t^3-2.205t^2-22.37t+962.6$。若其他设置都不变,在 Y data 处选择 y,则左边 Results 处可得

Linear model Poly3：

  f(x) = p1*x^3 + p2*x^2 + p3*x + p4

Coefficients (with 95% confidence bounds)：

  p1 = −2.802 (−2.807, −2.797)

  p2 = 2.915 (2.876, 2.954)

  p3 = 15.77 (15.69, 15.85)

  p4 = 1286 (1285, 1286)

Goodness of fit：

SSE：0.003155

R-square：1

Adjusted R-square：1

RMSE：0.02123

由所得系数可得,纵坐标的参数方程为 $y(t)=-2.802t^3+2.915t^2+15.77t+1286$。若其他设置都不变,在 Y data 处选择 z,则左边 Results 处可得

Linear model Poly3：

  f(x) = p1*x^3 + p2*x^2 + p3*x + p4

Coefficients (with 95% confidence bounds)：

  p1 = −3.698 (−3.703, −3.694)

  p2 = −3.11 (−3.146, −3.073)

  p3 = 12.4 (12.33, 12.48)

  p4 = 1027 (1027, 1027)

Goodness of fit：

SSE：0.00284

R-square：1

Adjusted R-square：1

RMSE：0.02014

由所得系数可得,竖坐标的参数方程为 $z(t)=-3.698t^3-3.11t^2+12.4t+1027$。因此,侦察无人机运动轨迹的参数方程为

$$\begin{cases} x(t)=1.6t^3-2.205t^2-22.37t+962.6 \\ y(t)=-2.802t^3+2.915t^2+15.77t+1286 \\ z(t)=-3.698t^3-3.11t^2+12.4t+1027 \end{cases} \quad (t\in[0,5])$$

5.1.4 结果分析

对于本问题,因为仅仅给出了每个观测点的 11 个数据,我们用三次样条插值(csape

函数)和三次多项式曲线拟合(cftool函数)两种方法求解侦察无人机运动轨迹曲线的参数方程。不同的是,三次样条插值方法得到的参数方程都是分段函数(分段区间的长度为0.5),而曲线拟合所得的参数方程是区间[0,5]上的整体表达式。那么这两种方法的精度又如何呢?下面选取21个从0到5的等差(0.25s)时间点,利用两种方法所得结果研究侦察无人机位置的横坐标、纵坐标和竖坐标对应取值之差的绝对值。利用MATLAB编程所得结果如表5.2所列,并且得到基于三次样条插值法的侦察无人机运动的空间曲线图形,如图5.3所示。从表5.2结果可以看出,两种方法所得的21个时刻侦察无人机位置的3个坐标几乎是分别相等的,这样说明求解的运动轨迹方程较为精确。

表5.2 侦察无人机运动轨迹3个坐标结果比较

时间/s	0	0.25	0.5	0.75	1	1.25	1.5	1.75
横坐标	0.0179	0.002	0.0102	0.0308	0.0424	0.0296	0.0105	0.0059
纵坐标	0.4855	0.5156	0.5194	0.5068	0.4898	0.4792	0.4778	0.4856
竖坐标	0.1922	0.1795	0.1697	0.1639	0.1704	0.1929	0.2107	0.2041
时间/s	2	2.25	2.5	2.75	3	3.25	3.5	3.75
横坐标	0.0134	0.0239	0.0267	0.016	0.0089	0.0205	0.0353	0.0358
纵坐标	0.4972	0.5067	0.5118	0.5103	0.5022	0.4887	0.4736	0.463
竖坐标	0.1832	0.1642	0.1583	0.1706	0.1862	0.1908	0.1949	0.2083
时间/s	4	4.25	4.5	4.75	5			
横坐标	0.0264	0.016	0.0091	0.0092	0.0215			
纵坐标	0.4665	0.4891	0.5105	0.5062	0.4588			
竖坐标	0.2148	0.1997	0.1819	0.1858	0.2266			

利用MATLAB具体编程如下。首先将脚本文件ydgj.m运行得到的x_xishu、y_xishu、z_xishu数据分别放在x_xishu.txt、y_xishu.txt、z_xishu.txt文件中,然后建立脚本文件twotest.m,代码如下:

```
clc,clear all,close all
format long
x_xishu=load('x_xishu.txt');
y_xishu=load('y_xishu.txt');
z_xishu=load('z_xishu.txt');
X=zeros(21,2);              %横坐标比较数据
Y=zeros(21,2);              %纵坐标比较数据
Z=zeros(21,2);              %竖坐标比较数据
Test=zeros(21,3);           %结果矩阵
for i=1:10
t=0.5*(i-1):0.01:0.5*i;
x=x_xishu(i,1)*(t-0.5*(i-1)).^3+x_xishu(i,2)*(t-0.5*(i-1)).^2+... %空格
   x_xishu(i,3)*(t-0.5*(i-1))+x_xishu(i,4);
X(2*i-1,1)=x(1);
```

```
X(2*i,1)=x((length(t)+1)/2);
y=y_xishu(i,1)*(t-0.5*(i-1)).^3+y_xishu(i,2)*(t-0.5*(i-1)).^2+...%空格
   y_xishu(i,3)*(t-0.5*(i-1))+y_xishu(i,4);
Y(2*i-1,1)=y(1);
Y(2*i,1)=y((length(t)+1)/2);
z=z_xishu(i,1)*(t-0.5*(i-1)).^3+z_xishu(i,2)*(t-0.5*(i-1)).^2+...%空格
   z_xishu(i,3)*(t-0.5*(i-1))+z_xishu(i,4);
Z(2*i-1,1)=z(1);
Z(2*i,1)=z((length(t)+1)/2);
plot3(x,y,z,'r-','Linewidth',2)    %画曲线图
hold on
plot3(x_xishu(i,4),y_xishu(i,4),z_xishu(i,4),'bo','Linewidth',2)
hold on
end
X(end,1)=x(end);
Y(end,1)=y(end);
Z(end,1)=z(end);
%拟合方法
tt=0:0.25:5;                %间隔时间0.25
syms t
xx=1.6*t^3-2.205*t^2-22.37*t+962.6;       %拟合所得参数表达式
yy=-2.802*t^3+2.915*t^2+15.77*t+1286;
zz=-3.698*t^3-3.11*t^2+12.4*t+1027;
X(:,2)=subs(xx,tt);
Y(:,2)=subs(yy,tt);
Z(:,2)=subs(zz,tt);
Test(:,1)=abs(X(:,1)-X(:,2));
Test(:,2)=abs(Y(:,1)-Y(:,2));
Test(:,3)=abs(Z(:,1)-Z(:,2));
Test
plot3(x(end),y(end),z(end),'mo','Linewidth',2)    %画出终点
text(x(end)+5,y(end)+5,z(end)+5,'终点')
grid on
xlabel x,ylabel y,zlabel z
title 侦察无人机运动轨迹图形
```

运行结果为

```
Test =
   0.017941000000064    0.485530500000095    0.192192278690072
   0.001963050664244    0.515566139163639    0.179532903893914
   0.010173291667002    0.519375500000024    0.169713383180124
   0.030769302935141    0.506794754181783    0.163917940001284
   0.042362124999045    0.489849499999991    0.170373659510005
```

0.029554385509869	0.479196944111209	0.192905838280012
0.010501599999998	0.477831300000162	0.210689756870124
0.005937525856666	0.485568956873522	0.204134555778637
0.013356000001068	0.497178000000076	0.183234831369987
0.023920393357685	0.506890265894299	0.164171079263042
0.026712133333945	0.511840899999925	0.158281936194044
0.015998880925395	0.510305029549954	0.170649715493369
0.008875175000981	0.502214400000184	0.186173295728054
0.020484511070777	0.488650603404267	0.190803705762733
0.035339333333923	0.473637999999937	0.194884010418036
0.035820033130108	0.462965619335591	0.208307212874274
0.026409841668055	0.466538399999990	0.214774033800040
0.016006565789667	0.489081031753585	0.199740907162891
0.009063475000971	0.510481300000038	0.181879402638060
0.009240171426541	0.506191828649435	0.185792364136660
0.021466125000984	0.458761500000037	0.226592596793921

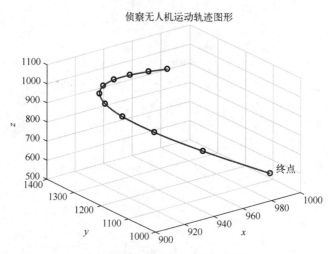

图 5.3　侦察无人机运动轨迹图形

由导数的物理意义和物理学的相关知识,由侦察无人机运动轨迹的参数方程 $x=x(t)$、$y=y(t)$、$z=z(t)$ 可以得到无人机在每一时刻的飞行速度,其大小为 $v(t)=\sqrt{x'^2(t)+y'^2(t)+z'^2(t)}$。基于两种方法所得的参数方程,利用 MATLAB 编程可得侦察无人机飞行速度大小随时间变化的曲线图,如图 5.4 所示。由图 5.4 可以看出,侦察无人机飞行的速度大小先几乎保持不变再渐渐变小最后逐渐增加且增加是越来越快的,且在第 5 秒时飞行速度达到最大值 347.418m/s(插值法)或 347.36m/s(拟合法)。具体编程如下。首先建立和前面相同的 3 个文本文件 x_xishu.txt、y_xishu.txt、z_xishu.txt,然后建立脚本文件 sudu.m,代码如下:

```
clc,clear all,close all
format long
x_xishu=load('x_xishu.txt');
```

```
y_xishu=load('y_xishu.txt');
z_xishu=load('z_xishu.txt');
[n,nn]=size(x_xishu);
V1=zeros(n,1);
subplot(1,2,1)
for i=1:10
syms t
x=x_xishu(i,1)*(t-0.5*(i-1)).^3+x_xishu(i,2)*(t-0.5*(i-1)).^2+...        %空格
   x_xishu(i,3)*(t-0.5*(i-1))+x_xishu(i,4);             %参数方程
y=y_xishu(i,1)*(t-0.5*(i-1)).^3+y_xishu(i,2)*(t-0.5*(i-1)).^2+...        %空格
   y_xishu(i,3)*(t-0.5*(i-1))+y_xishu(i,4);
z=z_xishu(i,1)*(t-0.5*(i-1)).^3+z_xishu(i,2)*(t-0.5*(i-1)).^2+...        %空格
   z_xishu(i,3)*(t-0.5*(i-1))+z_xishu(i,4);
tt=0.5*(i-1):0.01:0.5*i;
X=diff(x,t);                          %一阶导数
Y=diff(y,t);
Z=diff(z,t);
VV=sqrt(X^2+Y^2+Z^2);                 %速度表达式
v=subs(VV,t,tt);
plot(tt,v,'r-','Linewidth',2)
V1(i)=vpa(max(v));                    %区间上速度最大值
hold on
plot(tt(end),v(end),'bo','Linewidth',3)
hold on
end
Vmax=max(V1)                          %插值法所得最大速度值
grid on
xlabel 飞行时间 t
ylabel 飞行速度 v
title 插值方法
subplot(1,2,2)                        %拟合方法
syms t
xx=1.6*t^3-2.205*t^2-22.37*t+962.6;   %拟合所得参数表达式
yy=-2.802*t^3+2.915*t^2+15.77*t+1286;
zz=-3.698*t^3-3.11*t^2+12.4*t+1027;
XX=diff(xx,t);
YY=diff(yy,t);
ZZ=diff(zz,t);
VV=sqrt(XX^2+YY^2+ZZ^2);
t=0:0.02:5;                           %间隔时间 0.02
V2=subs(VV,t);
plot(t,V2,'b-','Linewidth',2)
Vmax_nihe=vpa(max(V2))                %拟合法所得最大速度值
```

```
grid on
xlabel 飞行时间 t
ylabel 飞行速度 v
title 拟合方法
```

运行结果为

Vmax =

        3.474179241943992e+02

Vmax_nihe =

347.35988801241861293991115354783

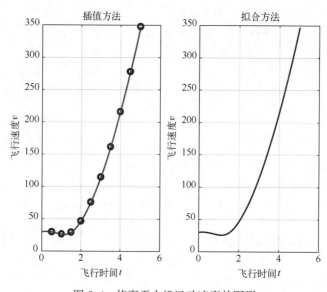

图 5.4　侦察无人机运动速度的图形

5.2　基于测角的侦察无人机运动轨迹预测模型

在上一案例中,已知不同时刻 3 个测距仪到侦察无人机的距离,利用三次样条插值和曲线拟合两种方法解决了侦察无人机的运动轨迹方程问题,进而研究侦察无人机的飞行速度。若侦察无人机做等高匀加速直线运动,则可以通过等时间间隔的 3 组测角数据来预测侦察无人机的运动轨迹。本案例主要利用侦察无人机 3 组方位角和高低角数据来预测之后不同时刻无人机的方位角和高低角,进而研究侦察无人机的运动轨迹方程和飞行加速度问题。

5.2.1　问题描述

在某次军事试验中,利用地面固定观测平台对空中某型侦察无人机飞行数据进行测量来研究和预测侦察无人机的运动轨迹。已知在试验初始时刻,侦察无人机正处在观测平台的东北方向上空,距离地面的高度为 h(单位:m),且基于观测平台与正东方向逆时针的偏角为 θ_0(简称方位角),基于观测平台相对于地平面的仰角为 φ_0(简称高低角)。现侦察无人机从静止开始做加速度恒为 a 的等高匀加速直线运动,观测平台间隔 Δt s 后测得无人机的方位角和高低角分别为 θ_1 和 φ_1,再间隔 Δt 秒后测得无人机的方位角和高低角分别为 θ_2 和 φ_2。

若观测平台测得侦察无人机飞行的高度 h 为 280m,测得的方位角和高低角大小如表 5.3 所列。请利用表 5.3 的数据预测侦察无人机在 3~10s 内每间隔 $\Delta t = 1$ s 时刻所处位置的方位角和高低角,并给出在 0~10s 内侦察无人机的运动轨迹方程和飞行加速度。

表 5.3 3 个时刻侦察无人机方位角和高低角测量数据

飞行时刻/s	0	$\Delta t = 1$	$2\Delta t = 2$
方位角/rad	$\theta_0 = 0.95936$	$\theta_1 = 0.95554$	$\theta_2 = 0.94446$
高低角/rad	$\varphi_0 = 0.54521$	$\varphi_1 = 0.5414$	$\varphi_2 = 0.5302$

5.2.2 模型建立

以地面固定观测平台作为坐标原点,以观测平台的正东方向作为 x 轴的正半轴,以观测平台的正北方向作为 y 轴的正半轴,以右手准则建立空间直角坐标系,则地面固定观测平台的坐标为 $(0,0,0)$。设侦察无人机飞行 t s 后的位置 P 坐标为 $(x(t), y(t), z(t))$,此时无人机的方位角和高低角分别为 $\theta(t)$ $(0 \leq \theta(t) < 2\pi)$ 和 $\varphi(t)$ $(0 < \varphi(t) < \dfrac{\pi}{2})$,且距观测平台的距离为 $r(t)$,如图 5.5 所示。

由球面坐标和直角坐标的关系,得

$$\begin{cases} x(t) = r(t)\cos\varphi(t)\cos\theta(t) \\ y(t) = r(t)\cos\varphi(t)\sin\theta(t) \\ z(t) = r(t)\sin\varphi(t) \end{cases} \quad (5.2)$$

因为侦察无人机等高匀加速直线飞行,则 $z(t) \equiv h$。由式(5.2),得

$$\begin{cases} x(t) = \dfrac{h\cos\theta(t)}{\tan\varphi(t)} \\ y(t) = \dfrac{h\sin\theta(t)}{\tan\varphi(t)} \end{cases} \quad (5.3)$$

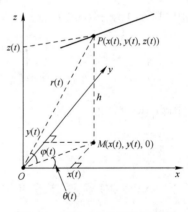

图 5.5 侦察无人机运动示意图

记侦察无人机在 t 时刻的速度为 $v(t)$,由定积分的物理意义,得

$$\begin{cases} x(t) = x(t - \Delta t) + \int_{t-\Delta t}^{t} v_x(s) ds \\ y(t) = y(t - \Delta t) + \int_{t-\Delta t}^{t} v_y(s) ds \end{cases} \quad (5.4)$$

记加速度 a 在 x 轴方向和 y 轴方向的分加速度分别为常值 a_x 和 a_y,则有

$$\begin{cases} v_x(t) = v_x(t - \Delta t) + a_x \Delta t \\ v_y(t) = v_y(t - \Delta t) + a_y \Delta t \end{cases} \quad (5.5)$$

由式(5.5),得

$$\begin{cases} v_x(t)-v_x(t-\Delta t)=v_x(t-\Delta t)-v_x(t-2\Delta t)=a_x\Delta t \\ v_y(t)-v_y(t-\Delta t)=v_y(t-\Delta t)-v_y(t-2\Delta t)=a_y\Delta t \end{cases} \tag{5.6}$$

由式(5.4)和式(5.6),得

$$x(t+\Delta t)=x(t)+\int_t^{t+\Delta t}v_x(s)\,\mathrm{d}s=x(t)+\int_t^{t+\Delta t}[2v_x(s-\Delta t)-v_x(s-2\Delta t)]\,\mathrm{d}s(\text{牛顿-莱布尼茨公式})$$
$$=x(t)+2x(s-\Delta t)\big|_t^{t+\Delta t}-x(s-2\Delta t)\big|_t^{t+\Delta t}=x(t)+2x(t)-2x(t-\Delta t)-[x(t-\Delta t)-x(t-2\Delta t)]$$
$$=3x(t)-3x(t-\Delta t)+x(t-2\Delta t) \tag{5.7}$$

同理,得

$$y(t+\Delta t)=3y(t)-3y(t-\Delta t)+y(t-2\Delta t) \tag{5.8}$$

将式(5.3)分别代入到式(5.7)和式(5.8),得

$$\frac{\cos\theta(t+\Delta t)}{\tan\varphi(t+\Delta t)}=3\frac{\cos\theta(t)}{\tan\varphi(t)}-3\frac{\cos\theta(t-\Delta t)}{\tan\varphi(t-\Delta t)}+\frac{\cos\theta(t-2\Delta t)}{\tan\varphi(t-2\Delta t)} \tag{5.9}$$

$$\frac{\sin\theta(t+\Delta t)}{\tan\varphi(t+\Delta t)}=3\frac{\sin\theta(t)}{\tan\varphi(t)}-3\frac{\sin\theta(t-\Delta t)}{\tan\varphi(t-\Delta t)}+\frac{\sin\theta(t-2\Delta t)}{\tan\varphi(t-2\Delta t)} \tag{5.10}$$

方便起见,记

$$A(t)=3\frac{\cos\theta(t)}{\tan\varphi(t)}-3\frac{\cos\theta(t-\Delta t)}{\tan\varphi(t-\Delta t)}+\frac{\cos\theta(t-2\Delta t)}{\tan\varphi(t-2\Delta t)}$$

$$B(t)=3\frac{\sin\theta(t)}{\tan\varphi(t)}-3\frac{\sin\theta(t-\Delta t)}{\tan\varphi(t-\Delta t)}+\frac{\sin\theta(t-2\Delta t)}{\tan\varphi(t-2\Delta t)}$$

则由式(5.9)和式(5.10),得

$$\begin{cases} \tan\theta(t+\Delta t)=\dfrac{B(t)}{A(t)} \\ [A^2(t)+B^2(t)]\tan^2\varphi(t+\Delta t)=1 \end{cases}$$

又因为$\left(0<\varphi(t)<\dfrac{\pi}{2}\right)$,则有

$$\varphi(t+\Delta t)=\arctan\frac{1}{\sqrt{A^2(t)+B^2(t)}} \tag{5.11}$$

关于$t+\Delta t$时刻侦察无人机所在位置的方位角$\theta(t+\Delta t)$,分下面4种情形讨论:

当$A(t)>0,B(t)\geqslant 0$时,$\theta(t+\Delta t)=\arctan\dfrac{B(t)}{A(t)}$;

当$A(t)<0,B(t)\geqslant 0$时,$\theta(t+\Delta t)=\pi+\arctan\dfrac{B(t)}{A(t)}$;

当$A(t)<0,B(t)<0$时,$\theta(t+\Delta t)=\pi+\arctan\dfrac{B(t)}{A(t)}$;

当$A(t)>0,B(t)<0$时,$\theta(t+\Delta t)=2\pi+\arctan\dfrac{B(t)}{A(t)}$。 (5.12)

根据以上分析可得,利用在$t-2\Delta t$、$t-\Delta t$、t时刻侦察无人机的方位角和高低角来得到在$t+\Delta t$时刻无人机的方位角和高低角。由于无人机的飞行高度恒为h,由式(5.2)可以

得到在 $t+\Delta t$ 时刻无人机所在位置的空间坐标；以此类推，可以得到在 $t+2\Delta t,t+3\Delta t,\cdots,t+k\Delta t$ 时刻侦察无人机的方位角和高低角，进而得到在以上相应时刻无人机的位置坐标。由每个时刻侦察无人机所在位置的横坐标和纵坐标，利用曲线拟合得到无人机飞行轨迹的参数方程 $x=x(t)$ 和 $y=y(t)$，均为二次多项式，再由二阶导数的物理意义就可以得到侦察无人机飞行的加速度。

5.2.3 模型求解

由于问题给出在 $t=0$、$t=\Delta t$、$t=2\Delta t$ 时刻侦察无人机的方位角分别为 θ_0、θ_1、θ_2，高低角分别为 φ_0、φ_1、φ_2。由式(5.11)可得在 $t=3\Delta t$ 时刻侦察无人机所在位置的高低角 φ_3 为

$$\varphi_3 = \arctan \frac{1}{\sqrt{A^2+B^2}}$$

其中

$$A = 3\frac{\cos\theta_2}{\tan\varphi_2} - 3\frac{\cos\theta_1}{\tan\varphi_1} + \frac{\cos\theta_0}{\tan\varphi_0}, B = 3\frac{\sin\theta_2}{\tan\varphi_2} - 3\frac{\sin\theta_1}{\tan\varphi_1} + \frac{\sin\theta_0}{\tan\varphi_0}$$

而此时侦察无人机所在位置的方位角 θ_3 满足等式 $\tan\theta_3 = \frac{B}{A}$，根据 A 和 B 的取值大小可以确定无人机位置方位角 θ_3 的大小。同理根据 3 个方位角 θ_1、θ_2、θ_3 和 3 个高低角 φ_1、φ_2、φ_3 得到在 $t=4\Delta t$ 时刻侦察无人机所在位置的高低角 φ_4 和方位角 θ_4 的大小。以此类推，可以得到在 $t=4\Delta t,5\Delta t,\cdots,10\Delta t$ 时刻侦察无人机所在位置的高低角和方位角。

已知侦察无人机飞行的高度 h 为 280m，间隔时间 Δt 为 1s，利用 MATLAB 编程可得侦察无人机在 $3s,4s,\cdots,10s$ 时刻所在位置的高低角和方位角以及在初始时刻 0s 以及 $1s,2s,3s,\cdots,10s$ 时刻所在位置的横坐标和纵坐标，结果如表 5.4 和表 5.5 所列。由表 5.4 和图 5.6 可得，无人机所在位置的方位角和高低角分别随着时间增加而凸向减少，这就说明无人机大概朝着东北方向飞行，并且飞行方向与正东方向的夹角小于 $\frac{\pi}{4}$；再由表 5.5 和图 5.7 可得，侦察无人机所在位置的横坐标和纵坐标分别随着时间增加而凹向增加，这就说明无人机大概也朝着东北方向飞行，可见所得结论是一致的。

表 5.4 侦察无人机所在位置方位角和高低角的预测值

飞行时刻	3	4	5	6	7	8	9	10
方位角	0.92719	0.90524	0.8803	0.85395	0.8275	0.80191	0.77783	0.7556
高低角	0.51233	0.4889	0.46131	0.43103	0.39949	0.36791	0.33727	0.30822

表 5.5 侦察无人机所在位置的横坐标和纵坐标预测值

飞行时刻	0	1	2	3	4	5	6	7	8	9	10
横坐标	265.0014	268.7474	279.9975	298.7518	325.0104	358.7731	400.04	448.8112	505.08648	568.866	640.1498
纵坐标	378.0016	380.2463	386.9943	398.2456	414.0003	434.2582	459.0195	488.284	522.0519	560.3231	603.0977

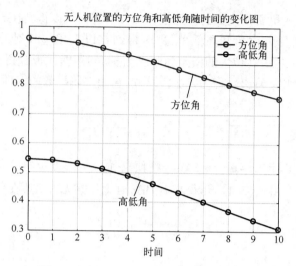

图 5.6 无人机位置方位角和高低角曲线图

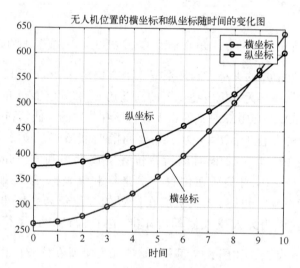

图 5.7 无人机位置横坐标和纵坐标曲线图

MATLAB 编程具体如下。首先建立函数文件 yuce.m，代码如下：

```
function [A,B]=yuce(theta1,theta2,theta3,phi1,phi2,phi3)
    a=3*(cos(theta1))./(tan(phi1))-3*(cos(theta2))./(tan(phi2))+(cos(theta3))./(tan(phi3));
    b=3*(sin(theta1))./(tan(phi1))-3*(sin(theta2))./(tan(phi2))+(sin(theta3))./(tan(phi3));
    c=sqrt(a^2+b^2);
    B=atan(1/c);
if a>0 & b>0 | a>0 & b==0
    A=atan(b/a);
elseif a>0 & b<0
    A=2*pi+atan(b/a);
```

```
        else
            A=pi+atan(b/a);
end
```

建立脚本文件 yunjiasu.m,代码如下:

```
clc,clear all,close all
format long
n=11;                           %11 个测试时刻
z=280;                          %侦察无人机高度
theta=zeros(n,1);               %方位角列向量
phi=zeros(n,1);                 %高低角列向量
x=zeros(n,1);
y=zeros(n,1);
theta(1)=0.95936;
theta(2)=0.95554;
theta(3)=0.94446;
phi(1)=0.54521;
phi(2)=0.5414;
phi(3)=0.5302;
for i=4:n
    [a,b]=yuce(theta(i-1),theta(i-2),theta(i-3),phi(i-1),phi(i-2),phi(i-3));
    theta(i)=a;                 %方法是更改向量 phi 和 theta 中的元素
    phi(i)=b;
end
figure
t=0:n-1;
plot(t,theta,'ro-','Linewidth',2)
hold on
plot(t,phi,'bo-','Linewidth',2)
legend  方位角  高低角
grid on
xlabel 时间 t
title 无人机位置的方位角和高低角随时间的变化图
%%%%%无人机所在位置的横坐标和纵坐标
for i=1:n
    r=z/sin(phi(i));
    x(i)=r*cos(phi(i))*cos(theta(i));
    y(i)=r*cos(phi(i))*sin(theta(i));
end
figure
t=0:n-1;
plot(t,x,'ro-','Linewidth',2)
hold on
```

```
plot(t,y,'bo-','Linewidth',2)
legend 横坐标 纵坐标
grid on
xlabel 时间
title 无人机位置的横坐标和竖坐标随时间的变化图
result=[theta phi x y]    %第1列为方位角,第2列为高低角,第3列为横坐标
```

运行结果为

```
result =
  1.0e+02 *
  0.009593600000000   0.005452100000000   2.650014445577576   3.780016476943567
  0.009555400000000   0.005414000000000   2.687473696308730   3.802463317747300
  0.009444600000000   0.005302000000000   2.799974961325810   3.869943305830038
  0.009271866048888   0.005123295194094   2.987518240628815   3.982456441191780
  0.009052387850338   0.004889039868954   3.250103534217745   4.140002723832526
  0.008802978099918   0.004613069110443   3.587730842092601   4.342582153752273
  0.008539464415709   0.004310258145489   4.000400164253381   4.590194730951025
  0.008274958869860   0.003994852007246   4.488111500700085   4.882840455428778
  0.008019138585632   0.003679136528364   5.050864851432719   5.220519327185535
  0.007778328020124   0.003372681888685   5.688660216451275   5.603231346221290
  0.007556042994017   0.003082173594214   6.401497595755758   6.030976512536052
```

借助于上面所得在11个时刻侦察无人机所在位置的横坐标和纵坐标(见表5.5),利用曲线拟合的方法可以得到在整个时间区间[0,10]上参数方程 $x(t)$ 和 $y(t)$ 的二次多项式系数。下面利用cftool函数来进行求解。具体操作如下:和前面一样首先运行脚本文件yunjiasu.m,然后在命令行窗口输入

```
>> x=result(:,3);
>> y=result(:,4);
>> cftool
```

单击回车键后,MATLAB界面会弹出一个新的窗口,如图5.2所示。在X data处选择t,在Y data处选择x,确定Polynomial后选择Degree为2,左边Results处可得

```
Linear model Poly2:
    f(x) = p1*x^2 + p2*x + p3
Coefficients (with 95% confidence bounds):
    p1 =       3.752    (3.752, 3.752)
    p2 =    -0.006176   (-0.006176, -0.006176)
    p3 =       265      (265, 265)
Goodness of fit:
  SSE: 1.163e-25
  R-square: 1
  Adjusted R-square: 1
  RMSE: 1.206e-13
```

由所得系数可得,横坐标的参数方程为 $x(t)=3.752t^2-0.006176t+265$。若其他设置都不变,在 Y data 处选择 y,则左边 Results 处可得

Linear model Poly2：
    f(x) = p1 * x^2 + p2 * x + p3
Coefficients (with 95% confidence bounds)：
    p1 =   2.252   (2.252, 2.252)
    p2 =   -0.006973   (-0.006973, -0.006973)
    p3 =   378   (378, 378)
Goodness of fit：
  SSE：4.039e-25
  R-square：1
  Adjusted R-square：1
  RMSE：2.247e-13

由所得系数可得,纵坐标的参数方程为 $y(t)=2.252t^2-0.006973t+378$。因此,侦察无人机运动轨迹的参数方程为

$$\begin{cases} x(t)=3.752t^2-0.006176t+265 \\ y(t)=2.252t^2-0.006973t+378 \\ z(t)=280 \end{cases} \quad (t\in[0,10])$$

由二阶导数的物理意义得,侦察无人机飞行沿 x 轴的分加速度为 $a_x=x''(t)=7.504$,沿 y 轴的分加速度为 $a_y=y''(t)=4.504$,则侦察无人机飞行的加速度大小为

$$a=\sqrt{a_x^2+a_y^2}=\sqrt{7.504^2+4.504^2}\approx 8.752$$

飞行方向的倾角(飞行方向与正东方向逆时针方向的夹角,范围为 $[0,2\pi)$)大小为

$$\alpha=\arctan\frac{a_y}{a_x}=\arctan\frac{4.504}{7.504}\approx 0.5406$$

利用 MATLAB 编程可得以上结果,建立脚本文件 jiasudu.m,代码如下：

```
clc,clear all
syms t
x=3.752*t^2-0.006176*t+265;
y=2.252*t^2-0.006973*t+378;
ax=diff(x,t,2);
ay=diff(y,t,2);
a=sqrt(ax^2+ay^2);
a=vpa(a)              %加速度大小
if ax>0 & ay>0 | ax>0 & ay==0
    qingjiao=atan(ay/ax);
elseif ax>0 & ay<0
    qingjiao=2*pi+atan(ay/ax);
else
    qingjiao=pi+atan(ay/ax);
end
```

```
qingjiao=vpa(qingjiao)   %弧度
```
运行结果为

a =

8.7519159045319899600189866428154

qingjiao =

0.54057626465243214251279277786616

5.2.4 结果分析

本问题仅仅考虑侦察无人机做等高且初速度为零的匀加速直线运动,已知前3个等差时刻侦察无人机所在位置的方位角和高低角,就可以利用式(5.11)和式(5.12)求得后面每个等差时刻无人机位置的方位角和高低角,可以发现这些方位角和高低角的求解与侦察无人机的飞行高度是无关的,也就是说只要飞行高度值是保持不变的定值即可。为了求解每个时刻侦察无人机位置的三维直角坐标,可以利用式(5.2)来完成,但还需要侦察无人机飞行的高度值,问题中设定侦察无人机的飞行高度 h 为280m。利用侦察无人机在不同时刻的空间直角坐标值,通过曲线拟合的方法得到无人机飞行轨迹的参数方程 $x=x(t)$ 和 $y=y(t)$ 的表达式(均为二次多项式),此时一个关键的问题是曲线拟合方法的精度如何呢?首先利用曲线拟合所得的侦察无人机飞行轨迹参数方程

$$x(t)=3.752t^2-0.006176t+265, y(t)=2.252t^2-0.006973t+378, z(t)=280 \quad (5.13)$$

计算在 0s,1s,…,9s 和 10s 时侦察无人机所在位置的方位角和高低角的大小,再利用式(5.11)和式(5.12)求得这11个时刻无人机位置的方位角和高低角,最后比较同一时刻两种方法所得方位角和高低角的大小,利用 MATLAB 编程可以得到同一时刻方位角之差的绝对值和高低角之差的绝对值,如表5.6所列,并且得到基于曲线拟合方法的侦察无人机运动的空间直线图形,如图5.8所示。由表5.6数据可得,两种方法所得方位角之差的绝对值、高低角之差的绝对值均小于 10^{-4},因此由曲线拟合方法所得侦察无人机运动轨迹的参数式(5.13)精确刻画了无人机的运动状态。但同时因为侦察无人机做等高匀加速直线运动,所以无人机运动轨迹的参数方程和 $x(t)$ 和 $y(t)$ 都为二次多项式。又因无人机的初始速度为零,所以二次多项式中一次项的系数应为零。而侦察无人机运动轨迹参数式(5.13)中一次项的系数分别为 0.006176 和 0.006973,与实际问题稍有差异,这主要是由曲线拟合方法的内在原理引起的,但总体上参数式(5.13)的精度还是非常高的。

表 5.6 侦察无人机不同时刻方位角和高低角结果比较

飞行时刻	0	1	2	3	4	5	6	7	8	9	10
方位角之差/10^{-4}	0.005	0.011	0.028	0.055	0.091	0.132	0.178	0.225	0.272	0.317	0.36
高低角之差/10^{-4}	0.021	0.019	0.012	0.002	0.009	0.02	0.029	0.037	0.042	0.045	0.046

MATLAB 具体编程如下。首先将脚本文件 yunjiasu.m 运行的结果放在文本文件 result.txt 中,再建立函数文件 zhi_to_qiu.m,代码如下:

```
function [theta,phi,r] = zhi_to_qiu(x,y,z)
    r = sqrt(x.^2+y.^2+z.^2);            %到原点的距离
    phi = asin(z/r);                     %高低角
    if x>0 & y>0 | x>0 & y==0            %分3种情形讨论
        theta = atan(y/x);               %方位角
    elseif x>0 & y<0
        theta = 2*pi+atan(y/x);
    else
        theta = pi+atan(y/x);
    end
```

建立脚本文件 test.m,代码如下:

```
clc,clear all,close all
format long
t = 0:1:10;
n = length(t);
x = 3.752*t.^2-0.006176*t+265;           %时间t的二次多项式
y = 2.252*t.^2-0.006973*t+378;
z = 280+zeros(1,n);                      %等高    z 为常值
plot3(x,y,z,'ro-','Linewidth',1.5)
grid on
xlabel x,ylabel y,zlabel z
title 侦察无人机的飞行轨迹直线
view(-29,24)
AA = textread('result.txt');             %读取原始数据
theta = AA(:,1);                         %原始数据
phi = AA(:,2);
for i = 1:n
    [A,B,r] = zhi_to_qiu(x(i),y(i),z(i));
    theta_yuce(i) = A;
    phi_yuce(i) = B;
end
Test_wucha = [abs(theta_yuce'-theta) abs(phi_yuce'-phi)]    %1.0e-4 数量级
                             %第1列为方位角比较结果    第2列为高低角比较结果
```

运行结果为

Test_wucha =

  1.0e-04 *

    0.005133678614433   0.020923995197597
    0.010934183939382   0.018567302921824

0.027952623424810	0.011941361368617
0.055112282199010	0.002248769688240
0.090690601850518	0.008894537426585
0.132495014012468	0.019881601595606
0.178142167226447	0.029460374504908
0.225364354742297	0.036903235579588
0.272249531912960	0.041992639897570
0.317363198378828	0.044888130799614
0.359757000099048	0.045959129458817

侦察无人机的飞行轨迹直线如图 5.8 所示。

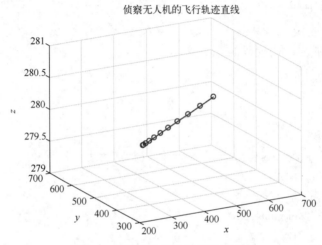

图 5.8 侦察无人机的飞行轨迹直线

特别地,当侦察无人机做等高匀速(速度恒为 v_0)直线运动时,可以看成侦察无人机飞行的加速度恒为零,利用式(5.11)和式(5.12)也可以求得后面等时间间隔不同时刻无人机所位置的方位角和高低角。事实上,侦察无人机做等高匀速直线运动即有

$$x(t+\Delta t)=2x(t)-x(t-\Delta t), y(t+\Delta t)=2y(t)-y(t-\Delta t) \quad (5.14)$$

将式(5.3)代入到式(5.14)中可得

$$\frac{\cos\theta(t+\Delta t)}{\tan\varphi(t+\Delta t)}=2\frac{\cos\theta(t)}{\tan\varphi(t)}-\frac{\cos\theta(t-\Delta t)}{\tan\varphi(t-\Delta t)} \quad (5.15)$$

$$\frac{\sin\theta(t+\Delta t)}{\tan\varphi(t+\Delta t)}=2\frac{\sin\theta(t)}{\tan\varphi(t)}-\frac{\sin\theta(t-\Delta t)}{\tan\varphi(t-\Delta t)} \quad (5.16)$$

方便起见,记

$$C(t)=2\frac{\cos\theta(t)}{\tan\varphi(t)}-\frac{\cos\theta(t-\Delta t)}{\tan\varphi(t-\Delta t)}$$

$$D(t)=2\frac{\sin\theta(t)}{\tan\varphi(t)}-\frac{\sin\theta(t-\Delta t)}{\tan\varphi(t-\Delta t)}$$

由式(5.15)和式(5.16),得

$$\begin{cases} \tan\theta(t+\Delta t) = \dfrac{D(t)}{C(t)} \\ [C^2(t)+D^2(t)]\tan^2\varphi(t+\Delta t) = 1 \end{cases}$$

又因为 $\left(0<\varphi(t)<\dfrac{\pi}{2}\right)$,有

$$\varphi(t+\Delta t) = \arctan\dfrac{1}{\sqrt{C^2(t)+D^2(t)}} \tag{5.17}$$

关于 $t+\Delta t$ 时刻侦察无人机所在位置的方位角 $\theta(t+\Delta t)$,分下面4种情形讨论：

当 $C(t)>0, D(t) \geqslant 0$ 时,$\theta(t+\Delta t) = \arctan\dfrac{D(t)}{C(t)}$；

当 $C(t)<0, D(t) \geqslant 0$ 时,$\theta(t+\Delta t) = \pi+\arctan\dfrac{D(t)}{C(t)}$；

当 $C(t)<0, D(t)<0$ 时,$\theta(t+\Delta t) = \pi+\arctan\dfrac{D(t)}{C(t)}$；

当 $C(t)>0, D(t)<0$ 时,$\theta(t+\Delta t) = 2\pi+\arctan\dfrac{D(t)}{C(t)}$。 (5.18)

由式(5.17)和式(5.18),利用在 $t-\Delta t$ 和 t 两个时刻侦察无人机的方位角和高低角大小可以求得在 $t+\Delta t$ 时刻无人机的方位角和高低角。也就是说已知前两个时刻侦察无人机的方位角和高低角大小就可以得到后一时刻无人机的方位角和高低角,这比等高匀加速直线运动的情形简单些。

5.2.5 模型推广

本问题中设定侦察无人机做等高匀加速直线运动,由式(5.11)和式(5.12)利用在 $t-2\Delta t$、$t-\Delta t$、t 时刻侦察无人机的方位角和高低角进行预测得到在 $t+\Delta t$ 时刻无人机的方位角和高低角。若侦察无人机做非等高匀加速直线运动,则式(5.11)和式(5.12)严格来说并不成立。下面考虑利用式(5.11)和式(5.12)来预测在 $t+\Delta t$ 时刻无人机的方位角和高低角的近似值精度。

假设侦察无人机飞行轨迹的参数方程为

$$x(t) = 3.75t^2+265 \text{、} y(t) = 2.25t^2+378 \text{、} z(t) = 280+0.05t^2$$

通过计算可以得到在 0s,1s,…,9s 和 10s 时侦察无人机所在位置的方位角和高低角的大小;然后利用在 0s,1s,2s 时无人机位置方位角和高低角,由式(5.11)和式(5.12)预测在 3s,4s,…,9s 和 10s 时无人机位置的方位角和高低角的近似值,利用 MATLAB 编程可以得到真实值和近似值的相应结果,如表5.7和表5.8所列。可以看出,由于侦察无人机朝东北方向仰角上升,所以将无人机近似看成等高运动所得的方位角和高低角都比实际数值要小。而且随着时间的增大,近似值与真实值的误差越来越大,也就是说精度越来越差。即便这样,在第10s时刻方位角、高低角的误差分别约为 0.00179rad 和 0.00232rad,因此用等高近似代替所得方位角和高低角的结果精度还是比较高的。这其中的关键是在时间 0~10s 侦察无人机的飞行高度仅仅增加了 5m,因此将无人机近似看成等高飞行产生的误差不是太大。

表 5.7 侦察无人机位置方位角真实值和近似值比较　　　（单位：rad）

飞行时刻	3	4	5	6	7	8	9	10
真实值	0.9271947 86144965	0.9052539 38178679	0.8803201 14919933	0.8539749 77129453	0.8275290 34544678	0.8019497 18962876	0.7778695 19106318	0.7556402 56895818
近似值	0.9271734 75194938	0.9051648 64834701	0.8800976 42345758	0.8535459 91599745	0.8268250 45415092	0.8009155 44247672	0.7764673 21434157	0.7538496 37842267
误差	0.0000213 10950027	0.0000890 73343978	0.0002224 72574174	0.0004289 85529708	0.0007039 89129586	0.0010341 74715204	0.0014021 97672161	0.0017906 19053552

表 5.8 侦察无人机位置高低角真实值和近似值比较　　　（单位：rad）

飞行时刻	3	4	5	6	7	8	9	10
真实值	0.5130138 83101437	0.4900931 31407085	0.4630996 87481413	0.4334889 44902954	0.4026524 59638905	0.3717888 15962905	0.3418307 36994148	0.3134294 01212745
近似值	0.5129919 98213383	0.4899984 91460597	0.4628543 13381684	0.4329975 82191303	0.4018165 62814953	0.3705199 67101260	0.3400600 15025580	0.3111114 92353028
误差	0.0000218 84888054	0.0000946 39946488	0.0002453 74099729	0.0004913 62711651	0.0008358 96823952	0.0012688 48861644	0.0017707 21968568	0.0023179 08859717

MATLAB 具体编程如下。首先建立和前面相同的函数文件 yuce.m 和 zhi_to_qiu.m，再建立脚本文件 feidenggao.m，代码如下：

```
clc,clear all,close all
format long
t=0:1:10;                   %11 个时刻
n=length(t);
x=265+3.75*t.^2;            %时间 t 的二次多项式
y=378+2.25*t.^2;
z=280+0.05*t.^2;            %z 的取值尽量要么都大于 0，或都小于 0
plot3(x,y,z,'r','Linewidth',2)
grid on
view(32,24)
xlabel x,ylabel y,zlabel z
title 侦察无人机非等高匀加速直线运动轨迹曲线
for i=1:n
    [A,B,r]=zhi_to_qiu(x(i),y(i),z(i));
    theta(i)=A;             %真实值
    phi(i)=B;
end
theta_yuce=theta;           %预测值
phi_yuce=phi;
%% 等高方法预测得到近似值
for i=4:n
[a,b]=yuce(theta_yuce(i-1),theta_yuce(i-2),theta_yuce(i-3),phi_yuce(i-1),…  %空格
phi_yuce(i-2),phi_yuce(i-3));
```

```
        theta_yuce(i)=a;        %方法是更改 theta_yuce 和 phi_yuce 中的元素
        phi_yuce(i)=b;
end
result=[theta' theta_yuce' phi' phi_yuce']      %第1和第3列为真实值  第2和第4列为近似值
Test_wucha=[abs(theta_yuce-theta)'  abs(phi_yuce-phi)']        %误差越来越大
                        %第1列为方位角误差    第2列为高低角误差
figure
plot(t,Test_wucha(:,1),'ro-','Linewidth',2)
hold on
plot(t,Test_wucha(:,2),'bo-','Linewidth',2)
legend 方位角误差 高低角误差
xlabel 时间 t,ylabel 误差值
grid on
title 侦察无人机方位角与高低角误差曲线图
```

运行结果为

```
result =
    0.959360513367861   0.959360513367861   0.545212092399520   0.545212092399520
    0.955539933757577   0.955539933757577   0.541474578551678   0.541474578551678
    0.944462710481770   0.944462710481770   0.530506030743297   0.530506030743297
    0.927194786144965   0.927173475194938   0.513013883101437   0.512991998213383
    0.905253938178679   0.905164864834701   0.490093131407085   0.489998491460597
    0.880320114919933   0.880097642345758   0.463099687481413   0.462854313381684
    0.853974977129453   0.853545991599745   0.433488944902954   0.432997582191303
    0.827529034544678   0.826825045415092   0.402652459638905   0.401816562814953
    0.801949718962876   0.800915544247672   0.371788815962905   0.370519967101260
    0.777869519106318   0.776467321434157   0.341830736994148   0.340060015025580
    0.755640256895818   0.753849637842267   0.313429401212745   0.311111492353028
Test_wucha =
                   0                   0
                   0                   0
                   0                   0
   0.000021310950027   0.000021884888054
   0.000089073343978   0.000094639946488
   0.000222472574174   0.000245374099729
   0.000428985529708   0.000491362711651
   0.000703989129586   0.000835896823952
   0.001034174715204   0.001268848861644
   0.001402197672161   0.001770721968568
   0.001790619053552   0.002317908859717
```

侦察无人机非等高匀加速直线运动轨迹曲线如图 5.9 所示,侦察无人机方位角和高低角误差曲线图如图 5.10 所示。

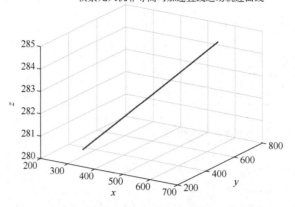

图 5.9 侦察无人机非等高匀加速直线运动轨迹曲线

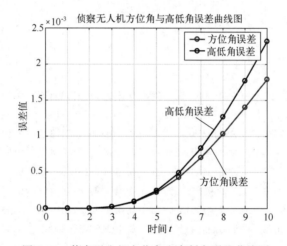

图 5.10 侦察无人机方位角和高低角误差曲线图

需要注意的是,如果在时间 0~10s 范围内侦察无人机飞行高度的改变量较大时,那么利用式(5.11)和式(5.12)预测等差时间间隔时刻无人机的方位角和高低角则结果误差较大,本书不再赘述,请读者自行完成。

以上主要分析了侦察无人机做非等高匀加速直线运动预测问题,而无人机做等高匀加速率圆周运动预测问题又如何呢?侦察无人机做等高匀加速率圆周运动意味着在每个时刻虽然无人机的加速度大小保存不变,但加速度的方向在不同时刻都会发生改变,则式(5.11)和式(5.12)严格来说也是不成立的。那么利用式(5.11)和式(5.12)来预测在 $t+\Delta t$ 时刻无人机的方位角和高低角的近似值精度如何呢?假设侦察无人机飞行轨迹的参数方程为

$$x(t)=265+20\cos(0.1t)、y(t)=378+20\sin(0.1t)、z(t)=280$$

通过计算可以得到在 0s,1s,…,10s 时侦察无人机所在位置的方位角和高低角的大小;然后利用在 0s,1s,2s 时刻无人机位置的方位角和高低角,由式(5.11)和式(5.12)预测在 3s,4s,…,10s 时刻无人机位置的方位角和高低角的近似值,利用 MATLAB 编程可以得到近似值与真实值的误差,如表 5.9 所列。可以看出,随着无人机飞行时间的增大,近似值与真实值的误差是越来越大,也就是说精度越来越差。同时对于飞行角速度 $\omega=0.1$,在

第10s时刻方位角、高低角的误差分别约为0.00393rad和0.00127rad,因此用匀加速率近似代替所得方位角和高低角的结果,精度还是比较高的。这其中的关键是选取的角速度大小(0.1)偏小,进而在时间0~10s侦察无人机沿正东方向、正北方向的分加速度最大值与最小值之差分别约为0.092rad和0.1683rad,因此将无人机近似看成等高匀加速直线飞行短时间内产生的误差不是太大。事实上,如果选取的角速度ω偏大一些,那么所得的方位角和高低角的近似值误差会很大。

表5.9 侦察无人机方位角与高低角误差值

飞行时刻	3	4	5	6	7	8	9	10
方位角误差	0.000029622892597	0.000120600204714	0.000306501986453	0.000622482915090	0.001105043278622	0.001791802926359	0.002721285822605	0.003932712500722
高低角误差	0.000012881135057	0.000050180228817	0.000122105146116	0.000237554789073	0.000404141439037	0.000628213519820	0.000914877240992	0.001268015966206

MATLAB具体编程如下。首先建立和前面相同的函数文件yuce.m和zhi_to_qiu.m,再建立脚本文件yuanzhou.m,代码如下:

```
clc,clear all,close all
format long
t=0:10;
n=length(t);
w=0.1;                    %精度和w的取值有关
x=265+20*cos(w*t);        %匀速率圆周运动
y=378+20*sin(w*t);
z=280+zeros(1,n);         %等高 z为常值
%当w较小时,近似方法精度还挺高。这是因为ax(t+1)约等ax(t)约等ax(t-1)约等ax(t-2)
syms tt
xx=265+20*cos(w*tt);      %匀速率圆周运动
yy=378+20*sin(w*tt);
ax=diff(xx,2);            %x方向的加速度大小
ay=diff(yy,2);            %y方向的加速度大小
for i=1:n
    D(i)=vpa(subs(ax,t(i)));
    E(i)=vpa(subs(ay,t(i)));
end
delta_ax=max(D)-min(D)    %ax取值变化不大
delta_ay=max(E)-min(E)    %ay取值变化不大
plot3(x,y,z,'r-','Linewidth',2)
grid on
xlabel x,ylabel y,zlabel z
title 侦察无人机等高匀加速率圆周运动
view(54,18)
for i=1:n
```

```
        [A,B,r]=zhi_to_qiu(x(i),y(i),z(i));
        theta(i)=A;           %真实值
        phi(i)=B;
end
theta_yuce=theta;             %预测值
phi_yuce=phi;
%%等高方法预测近似结果
for i=4:n
    [a,b]=yuce(theta_yuce(i-1),theta_yuce(i-2),theta_yuce(i-3),...%空格
              phi_yuce(i-1),phi_yuce(i-2),phi_yuce(i-3));
    theta_yuce(i)=a;          %方法是更改 theta_yuce 和 phi_yuce 中的元素
    phi_yuce(i)=b;
end
result=[theta' theta_yuce' phi' phi_yuce']    %第1和第3列为真实值   第2和第4列为近似值
Test_wucha=[abs(theta_yuce-theta)'   abs(phi_yuce-phi)']       %误差越来越大
                %第1列为方位角误差     第2列为高低角误差
figure
plot(t,Test_wucha(:,1),'ro-','Linewidth',2)
hold on
plot(t,Test_wucha(:,2),'bo-','Linewidth',2)
legend 方位角误差 高低角误差
xlabel 时间 t,ylabel 误差值
grid on
title 侦察无人机方位角与高低角误差曲线图
```

运行结果为

delta_ax =
    0.091939538826372
delta_ay =
0.168294196961579301330500464326060
result =
    0.924760369184934   0.924760369184934   0.534119454274226   0.534119454274226
    0.927459311958274   0.927459311958274   0.532701274272180   0.532701274272180
    0.930450450163820   0.930450450163820   0.531410353530168   0.531410353530168
    0.933704065789131   0.933733688681728   0.530256777588413   0.530243896453356
    0.937188791552630   0.937309391757344   0.529249351420225   0.529199171191407
    0.940871867173791   0.941178369160244   0.528395605823501   0.528273500677385
    0.944719380558447   0.945341863473537   0.527701807996012   0.527464253206939
    0.948696495068903   0.949801538347525   0.527172973988802   0.526768832549765
    0.952767664626734   0.954559467553092   0.526812881099637   0.526184667579817
    0.956896838847146   0.959618124669751   0.526624078647246   0.525709201406254
    0.961047660740336   0.964980373241059   0.526607895949549   0.525339879983342
Test_wucha =

0	0
0	0
0	0
0.000029622892597	0.000012881135057
0.000120600204714	0.000050180228817
0.000306501986453	0.000122105146116
0.000622482915090	0.000237554789073
0.001105043278622	0.000404141439037
0.001791802926359	0.000628213519820
0.002721285822605	0.000914877240992
0.003932712500722	0.001268015966206

侦察无人机等高匀加速圆周运动如图 5.11 所示，侦察无人机方位角与高低角误差曲线图如图 5.12 所示。

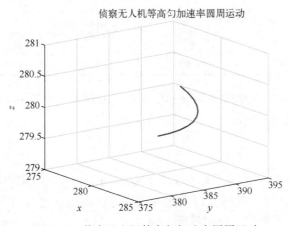

图 5.11 侦察无人机等高匀加速率圆周运动

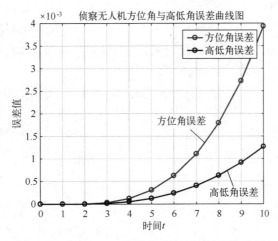

图 5.12 侦察无人机方位角和高低角误差曲线图

5.3 无人机轨迹预测的灰色模型

5.3.1 问题描述

在电子装备试验与训练活动中,指挥人员必须实时观察无人机、投掷式干扰机等运动目标的飞行轨迹,而其运动轨迹的位置坐标必须是通过雷达或 GPS 测量系统实时测量得到的。在这个过程中,相对于指挥人员要求的实时显示需求,从无人机等运动目标的飞行位置,到测量系统的测量,再到屏幕的轨迹实时显示之间会有时延,因此无人机等运动目标轨迹的实时显示是一个位置坐标的预测问题。已知雷达系统测量的无人机飞行轨迹数据,设无人机飞行位置坐标 x,y,z 的一时间序列为 $\{x(i),y(i),z(i)(i=1,2,\cdots,n)\}$,如表 5.10 所列。

表 5.10 无人机位置的坐标数据

时间 t	Δt	$2\Delta t$	$3\Delta t$	$4\Delta t$	$5\Delta t$
坐标 $x(i)$	1190	1231	1266	1303	1351
坐标 $y(i)$	436	446	457	466	477
坐标 $z(i)$	4475	4489	4503	4518	4532

下面根据表 5.10 中 5 个时间周期的位置数据对第 6 个时间周期 $6\Delta t$ 和第 7 个时间周期 $7\Delta t$ 的位置数据进行预测。

5.3.2 模型建立

雷达或 GPS 测量系统的输出通常是含有噪声的,带有一定不确定性的测量数据,由灰色系统理论可知,该测量数据可以视为在一定范围内的灰色量,因此利用灰色系统的 MGM(1,3)模型对数据进行拟合和预测。

由表 5.10 数据可以得到原始数据分别为

$X_x^{(0)} = \{x_x^{(0)}(1),x_x^{(0)}(2),x_x^{(0)}(3),x_x^{(0)}(4),x_x^{(0)}(5)\} = \{1190,1231,1266,1303,1351\}$

$X_y^{(0)} = \{x_y^{(0)}(1),x_y^{(0)}(2),x_y^{(0)}(3),x_y^{(0)}(4),x_y^{(0)}(5)\} = \{436,446,457,466,477\}$

$X_z^{(0)} = \{x_z^{(0)}(1),x_z^{(0)}(2),x_z^{(0)}(3),x_z^{(0)}(4),x_z^{(0)}(5)\} = \{4475,4489,4503,4518,4532\}$

求得的 1 阶累加生成序列 $X_x^{(1)},X_y^{(1)},X_z^{(1)}$ 分别为

$X_x^{(1)} = \{x_x^{(1)}(1),x_x^{(1)}(2),x_x^{(1)}(3),x_x^{(1)}(4),x_x^{(1)}(5)\} = \{1190,2421,3687,4990,6341\}$

$X_y^{(1)} = \{x_y^{(1)}(1),x_y^{(1)}(2),x_y^{(1)}(3),x_y^{(1)}(4),x_y^{(1)}(5)\} = \{436,882,1339,1805,2282\}$

$X_z^{(1)} = \{x_z^{(1)}(1),x_z^{(1)}(2),x_z^{(1)}(3),x_z^{(1)}(4),x_z^{(1)}(5)\} = \{4475,8964,13647,17985,22517\}$

则可以得到 MGM(1,3)模型为

$$\begin{cases} \dfrac{dx_x^{(1)}}{dt} = a_{11}x_x^{(1)} + a_{12}x_y^{(1)} + a_{13}x_z^{(1)} + b_x \\ \dfrac{dx_y^{(1)}}{dt} = a_{21}x_x^{(1)} + a_{22}x_y^{(1)} + a_{23}x_z^{(1)} + b_y \\ \dfrac{dx_z^{(1)}}{dt} = a_{31}x_x^{(1)} + a_{32}x_y^{(1)} + a_{33}x_z^{(1)} + b_z \end{cases}$$

令

$$x_i^{(1)}(k)+x_i^{(1)}(k-1)=z_i^{(1)}(k)$$
$$Z_i^{(1)}=\{z_i^{(1)}(2),z_i^{(1)}(3),\cdots,z_i^{(1)}(5)\},i=x,y,z$$

则有

$$R=\begin{bmatrix} z_x^{(1)}(2) & z_y^{(1)}(2) & z_z^{(1)}(2) & 1 \\ z_x^{(1)}(3) & z_y^{(1)}(3) & z_z^{(1)}(3) & 1 \\ z_x^{(1)}(4) & z_y^{(1)}(4) & z_z^{(1)}(4) & 1 \\ z_x^{(1)}(5) & z_y^{(1)}(5) & z_z^{(1)}(5) & 1 \end{bmatrix}$$

$$Y=\begin{bmatrix} x_x^{(0)}(2) & x_y^{(0)}(2) & x_z^{(0)}(2) \\ x_x^{(0)}(3) & x_y^{(0)}(3) & x_z^{(0)}(3) \\ x_x^{(0)}(4) & x_y^{(0)}(4) & x_z^{(0)}(4) \\ x_x^{(0)}(5) & x_y^{(0)}(5) & x_z^{(0)}(5) \end{bmatrix}$$

记

$$A=\begin{bmatrix} a_{11} & a_{12} & a_{13} \\ a_{21} & a_{22} & a_{23} \\ a_{31} & a_{32} & a_{33} \end{bmatrix}, B=\begin{bmatrix} b_x \\ b_y \\ b_z \end{bmatrix}$$

得到 MGM(1,3) 模型的参数估计列为

$$\hat{a}=(A,B)^{\mathrm{T}}=(R^{\mathrm{T}}R)^{-1}R^{\mathrm{T}}Y$$

近似时间响应式为

$$\hat{X}^{(1)}(k)=\mathrm{e}^{A(k-1)}[X^{(1)}(1)+A^{-1}B]-A^{-1}B$$

该近似响应式不仅可以可以对运动目标的位置坐标进行建模模拟,并能对位置坐标进行预测,从而得到运动目标位置坐标的累减还原值为

$$\hat{x}_i^{(0)}(k+1)=\hat{x}_i^{(1)}(k+1)-\hat{x}_i^{(1)}(k) \quad (i=x,y,z)$$
$$\hat{x}_x^{(0)}(1)=x_x^{(0)}(1)$$
$$\hat{x}_y^{(0)}(1)=x_y^{(0)}(1)$$
$$\hat{x}_z^{(0)}(1)=x_z^{(0)}(1)$$

5.3.3 模型求解

对表 5.10 中 5 个时间周期的坐标位置数据,进行 MATLAB 编程计算,建立脚本文件 MGM.m,代码如下:

```
clc,clear
zz=zeros(3,15);
%%========original data=======
X0=[1190,1231,1266,1303 1351;
    436 446 457 466 477;
4475 4489 4503 4518 4532]';        %X0 为原始坐标位置数据
  [n,m]=size(X0);
```

```
        R = ones(4,4);
%========end of original data======
%% 计算预测值
for k = 1:7                        %输入待预测的时刻
    for  j=1:m c=0;
        for  i=1:n
            c=X0(i,j)+c;
            X1(i,j)=c;             % 计算 1——AGO 序列 X1
        end
    end
    for  j=1:m
        for  i=1:n-1
            R(i,j)=(X1(i,j)+X1(i+1,j))/2;
        end
    end
    for  j=1:m
        Y(1:n-1,j)=X0(2:n,j);
a(:,j)=inv(R'*R)*R'*Y(1:n-1,j);    %计算参数列
    end
    aa = a';
    A=aa(1:end,1:end-1);
    B=aa(1:end,end);
    S=X1(1,1:end);
    if   k==1;
        Z=S';
    elseif   k>1
        Z=(expm(A*(k-1))-expm(A*(k-2)))*(S'+A\B);    %计算预测值 Z
    else   disp('输入错误!')
    end
    zz(:,k)=Z;                     %zz 的第 k 列为 k 时刻的原始数据 X0 的各个列的预测值
end
%=====end of the caculation====
%%  ===计算相对误差====
delta = zz(:,1:5)-X0';                %残差
error = delta./X0'                    %相对误差
    p_error=sum(abs(error),2)./(n-1);  %平均相对误差
    pp=(mean(1-p_error))*100          %模型精度
```

5.3.4 结果分析

单击运行脚本文件 MGM.m 可得

zz =

  1.0e+03 *

```
       1.1900    1.2312    1.2644    1.3010    1.3481    1.4108    1.4953
       0.4360    0.4464    0.4565    0.4655    0.4764    0.4904    0.5091
       4.4750    4.4888    4.5033    4.5183    4.5323    4.5448    4.5549
error =
       0         0.0002   -0.0013   -0.0015   -0.0022
       0         0.0008   -0.0012   -0.0011   -0.0013
       0        -0.0000    0.0001    0.0001    0.0001
pp =
       99.9186
```

即得到 3 个方向位置坐标的模拟值为

$$\begin{bmatrix} \hat{X}_x^{(0)} \\ \hat{X}_y^{(0)} \\ \hat{X}_z^{(0)} \end{bmatrix} = \begin{bmatrix} 1190 & 1231.2 & 1264.4 & 1301 & 1341.8 \\ 436 & 446.4 & 456.5 & 465.5 & 476.4 \\ 4475 & 4488.8 & 4503.3 & 4518.3 & 4532.3 \end{bmatrix}$$

由程序计算得到 MGM(1,3) 模型的模拟数据及相对误差如表 5.11 所列。

表 5.11 无人机位置的模拟数据及相对误差

时间		1	2	3	4	5
X	原始数据	1190	1231	1266	1303	1351
	模拟值	1190	1231.2	1264.4	1301.0	1348.1
	残差	0	0.2	-1.6	-2.0	-2.9
	相对误差/%	0	0.02	-0.13	-0.15	-0.21
Y	原始数据	436	446	457	466	477
	模拟值	436	446.4	456.5	465.5	476.4
	残差	0	0.4	-0.5	-0.5	-0.6
	相对误差/%	0	0.09	-0.11	-0.11	-0.13
Z	原始数据	4475	4489	4503	4518	4532
	模拟值	4475	4488.8	4503.3	4518.3	4532.3
	残差	0	-0.2	0.3	0.3	0.3
	相对误差/%	0	0.004	0.007	0.007	0.007

令

$$e_i(x) = x_x^{(0)}(k) - \hat{x}_x^{(0)}(k) \ (k=2,3,4,5)$$

可得 MGM(1,3) 模型中的第 i 个变量的相对残差 $\varepsilon_i(x)$ 和平均相对残差 $\varepsilon_i(\text{avg})$

$$\varepsilon_i(x) = \frac{e_i(k)}{x_i^{(0)}(k)} \times 100\% \ (k=2,3,4,5)$$

$$\varepsilon_i(\text{avg}) = \frac{1}{n-1} \sum_{k=2}^{n} |\varepsilon_i(k)|$$

得到 MGM(1,3) 模型中的第 i 个变量的模拟精度 p_i 为

$$p_i = (1 - \varepsilon_i(\text{avg})) \times 100\%$$

即 MGM(1,3)模型的建模精度 p 为

$$p = \frac{1}{3}\sum_{i=1}^{3} p_i$$

由表 5.11,根据模型的相对误差得到建模精度:

$$p = 1 - \frac{0.129\% + 0.110\% + 0.006}{3} = 99.919\%$$

由此可见模型精度较高,可以用于预测。

MGM(1,3)模型的拟合效果图,如图 5.13~图 5.15 所示,可以看出模型的模拟预测结果和实际测量值很接近,模型建模精度较高,因此可以进行预测。

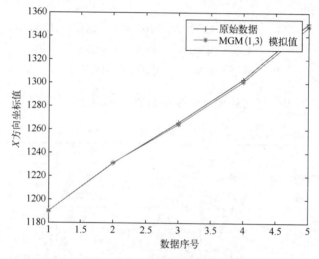

图 5.13　模型(X 方向)的模拟预测效果对比

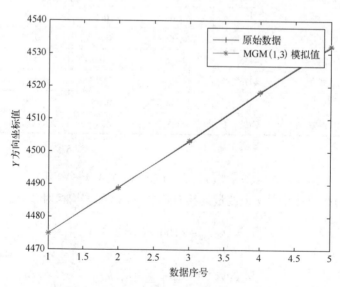

图 5.14　模型(Y 方向)的模拟预测效果对比

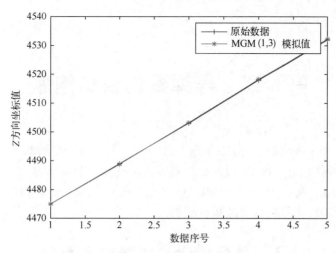

图 5.15 模型(Z 方向)的模拟预测效果对比

经计算,对于第 6 个时间周期 $6\Delta t$ 的位置数据的预测值为(1410.8,490.4,4544.8),第 7 个时间周期 $7\Delta t$ 的位置数据的预测值为(1495.3,509.1,4554.9)。

第6章 导弹毁伤目标问题

在军事战斗和军事战略上,需要导弹去毁伤敌方飞机、敌方导弹、敌方固定或移动装备,利用鱼雷去毁伤敌方军舰、精锐的枪支弹药去毁伤敌方目标或敌方人员,诸如此类问题均属于毁伤问题。解决毁伤问题的模型称为毁伤模型。本章将介绍导弹攻击毁伤敌方军舰群模型和导弹攻击毁伤敌方战机群模型。

6.1 导弹击中敌舰毁伤敌舰群

6.1.1 问题描述

我方军舰正在我某海域内巡逻,突然发现东北方向有一群敌方军舰正在向正北方向匀速直线同向航行,其航行编队整体形状不发生改变,同时我方军舰便立刻利用相关通项设备测得敌方军舰的艘数为16并给它们各自编号,并且在某一时刻我方军舰与这16艘敌方军舰的距离值和偏角值(敌方军舰与我方军舰连线逆时针与正东方向的夹角大小),如表6.1所列。

表6.1 16艘敌方军舰某时刻与我方军舰的距离和偏角数据

编号	与我方军舰的距离/km	偏角/rad	编号	与我方军舰的距离/km	偏角/rad
1	10.622	$\frac{\pi}{24}$	9	12.256	$\frac{\pi}{6}$
2	12.794	$\frac{\pi}{24}$	10	13.958	$\frac{5\pi}{24}$
3	9.562	$\frac{\pi}{12}$	11	16.524	$\frac{\pi}{4}$
4	19.363	$\frac{\pi}{12}$	12	11.258	$\frac{7\pi}{24}$
5	8.908	$\frac{\pi}{8}$	13	17.569	$\frac{\pi}{3}$
6	16.857	$\frac{\pi}{8}$	14	20.358	$\frac{3\pi}{8}$
7	18.145	$\frac{11\pi}{80}$	15	16.854	$\frac{5\pi}{12}$
8	20.894	$\frac{11\pi}{80}$	16	14.259	$\frac{11\pi}{24}$

下面利用表6.1中的数据建立模型求解问题:
(1)我方军舰发射导弹去击中某艘敌方军舰进而毁伤敌方军舰群,那么我方导弹击

中敌方军舰后引爆的毁伤半径至少是多少千米才能毁伤所有敌方军舰,并说明导弹需击中哪个编号的敌方军舰?

(2) 假设我方导弹引爆的毁伤半径 $R=6$km,那么我方导弹击中哪个编号的敌方军舰才能使得导弹引爆毁伤敌方军舰的艘数最大?

(3) 假设我方军舰可以发射多个导弹并每个导弹引爆的毁伤半径 R 均为 6km,那么我方军舰至少发射多少枚导弹并且击中哪些编号的敌方军舰才能毁伤所有敌方军舰?给出一个多枚导弹的打击方案。

(4) 假设我方军舰可以发射两种导弹,并且这两种导弹引爆的毁伤半径分别为 3km 和 6km,成本费用分别为 5 拾万元和 15 拾万元,那么我方军舰至少发射多少枚导弹并击中哪些编号的敌方军舰引爆才能毁伤所有敌方军舰并使所发射导弹的总成本费用最小?试给出一个多枚导弹的打击方案。

6.1.2 模型建立

由于敌方军舰群航行编队的整体形状不发生改变,因此问题(1)、(2)、(3)和(4)的求解结果与敌方军舰群所处的具体位置无关。因此,现以我方军舰测得与每艘敌方军舰的距离值和偏角值数据时所在的瞬间位置作为坐标原点,以正东方向作为 x 轴的正半轴,以正北方向作为 y 轴的正半轴建立平面直角坐标系,如图 6.1 所示。

利用给定某个时刻每个敌方战机到我方战机的距离 d 和偏角 θ 的数值,根据公式

$$\begin{cases} x=d\cos\theta \\ y=d\sin\theta \end{cases}$$

得到同一时刻每个敌方战机所在平面位置的直角坐标。记 $d_{i,j}$ 为编号 $i(i=1,2,\cdots,16)$ 敌方战舰与编号 $j(j=1,2,\cdots,16)$ 敌方战舰之间的距离值,则有

$$d_{i,j}=\sqrt{(x_i-x_j)^2+(y_i-y_j)^2}$$

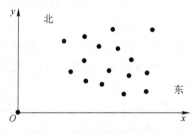

图 6.1 敌方军舰编队航行图

针对问题(1),对于编号 i 敌方军舰而言,记 D_i 为编号 j 敌方军舰到编号 i 敌方军舰的距离值的最大值,则有

$$D_i=\max\{d_{i,1},d_{i,2},\cdots,d_{i,16}\},i=1,2,\cdots,16$$

对于编号 i 敌方军舰可以得到其他 15 艘敌舰到自己的距离的最大值 D_i,进而所求的导弹最小毁伤半径 $R_{\min}$ 为 16 个最大值 $D_1,D_2,\cdots,D_{16}$ 的最小值,即

$$R_{\min}=\min\{D_1,D_2,\cdots,D_{16}\}$$

事实上,必然至少存在一个 D_k 使得 $R_{\min}=D_k$。因此,当我方导弹引爆的毁伤半径为 $R_{\min}$ 时,击中编号 k 敌方军舰便可毁伤所有敌方军舰。

针对问题(2),对于编号 i 敌方军舰而言,记 N_i 为到编号 i 敌方军舰的距离值小于等于 R(6km)的所有敌舰军舰的艘数(包括编号 i 敌方军舰),进而所求的导弹毁伤敌方军舰艘数最大值为

$$N_{\max}=\max\{N_1,N_2,\cdots,N_{16}\}$$

事实上,必然至少存在一个 N_k 使得 $N_{\max}=N_k$,因此我方导弹击中编号 k 敌方军舰使得毁伤敌方军舰的艘数最大,最大值为 N_k。

针对问题(3)，对于编号 i 敌方军舰而言，记 C_i 为到编号 i 敌方军舰的距离值小于等于 $R(6\text{km})$ 的其他敌舰军舰的编号构成的集合，现需在这 16 个编号集合 $C_1,C_2,\cdots,C_{16}$ 中找到个数最小的集合 $C_{k1},C_{k2},\cdots,C_{kn}$，使得它们的并集 $C_{k1}\cup C_{k2}\cup\cdots\cup C_{kn}$（相同的编号只取一次）即为集合 $\{1,2,\cdots,16\}$。此时，编号集合 $C_{k1},C_{k2},\cdots,C_{kn}$ 的个数 kn 即为所需导弹个数的最小值 $N_{\min}$，且 $N_{\min}$ 枚我方导弹分别打击编号为 $k1,k2,\cdots,kn$ 的敌方军舰便可毁伤所有的敌方军舰。

针对问题(4)，对于编号 i 敌方军舰而言，记 C_i、D_i 分别为到编号 i 敌方军舰的距离值小于等于 3km 和 6km 的所有敌方军舰的编号构成的集合（包括编号 i 敌方军舰本身），现需在这 32 个编号集合 $C_1,C_2,\cdots,C_{16},D_1,D_2,\cdots,D_{16}$ 中找到 kn 个编号集合 $C_{k1},C_{k2},\cdots,C_{kn}$ 和 lm 个编号集合 $D_{l1},D_{l2},\cdots,D_{lm}$，使得它们的并集 $C_{k1}\cup C_{k2}\cup\cdots\cup C_{kn}\cup D_{l1}\cup D_{l2}\cup\cdots\cup D_{lm}$（相同的编号只取一次）即为集合 $\{1,2,\cdots,16\}$，要求导弹总成本费用 $5kn+15lm$ 的取值最小，同时要求编号集合的总个数 $kn+lm$（导弹的枚数）尽可能小。此时，编号集合 $C_{k1},C_{k2},\cdots,C_{kn}$ 的个数 kn 即为毁伤半径为 3km 导弹的枚数，其击中敌方军舰的编号分别为 $k1,k2,\cdots,kn$，编号集合 $D_{l1},D_{l2},\cdots,D_{lm}$ 的个数 lm 即为毁伤半径为 6km 的导弹的枚数，其击中敌方军舰的编号分别为 $l1,l2,\cdots,lm$。

6.1.3 模型求解

针对问题(1)，所求的导弹最小毁伤半径即为每个敌方军舰所对应的距离最大值（其他敌方军舰到固定敌方军舰的距离的最大值）的最小值。首先利用平面欧几里得距离公式得到其他敌方军舰到任意一艘敌方军舰的距离值，然后得到每艘敌方军舰所对应的距离最大值，取这 16 个距离最大值的最小值即为所求的导弹毁伤半径的最小值。

利用 MATLAB 编程可得我方导弹的毁伤半径至少为 14.2301km 且攻击编号 13 敌方军舰时便可毁伤所有敌方军舰。编程具体如下。首先建立脚本文件 minRadius.m，代码如下：

```
clc,clear all,close all
tic         %计时开始
format long
pho=[10.622 12.794 14.562 19.363 8.908 16.857 18.145 20.894 12.256 ...    %有空格
    13.958 26.524 11.258 17.569 20.358 26.854 14.259];
theta=pi*[1/24 1/24 1/12 1/12 1/8 1/8 11/80 11/80 1/6 5/24 1/4 7/24 1/3 3/8 5/12 11/24];
x=pho.*cos(theta);              %16个敌舰
y=pho.*sin(theta);
n=length(x);
%画图
plot(x,y,'bo','Linewidth',2)
hold on
%给敌舰点加编号
for i=1:n
    c=num2str(i);
```

```matlab
        c = [ '',c];
        text(x(i)+0.3,y(i)-0.3,c)    %改变0.3的大小调整数字的位置
end
hold on
M = zeros([ ],1);                    %自己编号
bianhao = zeros([ ],1);              %取最大值的敌舰的编号
dmax = zeros([ ],1);
for i = 1:n
    d = zeros(n,1);                  %距离列向量
    for j = 1:n
        d(j) = sqrt((x(i)-x(j))^2+(y(i)-y(j))^2);
    end
    m = max(d);
    for k = 1:n
        if d(k) = = m || abs(d(k)-m)<1.0e-06
            M = [M;i];
            bianhao = [bianhao;k];
            dmax = [dmax;m];
        end
    end
end
I = [M bianhao dmax]
m = min(dmax);
n = length(dmax);
D = zeros([ ],2);
for i = 1:n
    if dmax(i) = = m
        D = [D;I(i,1) I(i,2)];       %可能有多个解
    end
end
daji_bianhao = D(1)                  %有多个解时,再具体分析
max_di_bianhao = D(2)
Radius = m
toc                                  %计时结束
%画图
plot(x(daji_bianhao),y(daji_bianhao),'r*','Linewidth',2)
hold on
plot([x(daji_bianhao),x(D(2))],[y(daji_bianhao),y(D(2))],'m-','Linewidth',1.5)
hold on
t = 0:pi/50:2*pi;
xx = x(daji_bianhao)+Radius*cos(t);
yy = y(daji_bianhao)+Radius*sin(t);
plot(xx,yy,'m-','Linewidth',1.5)
```

```
grid on
box on
xlabel x
ylabel y
axis equal
title 导弹击中敌方军舰的毁伤圆面图
```

运行结果为

```
I =
    1.000000000000000   15.000000000000000   24.812265424882085
    2.000000000000000   15.000000000000000   24.937253259265955
    3.000000000000000   15.000000000000000   23.283926043517663
    4.000000000000000   15.000000000000000   24.001855824081602
    5.000000000000000   15.000000000000000   22.566336068344881
    6.000000000000000   15.000000000000000   21.310797761139057
    7.000000000000000   15.000000000000000   20.669416753530260
    8.000000000000000   15.000000000000000   20.979373695263387
    9.000000000000000   15.000000000000000   20.146889920168306
   10.000000000000000   15.000000000000000   17.922633145979194
   11.000000000000000    1.000000000000000   19.217544262182326
   12.000000000000000   15.000000000000000   17.007676222466021
   13.000000000000000    4.000000000000000   14.230118519134084
   14.000000000000000    2.000000000000000   17.823421332617372
   15.000000000000000    2.000000000000000   24.937253259265955
   16.000000000000000    4.000000000000000   19.155399806251886
daji_bianhao =
    13
max_di_bianhao =
    4
Radius =
   14.230118519134084
时间已过 0.217129s。
```

导弹击中敌方军舰的毁伤圆面图如图 6.2 所示。

针对问题(2)，所求的导弹毁伤敌方军舰最大艘数即为导弹击中每个敌方军舰所毁伤的军舰艘数的最大值。首先利用问题(1)所得的距离值可得到每个敌方军舰距离小于等于导弹毁伤半径 $R(6km)$ 的所有敌方军舰的艘数(包括被击中的敌方军舰本身)，然后取这 16 个能被导弹毁伤敌舰艘数的最大值即为所求的导弹毁伤敌方军舰艘数的最大值。

利用 MATLAB 编程可得，我方导弹击中编号 3 敌方军舰可毁伤 9 艘敌方军舰，被毁伤的敌方军舰的编号分别为 1、2、3、4、5、6、7、9、10。编程具体如下，首先建立脚本文件 maxNumber.m，代码如下：

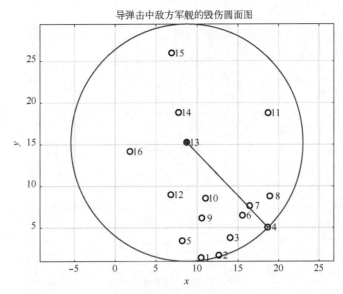

图 6.2 导弹击中敌方军舰的毁伤圆面图

```
clc,clear all,close all
tic                          %计时开始
format long
R=6;                         %导弹毁伤半径        单位:km
pho=[10.622 12.794 14.562 19.363 8.908 16.857 18.145 20.894 12.256...   %有空格
    13.958 26.524 11.258 17.569 20.358 26.854 14.259];
theta=pi*[1/24 1/24 1/12 1/12 1/8 1/8 11/80 11/80 1/6 5/24 1/4 7/24 1/3 3/8 5/12 11/24];
x=pho.*cos(theta);           %16个敌舰
y=pho.*sin(theta);
n=length(x);                 %大于0
%画敌舰离散点
plot(x,y,'bo','Linewidth',2)
hold on
%给敌舰点加编号
for i=1:n
    c=num2str(i);
    c=['',c];
    text(x(i)+0.4,y(i)-0.3,c)   %改变0.3的大小调整数字的位置
end
hold on
NN=zeros(n,1);               %每个敌舰所对应毁伤个数的列向量
bianhao=zeros(n,n);          %第i列为导弹攻击第i艘敌舰所毁伤的敌舰编号
for i=1:n
    N=0;
    for j=1:n
        d=sqrt((x(i)-x(j))^2+(y(i)-y(j))^2);
```

```matlab
            if d<=R
                N=N+1;              %毁伤个数
                bianhao(N,i)=j;
            end
        end
        NN(i)=N;                    %赋值记录
    end
    Number=max(NN)                  %导弹毁伤的最大艘数
    daji_bianhao=zeros([],1);
    for i=1:n
        if NN(i)==Number
            daji_bianhao=[daji_bianhao;i];
        end
    end
    daji_bianhao                    %导弹所打击敌舰的编号   %可能有多个
    k=length(daji_bianhao);
    if k==1
        disp('本问题只有一组打击方案')
        NNN=bianhao(:,daji_bianhao);            %导弹攻击第 daji_bianhao 艘敌舰所毁伤的敌舰编号
        huishang_bianhao=NNN(1:Number)'         %前 Number 个元素
        %画图
        plot(x,y,'bo','Linewidth',2)
        hold on
        plot(x(daji_bianhao),y(daji_bianhao),'r*','Linewidth',2)
        hold on
        t=0:pi/50:2*pi;
        xx=x(daji_bianhao)+R*cos(t);
        yy=y(daji_bianhao)+R*sin(t);
        plot(xx,yy,'m-','Linewidth',1.5)
    else                            %可能有多个结果
        disp('本问题有多组打击方案,具体如下')
        for i=1:k
            daji_Bianhao=daji_bianhao(i)        %导弹所打击敌舰的编号
            NNN=bianhao(:,daji_Bianhao);
                                    %导弹攻击第 daji_bianhao 艘敌舰所毁伤的敌舰编号
            huishang_bianhao=NNN(1:Number)      %前 Number 个元素
            %画图
            plot(x(daji_Bianhao),y(daji_Bianhao),'r*','Linewidth',2)
            hold on
            t=0:pi/50:2*pi;
            xx=x(daji_Bianhao)+R*cos(t);
            yy=y(daji_Bianhao)+R*sin(t);
            plot(xx,yy,'m-','Linewidth',1.5)
```

```
        end
    end
toc                          %计时结束
grid on
xlabel x
ylabel y
axis equal
title 导弹击中敌舰的最大毁伤艘数图
```

运行结果为

```
Number =
    9
daji_bianhao =
    3
```

本问题只有一组打击方案

```
huishang_bianhao =
    1   2   3   4   5   6   7   9   10
```

时间已过 0.215126s。

导弹击中敌舰的最大毁伤艘数图如图 6.3 所示。

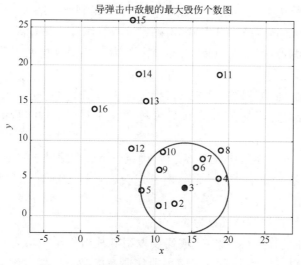

图 6.3 导弹击中敌军舰的最大毁伤艘数图

针对问题(3),所求导弹的最小枚数即多导弹击中最小艘数敌方军舰使得毁伤的敌方军舰编号之并(相同的编号只取一次),即为 1,2,…,16。首先排除掉那些到其他 15 艘敌舰的距离都大于 R(6km)的敌方军舰(记个数为 K,可以为 0),这 K 艘敌方军舰的每一艘都需要一枚导弹击中才能毁伤。对于其他 $16-K$ 艘敌方军舰,记录导弹击中其中每艘敌方军舰可毁伤的所有敌方军舰的编号,然后从这 $16-K$ 艘敌方军舰(或 $16-K$ 组编号)中任取两个且组合数为 C_{16-K}^2,在这 C_{16-K}^2 个组合中是否存在一个组合使得两个导弹击中某两艘敌舰能毁伤所有敌舰,也就是说这个组合所对应的两组编号之并(相同的编号只取一次)去掉零元素后所得向量的维数为 16-K；若成立,则记录击中这两艘敌舰的编号,且导弹最小枚数为2；否则从这 16-K 艘敌方军舰(或 16-K 组编号)中任取 3 个且组合数为 C_{16-K}^3,在这 C_{16-K}^3 个组合中是否存在一个组合使得 3 枚导弹击中某 3 艘敌舰能毁伤所有敌舰；若成立,则记录击中这三艘敌舰的编号,且最小导弹枚数为 3；依次下去,从这 16-K 艘敌方军舰中任取 $N_{\min}$ 个且组合数为 $C_{16-K}^{N_{\min}}$,在这 $C_{16-K}^{N_{\min}}$ 个组合中一定会存在一组编号的敌方军舰($N_{\min}$ 个)使得 $N_{\min}$ 枚导弹分别击中这 $N_{\min}$ 艘敌方军舰引爆能毁伤所有敌舰。

需要注意的是,在第一步寻找到其他 15 艘敌舰的距离都大于 R(6km) 的敌方军舰之后,考虑的敌方军舰的艘数为 16-K,在用 MATLAB 编程过程中这 16-K 艘敌舰的编号有些会变小,因为编号依次变为 1,2,…,16-K,而需要在得到每艘敌舰所对应的可毁伤敌方军舰编号之后对编号数字进行还原。

基于上述求解方法,MATLAB 编程算法过程如下：

步骤1　记录 16 艘敌方军舰的位置坐标。

步骤2　去掉那些到其他 15 艘敌舰的距离都大于 R(6km) 敌方军舰的编号和艘数 K,若 K=16,则需要 16 枚导弹；若 K=14,则需要 15 枚导弹；若 K<14,则考虑其他 16-K 艘敌方军舰的毁伤情形。

步骤3　记录导弹击中这 16-K 艘敌方军舰中每艘敌方军舰可毁伤的所有敌方军舰的编号,得到一个 (16-K)×(16-K) 编号矩阵 Bianhao,每一行对应一组编号数据(包括零元素)。

步骤4　对编号矩阵 Bianhao 中的编号进行还原得到原始编号。

步骤5　从 Bianhao 矩阵中任取两行,确定这两行编号之并是否为去掉 K 个较远孤立点的其他 16-K 个编号；若成立,则输出导弹个数为 2 并记录这两行编号信息；否则转入步骤6。

步骤6　从 Bianhao 矩阵中任取 3 行,确定这 3 行编号之并是否为去掉 K 个较远孤立点的其他 16-K 个编号；若成立,则输出导弹枚数为 3 并记录这 3 行编号信息；否则转入步骤7。

步骤7　从 Bianhao 矩阵中任取 $N_{\min}$ 行,确定这 $N_{\min}$ 行编号之并是否为去掉 K 个较远孤立点的其他 16-K 个编号；当 $N_{\min}$ 较大时一定会成立的,此时输出导弹枚数为 $N_{\min}$,并记录这 $N_{\min}$ 行编号信息。

步骤8　输出导弹的最小枚数为 $K+N_{\min}$。

利用 MATLAB 编程可得,我方军舰需要发射 6 枚毁伤半径均为 6km 的导弹,分别击中编号为 4、5、11、13、15、16 的敌方军舰可毁伤所有的敌方军舰。编程具体如下,首先建立脚本文件 daodanNumber.m,代码如下：

```
clc,clear all,close all
tic                              %运行开始
format long
%输入导弹毁伤半径和敌舰的位置信息
R=6;                             %导弹毁伤半径      单位:km
pho=[10.622 12.794 14.562 19.363 8.908 16.857 18.145 20.894 12.256 …
     13.958 26.524 11.258 17.569 20.358 26.854 14.259];
```

```
theta=pi* [1/24 1/24 1/12 1/12 1/8 1/8 11/80 11/80 1/6 5/24 1/4 7/24 1/3 3/8 5/12 11/24];
x=pho.*cos(theta);              %16艘敌舰
y=pho.*sin(theta);              %行向量
X=x;
Y=y;
n=length(x);                    %大于0
%画敌舰离散点
plot(x,y,'b.','markersize',12)
hold on
%给敌舰点加编号
for i=1:n
    c=num2str(i);
    c=['',c];
    text(x(i)+0.4,y(i)+0.3,c)   %改变0.3的大小调整编号数字的位置
end
grid on
box on
xlabel x
ylabel y
axis equal
title 多枚导弹毁伤所有敌舰图
        %去掉那些点,其他所有点到它的最小距离都大于R   这样可以减少点的考虑个数,降维
Chu=zeros(1,[]);
for i=1:n
    KKK=0;
    for j=1:n                   %所有点
        if (x(i)-x(j))^2+(y(i)-y(j))^2>R^2
            KKK=KKK+1;
        end
    end
    if KKK==n-1                 %到第i个点的距离大于2R的点的个数为总个数-1
        Chu=[Chu,i];            %从小的编号开始记录
    end
end
Chu=fliplr(Chu);                %记录那些点的列向量    %大编号在前  小编号在后
                                %fliplr 仅仅对于行向量,元素对调排列
%去掉那些远的孤立点    降维
if length(Chu)>0                %较远孤立点存在时才去掉,不存在时保持x、y不变
    for i=1:length(Chu)         %从大的编号开始去掉
        aaa=Chu(i);
        x(aaa)=[];
        y(aaa)=[];
    end
```

```
            end
    %得到一个 nn 行 nn 列矩阵  第 i 行为击中第 i 艘敌舰可毁伤的所有敌舰的编号
    %列数最大取为 nn
    nn = length(x);                    %去掉较远孤立敌舰后的敌舰的艘数
    Bianhao = zeros(nn,nn);
    for i = 1:nn
        NN = 0;
        for j = 1:nn
            d = sqrt(((x(i)-x(j))^2+(y(i)-y(j))^2);
            if d<= R
                NN = NN+1;
                Bianhao(i,NN) = j;   %记录攻击第 i 艘敌舰可以毁伤的敌舰编号
            end
        end
    end
    %编号还原    更改 Bianhao 编号的大小    %得到编号还原后的 Bianhao
        NNN = length(Chu);
        aaa = zeros(1,[]);
        for i = 1:NNN
            aaa(i) = i;
        end
        aaa = fliplr(aaa);              %从大到小倒过来存储
    if NNN>0                            %没有较远的点就不用还原编号了
        [mm,nn] = size(Bianhao);
        for k = 1:NNN
            for i = 1:mm
                for j = 1:nn
                    if Bianhao(i,j)>Chu(k)-aaa(k)        %有点神奇
                        Bianhao(i,j) = Bianhao(i,j)+1;
                    end
                end
            end
        end
    end
    %去掉较远敌舰编号的其他编号行向量 AA    用于终止条件的判定
    for i = 1:n
        AA(i) = i;
    end
    for i = 1:NNN
        AA(Chu(i)) = [];
    end
    if length(Chu) = = n
        disp('发射导弹的最小个数为:')
```

```matlab
        disp(n)                    %所有离散点
        return
elseif length(Chu)==n-2
        disp('发射导弹的最小个数为:')
        disp(n-1)                  %所有离散点个数减少1个
        return
else
    %求满足覆盖全部点的最少组合数或者圆面个数
    Num_max=rank(Bianhao);         %列秩
    NN=1+floor(nn/Num_max);        %设置恰当的初始值,减少运行次数
    for i=NN:nn                    %最多nn个 敌舰的艘数
        set_3P=nchoosek(1:nn,i);   %选取i个行的组合 Num_max列
        mm=size(set_3P,1);         %行数mm
        for k=1:mm
            CC=0;                  %挺简单的方法
            r=zeros(1,[]);         %编号 行向量
            for j=1:i
                A=Bianhao(set_3P(k,j),:);
                A(A==0)=[];        %去掉零元素
                r=[r,A];           %行向量存储  %非零矩阵
            end
            r=unique(r);           %删除相同的数   %这个不能少
            r=sort(r);             %向量元素从小到大排列
            if length(r)==length(AA) & rank(r-AA)==0
                                   %找到全覆盖的编号(去掉远处隔离点)了
                Hang=set_3P(k,:);  %满足条件的Bianhao第几行的行数
                CC=1;
                break
            end
        end
        if CC==1                   %终止个数的增加循环  %挺简单的方法
            break
        end
    end
end
HHang=Hang;                        %元素分别为满足条件的Bianhao的行数号,后面读取输出
mmm=length(HHang);
if NNN>0                           %没有较远的点就不用还原编号了
    for k=1:NNN
        for i=1:mmm
            if HHang(i)>Chu(k)-aaa(k)   %有点神奇
                HHang(i)=HHang(i)+1;
            end
        end
```

```
            end
        end
    end
%Hang                              %得到编号还原后的Hang
    Num=length(Hang)+length(Chu);
        disp('需发射的导弹最小枚数为:')
        disp(Num)                   %需加上那些远的孤立点
    %输出较远的孤立点
        for i=1:length(Chu)
            fprintf('导弹第%d次攻击的敌舰编号为:\n',i)
            disp(Chu(i))
        end
    %输出Hang向量中的行数所对应Bianhao的行数号
        for i=1:length(Hang)
            fprintf('导弹第%d次攻击的敌舰编号为:\n',i+length(Chu))    %\n为换行
disp(HHang(i))
            fprintf('导弹第%d次攻击能毁伤的敌舰编号为:\n',i+length(Chu))
            AAA=[];
            AAA=Bianhao(Hang(i),:);
            AAA(AAA==0)=[];
            disp(AAA)
        end
toc    %运行结束
hold on
t=0:pi/40:2*pi;
for i=1:NNN
    cc=rand(NNN,3);                 %3列分别为红绿蓝参数值    %颜色随机生成
    A=Chu(i);
    plot(X(A),Y(A),'*','color',cc(i,:),'markersize',8)
    hold on
    plot(X(A)+R.*cos(t),Y(A)+R.*sin(t),'-','color',cc(i,:),'Linewidth',2)
    hold on
end
for i=1:mmm
    cc=rand(mmm,3);                 %3列分别为红绿蓝参数值    %颜色随机生成
    A=HHang(i);
    plot(X(A),Y(A),'*','color',cc(i,:),'markersize',8)
    hold on
    plot(X(A)+R.*cos(t),Y(A)+R.*sin(t),'-','color',cc(i,:),'Linewidth',2)
    hold on
end
```

运行结果为

需发射的导弹最小枚数为
6
导弹第 1 次攻击的敌舰编号为
16
导弹第 2 次攻击的敌舰编号为
15
导弹第 3 次攻击的敌舰编号为
11
导弹第 4 次攻击的敌舰编号为
4
导弹第 4 次攻击能毁伤的敌舰编号为
3　4　6　7　8
导弹第 5 次攻击的敌舰编号为
5
导弹第 5 次攻击能毁伤的敌舰编号为
1　2　3　5　9　10　12
导弹第 6 次攻击的敌舰编号为
13
导弹第 6 次攻击能毁伤的敌舰编号为
13　14
时间已过 0.359239 s。

多枚导弹毁伤所有敌舰图如图 6.4 所示。

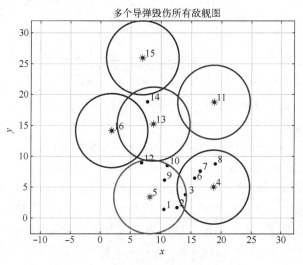

图 6.4　多枚导弹毁伤所有敌舰图

针对问题(4),要求在最少枚两种导弹击中最小艘数敌方军舰使得毁伤的敌方军舰编号之并(相同的编号只取一次)即为 1,2,…,16 条件下,最少枚导弹总成本费用最小。首先排除掉那些到其他 15 个敌舰的距离都大于 R(6km)的敌方军舰(记个数为 K,可以为 0),这 K 艘敌方军舰的每一艘都需要被一枚毁伤半径为 3km 的导弹击中才能毁伤,导

弹成本费用为 $5K$ 拾万元。对于其他 $16-K$ 艘敌方军舰,记录两种导弹分别击中其中每艘敌方军舰可毁伤的敌方军舰的编号,共计 $32-2K$ 组;然后从这 $32-2K$ 组编号中任取两组且组合数为 C_{32-2K}^2,在这 C_{32-2K}^2 个组合中找出所有两个导弹击中某两艘敌舰能毁伤其他 $16-K$ 艘敌舰的组合,记满足条件组合数的组数为 K_1(可以为 0),且对应的两枚导弹的成本费用的值也有 K_1 个;再从这 $32-2K$ 组编号中任取 3 组且组合数为 C_{32-2K}^3,在这 C_{32-2K}^3 个组合中找出所有 3 个导弹击中某 3 艘敌舰能毁伤其他 $16-K$ 艘敌舰的组合,记满足条件组合数的组数为 K_2(可以为 0),且对应的 3 枚导弹的成本费用的值也有 K_2 个;依次下去,从这 $32-2K$ 组编号中任取 $15-K$ 组且组合数为 C_{32-2K}^{15-K},在这 C_{32-2K}^{15-K} 个组合中找出所有 $15-K$ 枚导弹击中某 $15-K$ 艘敌舰能毁伤其他 $16-K$ 艘敌舰的组合,记满足条件组合数的组数为 K_{14-K},且对应的 $15-K$ 枚导弹的成本费用的值也有 K_{14-K} 个;最后一个情形是 $16-K$ 艘敌方军舰分别被 $16-K$ 枚毁伤半径为 3km 的导弹击中才能毁伤,记所得的 $K_1+K_2+\cdots+K_{14-K}$ 枚导弹的成本费用最小值为 K^*,然后取最小值 K^* 与 $5(16-K)$ 的最小值再加上 $5K$ 即为所求的导弹最小成本费用。

基于上述求解方法,MATLAB 编程算法过程如下:

步骤 1 记录 16 艘敌方军舰的位置坐标。

步骤 2 去掉那些到其他 15 艘敌舰的距离都大于 R(6km)敌方军舰的编号和艘数 K,若 $K=16$,则需要 16 枚成本费用较小的导弹,成本费用最小值为 80 拾万元;若 $K=14$,则需要 15 枚导弹,需判定两艘敌方军舰能否被毁伤半径为 3km 的导弹毁伤,若能则最小成本费用值为 75 拾万元,否则为 80 拾万元;若 $K<14$,现考虑其他 $16-K$ 艘敌方军舰的毁伤情形。

步骤 3 记录两种导弹分别击中这 $16-K$ 艘敌方军舰中每艘敌方军舰可毁伤的所有敌方军舰的编号,得到一个 $(32-2K)\times(16-K)$ 编号矩阵 Bianhao,每一行对应一组编号数据(包括零元素)。

步骤 4 对编号矩阵 Bianhao 增加一列,元素为成本费用值。

步骤 5 对编号矩阵 Bianhao 降维,对于既能被小毁伤圆面又能被大毁伤圆面覆盖的那些组信息,去掉大毁伤圆面的成本费用所对应的那一行,只保留小毁伤圆面的成本费用所对应的那一行,比如编号 1 和 2 同时都被两种导弹所毁伤,那么去掉编号为 1 和 2 且成本费用为 15 的那一行,只保留编号为 1 和 2 且成本费用为 5 的那一行。

步骤 6 对编号矩阵 Bianhao 中的编号进行还原得到原始编号。

步骤 7 从 Bianhao 矩阵中任取两行,确定这两行编号之并是否为去掉 K 个较远孤立点的其他 $16-K$ 个编号;若成立,则输出导弹枚数为 2,记录这两行编号信息,并得到成本费用值,然后取所得成本费用值的最小值作为所求成本费用最小值;否则转入步骤 8。

步骤 8 从 Bianhao 矩阵中任取 3 行,确定这 3 行编号之并是否为去掉 K 个较远孤立点的其他 $16-K$ 个编号;若成立,则输出导弹枚数为 3,记录这 3 行编号信息,并得到成本费用值,然后记录成本费用值,最后取所得成本费用值的最小值与步骤 7 所得成本费用最小值的最小值为所求的成本费用最小值;依次下去,任取 4 行、5 行直至 $14-K$ 行,然后转入步骤 9。

步骤 9 从 Bianhao 矩阵中任取 $15-K$ 行,得到相应的成本费用值,然后记录成本费用值的最小值,最后取所得成本费用最小值与上一步所得成本费用最小值的最小值为所求的成本费用最小值。

步骤 10 从 Bianhao 矩阵中取 16-K 行,最小成本费用值必然为 80-5K,比较 80-5K 与上一步所得成本费用最小值的最小值为所求的成本费用最小值。

步骤 11 输出所求的导弹成本费用最小值(步骤 10 所得成本费用最小值与 5K 之和)和导弹的最小个数。

事实上,在步骤 8 中第 i(导弹枚数)个循环所得导弹成本费用最小值 MinMoney 若小于等于 $5(i+1)$ 即可停止循环,因为在第 $i+1$ 个循环中即使都用小毁伤面积的导弹去攻击而成本费用也得为 $5(i+1)$,一定会大于等于值 MinMoney。这样一方面可以减少程序运行时间,另一方面可使得导弹的枚数尽量小。

利用 MATLAB 编程可得,我方军舰需要发射 7 枚毁伤半径为 3km 的导弹和 1 枚毁伤半径为 6km 的导弹,最小成本费用为 50 拾万元,其中 7 枚毁伤半径为 3km 的导弹可毁伤敌舰的编号第一组为 4、第二组为 6、7、8、第三组为 13、第四组为 14,第五组为 11、第六组为 15、第七组为 16,1 枚毁伤半径为 6km 的导弹可毁伤的敌舰编号为 1、2、3、5、9、10、12。编程具体如下,首先建立函数文件 Bianhao.m,代码如下:

```
function [maxNumber, Bianhao] = Bianhao(x,y,R)
nn = length(x);                        %去掉较远孤立敌舰后的敌舰的个数
Bianhao = zeros(nn,nn);
for i = 1:nn
    NN = 0;
    for j = 1:nn
        d = sqrt((x(i)-x(j))^2+(y(i)-y(j))^2);
        if d <= R
            NN = NN+1;
            Bianhao(i,NN) = j;          %记录攻击第 i 艘敌舰可以毁伤的敌舰编号
        end
    end
end
%可毁伤敌舰的最大个数
NNN = [];
for i = 1:nn
    A = Bianhao(i,:);
    A = (A~=0);                         %编号或者非零元素变为 1
    NNN(i) = sum(A);
end
maxNumber = max(NNN);
```

建立脚本文件 minFeiYong.m,代码如下:

```
clc,clear all,close all
tic                                     %运行开始
format long
R = [3 6];                              %毁伤半径的行向量  固定值
```

```matlab
P = [5 15];                          %费用的行向量
pho = [10.622 12.794 14.562 19.363 8.908 16.857 18.145 20.894 12.256 ...
    13.958 26.524 11.258 17.569 20.358 26.854 14.259];
theta = pi * [1/24 1/24 1/12 1/12 1/8 1/8 11/80 11/80 1/6 5/24 1/4 7/24 1/3 3/8 5/12 11/24];
x = pho.*cos(theta);                 %16个敌舰
y = pho.*sin(theta);                 %所有纵坐标的行向量
n = length(x);                       %n 始终不能变
%画图
plot(x,y,'b.','MarkerSize',20)
hold on
%给敌舰点加编号
for i = 1:n
    c = num2str(i);
    c = ['',c];
    text(x(i)+0.4,y(i)-0.3,c)        %改变0.4的大小调整数字的位置
end
axis equal                           %坐标轴的刻度一致
grid on
box on
xlabel x
ylabel y
title 敌方战舰离散分布图
%降维  去掉那些点,其他所有点到它的最小距离都大于2Rmax,减少点的考虑个数
Chu = zeros(1,[]);
Rmax = max(R);
Rmin = min(R);
for i = 1:n
    KKK = 0;
    for j = 1:n                      %所有点
        if (x(i)-x(j))^2+(y(i)-y(j))^2>Rmax^2
            KKK = KKK+1;
        end
    end
    if KKK = = n-1                   %到第i个点的距离大于Rmax的点的个数为总个数-1,为15个
        Chu = [Chu,i];               %从小的编号开始记录
    end
end
Chu = fliplr(Chu);                   %记录那些点的行向量   %大编号在前 小编号在后
                                     %fliplr 仅仅对于行向量,元素对调排列
Nn = length(Chu);
if Nn = = n                          %第1种情形   每个点都是较远孤立点
    disp('发射导弹的最小个数为:')
    disp(n)                          %所有离散点
```

```
        disp('最小费用为:')
        disp(n*min(P))                  %所有离散点
        return
elseif  Nn==n-2                         %第2种情形
        disp('发射导弹的最小个数为:')
        disp(n-1)                       %所有离散点个数-1
        for i=1:Nn
            disp('导弹一次攻击的敌机编号为:')
            disp(Chu(i)')
        end
        %输出其他两个编号
        for i=1:n
            Aa(i)=i;
        end
        for i=1:n
            for j=1:length(Chu)
                if Chu(j)==Aa(i)
                    Aa(i)=0;
                end
            end
        end
        Aa(Aa==0)=[];                   %两个编号    去掉0元素
        disp('需要一枚导弹引爆毁伤的其他敌机的编号:')
        disp(Aa)
        disp('最小费用为:')
        if (x(Aa(1))-x(Aa(2)))^2+(y(Aa(1))-y(Aa(2)))^2<=4*Rmin^2
            disp((n-1)*min(P))          %两个离散点被一枚导弹毁伤
        else
            disp(n*min(P))              %每个离散点分别被一枚导弹毁伤
        end
        return                          %即刻终止
end
%第3种情形   孤立点个数<n-2  %去掉那些远的孤立点    降维
                                        %较远孤立点存在时才去掉,不存在时保持x、y不变
if Nn>0
    for i=1:Nn                          %从大的编号开始去掉
        aaa=Chu(i);
        x(aaa)=[];
        y(aaa)=[];
    end
end
%降维后的求解
for i=1:2
    if i==1
```

```
            [Number1,Bianhao1]=Bianhao(x,y,R(i));        %调用 Bianhao 函数
        else
            [Number2,Bianhao2]=Bianhao(x,y,R(i));        %调用 Bianhao 函数
        end
    end
Num_max=max(Number1,Number2);                            %可毁伤最大艘数的敌舰的艘数
%只保留 Num_max 列,去掉后面的零列
    for i=Num_max+1:n-Nn
        Bianhao1(:,n-Nn+Num_max+1-i)=[];
        Bianhao2(:,n-Nn+Num_max+1-i)=[];
    end
%对 Bianhao1 和 Bianhao2 增加一列,最后一列为花费         Num_max+1 列
NNN=length(x);                        %去掉较远孤立点后的个数   n-Nn
A=min(P)+zeros(NNN,1);
Bianhao1=[Bianhao1 A];
B=max(P)+zeros(NNN,1);
Bianhao2=[Bianhao2 B];
%去掉那些既能被小圆面又能被大圆面覆盖的一组信息,只保留小圆面   因为费用小
                        %提高运算效率     一切为了降维
HH=zeros(1,[]);
iii=1;
for i=1:n-Nn
    K1=Bianhao1(i,1:Num_max);         %去掉最后一列费用值
    K2=(K1~=0);
    K3=sum(K2);                       %Bianhao1 第 i 行中非零元素的个数
    for j=1:n-Nn
        k1=Bianhao1(i,1:Num_max)-Bianhao2(j,1:Num_max);
        k2=(k1~=0);
        if sum(k1(1:K3))==0 & sum(k2)<=ceil(max(P)/min(P))-2
                        %去掉的编号少些,导致运行时间长点,但导弹枚数少些
            HH(iii)=j;    %记录 Bianhao2 中要去掉的行数
            iii=iii+1;
        end
    end
end
HH=unique(HH);
HH=fliplr(HH);                        %从大到小排列
for i=1:length(HH)
    Bianhao2(HH(i),:)=[];
end
Bianhao=[Bianhao1;Bianhao2];          %去掉了一些
%编号还原    以上结果是去掉编号后的数据    %再加上去掉编号的个数*最小费用值
if Nn>0                               %没有较远点时就不用还原编号了
```

```matlab
[mm,nn]=size(Bianhao);
aaa=zeros(1,[]);
for i=1:Nn
    aaa(i)=i;
end
aaa=fliplr(aaa);                    %从大到小倒过来存储
for k=1:Nn
    for i=1:mm
        for j=1:nn-1                %Bianhao 最后一列为费用值  保持不变
            if Bianhao(i,j)>Chu(k)-aaa(k)        %有些神奇
                Bianhao(i,j)=Bianhao(i,j)+1;
            end
        end
    end
end
%Bianhao                            %原始编号点了  列数为最大打击个数+1  最后一列为费用
%求满足覆盖全部点的所有组合数以及对应的费用
N1=size(Bianhao,1);                 %行数 N1
NN=ceil((n-Nn)/Num_max);            %设置恰当的初始值,减少运行次数,向上取整
MinMoney=n*max(P);                  %初始值  取大值
%下面求解所有能够覆盖全部点的所有可能组合情形
for i=NN:n-Nn                       %最多 n-Nn 个   去掉较远孤立点个数
    FeiyongBianhao=[];              %非常关键的矩阵   Num_max 列   记录编号
    feiyongzhi=[];                  %行数不确定,第 1 列费用值,第 2 列圆周个数,为求编号
    set_3P=nchoosek(1:N1,i);        %选取 i 个行的组合   Num_max 列
    mm=size(set_3P,1);              %行数 mm   组合数
    for k=1:mm                      %set_3P 每一行的组合   一个一个试试
        r=zeros(1,[]);              %编号 行向量
        for j=1:i                   %选 i 个 Bianhao 行的组合
            A=Bianhao(set_3P(k,j),1:Num_max);
                                    %记录第 j 行   %Bianhao 的最后一列去掉
            A(A==0)=[];              %去掉零元素
            r=[r,A];                 %行向量存储   %非零矩阵
        end
        r=unique(r);                 %删除相同的数   %这个不能少
        if length(r)==n-Nn           %找到全覆盖的编号(去掉远处隔离点)
            Hang=set_3P(k,:);%满足条件的 set_3P 的第 k 行
            %引入 Hang 这个行向量,为了后面程序方便编写
            FFF=0;
            for ii=1:i               %i 就是要选择的 Bianhao 行个数   即所求的组合数
                TT=Hang(ii);%Bianhao 的第 TT 行
                FeiyongBianhao=[FeiyongBianhao;Bianhao(TT,:)];%记录下来了   同列数
```

```
                    DDD = Bianhao(Hang(ii),:);
                            %Bianhao 中第 Hang(ii)行的最后一个数——费用值
                    FFF = FFF+DDD(end);
                end
                feiyongzhi = [feiyongzhi;FFF i];
                        %循环记录最大费用值矩阵,第1列为费用值,第2列是个数值
            end
        end
        if size(feiyongzhi,1)>0        %有解才输出结果    无解不输出
            disp('需要导弹的最小枚数为')
            disp(i+Nn)                 %需要i枚导弹
            Min_feiyong = min(feiyongzhi(:,1));        %费用最小值
            disp('最小费用为')
            disp(Min_feiyong+Nn * min(P))
            MinMoney = min(MinMoney,Min_feiyong+Nn * min(P));
            %下面确定毁伤编号
            nnn = find(feiyongzhi(:,1) = = Min_feiyong);    %费用最小值的位置
            AAA = 0;
            for kkkk = 1:nnn-1
                AAA = AAA+feiyongzhi(kkkk,2);
            end
            result_bianhao = FeiyongBianhao(AAA+1:AAA+feiyongzhi(nnn,2),:);
                        %找到了一组而已    %行数是个数,最后一列是单枚导弹费用值
            disp('导弹打击的编号为(最后一列为费用)')
            disp(result_bianhao)
            if Nn>0
                disp('单被一枚导弹打击的编号为')
                disp(Chu')            %转置变为列向量
            end
            %终止条件
            C = 0;                     %低等,但实用
            if MinMoney<= (i+Nn+1) * min(P)       %考虑一下什么原因
                %if Min_feiyong+Nn * min(P)<=(i+Nn) * min(P)| MinMoney<=i * min(P)
                C = 1;
            end
        end
        if size(feiyongzhi,1)>0 & C = = 1          %有解时且满足条件的终止条件
            break
        end
    end
end
toc                        %运行结束
```

运行结果为

需要导弹的最小枚数为
  7
最小费用为
  55
导弹打击的编号为(最后一列为费用)

13	0	0	0	0	0	0	0	0	5
14	0	0	0	0	0	0	0	0	5
3	4	6	7	8	0	0	0	0	15
1	2	3	5	9	10	12	0	0	15

单被一枚导弹打击的编号为
  16
  15
  11

需要导弹的最小枚数为
  8
最小费用为
  50
导弹打击的编号为(最后一列为费用)

4	0	0	0	0	0	0	0	0	5
6	7	8	0	0	0	0	0	0	5
13	0	0	0	0	0	0	0	0	5
14	0	0	0	0	0	0	0	0	5
1	2	3	5	9	10	12	0	0	15

单被一枚导弹打击的编号为
  16
  15
  11

需要导弹的最小枚数为
  9
最小费用为
  55
导弹打击的编号为(最后一列为费用)

1	2	0	0	0	0	0	0	0	5
4	0	0	0	0	0	0	0	0	5
6	7	8	0	0	0	0	0	0	5
13	0	0	0	0	0	0	0	0	5
14	0	0	0	0	0	0	0	0	5
1	2	3	5	9	10	12	0	0	15

单被一枚导弹打击的编号为
  16
  15
  11

时间已过17.398846s。

敌方战舰离散分布图如图 6.5 所示。

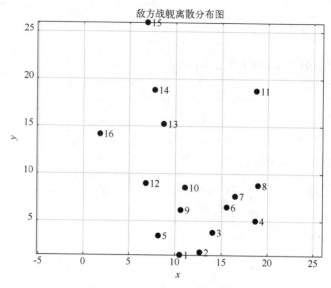

图 6.5　敌方军舰离散分布图

6.1.4　结果分析

针对问题(1),由于敌方军舰群航行编队形状不发生改变,因此所求的导弹最小毁伤半径与敌方军舰群航行所处的位置无关。所求的导弹能毁伤所有敌方军舰的最小毁伤半径为每个敌方军舰与其他敌方军舰的距离最大值的最小值,并且这个最小毁伤半径是唯一的。

针对问题(2),正好是问题 1 的逆问题,导弹能毁伤敌方军舰的最大艘数为导弹击中每个敌方军舰所毁伤的军舰艘数的最大值。事实上,所求的毁伤敌方军舰最大艘数与导弹毁伤半径 R 的取值密切相关的。如表 6.2 所列为毁伤半径 R 取 10 个不同值时所对应的毁伤敌方军舰最大艘数值。可以发现,导弹的毁伤半径越大(小),则导弹能毁伤敌方军舰的艘数也越大(小)。

表 6.2　毁伤敌方军舰最大艘数与导弹毁伤半径的关系表

导弹毁伤半径	1	2	3	4	5	6	7	8	9	10
毁伤最大艘数	1	2	3	4	8	9	10	10	10	12

针对问题(3),导弹的最小枚数是通过多个导弹击中相应的敌方军舰后它们的毁伤圆面覆盖所有的敌方军舰求解得到的。利用这样的方法,可能会出现同一艘敌方军舰被导弹毁伤圆面覆盖 2 次、3 次或者更多次。因此,所需要的导弹的最小枚数是唯一确定的,但这些导弹击中哪些敌方军舰能毁伤敌方军舰的编号是不确定的;也就是说,多枚导弹打击敌方军舰的方案是不确定的。同时,导弹的最小枚数与导弹毁伤半径 R 的取值密切相关。如表 6.3 所列为毁伤半径 R 取 10 个不同值时所对应的导弹最小枚数值。可以发现,导弹的毁伤半径越大(小),导弹的最小枚数越小(大)。

表 6.3　导弹的最小枚数与导弹毁伤半径的关系表

导弹毁伤半径	1	2	3	4	5	6	7	8	9	10
导弹最小枚数	16	15	11	8	6	6	5	4	3	3

针对问题(4),要求所有导弹的成本费用值最小并且导弹的枚数尽可能小,那么导弹的最小枚数是唯一确定的,但每个导弹所攻击的敌方军舰的编号有可能是不唯一的,也就是说多枚导弹的攻击方案是不确定的。假设两种导弹的毁伤半径比为1:2,但成本费用值比为1:3,由运行结果可以发现,需要小毁伤半径的导弹7枚,而大毁伤半径的导弹仅仅1枚。从成本费用小的角度来看,尽量选取小毁伤半径的导弹去攻击而能减少成本费用。如果把两种导弹的成本费用分别取为5拾万元和10拾万元,利用MATLAB编程可得,只需要4枚小毁伤半径的导弹和2枚大毁伤半径的导弹,总成本费用为45拾万元。可以发现,需要发射导弹的总枚数减少了2枚,并且大毁伤半径的导弹枚数增加了1枚。这说明大毁伤半径导弹的毁伤能力和成本费用比变大,被选择的优先权也会提高。事实上,如果把两种导弹的成本费用值取为相等的数值,那么所得的结果为我方军舰发射最少枚数的两种导弹进而毁伤所有的敌方军舰。

对于问题(2)、(3)和(4),当敌方军舰的艘数较大时,利用上述方法求解运行时间会较长。但可以利用敌方军舰位置点的信息进行聚类处理,聚类之后再利用相关方法求解会大大提高求解效率。

6.2　导弹击中敌机毁伤敌机群

6.2.1　问题描述

我国战机正在我某空域内巡逻,突然发现东北方向上空有一群敌方战机正在向正北方向匀速直线同向飞行,其飞行编队整体形状和飞行高度不发生改变,同时我方战机便立刻利用相关通项设备测得敌方战机的架数为16并给它们各自编号,并且在某一时刻我方战机与这16架敌方战机的距离、方位角(我方战机与敌方战机连线在水平面上的投影射线与正东方向逆时针的偏角)和高低角(我方战机与敌方战机连线相对于水平面的仰角),如表6.4所列。

表 6.4　16架敌方战机某时刻与我方战机的距离、方位角和高低角数据

编号	距离/km	方位角/rad	高低角/rad	编号	距离/km	方位角/rad	高低角/rad
1	10.622	$\frac{\pi}{24}$	$\frac{3\pi}{24}$	9	12.256	$\frac{\pi}{6}$	$\frac{3\pi}{24}$
2	12.794	$\frac{\pi}{24}$	$\frac{3\pi}{24}$	10	13.958	$\frac{5\pi}{24}$	$\frac{3\pi}{24}$
3	9.562	$\frac{\pi}{12}$	$\frac{3\pi}{24}$	11	16.524	$\frac{\pi}{4}$	$\frac{3\pi}{24}$
4	19.363	$\frac{\pi}{24}$	$\frac{\pi}{24}$	12	11.258	$\frac{7\pi}{24}$	$\frac{3\pi}{24}$
5	8.908	$\frac{\pi}{8}$	$\frac{3\pi}{24}$	13	17.569	$\frac{\pi}{3}$	$\frac{3\pi}{24}$
6	16.857	$\frac{\pi}{8}$	$\frac{\pi}{24}$	14	20.358	$\frac{3\pi}{8}$	$\frac{3\pi}{24}$
7	18.145	$\frac{11\pi}{80}$	$\frac{\pi}{24}$	15	16.854	$\frac{5\pi}{12}$	$\frac{3\pi}{24}$
8	20.894	$\frac{11\pi}{80}$	$\frac{\pi}{24}$	16	14.259	$\frac{11\pi}{24}$	$\frac{3\pi}{24}$

下面利用表6.4中的数据建立模型求解问题：

（1）我方战机发射导弹去击中某架敌方战机进行毁伤敌方战机群，那么我方导弹击中敌方战机后引爆的毁伤半径至少是多少千米才能毁伤所有敌方战机？导弹需击中哪个编号的敌方战机？

（2）假设我方导弹引爆的毁伤半径 $R=6$km，那么我方导弹击中哪个编号的敌方战机才能使得导弹引爆毁伤敌方战机的架数最大？

（3）假设我方战机可以发射多枚导弹并每个导弹引爆的毁伤半径 R 均为 6km，那么我方战机至少发射多少枚导弹并且击中哪些编号的敌方战机才能毁伤所有敌方战机？给出一个多枚导弹的打击方案。

（4）假设我方战机可以发射两种导弹，并且这两种导弹引爆的毁伤半径分别为 3km 和 6km，成本费用分别为 5 拾万元和 15 拾万元，那么我方战机至少发射多少枚导弹并击中哪些编号的敌方战机引爆才能毁伤所有敌方战机使得所发射导弹的总成本费用最小？给出一个多枚导弹的打击方案。

6.2.2 模型建立

由于敌方战机群飞行编队的整体形状和飞行高度都不发生改变，因此问题（1）、（2）、（3）和（4）的求解结果与敌方战机群所处的空间具体位置无关。因此，现以我方战机测得与每个敌方战机的距离、方位角和高低角数据时所在的瞬间位置作为坐标原点，以正东方向作为 x 轴的正半轴，以正北方向作为 y 轴的正半轴，以铅直向上方向作为 z 轴的正半轴建立空间直角坐标系，如图6.6所示。

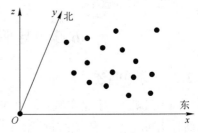

图6.6 敌方战机编队飞行图

利用给定某个时刻每个敌方战机到我方战机的距离 d、方位角 θ 和高低角 φ 的数值，根据公式

$$\begin{cases} x=d\cos\varphi\cos\theta \\ y=d\cos\varphi\sin\theta \\ z=d\sin\varphi \end{cases}$$

得到同一时刻每个敌方战机所在空间位置的直角坐标。记 $d_{i,j}$ 为编号 $i(i=1,2,\cdots,16)$ 敌方战机与编号 $j(j=1,2,\cdots,16)$ 敌方战机之间的距离值，则有

$$d_{i,j}=\sqrt{(x_i-x_j)^2+(y_i-y_j)^2+(z_i-z_j)^2}$$

针对问题（1），对于编号 i 敌方战机而言，记 D_i 为编号 j 敌方战机到编号 i 敌方战机的距离值的最大值，则有

$$D_i=\max\{d_{i,1},d_{i,2},\cdots,d_{i,16}\}\ (i=1,2,\cdots,16)$$

对于编号 i 敌方战机可以得到其他15架敌机到自己的距离的最大值 D_i，进而所求的导弹最小毁伤半径 $R_{\min}$ 为16个最大值 $D_1,D_2,\cdots,D_{16}$ 的最小值，即

$$R_{\min}=\min\{D_1,D_2,\cdots,D_{16}\}$$

事实上，必然至少存在一个 D_k 使得 $R_{\min}=D_k$，因此我方导弹引爆的毁伤半径若为 $R_{\min}$，则击中编号 k 敌方战机便可毁伤所有的敌方战机。

针对问题（2），对于编号 i 敌方战机而言，记 N_i 为到编号 i 敌方战机的距离值小于等

于 $R(6km)$ 的所有敌机战机的个数(包括编号 i 敌方战机),进而所求的导弹毁伤敌方战机个数最大值为

$$N_{\max} = \max\{N_1, N_2, \cdots, N_{16}\}$$

事实上,必然至少存在一个 N_k 使得 $N_{\max} = N_k$,因此我方导弹击中编号 k 敌方战机使得毁伤敌方战机的架数最大,最大值为 N_k。

针对问题(3),对于编号 i 敌方战机而言,记 C_i 为到编号 i 敌方战机的距离值小于等于 $R(6km)$ 的其他敌机战机的编号构成的集合,现需在这 16 个编号集合 $C_1, C_2, \cdots, C_{16}$ 中找到个数最小的集合 $C_{k1}, C_{k2}, \cdots, C_{kn}$,使得它们的并集 $C_{k1} \cup C_{k2} \cup \cdots \cup C_{kn}$(相同的编号只取一次)即为集合 $\{1, 2, \cdots, 16\}$。此时,编号集合 $C_{k1}, C_{k2}, \cdots, C_{kn}$ 的个数 kn 即为所需导弹枚数的最小值 $N_{\min}$,且 $N_{\min}$ 枚我方导弹分别打击编号为 $k1, k2, \cdots, kn$ 的敌方战机便可毁伤所有的敌方战机。

针对问题(4),对于编号 i 敌方战机而言,记 C_i、D_i 分别为到编号 i 敌方战机的距离值小于等于 3km 和 6km 的所有敌方战机的编号构成的集合(包括编号 i 敌方战机本身),现需在这 32 个编号集合 $C_1, C_2, \cdots, C_{16}, D_1, D_2, \cdots, D_{16}$ 中找到 kn 个编号集合 $C_{k1}, C_{k2}, \cdots, C_{kn}$ 和 lm 个编号集合 $D_{l1}, D_{l2}, \cdots, D_{lm}$,使得它们的并集 $C_{k1} \cup C_{k2} \cup \cdots \cup C_{kn} \cup D_{l1} \cup D_{l2} \cup \cdots \cup D_{lm}$(相同的编号只取一次)即为集合 $\{1, 2, \cdots, 16\}$,要求导弹总成本费用 $5kn + 15lm$ 的取值最小,同时要求编号集合的总个数 $kn + lm$(导弹的枚数)尽可能小。此时,编号集合 $C_{k1}, C_{k2}, \cdots, C_{kn}$ 的个数 kn 即为毁伤半径为 3km 的导弹的枚数,其击中敌方战机的编号分别为 $k1, k2, \cdots, kn$,编号集合 $D_{l1}, D_{l2}, \cdots, D_{lm}$ 的个数 lm 即为毁伤半径为 6km 的导数的枚数,其击中敌方战机的编号分别为 $l1, l2, \cdots, lm$。

6.2.3 模型求解

针对问题(1),所求的导弹最小毁伤半径即为每架敌方战机所对应的距离最大值(其他敌方战机到固定敌方战机的距离的最大值)的最小值。首先利用空间欧几里得距离公式得到其他敌方战机到任意一架敌方战机的距离值,然后得到每架敌方战机所对应的距离最大值,最后取这 16 个距离最大值的最小值即为所求的导弹毁伤半径的最小值。

利用 MATLAB 编程可得,我方导弹的毁伤半径至少为 14.11467km 且攻击编号 13 的敌方战机时便可毁伤所有敌方战机。编程具体如下,首先建立脚本文件 minRadius.m,代码如下:

```
clc,clear all,close all
tic    %计时开始
format long
pho=[10.622 12.794 14.562 19.363 8.908 16.857 18.145 20.894 12.256 ...
     13.958 26.524 11.258 17.569 20.358 26.854 14.259];
theta=pi*[1/24 1/24 1/12 1/12 1/8 1/8 11/80 11/80 1/6 5/24 1/4 7/24 1/3 3/8 5/12 11/24];
phi=pi/24*[3 3 3 1 3 1 1 1 3 3 1 3 1 1 1 3];
x=pho.*cos(phi).*cos(theta);           %16 架敌机
y=pho.*cos(phi).*sin(theta);
z=pho.*sin(phi);                       %高度值
```

```
n = length(x);
%画图
plot3(x,y,z,'r.','markersize',13)
hold on
%给敌机点加编号
for i = 1:n
    c = num2str(i);
    c = ['',c];
    text(x(i)+0.3,y(i)-0.3,z(i)-0.3,c)             %改变0.3的大小调整数字的位置
end
hold on
M = zeros([],1);                                    %自己编号
bianhao = zeros([],1);                              %取最大值的敌机的编号
dmax = zeros([],1);
for i = 1:n
    d = zeros(n,1);                                 %距离列向量
    for j = 1:n
        d(j) = sqrt((x(i)-x(j))^2+(y(i)-y(j))^2+(z(i)-z(j))^2);
    end
    m = max(d);
    for k = 1:n
        if d(k) == m || abs(d(k)-m)<1.0e-06
            M = [M;i];
            bianhao = [bianhao;k];
            dmax = [dmax;m];
        end
    end
end
I = [M bianhao dmax]           %最1列为编号,第2列为最大距离的编号,第3列为最大距离
m = min(dmax);
n = length(dmax);
D = zeros([],2);
for i = 1:n
    if dmax(i) == m
        D = [D;I(i,1) I(i,2)];                      %可能有多个解
    end
end
daji_bianhao = D(1)                                 %有多个解时,再具体分析
max_di_bianhao = D(2)
Radius = m
toc                                                 %计时结束
%画图
plot3(x(daji_bianhao),y(daji_bianhao),z(daji_bianhao),'bo','Linewidth',2)
```

```
hold on
X = [x(daji_bianhao),x(D(2))];
Y = [y(daji_bianhao),y(D(2))];
Z = [z(daji_bianhao),z(D(2))];
plot3(X,Y,Z,'m-','Linewidth',1.5)          %球心与最远点的半径
hold on
t = 0:pi/30:2 * pi;                         %画导弹毁伤球面
theta = 0:pi/30:pi;
[t,theta] = meshgrid(t,theta);
xx = x(daji_bianhao) +Radius * sin(theta). * cos(t);
yy = y(daji_bianhao) +Radius * sin(theta). * sin(t);
zz = z(daji_bianhao) +Radius * cos(theta);
plot3(xx,yy,zz,'linewidth',0.2)
grid on
xlabel x
ylabel y
zlabel z
axis equal
title 导弹击中敌方军机的毁伤球面图
```

运行结果为

```
I =
    1.000000000000000   15.000000000000000   24.606837294413328
    2.000000000000000   15.000000000000000   24.690861008136149
    3.000000000000000   15.000000000000000   23.150225054998298
    4.000000000000000   15.000000000000000   23.816595910527219
    5.000000000000000   15.000000000000000   22.579059424424614
    6.000000000000000   15.000000000000000   21.168736219009389
    7.000000000000000   15.000000000000000   20.524091443647038
    8.000000000000000   15.000000000000000   20.814434942809825
    9.000000000000000   15.000000000000000   20.300906561850866
   10.000000000000000   15.000000000000000   18.268775169526695
   11.000000000000000    1.000000000000000   19.460990426539119
   12.000000000000000   15.000000000000000   17.492756368493382
   13.000000000000000    2.000000000000000   14.114667478456228
   14.000000000000000    2.000000000000000   17.707040160941911
   15.000000000000000    2.000000000000000   24.690861008136149
   16.000000000000000    4.000000000000000   18.897163509419915
daji_bianhao =
    13
max_di_bianhao =
     2
Radius =
   14.114667478456228
```

时间已过 0.198628s。

导弹击中敌方军机的毁伤球面图如图 6.7 所示。

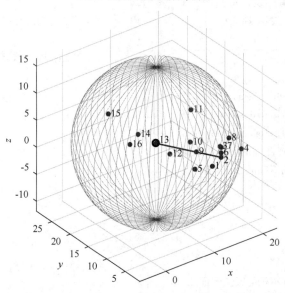

图 6.7 导弹击中敌方军机的毁伤球面图

针对问题(2),所求的导弹毁伤敌方战机最大架数即为导弹击中每架敌方战机所毁伤的战机架数的最大值。首先利用问题(1)所得的距离值可得到每架敌方战机距离小于等于导弹毁伤半径 R(6km)的所有敌方战机的架数(包括被击中的敌方战机本身),然后取这 16 架能被导弹毁伤敌机架数的最大值即为所求的导弹毁伤敌方战机架数的最大值。

利用 MATLAB 编程可得,我方导弹击中编号 3 或 5 或者 9 敌方战机引爆都可毁伤 7 架敌方战机,被毁伤的敌方战机的编号分别为 1、3、5、6、9、10 或者 1、2、3、5、9、10、12 或者 1、2、3、5、9、10、12。编程具体如下,建立脚本文件 maxNumber.m,代码如下:

```
clc,clear all,close all
tic                                      %计时开始
format long
R = 6;                                   %导弹毁伤半径    单位:km
pho = [10.622 12.794 14.562 19.363 8.908 16.857 18.145 20.894 12.256 ...
    13.958 26.524 11.258 17.569 20.358 26.854 14.259];
theta = pi * [1/24 1/24 1/12 1/12 1/8 1/8 11/80 11/80 1/6 5/24 1/4 7/24 1/3 3/8 5/12 11/24];
phi = pi/24 * [3 3 3 1 3 1 1 1 3 3 1 3 1 1 1 3];
x = pho. * cos(phi). * cos(theta);       %16 架敌机
y = pho. * cos(phi). * sin(theta);
z = pho. * sin(phi);                     %高度值
n = length(x);                           %大于 0
%画敌机离散点
plot3(x,y,z,'r.','markersize',13)
```

```
hold on
%给敌机点加编号
for i=1:n
    c=num2str(i);
    c=['',c];
    text(x(i)-0.3,y(i)-0.3,z(i)+0.4,c)        %改变0.3的大小调整数字的位置
end
hold on
NN=zeros(n,1);                                %每架敌机所对应毁伤架数的列向量
bianhao=zeros(n,n);                           %第i列为导弹攻击第i架敌机所毁伤的敌机编号
for i=1:n
    N=0;
    for j=1:n
        d=sqrt((x(i)-x(j))^2+(y(i)-y(j))^2+(z(i)-z(j))^2);
        if d<=R
            N=N+1;                            %毁伤架数
            bianhao(N,i)=j;
        end
    end
    NN(i)=N;                                  %赋值记录
end
Number=max(NN);
disp('导弹所毁伤的最大敌机架数为:')
disp(Number)                                  %导弹毁伤的最大架数
daji_bianhao=zeros([],1);
for i=1:n
    if NN(i)==Number
        daji_bianhao=[daji_bianhao;i];
    end
end
disp('导弹击中的敌机编号为:')
disp(daji_bianhao)                            %导弹所打击敌机的编号   %可能有多个
k=length(daji_bianhao);
if k==1
    disp('本问题只有一组打击方案')
    NNN=bianhao(:,daji_bianhao);              %导弹攻击第daji_bianhao架敌机所毁伤的敌机编号
    huishang_bianhao=NNN(1:Number)'           %前Number个元素
    %画图
    plot3(x(daji_bianhao),y(daji_bianhao),z(daji_bianhao),'bo','Linewidth',2)
    hold on
    t=0:pi/30:2*pi;
    theta=0:pi/30:pi;
    [t,theta]=meshgrid(t,theta);
```

```
                xx = x(daji_bianhao) + R * sin(theta).* cos(t);
                yy = y(daji_bianhao) + R * sin(theta).* sin(t);
                zz = z(daji_bianhao) + R * cos(theta);
                plot3(xx,yy,zz)
        else                                            %可能有多个结果
            disp('本问题有多组打击方案,具体如下')
            for i = 1:k
                daji_Bianhao = daji_bianhao(i)          %导弹所打击敌机的编号
                NNN = bianhao(:,daji_Bianhao);
                                                        %导弹攻击第 daji_bianhao 架敌机所毁伤的敌机编号
                huishang_bianhao = NNN(1:Number)'       %前 Number 个元素
                %画图
                plot3(x(daji_Bianhao),y(daji_Bianhao),z(daji_Bianhao),'bo','Linewidth',2)
                hold on
                t = 0:pi/30:2*pi;
                theta = 0:pi/30:pi;
                [t,theta] = meshgrid(t,theta);
                xx = x(daji_Bianhao) + R * sin(theta).* cos(t);
                yy = y(daji_Bianhao) + R * sin(theta).* sin(t);
                zz = z(daji_Bianhao) + R * cos(theta);
                plot3(xx,yy,zz)
            end
        end
        toc                                             %计时结束
        grid on
        xlabel x
        ylabel y
        zlabel z
        axis equal
        title 导弹击中敌机的最大毁伤个数图
        view(-37,25)
```

运行结果为

导弹所毁伤的最大敌机架数为:
    7
导弹击中的敌机编号为:
    3
    5
    9
本问题有多组打击方案,具体如下:
daji_Bianhao =
    3
huishang_bianhao =

```
          1    2    3    5    6    9    10
daji_Bianhao =
     5
huishang_bianhao =
     1    2    3    5    9    10    12
daji_Bianhao =
     9
huishang_bianhao =
     1    2    3    5    9    10    12
```

时间已过 0.326714s。

导弹击中敌机的最大毁伤架数图如图 6.8 所示。

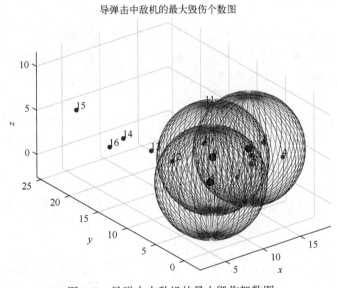

图 6.8 导弹击中敌机的最大毁伤架数图

针对问题(3),所求导弹的最小枚数即多导弹击中最小架数敌方战机使得毁伤的敌方战机编号之并(相同的编号只取一次),即为 1,2,…,16。首先排除掉那些到其他 15 架敌机的距离都大于 R(6km)的敌方战机(记个数为 K,可以为 0),这 K 架敌方战机的每一个都需要一枚导弹击中才能毁伤。对于其他 16-K 架敌方战机,记录导弹击中其中每架敌方战机可毁伤的所有敌方战机的编号,然后从这 16-K 架敌方战机(或 16-K 组编号)中任取两个且组合数为 C_{16-K}^2,在这 C_{16-K}^2 个组合中是否存在一个组合使得两枚导弹击中某两架敌机能毁伤所有敌机,也就是说这个组合所对应的两组编号之并(相同的编号只取一次)去掉零元素后所得向量的维数为 16-K;若成立,则记录击中这两架敌机的编号,且最小导弹枚数为 2;否则从这 16-K 架敌方战机(或 16-K 组编号)中任取三个且组合数为 C_{16-K}^3,在这 C_{16-K}^3 个组合中是否存在一个组合使得 3 个导弹击中某 3 架敌机能毁伤所有敌机;若成立,则记录击中这 3 架敌机的编号,且最小导弹枚数为 3;依次下去,从这 16-K 架敌方战机中任取 N_{min} 架且组合数为 $C_{16-K}^{N_{min}}$,在这 $C_{16-K}^{N_{min}}$ 个组合中一定会存在一组编号的敌方战机(N_{min} 个)使得 N_{min} 枚导弹分别击中这 N_{min} 架敌方战机引爆能毁伤所有敌机。

需要注意的是,在第一步寻找到其他15架敌机的距离都大于$R(6\text{km})$的敌方战机之后,考虑的敌方战机的架数为$16-K$,在用MATLAB编程的过程中,这$16-K$架敌机的编号有些会变小,因为编号依次变为$1,2,\cdots,16-K$,而需要在得到每个敌机所对应的可毁伤敌方战机编号之后对编号数字进行还原。

基于上述求解方法,MATLAB编程算法过程如下:

步骤1 记录16个敌方战机的位置坐标。

步骤2 去掉那些到其他15架敌机的距离都大于$R(6\text{km})$敌方战机的编号和个数K,若$K=16$,则需要16枚导弹;若$K=14$,则需要15枚导弹;若$K<14$,则考虑其他$16-K$架敌方战机的毁伤情形。

步骤3 记录导弹击中这$16-K$架敌方战机中每架敌方战机可毁伤的所有敌方战机的编号,得到一个$(16-K)\times(16-K)$编号矩阵Bianhao,每一行对应一组编号数据(包括零元素)。

步骤4 对编号矩阵Bianhao中的编号进行还原得到原始编号。

步骤5 从Bianhao矩阵中任取两行,确定这两行编号之并是否为去掉K个较远孤立点的其他$16-K$个编号;若成立,则输出导弹枚数为2并记录这两行编号信息;否则转入步骤6。

步骤6 从Bianhao矩阵中任取3行,确定这3行编号之并是否为去掉K个较远孤立点的其他$16-K$个编号;若成立,则输出导弹个数为3并记录这3行编号信息;否则转入步骤7。

步骤7 从Bianhao矩阵中任取$N_{\min}$行,确定这$N_{\min}$行编号之并是否为去掉K个较远孤立点的其他$16-K$个编号;当$N_{\min}$较大时一定会成立,此时输出导弹枚数为$N_{\min}$,并记录这$N_{\min}$行编号信息。

步骤8 输出导弹的最小数为$K+N_{\min}$。

利用MATLAB编程可得,我方战机需要发射6枚毁伤半径均为6km的导弹,分别去击中编号为4、5、11、13、15、16的敌方战机可毁伤所有的敌方战机。编程具体如下,首先建立脚本文件daodanNumber.m,代码如下:

```
clc,clear all,close all
tic                                    %运行开始
format long
%输入导弹毁伤半径和敌机的位置信息
R=6;                                   %导弹毁伤半径      单位:km
pho=[10.622 12.794 14.562 19.363 8.908 16.857 18.145 20.894 12.256 ...
     13.958 26.524 11.258 17.569 20.358 26.854 14.259];
theta=pi*[1/24 1/24 1/12 1/12 1/8 1/8 11/80 11/80 1/6 5/24 1/4 7/24 1/3 3/8 5/12 11/24];
phi=pi/24*[3 3 3 1 3 1 1 1 3 3 1 3 1 1 1 3];
x=pho.*cos(phi).*cos(theta);           %16架敌机
y=pho.*cos(phi).*sin(theta);
z=pho.*sin(phi);                       %高度值
X=x;
Y=y;
```

```matlab
Z = z;
n = length(x);                              %大于0
%画敌机离散点
plot3(x,y,z,'r.','markersize',12)
hold on
%给敌机点加编号
for i = 1:n
    c = num2str(i);
    c = ['',c];
    text(x(i)+0.3,y(i)+0.3,z(i)+0.3,c)      %改变0.3的大小调整数字的位置
end
grid on
xlabel x
ylabel y
zlabel z
axis equal
title 多个导弹毁伤所有敌机图
%去掉那些点,其他所有点到它的最小距离都大于R,减少点的考虑个数    降维
Chu = zeros(1,[]);
for i = 1:n
    KKK = 0;
    for j = 1:n                             %所有点
        if (x(i)-x(j))^2+(y(i)-y(j))^2+(z(i)-z(j))^2>R^2
            KKK = KKK+1;
        end
    end
    if KKK == n-1                           %到第i个点的距离大于2R的点的个数为总个数-1
        Chu = [Chu,i];                      %从小的编号开始记录
    end
end
Chu = fliplr(Chu);                          %记录那些点的列向量    %大编号在前  小编号在后
                                            %fliplr 仅仅对于行向量,元素对调排列
%去掉那些远的孤立点    降维
if length(Chu)>0                            %较远孤立点存在时才去掉,不存在时保持x、y不变
    for i = 1:length(Chu)                   %从大的编号开始去掉
        aaa = Chu(i);
        x(aaa) = [];
        y(aaa) = [];
        z(aaa) = [];
    end
end
%得到一个nn行nn列矩阵
%第i行为击中第i架敌机可毁伤的所有敌机的编号   列数最大取为nn
```

```
nn = length(x);                          %去掉较远孤立敌机后的敌机的架数
Bianhao = zeros(nn,nn);
for i = 1:nn
    NN = 0;
    for j = 1:nn
        d = sqrt(((x(i)-x(j))^2+(y(i)-y(j))^2+(z(i)-z(j))^2);
        if d<=R
            NN = NN+1;
            Bianhao(i,NN) = j;            %记录攻击第 i 架敌机可以毁伤的敌机编号
        end
    end
end
%编号还原       更改 Bianhao 的大小
    NNN = length(Chu);
    aaa = zeros(1,[]);
    for i = 1:NNN
        aaa(i) = i;
    end
    aaa = fliplr(aaa);                    %从大到小倒过来存储
if NNN>0                                  %没有较远的点就不用还原编号了
    [mm,nn] = size(Bianhao);
    for k = 1:NNN
        for i = 1:mm
            for j = 1:nn
                if Bianhao(i,j)>Chu(k)-aaa(k)    %有些神奇
                    Bianhao(i,j) = Bianhao(i,j)+1;
                end
            end
        end
    end
end
%Bianhao      %得到编号还原后的 Bianhao
%去掉较远敌机编号的其他编号行向量 AA   用于终止条件的判定
for i = 1:n
    AA(i) = i;
end
for i = 1:NNN
    AA(Chu(i)) = [];
end
if length(Chu) = = n
    disp('发射导弹的最小枚数为:')
    disp(n)                                               %所有离散点
    return
```

```
    elseif length(Chu) = = n-2
        disp('发射导弹的最小个数为:')
        disp(n-1)                                    %所有离散点
        return
    else
        %求满足覆盖全部点的最少组合数或者圆面个数
        Num_max = rank(Bianhao);                     %列秩
        NN = 1+floor(nn/Num_max);                    %设置恰当的初始值,减少运行次数
        for i = NN:nn                                %最多 nn 个  敌机的架数
            set_3P = nchoosek(1:nn,i);               %选取 i 个行的组合  Num_max 列
            mm = size(set_3P,1);                     %行数 mm
            for k = 1:mm
                CC = 0;                              %原始的方法
                r = zeros(1,[]);                     %编号 行向量
                for j = 1:i
                    A = Bianhao(set_3P(k,j),:);
                    A(A = = 0) = [];                 %去掉零元素
                    r = [r,A];                       %行向量存储   %非零矩阵
                end
                r = unique(r);                       %删除相同的数   %这个不能少
                r = sort(r);                         %向量元素从小到大排列
                if length(r) = = length(AA) & rank(r-AA) = = 0
                                                     %找到全覆盖的编号(去掉远处隔离点)
                    Hang = set_3P(k,:);              %满足条件的 Bianhao 第几行的行数
                    CC = 1;
                    break
                end
            end
            if CC = = 1                              %终止个数的增加循环   %原始的方法
                break
            end
        end
    end
%被击中敌机编号的还原
HHang = Hang;                   %元素分别为满足条件的 Bianhao 的行数号    后面读取输出
mmm = length(HHang);
    if NNN>0                                         %没有较远的点就不用还原编号了
        for k = 1:NNN
            for i = 1:mmm
                if HHang(i)>Chu(k)-aaa(k)            %有些神奇
                    HHang(i) = HHang(i)+1;
                end
            end
```

```
            end
        end
    %Hang                                        %得到编号还原后的 Hang
        Num=length(Hang)+length(Chu);
            disp('需发射的导弹最小枚数为:')
            disp(Num)                            %需加上那些远的孤立点
            %输出较远的孤立点
            for i=1:length(Chu)
                fprintf('第%d 个导弹攻击的敌机编号为:\n',i)
                disp(Chu(i))
            end
            %输出 Hang 向量中的行数所对应 Bianhao 的行数号
            for i=1:length(Hang)
                fprintf('第%d 枚导弹攻击的敌机编号为:\n',i+length(Chu))    %\n 为换行
                disp(HHang(i))
                fprintf('第%d 枚导弹攻击能毁伤的敌机编号为:\n',i+length(Chu))
                AAA=[];
                AAA=Bianhao(Hang(i),:);
                AAA(AAA==0)=[];
                disp(AAA)
            end
toc                                              %运行结束
hold on
t=0:pi/40:2*pi;
for i=1:NNN
    cc=rand(NNN,3);                              %3 列分别为红绿蓝参数值    %颜色随机生成
    A=Chu(i);
    plot3(X(A),Y(A),Z(A),'*','color',cc(i,:),'markersize',8)
    hold on
    t=0:pi/30:2*pi;
    theta=0:pi/30:pi;
    [t,theta]=meshgrid(t,theta);
    Xx=X(A)+R*sin(theta).*cos(t);
    Yy=Y(A)+R*sin(theta).*sin(t);
    Zz=Z(A)+R*cos(theta);
    plot3(Xx,Yy,Zz,'-','color',cc(i,:),'Linewidth',0.2)
    hold on
end
for i=1:mmm
    cc=rand(mmm,3);                              %3 列分别为红绿蓝参数值    %颜色随机生成
    A=HHang(i);
    plot3(X(A),Y(A),Z(A),'*','color',cc(i,:),'markersize',8)
    hold on
```

```
t=0:pi/30:2*pi;
theta=0:pi/30:pi;
[t,theta]=meshgrid(t,theta);
Xx=X(A)+R*sin(theta).*cos(t);
Yy=Y(A)+R*sin(theta).*sin(t);
Zz=Z(A)+R*cos(theta);
plot3(Xx,Yy,Zz,'-','color',cc(i,:),'Linewidth',0.2)
hold on
```
end

运行结果为

需发射的导弹最小枚数为:
  6
第1枚导弹攻击的敌机编号为:
  16
第2枚导弹攻击的敌机编号为:
  15
第3枚导弹攻击的敌机编号为:
  11
第4枚导弹攻击的敌机编号为:
  4
第4枚导弹攻击能毁伤的敌机编号为:
  4 6 7 8
第5枚导弹攻击的敌机编号为:
  5
第5枚导弹攻击能毁伤的敌机编号为:
  1 2 3 5 9 10 12
第6枚导弹攻击的敌机编号为:
  13
第6枚导弹攻击能毁伤的敌机编号为:
  13 14
时间已过 0.394270s。

多枚导弹毁伤所有敌机图如图 6.9 所示。

针对问题(4),要求在最少枚两种导弹击中最小架数敌方战机使得毁伤的敌方战机编号之并(相同的编号只取一次)即 $1,2,\cdots,16$ 条件下,最少枚导弹的总成本费用最小。首先排除掉那些到其他 15 架敌机的距离都大于 R(6km)的敌方战机(记个数为 K,可以为 0),这 K 架敌方战机的每一架都需要一枚毁伤半径为 3km 导弹击中才能毁伤,导弹成本费用为 $5K$ 拾万元。对于其他 $16-K$ 架敌方战机,记录两种导弹分别击中其中每个敌方战机可毁伤的敌方战机的编号,共计 $32-2K$ 组;然后从这 $32-2K$ 组编号中任取两组且组合数为 C_{32-2K}^2,在这 C_{32-2K}^2 个组合中找出所有两枚导弹击中某两架敌机能毁伤其他 $16-K$ 架敌机的组合,记满足条件组合数的组数为 K_1(可以为 0),且对应的两枚导弹的成本费用

多枚导弹毁伤所有敌机图

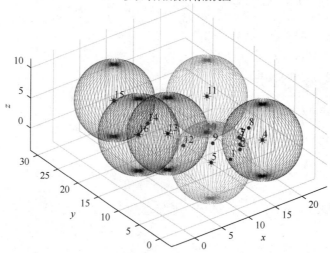

图 6.9 多枚导弹毁伤所有敌机图

的值也有 K_1 个;再从这 32-2K 组编号中任取 3 组且组合数为 C_{32-2K}^3,在这 C_{32-2K}^3 个组合中找出所有 3 个导弹击中某 3 架敌机能毁伤其他 16-K 个敌机的组合,记满足条件组合数的组数为 K_2(可以为 0),且对应的 3 枚导弹的成本费用的值也有 K_2 个;依次下去,从这 32-2K 组编号中任取 15-K 组且组合数为 C_{32-2K}^{15-K},在这 C_{32-2K}^{15-K} 个组合中找出所有 15-K 枚导弹击中某 15-K 个敌机能毁伤其他 16-K 架敌机的组合,记满足条件组合数的组数为 K_{14-K},且对应的 15-K 枚导弹的成本费用的值也有 K_{14-K} 个;最后一个情形是 16-K 架敌方战机分别被 16-K 枚毁伤半径为 3km 的导弹击中才能毁伤,记所得的 $K_1+K_2+\cdots+K_{14-K}$ 枚导弹的成本费用的最小值为 K^*,然后取最小值 K^* 与 5(16-K) 的最小值再加上 5K 即为所求的导弹最小成本费用。

基于上述求解方法,MATLAB 编程算法过程如下:

步骤 1 记录 16 架敌方战机的位置坐标。

步骤 2 去掉那些到其他 15 架敌机的距离都大于 R(6km) 的敌方战机的编号和架数 K,若 K=16,则需要 16 枚成本费用较小的导弹,成本费用最小值为 80 拾万元;若 K=14,则需要 15 枚导弹,需判定两架敌方战机能否被毁伤半径 3km 的导弹毁伤,若能则最小成本费用值为 75 拾万元,否则为 80 拾万元;若 K<14,现考虑其他 16-K 架敌方战机的毁伤情形。

步骤 3 记录两种导弹分别击中这 16-K 个敌方战机中每架敌方战机可毁伤的所有敌方战机的编号,得到一个 (32-2K)×(16-K) 编号矩阵 Bianhao,每一行对应一组编号数据(包括零元素)。

步骤 4 对编号矩阵 Bianhao 增加一列,元素为成本费用值。

步骤 5 对编号矩阵 Bianhao 降维,对于既能被小毁伤圆面又能被大毁伤圆面覆盖的那些组信息,去掉大毁伤圆面的成本费用所对应的那一行,只保留小毁伤圆面的成本费用所对应的那一行,比如编号 1、2 和 3 同时都被两种导弹所毁伤,那么去掉编号为 1、2 和 3 且成本费用为 15 的那一行,只保留编号为 1、2 和 3 且成本费用为 5 的那一行。

步骤6　对编号矩阵 Bianhao 中的编号进行还原得到原始编号。

步骤7　从 Bianhao 矩阵中任取两行,确定这两行编号之并是否为去掉 K 个较远孤立点的其他 16-K 个编号;若成立,则输出导弹个数为 2,记录这两行编号信息,并得到成本费用值,然后取所得成本费用值的最小值作为所求成本费用最小值;否则转入步骤8。

步骤8　从 Bianhao 矩阵中任取 3 行,确定这 3 行编号之并是否为去掉 K 个较远孤立点的其他 16-K 个编号;若成立,则输出导弹枚数为 3,记录这 3 行编号信息,并得到成本费用值,然后记录成本费用值,最后取所得成本费用值的最小值与步骤 7 所得成本费用最小值的最小值为所求的成本费用最小值;依次下去,任取 4 行、5 行直至 14-K 行,然后转入步骤9。

步骤9　从 Bianhao 矩阵中任取 15-K 行,得到相应的成本费用值,然后记录成本费用值的最小值,最后取所得成本费用最小值与上一步所得成本费用最小值的最小值为所求的成本费用最小值。

步骤10　从 Bianhao 矩阵中取 16-K 行,最小成本费用值必然为 80-5K,比较 80-5K 与上一步所得成本费用最小值的最小值为所求的成本费用最小值。

步骤11　输出所求的导弹成本费用最小值(步骤 10 所得成本费用最小值与 5K 之和)和导弹的最小个数。

事实上,在步骤 8 中第 i(导弹个数)个循环所得导弹成本费用最小值 MinMoney 若小于等于 5(i+1)即可停止循环,因为在第 i+1 个循环中即使都用小毁伤面积的导弹去攻击而成本费用也得为 5(i+1),一定会大于等于值 MinMoney。这样一方面可以减少程序运行时间,另一方面可使得导弹的个数尽量小。

利用 MATLAB 编程可得,我方战机需要发射 7 枚毁伤半径为 3km 的导弹和 1 枚毁伤半径为 6km 的导弹,最小成本费用为 50 拾万元,其中 7 枚毁伤半径为 3km 的导弹可毁伤敌机的编号第一组为 4、第二组为 6、7、8、第三组为 13、第四组为 14、第五组为 11、第六组为 15、第七组为 16,1 枚毁伤半径为 6km 的导弹可毁伤的敌机编号为 1、2、3、5、9、10、12。编程具体如下,首先建立函数文件 Bianhao.m,代码如下:

```
function [maxNumber,Bianhao]=Bianhao(x,y,z,R)
nn=length(x);                    %去掉较远孤立敌机后的敌机的架数
Bianhao=zeros(nn,nn);
for i=1:nn
    NN=0;
    for j=1:nn
        d=sqrt((x(i)-x(j))^2+(y(i)-y(j))^2+(z(i)-z(j))^2);
        if d<=R
            NN=NN+1;
            Bianhao(i,NN)=j;     %记录攻击第 i 架敌机可以毁伤的敌机编号
        end
    end
end
%可毁伤敌机的最大个数
NNN=[];
```

```
for i=1:nn
    A=Bianhao(i,:);
    A=(A~=0);                      %编号或者非零元素变为1
    NNN(i)=sum(A);
end
maxNumber=max(NNN);
```

建立脚本文件 minFeiYong.m,代码如下：

```
clc,clear all,close all
tic   %运行开始
format long
R=[3 6];                                              %毁伤半径的行向量  固定值
P=[5 15];                                             %费用的行向量
pho=[10.622 12.794 14.562 19.363 8.908 16.857 18.145 20.894 12.256 ...
    13.958 26.524 11.258 17.569 20.358 26.854 14.259];
theta=pi*[1/24 1/24 1/12 1/12 1/8 1/8 11/80 11/80 1/6 5/24 1/4 7/24 1/3 3/8 5/12 11/24];
phi=pi/24*[3 3 3 1 3 1 1 1 3 3 1 3 1 1 1 3];
x=pho.*cos(phi).*cos(theta);                          %16架敌机
y=pho.*cos(phi).*sin(theta);
z=pho.*sin(phi);                                      %高度值
n=length(x);                                          %n 始终不能变
%画图
plot3(x,y,z,'r.','MarkerSize',13)
hold on
%给敌机点加编号
for i=1:n
    c=num2str(i);
    c=['',c];
    text(x(i)+0.06,y(i)-0.06,z(i)+0.06,c)             %改变0.06的大小调整数字的位置
end
grid on
xlabel x
ylabel y
zlabel z
title 敌方战舰离散分布图
%降维    去掉那些点,其他所有点到它的最小距离都大于2Rmax  减少点的个数
Chu=zeros(1,[]);
Rmax=max(R);
Rmin=min(R);
for i=1:n
    KKK=0;
    for j=1:n                                         %所有点
        if (x(i)-x(j))^2+(y(i)-y(j))^2+(z(i)-z(j))^2>Rmax^2
```

```
                KKK = KKK+1;
            end
        end
        if KKK = = n-1                          %到第 i 个点的距离大于 Rmax 的点的个数为 15 个
            Chu = [Chu,i];                       %从小的编号开始记录
        end
    end
end
Chu = fliplr(Chu);                              %记录那些点的行向量    %大编号在前   小编号在后
                                                %fliplr 仅仅对于行向量,元素对调排列

Nn = length(Chu);
if Nn = = n                                      %第 1 种情形       每个点都是较远孤立点
    disp('发射导弹的最小枚数为:')
    disp(n)                                      %所有离散点
    disp('最小费用为:')
    disp(n * min(P))                             %所有离散点
    return
elseif  Nn = = n-2                               %第 2 种情形
    disp('发射导弹的最小个数为:')
    disp(n-1)                                    %所有离散点个数-1
    for i = 1:Nn
        disp('导弹一次攻击的敌机编号为:')
        disp(Chu(i)')
    end
    %输出其他两个编号
    for i = 1:n
        Aa(i) = i;
    end
    for i = 1:n
        for j = 1:length(Chu)
            if Chu(j) = = Aa(i)
                Aa(i) = 0;
            end
        end
    end
    Aa(Aa = = 0) = [ ];                          %两个编号        去掉 0 元素
    disp('需要一枚导弹引爆毁伤的其他敌机的编号:')
    disp(Aa)
    disp('最小费用为:')
    if (x(Aa(1))-x(Aa(2)))^2+(y(Aa(1))-y(Aa(2)))^2<=4 * Rmin^2
        disp((n-1) * min(P))                     %两个离散点被一小毁伤半径导弹毁伤
    else
        disp(n * min(P))                         %每个离散点分别为一枚导弹毁伤
    end
```

```
            return                                    %即可终止
        end
    %第 3 种情形     孤立点个数<n-2        %去掉那些远的孤立点    降维
    if Nn>0                                 %较远孤立点存在时才去掉,不存在时保持 x、y 不变
        for i=1:Nn                          %从大的编号开始去掉
            aaa=Chu(i);
            x(aaa)=[];
            y(aaa)=[];
        end
    end
%降维后的求解
for i=1:2
    if i==1
        [Number1,Bianhao1]=Bianhao(x,y,z,R(i));    %调用 Bianhao 函数
    else
        [Number2,Bianhao2]=Bianhao(x,y,z,R(i));    %调用 Bianhao 函数
    end
end
Num_max=max(Number1,Number2);                       %可毁伤最大个数的敌机的架数
%只保留 Num_max 列,去掉后面的零列
for i=Num_max+1:n-Nn
    Bianhao1(:,n-Nn+Num_max+1-i)=[];
    Bianhao2(:,n-Nn+Num_max+1-i)=[];
end
%对 Bianhao1 和 Bianhao2 增加一列,最后一列为花费      Num_max+1 列
NNN=length(x);                              %去掉较远孤立点后的个数   n-Nn
A=min(P)+zeros(NNN,1);
Bianhao1=[Bianhao1 A];
B=max(P)+zeros(NNN,1);
Bianhao2=[Bianhao2 B];
%去掉那些既能被小圆面又能被大圆面覆盖的一组信息,只保留小圆面   因为费用小
%提高运算效率    一切为了降维
HH=zeros(1,[]);
iii=1;
for i=1:n-Nn
    K1=Bianhao1(i,1:Num_max);               %去掉最后一列费用值
    K2=(K1~=0);
    K3=sum(K2);                             %Bianhao1 第 i 行中非零元素的个数
    for j=1:n-Nn
        k1=Bianhao1(i,1:Num_max)-Bianhao2(j,1:Num_max);
        k2=(k1~=0);
        if sum(k1(1:K3))==0 & sum(k2)<=ceil(max(P)/min(P))-2
                                            %去掉的编号少些,导致运行时间长点,但导弹枚数少些
```

```
                HH(iii)=j;                         %记录 Bianhao2 中要去掉的行数
                iii=iii+1;
            end
        end
end
HH=unique(HH);
HH=fliplr(HH);                                     %从大到小排列
for i=1:length(HH)
    Bianhao2(HH(i),:)=[];
end
Bianhao=[Bianhao1;Bianhao2];                       %去掉了一些
%编号还原   以上结果是去掉编号后的数据   %再加上去掉编号的个数*最小费用值
if Nn>0                                            %没有较远点时就不用还原编号了
    [mm,nn]=size(Bianhao);
    aaa=zeros(1,[]);
    for i=1:Nn
        aaa(i)=i;
    end
    aaa=fliplr(aaa);                               %从大到小倒过来存储
    for k=1:Nn
        for i=1:mm
            for j=1:nn-1                           %Bianhao 最后一列为费用值   保持不变
                if Bianhao(i,j)>Chu(k)-aaa(k)      %有点神奇
                    Bianhao(i,j)=Bianhao(i,j)+1;
                end
            end
        end
    end
end
%Bianhao     %原始编号点了   列数为最大打击个数+1   最后一列为费用
%求满足覆盖全部点的所有组合数以及对应的费用
    N1=size(Bianhao,1);                            %行数 N1
    NN=ceil((n-Nn)/Num_max);                       %设置恰当的初始值,减少运行次数   向上取整
    MinMoney=n*max(P);                             %初始值   取大值
    %下面求解所有能够覆盖全部点的所有可能组合情形
    for i=NN:n-Nn                                  %最多 n-Nn 个    去掉较远孤立点个数
        FeiyongBianhao=[];                         %非常关键的矩阵    Num_max 列    记录编号
        feiyongzhi=[];                             %行数不确定,第1列费用值,第2列圆周的个数,为求编号
        set_3P=nchoosek(1:N1,i);                   %选取 i 个行的组合    Num_max 列
        mm=size(set_3P,1);                         %行数 mm    组合数
        for k=1:mm                                 %set_3P 每一行的组合    一个一个试试
            r=zeros(1,[]);                         %编号 行向量
            for j=1:i                              %选 i 个 Bianhao 行的组合
```

```matlab
            A=Bianhao(set_3P(k,j),1:Num_max);
                          %记录第j行    %Bianhao的最后一列去掉
            A(A==0)=[];        %去掉零元素
            r=[r,A];           %行向量存储   %非零矩阵
        end
        r=unique(r);           %删除相同的数    %这个不能少
        if length(r)==n-Nn     %找到全覆盖的编号(去掉远处隔离点)
            Hang=set_3P(k,:);  %引入Hang这个行向量,为了后面程序方便编写
                          %满足条件的set_3P的第k行(Bianhao第几行的行数)
            FFF=0;
            for ii=1:i         %i 就是要选择的Bianhao行个数   即所求的组合数
                TT=Hang(ii);   %Bianhao的第TT行
                FeiyongBianhao=[FeiyongBianhao;Bianhao(TT,:)];
                          %记录下来了   同列数
                DDD=Bianhao(Hang(ii),:);
                          %Bianhao中第Hang(ii)行的最后一个数——费用值
                FFF=FFF+DDD(end);
            end
            feiyongzhi=[feiyongzhi;FFF i];
                %循环记录最大费用值矩阵    第1列为费用值 第2列是个数值
        end
    end
%feiyongzhi                    %非常关键    第1列为费用值   第2列为最少圆周个数
%FeiyongBianhao
if size(feiyongzhi,1)>0        %有解才输出结果   无解不输出了
    disp('需要导弹的最小枚数为')
    disp(i+Nn)                                  %需要i枚导弹
    Min_feiyong=min(feiyongzhi(:,1));           %费用最小值
    disp('最小费用为')
    disp(Min_feiyong+Nn*min(P))
    MinMoney=min(MinMoney,Min_feiyong+Nn*min(P));
    %下面确定毁伤编号
    nnn=find(feiyongzhi(:,1)==Min_feiyong);     %费用最小值的位置
    AAA=0;
    for kkkk=1:nnn-1
        AAA=AAA+feiyongzhi(kkkk,2);
    end
    result_bianhao=FeiyongBianhao(AAA+1:AAA+feiyongzhi(nnn,2),:);
            %找到了一组而已     %行数是个数    最后一列是单枚导弹费用值
    disp('导弹打击的编号为(最后一列为费用)')
    disp(result_bianhao)
    if Nn>0
        disp('单被一个导弹打击的编号为')
```

```
            disp(Chu')                       %转置变为列向量
        end
    %终止条件
    C=0;                                    %有点低等,但实用
    if MinMoney<=(i+Nn+1)*min(P)             %考虑一下原因
        %if Min_feiyong+Nn*min(P)<=(i+Nn)*min(P)|MinMoney<=i*min(P)
        C=1;
    end
end
if size(feiyongzhi,1)>0 & C==1               %有解时且满足条件的终止条件
    break
end
    end
toc                                          %运行结束
```

运行结果为

需要导弹的最小枚数为
    7
最小费用为
    55
导弹打击的编号为(最后一列为费用)

13	0	0	0	0	0	0	5
14	0	0	0	0	0	0	5
4	6	7	8	0	0	0	15
1	2	3	5	9	10	12	15

单被一枚导弹打击的编号为
    16
    15
    11

需要导弹的最小枚数为
    8
最小费用为
    50
导弹打击的编号为(最后一列为费用)

4	0	0	0	0	0	0	5
6	7	8	0	0	0	0	5
13	0	0	0	0	0	0	5
14	0	0	0	0	0	0	5
1	2	3	5	9	10	12	15

单被一枚导弹打击的编号为
    16
    15
    11

需要导弹的最小枚数为
    9
最小费用为
    55
导弹打击的编号为(最后一列为费用)

1	2	5	0	0	0	0	5
4	0	0	0	0	0	0	5
6	7	8	0	0	0	0	5
13	0	0	0	0	0	0	5
14	0	0	0	0	0	0	5
1	2	3	5	9	10	12	15

单被一枚导弹打击的编号为
    16
    15
    11
时间已过 15.813430s。

敌方战机离散分布图如图 6.10 所示。

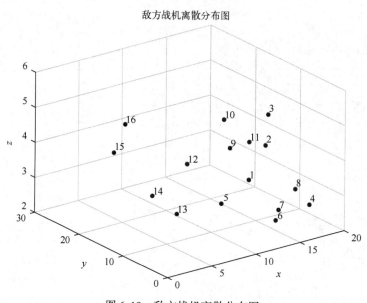

图 6.10　敌方战机离散分布图

6.2.4　结果分析

针对问题(1),由于敌方战机群飞行编队形状和飞行高度都不发生改变,因此所求的导弹最小毁伤半径与敌方战机群飞行所处的空间位置无关。所求的导弹能毁伤所有敌方战机的最小毁伤半径为每架敌方战机与其他 15 架敌方战机的距离最大值(16 个)的最小值,并且这枚导弹最小毁伤半径是唯一的。

针对问题(2),正好是问题(1)的逆问题,导弹能毁伤敌方战机的最大架数为导弹击中每架敌方战机所毁伤的战机架数(16个)的最大值。事实上,所求的毁伤敌方战机最大架数与导弹毁伤半径 R 的取值密切相关。表 6.5 所列为毁伤半径 R 取 10 个不同值时所对应的能毁伤敌方战机最大架数。可以发现,导弹的毁伤半径越大(小),则导弹能毁伤敌方战机的最大架数也越大(小)。

表 6.5 毁伤敌方战机最大架数与导弹毁伤半径的关系表

导弹毁伤半径	1	2	3	4	5	6	7	8	9	10
毁伤最大个数	1	2	3	4	7	7	9	10	11	13

针对问题(3),导弹的最小枚数是通过多个导弹击中相应的敌方战机后它们的毁伤球面覆盖所有的敌方战机求解得到的。利用这样的方法,可能会出现同一架敌方战机被导弹毁伤球面覆盖 2 次、3 次或者更多次。因此,所需要的导弹的最小枚数是唯一确定的,但这些导弹击中哪些敌方战机能毁伤敌方战机的编号是不确定的;也就是说,多枚导弹打击敌方战机的方案是不确定的。同时,导弹的最小枚数与导弹毁伤半径 R 的取值密切相关的。表 6.6 所列为导弹毁伤半径 R 取 10 个不同值时所对应的导弹最小枚数值。可以发现,导弹的毁伤半径越大(小),导弹的最小枚数越小(大)。

表 6.6 导弹的最小枚数与导弹毁伤半径的关系表

导弹毁伤半径	1	2	3	4	5	6	7	8	9	10
导弹最小枚数	16	15	11	8	6	6	6	4	3	3

针对问题(4),需要所有导弹的成本费用值最小并且导弹的枚数尽可能小,那么导弹的最小枚数是唯一确定的,但每枚导弹所攻击的敌方战机的编号有可能是不唯一的,也就是说多枚导弹的攻击方案是不确定的。假设两种导弹的毁伤半径比为 1:2,但成本费用值比为 1:3,由运行结果可以发现,需要小毁伤半径的导弹 7 枚,而大毁伤半径的导弹仅仅 1 枚。从成本费用小的角度来看,尽量选取小毁伤半径的导弹去攻击能减少成本费用。如果把两种导弹的成本费用分别取为 5 拾万元和 10 拾万元,利用 MATLAB 编程可得,只需要 3 枚小毁伤半径的导弹和 3 枚大毁伤半径的导弹,总成本费用为 45 拾万元。可以发现,需要发射导弹的总枚数减少了 2 枚,并且大毁伤半径的导弹枚数增加了 2 枚。这说明大毁伤半径导弹的毁伤能力和成本费用比在变大,被选择的优先权也会提高。特别地,当两者费用都相等时,所求结果即为两种导弹发射的最小枚数。

对于问题(2)、(3)和(4),当敌方战机的架数较大时,利用上述方法求解运行时间会较长。但可以利用敌方战机位置点的信息进行聚类处理,聚类之后再利用相关方法求解会大大提高求解效率。

第7章 军备竞赛和作战模型

7.1 理查森军备竞赛

军备竞赛是指和平时期敌对国家或潜在敌对国家互为假想敌、在军事装备方面展开的质量和数量上的竞赛。各国之间为了应对未来可能发生的战争,竞相扩充军备,增强军事实力,是一种预防式的军事对抗。近代比较著名的是第一次世界大战前20年中欧洲列强之间开展的军备竞赛(如"无畏舰"建造竞赛)、北大西洋公约组织与华沙条约组织从第二次世界大战结束后到苏联解体前展开的长期军备竞赛。

军备竞赛模型(arm race model)是一种用博弈论研究军备竞赛的模型,主要反映双方非合作导致囚犯悖论型纳什均衡的静态模型,以及描述双方对抗、消耗,渐至疲劳而达到某种均衡的动态过程。前者假设双方均有扩军和裁军两种选择,若双方扩军导致费用增加,双方均不如同时裁军更为有利。但若某方单独扩军,它将得到更大的政治和军事的好处。因此双方扩军是纳什均衡,导致双方均不大有利的结果。该问题的研究将有助于认识这一悖论,形成对全局更为有利的结局。后者则包括曾由理查森(L. F. Richardson)提出的一种微分方程模型:理查森军备竞赛模型。同时这一模型还可推广到多国军备竞赛的一般情形。

7.1.1 问题描述

在互为对手的两国或几国之间,任何一国的军备水平都是其他国家军备发展的重要因素。某国的军备水平发生改变都会导致其他不同国家军备水平的变化。就两个国家而言,它类似一个作用和反作用过程。研究国家之间军备竞赛过程,可以通过对手国家、集团之间军备的作用—反作用过程分析,确定自己军事实力的最小发展需要。同时,还可以寻求军备控制和裁军的途径,以期达到军事力量某种程度的平衡和军事关系的稳定。

假设甲、乙两国是敌对国家,乙国感到甲国比他强大,就会为了自身的安全而增加预防开支和扩充军备;当甲国看到乙国在增加军费和扩充军备其目的是在针对自己时,为了保证自身的安全甲国也会扩充军备,如此循环便会造成恶性循环,最终导致两国战争爆发。下面建立数学模型求解问题:

(1) 记 x 和 y 分别为甲、乙两国的军备水平值,下面从另一个国家军备水平的改变对本国军备水平的影响(设定为本国的防务系数),本国目前支出的经济负担对其抑制本国将来的军备水平支出的影响(设定为本国的疲劳系数),以及各国领导人的抱负和野心(设定为本国的不满系数)3个方面建立甲、乙两国的军备竞赛模型,并研究甲、乙两国军备水平的变化规律。假设甲、乙两国极端仇恨和热衷竞赛,即各国的疲劳系数均为0,那么甲、乙两国的军备水平如何变化?假设甲、乙两国相互谅解并互不仇恨,即各国的不满系数均为0,那么甲、乙两国的军备水平如何变化?

(2) 若已知甲国和乙国在1972—1981年十年间的军事费用值(单位:百万美元)如表7.1所列。基于问题(1)所建立的模型,请给出甲国和乙国各自的防务系数、疲劳系数和不满系数,并给出甲和乙两国军事费用之后的变化规律。

表7.1 甲国和乙国的军事费用值

年份	1972	1973	1974	1975	1976	1977	1978	1979	1980	1981
甲国	216478	220146	225267	230525	235717	240009	246988	250561	255411	261957
乙国	112893	115020	117169	119612	121461	123561	125498	127185	129000	131595

7.1.2 模型建立

现以甲乙两国的军事费用为军备水平指标描述两国军备水平的大小。假设甲乙两国采取如下同样的军备威慑战略:

(1) 当一个国家看到其他国家在武器装备上的投入费用增加时,它也会增加本国的武器装备费用。

(2) 军费支出是社会的一项经济负担,较高的军费支出将抑制其他支出的增长。

(3) 有很多关于文化或国家领导人的抱负或野心。

基于上述假设条件,由于互相不信任及矛盾的发展,一国军备越大则另一国军备增加随之变化,记甲、乙两国的防务系数分别为 k、l,它是对方军备刺激程度的度量;由于各国本身经济实力的限制,任何一国军备越大则对军备增长有影响,记甲、乙两国的疲劳系数分别为 α、β,它是经济势力制约程度的度量;由于相互敌视或领土争端,各国都存在着增加军备的固有潜力,记甲、乙两国的怀疑或不满系数分别为 g、h,它是本国军备竞赛的固有潜力。若记 $\dfrac{dx}{dt}$ 和 $\dfrac{dy}{dt}$ 分别表示甲、乙两国军费支出的变化率,ky 和 lx 分别表示其他国家军费支出对本国军费支出的影响,αx 和 βy 分别表示本国目前支出的经济负担对其抑制本国将来的军费支出的影响,常数项 g 和 h 分别表示甲、乙两国军备竞赛的固有潜力。假设甲、乙两国初始的军备水平值分别为 x_0 和 y_0,根据以上假设和分析,可以得到甲乙两国军备竞赛的微分方程为

$$\begin{cases} \dfrac{dx}{dt} = ky - \alpha x + g \\ \dfrac{dy}{dt} = lx - \beta y + h \\ x(0) = x_0 \\ y(0) = y_0 \end{cases} \quad (7.1)$$

式中:k,l,α,β 均为正常数;g,h 为常数。

7.1.3 模型求解

对于问题(1),为了研究甲、乙两国军备水平的变化规律,可以求得微分方程式(7.1)

的解析解。由式(7.1)的第一个方程,得 $y=\dfrac{1}{k}\left(\dfrac{\mathrm{d}x}{\mathrm{d}t}+\alpha x-g\right)$,且有 $\dfrac{\mathrm{d}x}{\mathrm{d}t}\bigg|_{t=0}=ky_0-\alpha x_0+g$。然将其代入式(7.1)的第二个方程,得

$$\begin{cases}\dfrac{\mathrm{d}^2x}{\mathrm{d}t^2}+(\alpha+\beta)\dfrac{\mathrm{d}x}{\mathrm{d}t}+(\alpha\beta-kl)x=\beta g+kh\\ x(0)=x_0,\dfrac{\mathrm{d}x}{\mathrm{d}t}\bigg|_{t=0}=ky_0-\alpha x_0+g\end{cases} \tag{7.2}$$

事实上,微分方程式(7.2)是一个关于 $x(t)$ 的二阶常系数非齐次线性微分方程。同理,由式(7.1)的第二个方程得, $x=\dfrac{1}{l}\left(\dfrac{\mathrm{d}y}{\mathrm{d}t}+\beta y-h\right)$,且有 $\dfrac{\mathrm{d}y}{\mathrm{d}t}\bigg|_{t=0}=lx_0-\beta y_0+h$,然后将其代入到式(7.1)的第一个方程,得

$$\begin{cases}\dfrac{\mathrm{d}^2y}{\mathrm{d}t^2}+(\alpha+\beta)\dfrac{\mathrm{d}y}{\mathrm{d}t}+(\alpha\beta-kl)y=\alpha h+lg\\ y(0)=y_0,\dfrac{\mathrm{d}y}{\mathrm{d}t}\bigg|_{t=0}=lx_0-\beta y_0+h\end{cases} \tag{7.3}$$

事实上,微分方程式(7.3)是一个关于 $y(t)$ 的二阶常系数非齐次线性微分方程。

下面求解微分方程式(7.2)和式(7.3)满足定解条件的特解。注意到,微分方程式(7.2)和式(7.3)所对应的齐次线性微分方程的特征方程均为

$$r^2+(\alpha+\beta)r+\alpha\beta-kl=0 \tag{7.4}$$

当 $\alpha\beta-kl=0$ 时,微分方程式(7.2)的通解为

$$x(t)=\dfrac{\beta g+kh}{\alpha+\beta}t+C_1\mathrm{e}^{-(\alpha+\beta)t}+C_2$$

利用式(7.2)的定解条件可得微分方程式(7.2)的特解为

$$x(t)=\dfrac{\beta g+kh}{\alpha+\beta}t+\dfrac{\beta g+kh-(\alpha+\beta)(ky_0-\alpha x_0+g)}{(\alpha+\beta)^2}\mathrm{e}^{-(\alpha+\beta)t}+x_0-\dfrac{\beta g+kh-(\alpha+\beta)(ky_0-\alpha x_0+g)}{(\alpha+\beta)^2}$$

同理可得,微分方程式(7.3)满足定解条件的特解为

$$y(t)=\dfrac{\alpha h+lg}{\alpha+\beta}t+\dfrac{\alpha h+lg-(\alpha+\beta)(lx_0-\beta y_0+h)}{(\alpha+\beta)^2}\mathrm{e}^{-(\alpha+\beta)t}+y_0-\dfrac{\alpha h+lg-(\alpha+\beta)(lx_0-\beta y_0+h)}{(\alpha+\beta)^2}$$

当 $\alpha\beta-kl\neq 0$ 时,记 $\Delta=(\alpha+\beta)^2-4(\alpha\beta-kl)=(\alpha-\beta)^2+4kl$,根据 Δ 的取值分3种情形讨论。

若 $\Delta>0$,则特征方程式(7.4)的两个根为

$$r_1=\dfrac{-(\alpha+\beta)+\sqrt{\Delta}}{2},r_2=\dfrac{-(\alpha+\beta)-\sqrt{\Delta}}{2}$$

此时,微分方程式(7.2)的通解为

$$x(t)=C_1\mathrm{e}^{r_1t}+C_2\mathrm{e}^{r_2t}+\dfrac{\beta g+kh}{\alpha\beta-kl} \tag{7.5}$$

利用微分方程式(7.2)的定解条件可得

$$x(0)=C_1+C_2+\dfrac{\beta g+kh}{\alpha\beta-kl}=x_0,\dfrac{\mathrm{d}x}{\mathrm{d}t}\bigg|_{t=0}=r_1C_1+r_2C_2=ky_0-\alpha x_0+g$$

求解上两式可得

$$C_1=\frac{r_2\left(x_0-\frac{\beta g+kh}{\alpha\beta-kl}\right)-(ky_0-\alpha x_0+g)}{r_2-r_1},C_2=\frac{-r_1\left(x_0-\frac{\beta g+kh}{\alpha\beta-kl}\right)+(ky_0-\alpha x_0+g)}{r_2-r_1}$$

将 C_1 和 C_2 的表达式代入式(7.5)中即为微分方程式(7.2)的特解。同理,可得微分方程式(7.3)满足定解条件的特解为

$$y(t)=C_3\mathrm{e}^{r_1t}+C_4\mathrm{e}^{r_2t}+\frac{\alpha h+gl}{\alpha\beta-kl} \tag{7.6}$$

其中

$$C_3=\frac{r_2\left(y_0-\frac{\alpha h+gl}{\alpha\beta-kl}\right)-(lx_0-\beta y_0+h)}{r_2-r_1},C_4=\frac{-r_1\left(y_0-\frac{\alpha h+gl}{\alpha\beta-kl}\right)+(lx_0-\beta y_0+h)}{r_2-r_1}$$

若 $\Delta=0$,则特征方程式(7.4)只有一个二重根为 $r_3=\frac{-(\alpha+\beta)}{2}$。此时,微分方程式(7.2)的通解为

$$x(t)=C_1\mathrm{e}^{r_3t}+C_2t\mathrm{e}^{r_3t}+\frac{\beta g+kh}{\alpha\beta-kl} \tag{7.7}$$

利用微分方程式(7.2)的定解条件,得

$$x(0)=C_1+\frac{\beta g+kh}{\alpha\beta-kl}=x_0,\frac{\mathrm{d}x}{\mathrm{d}t}\bigg|_{t=0}=\frac{-(\alpha+\beta)}{2}C_1+C_2=ky_0-\alpha x_0+g$$

求解上两式,得

$$C_1=x_0-\frac{\beta g+kh}{\alpha\beta-kl},C_2=ky_0-\alpha x_0+g+\frac{(\alpha+\beta)}{2}\left(x_0-\frac{\beta g+kh}{\alpha\beta-kl}\right)$$

将 C_1 和 C_2 的表达式代入式(7.7)中即为微分方程式(7.2)的特解。同理,可得微分方程式(7.3)满足定解条件的特解为

$$y(t)=C_3\mathrm{e}^{r_3t}+C_4\mathrm{e}^{r_3t}+\frac{\alpha h+gl}{\alpha\beta-kl}$$

其中

$$C_3=y_0-\frac{\alpha h+gl}{\alpha\beta-kl},C_4=lx_0-\beta y_0+h+\frac{(\alpha+\beta)}{2}\left(y_0-\frac{\alpha h+gl}{\alpha\beta-kl}\right)$$

若 $\Delta<0$,则特征方程式(7.4)有两个共轭复根为

$$r_4=\frac{-(\alpha+\beta)+\mathrm{i}\sqrt{-\Delta}}{2},r_5=\frac{-(\alpha+\beta)-\mathrm{i}\sqrt{-\Delta}}{2}$$

此时,微分方程式(7.2)的通解为

$$x(t)=\mathrm{e}^{-\frac{\alpha+\beta}{2}t}\left(C_1\cos\frac{\sqrt{-\Delta}}{2}t+C_2\sin\frac{\sqrt{-\Delta}}{2}t\right)+\frac{\beta g+kh}{\alpha\beta-kl} \tag{7.8}$$

利用微分方程式(7.2)的定解条件,得

$$x(0)=C_1+\frac{\beta g+kh}{\alpha\beta-kl}=x_0,\frac{\mathrm{d}x}{\mathrm{d}t}\bigg|_{t=0}=\frac{-(\alpha+\beta)}{2}C_1+\frac{\sqrt{-\Delta}}{2}C_2=ky_0-\alpha x_0+g$$

求解上两式,得

$$C_1 = x_0 - \frac{\beta g + kh}{\alpha\beta - kl}, \quad C_2 = \frac{2(ky_0 - \alpha x_0 + g) + (\alpha + \beta)\left(x_0 - \frac{\beta g + kh}{\alpha\beta - kl}\right)}{\sqrt{-\Delta}}$$

将 C_1 和 C_2 的表达式代入式(7.8)中即为微分方程式(7.2)的特解。同理,可得微分方程式(7.3)满足定解条件的特解为

$$y(t) = e^{-\frac{\alpha+\beta}{2}t}\left(C_3\cos\frac{\sqrt{-\Delta}}{2}t + C_4\sin\frac{\sqrt{-\Delta}}{2}t\right) + \frac{\alpha h + gl}{\alpha\beta - kl}$$

其中

$$C_3 = y_0 - \frac{\alpha h + gl}{\alpha\beta - kl}, \quad C_4 = \frac{2(lx_0 - \beta y_0 + h) + (\alpha + \beta)\left(y_0 - \frac{\alpha h + gl}{\alpha\beta - kl}\right)}{\sqrt{-\Delta}}$$

特别地,当 $\alpha\beta - kl < 0$ 时,微分方程式(7.2)的特解即为式(7.5),微分方程式(7.3)的特解即为式(7.6)。

已知甲、乙两国的初始军事费用分别为 $x_0 = 5$ 和 $y_0 = 3$。假定 $\alpha = \beta = k = 0.1, l = 0.06, g = 0.02, h = 0.03$,则甲乙两国的军备竞赛模型为

$$\begin{cases} \dfrac{dx}{dt} = 0.1y - 0.1x + 0.02 \\ \dfrac{dy}{dt} = 0.06x - 0.1y + 0.03 \\ x(0) = 5, y(0) = 3 \end{cases} \tag{7.9}$$

则 $\alpha\beta - kl = 0.004 \neq 0$,且 $\Delta = 0.024 > 0$,$r_1 = -\dfrac{285}{12644}$,$r_2 = -\dfrac{285}{1606}$,即微分方程式(7.9)的特解为

$$x(t) = \frac{539}{172}e^{-\frac{285}{12644}t} + \frac{5345}{8673}e^{-\frac{285}{1606}t} + \frac{5}{4}$$

$$y(t) = \frac{1153}{475}e^{-\frac{285}{12644}t} - \frac{791}{1657}e^{-\frac{285}{1606}t} + \frac{21}{20}$$

现选择时间 $t \in [0, 400]$,利用 MATLAB 编程可得甲、乙两国的军事费用值随时间 t 的变化规律。甲国军事费用值始终都是凹向单调递减的,且趋于 5/4,而乙国军事费用值先是短时间增加然后一直也是凹向单调递减的,且趋于 21/20。编程具体如下,首先建立脚本文件 Q1_model1.m,代码如下:

```
clc,clear all,close all
format rat                              %输出为分数
%输入参数值
x0 = 5;
y0 = 3;
T = 400
k = 0.1;
```

```
l = 0.06;
alpha = 0.1;
beta = 0.1;
g = 0.02;
h = 0.03;
%特征根
delta = (alpha-beta).^2+4*k*l;
r1 = (-alpha-beta+sqrt(delta))/2
r2 = (-alpha-beta-sqrt(delta))/2
C1 = (r2*(x0-(beta*g+k*h)/(alpha*beta-k*l))-(k*y0-alpha*x0+g))/(r2-r1)
C2 = (-r1*(x0-(beta*g+k*h)/(alpha*beta-k*l))+(k*y0-alpha*x0+g))/(r2-r1)
feite1 = (beta*g+k*h)/(alpha*beta-k*l)
t = 0:0.5:T;
x = C1.*exp(r1*t)+C2.*exp(r2*t)+feite1;          %甲国
plot(t,x,'r','linewidth',2)
hold on
C3 = (r2*(y0-(l*g+alpha*h)/(alpha*beta-k*l))-(l*x0-beta*y0+h))/(r2-r1)
C4 = (-r1*(y0-(l*g+alpha*h)/(alpha*beta-k*l))+(l*x0-beta*y0+h))/(r2-r1)
feite2 = (l*g+alpha*h)/(alpha*beta-k*l)
y = C3.*exp(r1*t)+C4.*exp(r2*t)+feite2;          %乙国
plot(t,y,'b','linewidth',2)
grid on
xlabel 时间 t
ylabel 甲、乙两国的军费
legend 甲国军费 乙国军费
title 甲、乙两国军费随时间的变化曲线图
```

运行结果为

r1 =
　　 -285/12644

r2 =
　　 -285/1606

C1 =
　　 539/172

C2 =
　　 5345/8673

feite1 =
　　　 5/4

C3 =
　　 1153/475

C4 =
　　 -791/1657

feite2 =
　　　 21/20

甲、乙两国军费随时间的变化曲线图如图 7.1 所示。

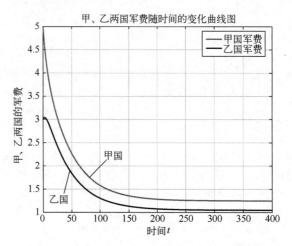

图 7.1 甲、乙两国军费随时间的变化曲线图

事实上，对于甲、乙两国的军备竞赛模型式(7.9)的性态研究，也可运用 MATLAB 函数 ode45 来进行分析研究。利用 MATLAB 编程具体如下，首先建立函数文件 func.m，代码如下：

```
function dx = func(t,x,k,l,alpha,beta,g,h)
dx = zeros(2,1);
dx(1) = k * x(2) - alpha * x(1) + g;
dx(2) = l * x(1) - beta * x(2) + h;
```

然后建立脚本文件 quxiantu.m，代码如下：

```
clc,clear all,close all
%输入参数值     不同的模型参数值不同
x0 = 5;
y0 = 3;
T = 400;                                    %选取时间
k = 0.1;                                    %模型的参数值
l = 0.06;
alpha = 0.1;
beta = 0.1;
g = 0.02;
h = 0.03;
options = odeset('RelTol',1e-6,'AbsTol',[1e-6 1e-6]);  %精度
initial_value = [ x0 y0];                   %一组初值
figure(1)                                   %随时间 t 的变化曲线图
[tt,X] = ode45(@(t,x) func(t,x,k,l,alpha,beta,g,h),[0:0.5:T],initial_value,options);
jia = X(end,1);
yi = X(end,2);
plot(tt,X(:,1),'r','linewidth',2)           %画出 x 随时间 t 的变化曲线图
hold on
```

```
plot(tt,X(:,2),'b','linewidth',2)          %画出 y 随时间 t 的变化曲线图
xlabel t
ylabel 甲、乙两国的军费
grid on
legend 甲国军费 乙国军费
title 甲、乙两国军费随时间的变化曲线图
figure(2)                                   %相平面的曲线图    第 2 张图片
plot(X(:,1),X(:,2),'r-','linewidth',2)     %相平面的曲线图
hold on
plot(X(end,1),X(end,2),'b*','markersize',5)
xlabel 甲国军费
ylabel 乙国军费
grid on
title 甲、乙两国军费的相平面图
```

运行结果为

```
jia =
    819/655
yi =
    355/338
```

甲、乙两国军费的变化曲线图和相平面图如图 7.2 所示。

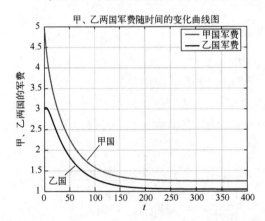
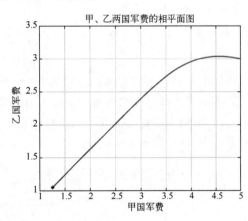

图 7.2 甲、乙两国军费的变化曲线图和相平面图

若假设甲、乙两国极端仇恨和热衷竞赛,即各国的疲劳系数均为 0,则甲、乙两国的军备竞赛模型为

$$\begin{cases} \dfrac{\mathrm{d}x}{\mathrm{d}t}=0.1y+0.02 \\ \dfrac{\mathrm{d}y}{\mathrm{d}t}=0.06x+0.03 \\ x(0)=5, y(0)=3 \end{cases} \qquad (7.10)$$

利用 MATLAB 函数 ode45 进行求解可得,甲、乙两国的军事费用都是凹向单调递增的。这就说明甲、乙两国的军事费用值随着时间的增加而持续增加的,并且甲、乙两国军事费用之差随着时间的增加也在持续增加。这就说明了甲、乙两国因为极端仇恨和热衷竞赛始终处于军备竞赛中,是无法达到安全稳态的,如图 7.3 所示。

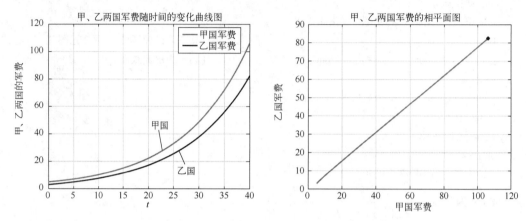

图 7.3 $\alpha=\beta=0$ 时甲乙两国军费随时间的变化曲线图

若假设甲、乙两国相互谅解并互不仇恨,即各国的不满系数均为 0,则甲、乙两国的军备竞赛模型为

$$\begin{cases} \dfrac{\mathrm{d}x}{\mathrm{d}t}=0.1y-0.1x \\ \dfrac{\mathrm{d}y}{\mathrm{d}t}=0.06x-0.1y \\ x(0)=5, y(0)=3 \end{cases} \quad (7.11)$$

利用 MATLAB 函数 ode45 求解可得,甲、乙两国的军事费用都是凹向单调递减的。这就说明甲乙两国的军事费用值随着时间的增加而持续减少的,并且均趋于 0,也就是说甲、乙两国因为相互谅解并互不仇恨则军事费用值是越来越少并接近 0,进而两国慢慢达到安全稳态,如图 7.4 所示。

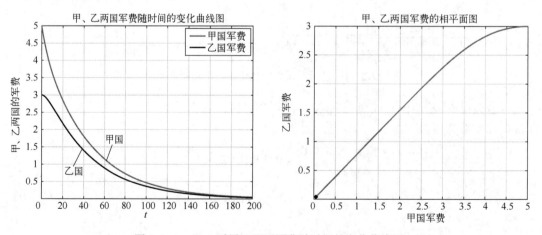

图 7.4 $g=h=0$ 时甲乙两国军费随时间的变化曲线图

下面通过调整参数值的大小来讨论另一种情形的甲、乙两国军事费用的变化规律。假设 $\alpha=\beta=k=l=0.1, g=0.02, h=0.03$，则甲、乙两国的军备竞赛模型为

$$\begin{cases} \dfrac{dx}{dt}=0.1y-0.1x+0.02 \\ \dfrac{dy}{dt}=0.1x-0.1y+0.03 \\ x(0)=5, y(0)=3 \end{cases} \tag{7.12}$$

则有 $\alpha\beta-kl=0$，且微分方程式(7.12)的特解为

$$x(t)=\frac{1}{40}t+\frac{41}{40}e^{-\frac{1}{5}t}+\frac{159}{40}, y(t)=\frac{1}{40}t-\frac{41}{40}e^{-\frac{1}{5}t}+\frac{161}{40}$$

现选择时间 $t\in[0,100]$，利用 MATLAB 编程可得甲、乙两国的军事费用随时间 t 的变化规律。可以得到，甲国军事费用是凹向先单调递减后单调递增的，而乙国军事费用始终是凸向单调递增的。这就说明甲、乙两国的军事费用值从某一时刻起都是随着时间的增加而持续增加，也就是说甲、乙两国始终处于军备竞赛中，是无法达到安全稳态的。编程具体如下，首先建立脚本文件 Q1_model2.m，代码如下：

```
clc,clear all,close all
format rat                          %输出为分数
%输入参数值
x0=5;
y0=3;
T=100;
k=0.1;
l=0.1;
alpha=0.1;
beta=0.1;
g=0.02;
h=0.03;
%6个系数
A=(beta*g+k*h)/(alpha+beta)
AA=beta*g+k*h-(alpha+beta)*(k*y0-alpha*x0+g);
B=AA/(alpha+beta)^2
C=x0-B
D=(alpha*h+l*g)/(alpha+beta)
DD=alpha*h+l*g-(alpha+beta)*(l*x0-beta*y0+h);
E=DD/(alpha+beta)^2
F=y0-E
t=0:0.5:T;
x=A.*t+B.*exp(-(alpha+beta)*t)+C;     %甲国
plot(t,x,'r','linewidth',2)
hold on
y=D.*t+E.*exp(-(alpha+beta)*t)+F;     %乙国
```

```
plot(t,y,'b','linewidth',2)
grid on
xlabel t
ylabel 甲、乙两国的军费
legend 甲国军费 乙国军费
title 甲、乙两国军费随时间的变化曲线图
```

运行结果为

A =

  1/40

B =

  41/40

C =

  159/40

D =

  1/40

E =

  -41/40

F =

  161/40

甲、乙两国军费随时间的变化曲线图如图 7.5 所示。

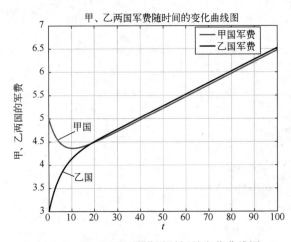

图 7.5 甲、乙两国军费随时间的变化曲线图

事实上，若利用 MATLAB 函数 ode45 来编程，只需将脚本文件 quxiantu.m 中的参数 l 和时间的取值分别改为 0.1 和 100 即可，然后运行结果如下（图 7.6）：

jia =

  259/40

yi =

  261/40

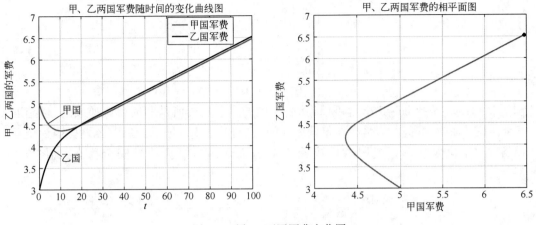

图 7.6　甲、乙两国军费变化图

若假设甲、乙两国极端仇恨和热衷竞赛,即各国的疲劳系数均为 0,则甲、乙两国的军备竞赛模型为

$$\begin{cases} \dfrac{\mathrm{d}x}{\mathrm{d}t} = 0.1y + 0.02 \\ \dfrac{\mathrm{d}y}{\mathrm{d}t} = 0.1x + 0.03 \\ x(0) = 5, y(0) = 3 \end{cases} \tag{7.13}$$

利用 MATLAB 函数 ode45 求解可得,甲、乙两国的军事费用都是凹向单调递增的。这就说明甲、乙两国的军事费用值随着时间的增加而持续增加,也就是说甲、乙两国因为极端仇恨和热衷竞赛始终处于军备竞赛中,是无法达到安全稳态的,如图 7.7 所示。

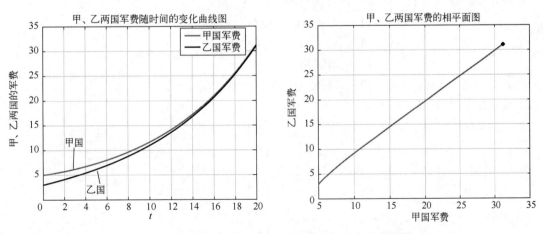

图 7.7　$\alpha = \beta = 0$ 时甲、乙两国军费随时间的变化曲线图

若假设甲、乙两国相互谅解并互不仇恨,即各国的不满系数均为 0,则甲、乙两国的军备竞赛模型为

$$\begin{cases} \dfrac{dx}{dt} = 0.1y - 0.1x \\ \dfrac{dy}{dt} = 0.1x - 0.1y \\ x(0) = 5, y(0) = 3 \end{cases} \tag{7.14}$$

利用 MATLAB 函数 ode45 求解可以得到,甲国的军事费用值是凹向单调递减的,且趋近于 4,而乙国的军事费用值是凸向单调增加的,也趋近于 4。也就是说甲、乙两国因为相互谅解并互不仇恨则军事费用值均接近于 4,进而两国慢慢会达到安全稳态,如图 7.8 所示。

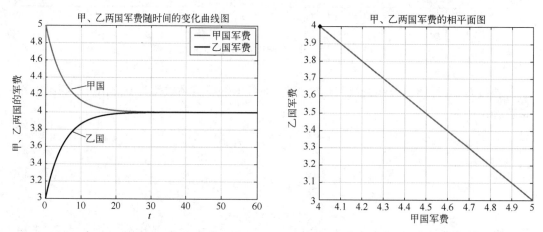

图 7.8 $g=h=0$ 时甲、乙两国军费随时间的变化曲线图

对于问题(2),实际上是问题(1)的逆问题。已知甲国和乙国十年的军事费用值,现通过线性最小二乘法来拟合得到甲国和乙国各自的防务系数、疲劳系数和不满系数。由微分方程式(7.1),利用向前差分方法可得

$$\begin{cases} x(i+1) - x(i) = ky(i) - \alpha x(i) + g \\ y(i+1) - y(i) = lx(i) - \beta y(i) + h \\ x(1972) = 216478 \\ y(1972) = 112893 \end{cases} (i=1,2,\cdots,9) \tag{7.15}$$

将差分方程式(7.15)变形为

$$\begin{bmatrix} y(i) & -x(i) & 1 & 0 & 0 & 0 \\ 0 & 0 & 0 & x(i) & -y(i) & 1 \end{bmatrix} \begin{bmatrix} k \\ \alpha \\ g \\ l \\ \beta \\ h \end{bmatrix} = \begin{bmatrix} x(i+1)-x(i) \\ y(i+1)-y(i) \end{bmatrix} (i=1,2,\cdots,9) \tag{7.16}$$

将差分方程式(7.16)写成矩阵形式,得

$$\begin{bmatrix} y(1) & -x(1) & 1 & 0 & 0 & 0 \\ \vdots & \vdots & \vdots & \vdots & \vdots & \vdots \\ y(9) & -x(9) & 1 & 0 & 0 & 0 \\ 0 & 0 & 0 & x(1) & -y(1) & 1 \\ \vdots & \vdots & \vdots & \vdots & \vdots & \vdots \\ 0 & 0 & 0 & x(9) & -y(9) & 1 \end{bmatrix} \begin{bmatrix} k \\ \alpha \\ g \\ l \\ \beta \\ h \end{bmatrix} = \begin{bmatrix} x(2)-x(1) \\ \vdots \\ x(10)-x(9) \\ y(2)-y(1) \\ \vdots \\ y(10)-y(9) \end{bmatrix} \quad (7.17)$$

同理,利用向后差分的方法可得

$$\begin{bmatrix} y(2) & -x(2) & 1 & 0 & 0 & 0 \\ \vdots & \vdots & \vdots & \vdots & \vdots & \vdots \\ y(10) & -x(10) & 1 & 0 & 0 & 0 \\ 0 & 0 & 0 & x(2) & -y(2) & 1 \\ \vdots & \vdots & \vdots & \vdots & \vdots & \vdots \\ 0 & 0 & 0 & x(10) & -y(10) & 1 \end{bmatrix} \begin{bmatrix} k \\ \alpha \\ g \\ l \\ \beta \\ h \end{bmatrix} = \begin{bmatrix} x(2)-x(1) \\ \vdots \\ x(10)-x(9) \\ y(2)-y(1) \\ \vdots \\ y(10)-y(9) \end{bmatrix} \quad (7.18)$$

现求解方程式(7.17)或式(7.18)便可得参数 k、α、g、l、β、h 的值。

根据表 7.1 提供的相关数据,由式(7.17)利用 MATLAB 编程可得,$k = 1.84510981634$,$\alpha = 0.71895218684$,$g = -49255.67633698833$,$l = 0.04425088849$,$\beta = 0.11505122772$,$h = 5600.90520080394$,此时甲组织和乙组织的军备竞赛模型即为

$$\begin{cases} \dfrac{\mathrm{d}x}{\mathrm{d}t} = 1.84510981634y - 0.71895218684x - 49255.67633698833, \\ \dfrac{\mathrm{d}y}{\mathrm{d}t} = 0.04425088849x - 0.11505122772y + 5600.90520080394, \\ x(1972) = 216478, \\ y(1972) = 112893, \end{cases} \quad (7.19)$$

由式(7.19)可得甲乙两国在 1972—1986 年 15 年间的军事费用值,如表 7.2 所列。可以发现,由模型(7.19)所得的甲、乙两国在 1972—1981 年 10 年间的军事费用值与实际数据(表 7.1)的误差较小,如图 7.9 所示。同时,在 1981 之后的 5 年之中,甲、乙两国的军事费用仍会持续增加。事实上,如果考虑 1981 年后的更长时间,甲、乙两国军事费用的变化规律不会改变的。注意到,虽然甲国的不满系数为负值,而乙国的不满系数为正值,但是甲国的防务系数偏大,这就使得甲国与乙国的军事费用的差额随时年份的增加而持续加大。

表 7.2 甲国和乙国的军事费用值

年份	1972	1973	1974	1975	1976	1977	1978	1979	1980	1981
甲国	216478	220499.53	225251.84	230318.06	235516.98	240769.75	246042.09	251319.11	256594.35	261864.98
乙国	112893	115045.33	117149.54	119231.31	121301.83	123365.96	125425.82	127482.33	129535.9	131586.71

年份	1982	1983	1984	1985	1986					
甲国	267129.79	272388.27	277640.17	282885.42	288123.98					
乙国	133634.82	135680.29	137723.11	139763.32	141800.91					

利用 MATLAB 编程具体如下,首先建立和问题(1)相同的函数文件 func.m,然后建立脚本文件 Q2_xiangqian.m,代码如下:

```
clc,clear all,close all
format long
a = [ 1972   1973   1974   1975   1976   1977   1978   1979   1980   1981
216478 220146 225267 230525 235717 240009 246988 250561 255411 261957
112893 115020 117169 119612 121461 123561 125498 127185 129000 131595];
[m,n] = size(a);
x = a(2,:);
x = x';                    %甲国的数据
y = a(3,:);                %乙国的数据    取第 3 行数据
y = y';                    %y 为列向量
b = [y(1:end-1)  -x(1:end-1)  ones(n-1,1)  zeros(n-1,3); …    %空格
     zeros(n-1,3)  x(1:end-1)  -y(1:end-1)  ones(n-1,1)];     %分块矩阵    % 6 个未知参数
dx = diff(x);              %求一阶向前差分       %从第 1 个数据到倒数第 2 个数据
dy = diff(y);
c = [dx;dy];
xishu = b\c
figure(1)
plot(a(1,:),a(2,:),'ro-','linewidth',2)
hold on
plot(a(1,:),a(3,:),'bo-','linewidth',2)
grid on
xlabel 年份
ylabel 甲乙两国军费值
legend('甲国军费','乙国军费','location','northwest')
title 甲乙两国军费随年份的变化曲线图(实际)
%验证拟合结果
k = xishu(1);
alpha = xishu(2);
g = xishu(3);
l = xishu(4);
beta = xishu(5);
h = xishu(6);
x0 = a(2,1);
y0 = a(3,1);
T = 1981;
options = odeset('RelTol',1e-6,'AbsTol',[1e-6 1e-6]);         %精度
initial_value = [x0 y0];                                       %一组初值
[tt,X] = ode45(@(t,x) func(t,x,k,l,alpha,beta,g,h),[1972:1:T+15],initial_value,options);
```

```
figure(2)                                               %随时间 t 的变化曲线图
plot(tt(1:10),X([1:10],1),'mo-','linewidth',2)          %画出 x 随时间 t 的变化曲线图
hold on
plot(tt(1:10),X([1:10],2),'co-','linewidth',2)          %画出 y 随时间 t 的变化曲线图
xlabel 年份
ylabel 甲、乙两国的军费
grid on
legend('甲国军费','乙国军费','location','northwest')
title 甲、乙两国军费随年份的变化曲线图(拟合)
figure(3)                                               %误差图形
plot(tt(1:10),a(2,:)-X([1:10],1)','ro-','linewidth',2)  %画出 x 随时间 t 的变化曲线图
hold on
plot(tt(1:10),a(3,:)-X([1:10],2)','bo-','linewidth',2)  %画出 y 随时间 t 的变化曲线图
grid on
xlabel 年份
ylabel 误差值
title 甲、乙两国军费误差随年份的变化曲线图
figure(4)                                               %预测图形
plot(tt,X(:,1),'mo-','linewidth',2)                     %画出 x 随时间 t 的变化曲线图
hold on
plot(tt,X(:,2),'co-','linewidth',2)                     %画出 y 随时间 t 的变化曲线图
xlabel 年份
ylabel 甲乙两国的军费
grid on
legend('甲国军费','乙国军费','location','northwest')
title 甲、乙两国军费随年份的变化曲线图(预测)
```

运行结果为

```
xishu =
   1.0e+04 *
   0.000184510981634
   0.000071895218684
  -4.925567633698833
   0.000004425088849
   0.000011505122772
   0.560090520080394
```

需要注意的是,以上是通过甲、乙两国的军备竞赛模型利用线性最小二乘法来拟合模型中的未知系数。但是我们无法通过已知数据来得到甲、乙两国军备水平的解析表达式。如果能够得到甲、乙两国军备水平的解析表达式,那么也可以通过非线性最小二乘法来拟合得到未知系数。

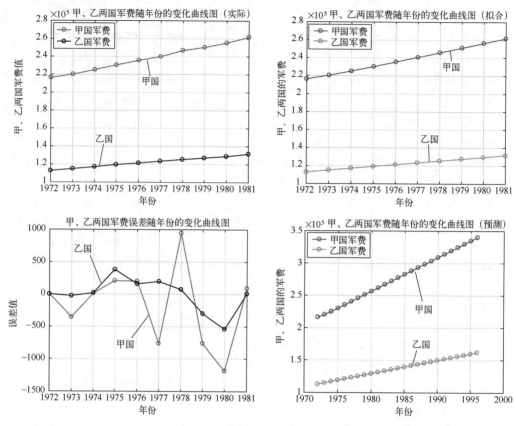

图 7.9 问题(2)甲、乙两国军费随时间的变化曲线图

7.1.4 结果分析

在问题(1)中,建立的微分方程式(7.1)即为甲、乙两国的军备竞赛模型。通常把模型式(7.1)称为理查森军备竞赛模型。理查森军备竞赛模型是由英国数学家和气象学家刘易斯·弗莱·理查森首先提出的,现已成为社会科学中最有名的微分方程模型之一。介绍理查森的想法和模型的文献非常多,本书不再赘述。但是,基本军备竞赛模型对军事竞赛的研究和整个社会来说都是非常重要的。理查森认为他关于国家军事竞争方式的见解可能对防止第二次世界大战的爆发非常有用。理查森军备竞赛模型本身非常简单,但为了获得更多有用的结果,应根据需要改进模型。

对于问题(1),我们选取了两个特殊的军备竞赛模型式(7.9)和式(7.12)进行研究。对于模型式(7.9)而言,$\alpha\beta-kl \neq 0$,此时甲国军事费用值趋近于 5/4,而乙国军事费用值趋近于 21/20。事实上,$\left(\dfrac{5}{4}, \dfrac{21}{20}\right)$ 是模型式(7.9)的平衡点的坐标,可以通过求解方程组
$$\begin{cases} 0.1y-0.1x+0.02=0 \\ 0.06x-0.1y+0.03=0 \end{cases}$$
求得。这就说明了模型式(7.9)是稳定的,也就是说甲国和乙国军事费用值随着时间趋近于模型式(7.9)的平衡点。这就告诉我们甲国和乙国在一定时间之后会达到安全稳态的。现可利用 MATLAB 软件来求解模型式(7.9)的平衡点,首先建

立脚本文件 pinghengdian.m,代码如下:

```
clc,clear all
k=0.1;            %输入参数值    不同的模型参数值不同
l=0.06;
alpha=0.1;
beta=0.1;
g=0.02;
h=0.03;
%求平衡点
syms x y
[xx,yy]=solve(k*y-alpha*x+g,l*x-beta*y+h,x,y)
```

运行结果为

xx =
5/4
yy =
21/20

事实上,对于军备竞赛模型式(7.9)可通过拉普拉斯变换来求得解析解。对微分方程式(7.9)两个方程进行拉普拉斯变换后可得

$$\begin{cases} sX(s)-x(0)=0.1Y(s)-0.1X(s)+\dfrac{0.02}{s} \\ sY(s)-y(0)=0.06X(s)-0.1Y(s)+\dfrac{0.03}{s} \end{cases} \quad (7.20)$$

求解方程组式(7.20),得

$$\begin{cases} X(s)=\dfrac{5(1000s^2+164s+1)}{4s(250s^2+50s+1)} \\ Y(s)=\dfrac{3(5000s^2+1050s+7)}{20s(250s^2+50s+1)} \end{cases} \quad (7.21)$$

对方程组式(7.21)进行拉普拉斯逆变换,得

$$\begin{cases} x(t)=\dfrac{15e^{-\frac{t}{10}}\left(\operatorname{ch}\dfrac{\sqrt{15}}{50}t+\dfrac{13\sqrt{15}}{75}\operatorname{sh}\dfrac{\sqrt{15}}{50}t\right)}{4}+\dfrac{5}{4} \\ y(t)=\dfrac{39e^{-\frac{t}{10}}\left(\operatorname{ch}\dfrac{\sqrt{15}}{50}t+\dfrac{5\sqrt{15}}{13}\operatorname{sh}\dfrac{\sqrt{15}}{50}t\right)}{20}+\dfrac{21}{20} \end{cases} \quad (7.22)$$

因此式(7.22)为式(7.9)的解析解。事实上,可利用 MATLAB 编程求得式(7.22),首先建立脚本文件 Q1_Laplace.m,代码如下,结果如图 7.10 所示。

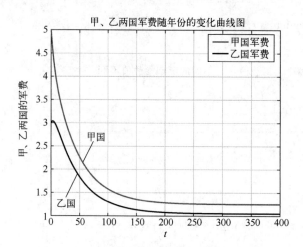

图 7.10　甲、乙两国军费随年份的变化曲线图

```
clc,clear all,close all
format rat      %输出为分数
%输入参数值
x0=5;
y0=3;
T=400;
k=0.1;
l=0.06;
alpha=0.1;
beta=0.1;
g=0.02;
h=0.03;
syms s x y
[X,Y]=solve(s*x-x0==k*y-alpha*x+g/s,s*y-y0==l*x-beta*y+h/s,x,y);
x=ilaplace(X)
y=ilaplace(Y)
t=0:0.5:T;
xx=subs(x,t);
yy=subs(y,t);
plot(t,xx,'r','linewidth',2)
hold on
plot(t,yy,'b','linewidth',2)
grid on
xlabel t
ylabel 甲、乙两国的军费
legend 甲国军费 乙国军费
title 甲、乙两国军费随年份的变化曲线图
```

运行结果为

```
x =
(15*exp(-t/10)*(cosh((3^(1/2)*5^(1/2)*t)/50)+ …        %有空格
(13*3^(1/2)*5^(1/2)*sinh((3^(1/2)*5^(1/2)*t)/50))/75))/4 + 5/4
y =
(39*exp(-t/10)*(cosh((3^(1/2)*5^(1/2)*t)/50)+ …        %有空格
(5*3^(1/2)*5^(1/2)*sinh((3^(1/2)*5^(1/2)*t)/50))/13))/20 + 21/20
```

对于模型式(7.12)而言,虽然甲国的初始军事费用值较大,但是到某个时刻之后便会一直小于乙国的军事费用值,并且都是随着时间的增加而持续增加,也就是说甲、乙两国始终处于军备竞赛中进而无法达到安全稳态,这主要是因为 $\alpha\beta - kl = 0$,此时模型式(7.12)是不稳定的,这就意味着模型式(7.12)的解函数是不收敛的。同时,军备竞赛模型式(7.12)也可以通过拉普拉斯变换来求解析解。对微分方程式(7.12)两个方程进行拉普拉斯变换,得

$$\begin{cases} sX(s)-x(0)=0.1Y(s)-0.1X(s)+\dfrac{0.02}{s} \\ sY(s)-y(0)=0.1X(s)-0.1Y(s)+\dfrac{0.03}{s} \end{cases} \quad (7.23)$$

求解式(7.23),得

$$\begin{cases} X(s)=\dfrac{1000s^2+164s+1}{40s(5s^2+s)} \\ Y(s)=\dfrac{600s^2+166s+1}{40s(5s^2+s)} \end{cases} \quad (7.24)$$

对式(7.24)进行拉普拉斯逆变换,得

$$\begin{cases} x(t)=\dfrac{t}{40}+\dfrac{41}{40}e^{-\tfrac{t}{5}}+\dfrac{159}{40} \\ y(t)=\dfrac{t}{40}-\dfrac{41}{40}e^{-\tfrac{t}{5}}+\dfrac{161}{40} \end{cases} \quad (7.25)$$

此时,式(7.25)即为式(7.12)的解析解。事实上,也可利用 MATLAB 编程求得式(7.25),只需在脚本文件 Q1_Laplace.m 中将 T 和 l 的取值分别改为 100 和 0.1 即可,运行结果如下,见图 7.11。

```
x =
t/40 + (41*exp(-t/5))/40 + 159/40
y =
t/40 - (41*exp(-t/5))/40 + 161/40
```

对于问题(2),主要采用了向前差分的最小二乘法来拟合得到 6 个系数,并通过误差分析说明所得系数精度较高。对于模型式(7.19),可以得到平衡点坐标为(4367802.0142,1728621.4934),且在此平衡点处的雅可比矩阵两个特征值分别具有负实部,利用 Hurwitz 判据定理,此平衡点是局部渐近稳定。利用 MATLAB 编程可得以上结果,首先建立脚本文件 Q2_fenxi.m,代码如下:

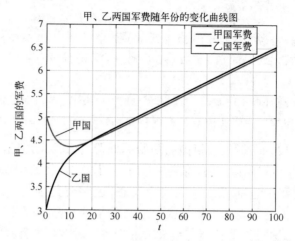

图 7.11　甲、乙两国军费随年份的变化曲线图

```
clc,clear all
k=1.84510981634;
alpha=0.71895218684;
g=-49255.67633698833;
l=0.04425088849;
beta=0.11505122772;
h=5600.90520080394;
%求平衡点
syms x y
[xx,yy]=solve(k*y-alpha*x+g,l*x-beta*y+h,x,y);
xx=vpa(xx)
yy=vpa(yy)
%求特征值
A=[-alpha k;-beta l];
tezhengzhi=eig(A)
```

运行结果为

```
xx =
4367802.0204251380320946079010984
yy =
1728621.4957831432732171055650979
tezhengzhi =
    -3247/9625+528/2045i
    -3247/9625-528/2045i
```

事实上,也可以利用向后差分的最小二乘法通过求解式(7.18)得到 6 个系数的值。利用 MATLAB 编程可得,$k=-1.10615098496$,$\alpha=-0.46486717505$,$g=29582.88061791308$,$l=-0.08168925921$,$\beta=-0.20516452443$,$h=-3562.77186981852$,这与系数 k、α、l、β 均为正数的条件相矛盾,即说明此方法所得结果精度较差,如图 7.12 所

示。具体编程如下,首先建立和问题(1)相同的函数文件 func.m,然后建立脚本文件 Q2_xianghou.m,代码如下:

```
clc, clear all, close all
format long
a=[ 1972   1973   1974   1975   1976   1977   1978   1979   1980   1981
    216478 220146 225267 230525 235717 240009 246988 250561 255411 261957
    112893 115020 117169 119612 121461 123561 125498 127185 129000 131595];
[m,n]=size(a);
x=a(2,:);
x=x';              %甲国的数据
y=a(3,:);          %乙国的数据    取第3行数据
y=y';              %y 为列向量
          b=[y(2:end) -x(2:end) ones(n-1,1) zeros(n-1,3);zeros(n-1,3)  x(2:end) -y(2:end)  ones(n-1,1)];
                   %分块矩阵   %从列向量分块较好理解,6个未知参数
dx=diff(x);        %求一阶向前差分       %从第1个数据到倒数第2个数据
dy=diff(y);
c=[dx;dy];
xishu=b\c
figure(1)
plot(a(1,:),a(2,:),'ro-','linewidth',2)
hold on
plot(a(1,:),a(3,:),'bo-','linewidth',2)
grid on
xlabel 年份
ylabel 甲、乙两国军费值
legend('甲国军费','乙国军费','location','northwest')
title 甲、乙两国军费随时间的变化曲线图(实际)
%验证拟合结果
k=xishu(1);
alpha=xishu(2);
g=xishu(3);
l=xishu(4);
beta=xishu(5);
h=xishu(6);
x0=a(2,1);
y0=a(3,1);
T=1981;
options = odeset('RelTol',1e-6,'AbsTol',[1e-6 1e-6]);          %精度
initial_value=[x0 y0];                                          %一组初值
%随时间 t 的变化曲线图
[tt,X] = ode45(@(t,x) func(t,x,k,l,alpha,beta,g,h),[1972:1:T],initial_value,options);
figure(2)
```

```
plot(tt,X(:,1),'mo-','linewidth',2)              %画出 x 随时间 t 的变化曲线图
hold on
plot(tt,X(:,2),'co-','linewidth',2)              %画出 y 随时间 t 的变化曲线图
xlabel 年份
ylabel 甲、乙两国的军费
grid on
legend('甲国军费','乙国军费','location','northwest')
title 甲、乙两国军费随时间的变化曲线图(拟合)
```

运行结果为

```
xishu =
   1.0e+04 *
  -0.000110615098496
  -0.000046486717505
   2.958288061791308
  -0.000008168925921
  -0.000020516452443
  -0.356277186981852
```

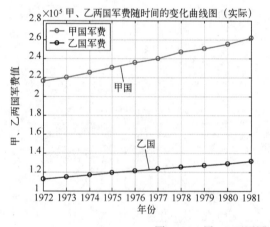
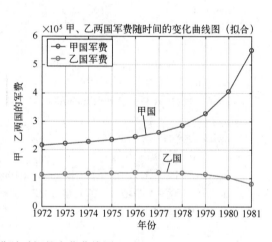

图 7.12　甲、乙两国军费随时间的变化曲线图

7.1.5　模型推广

在本模型中,主要研究了两个国家之间的理查森军备竞赛模型式(6.1)。事实上,对于复杂的国际军备竞赛形势,可以将模型式(6.1)推广到 3 个国家之间军备竞赛模型。

$$\begin{cases} \dfrac{\mathrm{d}x}{\mathrm{d}t}=ky+pz-\alpha x+g \\ \dfrac{\mathrm{d}y}{\mathrm{d}t}=lx+qz-\beta y+h \\ \dfrac{\mathrm{d}z}{\mathrm{d}t}=mx+ry-\gamma z+i \\ x(0)=x_0,y(0)=y_0,z(0)=z_0 \end{cases} \quad (7.26)$$

现可以用稳定性相关理论来分析模型式(7.26)平衡点的稳定性,也可以定性地解释现实生活中三方军备竞赛的一些现象。

同时,如果引入甲、乙两国的交互影响,模型式(6.1)也可推广到模型式(7.27)。

$$\begin{cases} \dfrac{\mathrm{d}x}{\mathrm{d}t}=ky-\alpha x+pxy+g \\ \dfrac{\mathrm{d}y}{\mathrm{d}t}=lx-\beta y+qxy+h \\ x(0)=x_0, y(0)=y_0 \end{cases} \quad (7.27)$$

对于模型式(7.27)的有关研究请读者自行解决。

7.2 兰彻斯特作战模型

作战模型是对作战行动从本质上进行抽象然后用物理实体或逻辑思维或数学表达对作战过程进行模仿复现或描述的一种形式。运用模型方法研究作战问题,以协助指挥官分析判断,是军事运筹学发展的重要途径。作战模型要显示作战双方兵力兵器、战斗行动的规律性,以及它们之间的物理和信息联系。模型按基本原理分为逻辑模型、数学模型、物理模型(或实物模型)、混合模型等。

7.2.1 问题描述

探讨和研究军事行动中的作战模型,对于规划军事行动、部署兵力、决定实际作战中的最佳战略和战术、评估装备的武器系统的作战效能和确保国家安全具有重要意义。

假设甲、乙双方正在进行战斗,而战斗是一个十分复杂并且瞬息万变的过程。如果现在仅需要研究交战过程中甲、乙双方兵力变化关系的规律,下面建立数学模型求解问题:

(1) 记 x 和 y 分别为甲、乙双方在不同时刻的作战单元数,从战斗减员率、非战斗减员率和增员率3个方面,建立甲、乙双方的作战模型,并研究甲、乙双方作战单元数的变化规律。假设甲、乙双方的增员率都为0,那么甲、乙双方的作战单元数如何变化?

(2) 若已知甲方和乙方在20天中每天的作战单元数,如表7.3所列。基于问题(1)所建立的模型,请判断甲、乙双方的战斗类型,并给出甲、乙双方各自的战斗减员率、非战斗减员率和增员率,再研究甲、乙双方之后作战单元数的变化规律。

表7.3 甲方和乙方的作战单元数 (单位:万人)

天 数	1	2	3	4	5	6	7	8	9	10
甲方	5	2.6923	1.6985	1.2153	0.9627	0.826	0.752	0.7141	0.6975	0.6939
乙方	3	2.2501	1.7464	1.3909	1.1326	0.9413	0.7976	0.6886	0.6051	0.5405
天数	11	12	13	14	15	16	17	18	19	20
甲方	0.698	0.7067	0.718	0.7305	0.7434	0.7561	0.7683	0.7798	0.7904	0.8002
乙方	0.4902	0.4507	0.4193	0.3943	0.3741	0.3577	0.3442	0.3332	0.324	0.3163

7.2.2 模型建立

现以甲、乙双方的作战单元数指标描述甲、乙双方兵力的大小。假设甲、乙双方采取如下同样的作战策略：

(1) 只考虑甲、乙双方兵力多少和战斗力强弱。
(2) 甲、乙双方的兵力因战斗及非战斗减员而减少,因增援而增加。
(3) 甲、乙双方的战斗力与射击次数及命中率有关。
(4) 每方战斗减员率取决于双方的兵力和战斗力。
(5) 每方非战斗减员率与本方兵力成正比。

基于上述假设条件,由于甲、乙双方的一方都会对另一方造成战斗减员,记乙方对甲方的战斗减员影响程度为 $f(x,y)$,而甲方对乙方的战斗减员影响程度为 $g(x,y)$;由于甲、乙双方都会存在非战斗减员情形,记甲、乙双方的非战斗减员率分别为 α 和 β;由于甲、乙双方在战斗过程中都会有增援,记甲、乙双方的战斗增援程度分别为 $u(t)$ 和 $v(t)$。若记 $\dfrac{dx}{dt}$ 和 $\dfrac{dy}{dt}$ 分别表示甲、乙双方作战单元数的变化率,αx 和 βy 分别表示甲、乙双方的非战斗减员程度。假设甲、乙双方初始的作战单元数分别为 x_0 和 y_0,根据以上假设和分析,可以得到甲、乙双方作战模型的微分方程为

$$\begin{cases} \dfrac{dx}{dt} = f(x,y) - \alpha x + u(t) \\ \dfrac{dy}{dt} = g(x,y) - \beta y + v(t) \\ x(0) = x_0 \\ y(0) = y_0 \end{cases} \quad (7.28)$$

式中:α,β 为正常数。

事实上,若增援程度函数 $u(t)$ 和 $v(t)$ 分别为常数 u 和 v 时,它们代表的是甲、乙双方的增员率。同时函数 $f(x,y)$ 和 $g(x,y)$ 的表达式根据甲、乙双方战争的不同类型取不同的表达式。

若甲、乙双方均以正规部队作战,则甲、乙双方的一方战斗减员率只取决于另一方的兵力和战斗力;假设甲方和乙方每个作战单元的杀伤率分别为 b 和 a,则有 $f(x,y) = -ay$,$g(x,y) = -bx$,即甲、乙双方作战模型的微分方程为

$$\begin{cases} \dfrac{dx}{dt} = -ay - \alpha x + u \\ \dfrac{dy}{dt} = -bx - \beta y + v \\ x(0) = x_0 \\ y(0) = y_0 \end{cases} \quad (7.29)$$

式中:a,b,u,v 为正常数。通常把模型式(7.29)称为正规战作战模型。

若甲、乙双方均用游击部队作战,则甲、乙双方的一方战斗减员率不仅取决于另一方

的兵力和战斗力,而且还随着自己方的兵力的增加而增加;假设甲方和乙方每个作战单元的杀伤率分别为 d 和 c,则有 $f(x,y)=-cxy, g(x,y)=-dxy$,即甲、乙双方作战模型的微分方程为

$$\begin{cases} \dfrac{\mathrm{d}x}{\mathrm{d}t}=-cxy-\alpha x+u \\ \dfrac{\mathrm{d}y}{\mathrm{d}t}=-dxy-\beta y+v \\ x(0)=x_0 \\ y(0)=y_0 \end{cases} \tag{7.30}$$

式中:c,d,u,v 为正常数。通常把模型式(7.30)称为游击战作战模型。

若甲方采用游击部队作战,乙方采用正规部队作战,则甲方战斗减员率不仅取决于乙方的兵力和战斗力,而且还随着自己的兵力的增加而增加,同时乙方的战斗减员率只取决于甲方的兵力和战斗力;假设甲方和乙方每个作战单元的杀伤率分别为 f 和 e,则有 $f(x,y)=-exy, g(x,y)=-fx$,即甲、乙双方作战模型的微分方程为

$$\begin{cases} \dfrac{\mathrm{d}x}{\mathrm{d}t}=-exy-\alpha x+u \\ \dfrac{\mathrm{d}y}{\mathrm{d}t}=-fx-\beta y+v \\ x(0)=x_0 \\ y(0)=y_0 \end{cases} \tag{7.31}$$

式中:e,f,u,v 为正常数。通常把模型式(7.31)称为混合战作战模型。同理,若甲方采用正规部队作战,乙方采用游击部队作战,则也可得另一个混合战作战模型,本书在此不再详述了。

7.2.3 模型求解

对于问题(1),为了研究甲、乙双方作战单元的变化规律,下面以3种不同的战争类型进行分析。

对于正规战作战模型式(7.29),可以通过求得解析解来进行分析。由式(7.29)的第一个方程得,$y=\dfrac{1}{a}\left(-\dfrac{\mathrm{d}x}{\mathrm{d}t}-\alpha x+u\right)$,且有 $\left.\dfrac{\mathrm{d}x}{\mathrm{d}t}\right|_{t=0}=-ay_0-\alpha x_0+u$,然将其代入式(7.29)的第二个方程得

$$\begin{cases} \dfrac{\mathrm{d}^2 x}{\mathrm{d}t^2}+(\alpha+\beta)\dfrac{\mathrm{d}x}{\mathrm{d}t}+(\alpha\beta-ab)x=\beta u-av \\ x(0)=x_0, \left.\dfrac{\mathrm{d}x}{\mathrm{d}t}\right|_{t=0}=-ay_0-\alpha x_0+u \end{cases} \tag{7.32}$$

事实上,微分式(7.32)是一个关于 $x(t)$ 的二阶常系数非齐次线性微分方程。同理,由式(7.29)的第二个方程得,$x=-\dfrac{1}{b}\left(\dfrac{\mathrm{d}y}{\mathrm{d}t}+\beta y-v\right)$,且有 $\left.\dfrac{\mathrm{d}y}{\mathrm{d}t}\right|_{t=0}=-bx_0-\beta y_0+v$,然后将其代入式(7.29)的第一个方程,得

$$\begin{cases} \dfrac{\mathrm{d}^2 y}{\mathrm{d}t^2}+(\alpha+\beta)\dfrac{\mathrm{d}y}{\mathrm{d}t}+(\alpha\beta-ab)y=\alpha v-bu \\ y(0)=y_0,\ \dfrac{\mathrm{d}y}{\mathrm{d}t}\bigg|_{t=0}=-bx_0-\beta y_0+v \end{cases} \tag{7.33}$$

事实上,微分式(7.33)是一个关于 $y(t)$ 的二阶常系数非齐次线性微分方程。

下面求解微分方程式(7.32)和式(7.33)满足定解条件的特解。注意到,微分方程式(7.32)和式(7.33)所对应的齐次线性微分方程的特征方程均为

$$r^2+(\alpha+\beta)r+\alpha\beta-ab=0 \tag{7.34}$$

当 $\alpha\beta-ab=0$ 时,微分方程式(7.32)的通解为

$$x(t)=\dfrac{\beta u-av}{\alpha+\beta}t+C_1 e^{-(\alpha+\beta)t}+C_2$$

利用式(7.32)的定解条件可得式(7.32)的特解为

$$x(t)=\dfrac{\beta u-av}{\alpha+\beta}t+\dfrac{\beta u-av-(\alpha+\beta)(-ay_0-\alpha x_0+u)}{(\alpha+\beta)^2}e^{-(\alpha+\beta)t}+x_0-\dfrac{\beta u-av-(\alpha+\beta)(-ay_0-\alpha x_0+u)}{(\alpha+\beta)^2}$$

同理可得,微分式(7.33)满足定解条件的特解为

$$y(t)=\dfrac{\alpha v-bu}{\alpha+\beta}t+\dfrac{\alpha v-bu-(\alpha+\beta)(-bx_0-\beta y_0+v)}{(\alpha+\beta)^2}e^{-(\alpha+\beta)t}+y_0-\dfrac{\alpha v-bu-(\alpha+\beta)(-bx_0-\beta y_0+v)}{(\alpha+\beta)^2}$$

当 $\alpha\beta-ab\neq 0$ 时,记 $\Delta=(\alpha+\beta)^2-4(\alpha\beta-ab)=(\alpha-\beta)^2+4ab$,下面根据 Δ 的取值大小分 3 种情形讨论。

若 $\Delta>0$,则特征方程式(7.34)的两个根为

$$r_1=\dfrac{-(\alpha+\beta)+\sqrt{\Delta}}{2},\ r_2=\dfrac{-(\alpha+\beta)-\sqrt{\Delta}}{2}$$

此时,微分方程式(7.32)的通解为

$$x(t)=C_1 e^{r_1 t}+C_2 e^{r_2 t}+\dfrac{\beta u-av}{\alpha\beta-ab} \tag{7.35}$$

利用式(7.32)的定解条件,得

$$x(0)=C_1+C_2+\dfrac{\beta u-av}{\alpha\beta-ab}=x_0,\ \dfrac{\mathrm{d}x}{\mathrm{d}t}\bigg|_{t=0}=r_1 C_1+r_2 C_2=-ay_0-\alpha x_0+u$$

求解上两式,得

$$C_1=\dfrac{r_2\left(x_0-\dfrac{\beta u-av}{\alpha\beta-ab}\right)+ay_0+\alpha x_0-u}{r_2-r_1},\ C_2=\dfrac{-r_1\left(x_0-\dfrac{\beta u-av}{\alpha\beta-ab}\right)-ay_0-\alpha x_0+u}{r_2-r_1}$$

将 C_1 和 C_2 的表达式代入式(7.35)中即为微分方程式(7.32)的特解。同理可得微分方程式(7.33)满足定解条件的特解为

$$y(t)=C_3 e^{r_1 t}+C_4 e^{r_2 t}+\dfrac{\alpha v-ub}{\alpha\beta-ab} \tag{7.36}$$

其中

$$C_3=\dfrac{r_2\left(y_0-\dfrac{\alpha v-ub}{\alpha\beta-ab}\right)+bx_0+\beta y_0-v}{r_2-r_1},\ C_4=\dfrac{-r_1\left(y_0-\dfrac{\alpha v-ub}{\alpha\beta-ab}\right)-bx_0-\beta y_0+v}{r_2-r_1}$$

若 $\Delta=0$，则特征方程式(7.34)只有一个二重根为 $r_3=\dfrac{-(\alpha+\beta)}{2}$。此时，微分方程式(7.32)的通解为

$$x(t)=C_1\mathrm{e}^{r_3t}+C_2t\mathrm{e}^{r_3t}+\dfrac{\beta u-av}{\alpha\beta-ab} \tag{7.37}$$

利用式(7.32)的定解条件，得

$$x(0)=C_1+\dfrac{\beta u-av}{\alpha\beta-ab}=x_0,\ \dfrac{\mathrm{d}x}{\mathrm{d}t}\bigg|_{t=0}=\dfrac{-(\alpha+\beta)}{2}C_1+C_2=-ay_0-\alpha x_0+u$$

求解上两式，得

$$C_1=x_0-\dfrac{\beta u-av}{\alpha\beta-ab},\ C_2=-ay_0-\alpha x_0+u+\dfrac{(\alpha+\beta)}{2}\left(x_0-\dfrac{\beta u-av}{\alpha\beta-ab}\right)$$

将 C_1 和 C_2 的表达式代入式(7.37)中即为微分方程式(7.32)的特解。同理可得微分方程式(7.33)满足定解条件的特解为

$$y(t)=C_3\mathrm{e}^{r_3t}+C_4\mathrm{e}^{r_3t}+\dfrac{\alpha v-ub}{\alpha\beta-ab}$$

其中

$$C_3=y_0-\dfrac{\alpha v-ub}{\alpha\beta-ab},\ C_4=-bx_0-\beta y_0+v+\dfrac{(\alpha+\beta)}{2}\left(y_0-\dfrac{\alpha v-ub}{\alpha\beta-ab}\right)$$

若 $\Delta<0$，则特征方程式(7.34)有两个共轭复根为

$$r_4=\dfrac{-(\alpha+\beta)+\mathrm{i}\sqrt{-\Delta}}{2},\ r_5=\dfrac{-(\alpha+\beta)-\mathrm{i}\sqrt{-\Delta}}{2}$$

此时，微分方程式(7.32)的通解为

$$x(t)=\mathrm{e}^{-\frac{\alpha+\beta}{2}t}\left(C_1\cos\dfrac{\sqrt{-\Delta}}{2}t+C_2\sin\dfrac{\sqrt{-\Delta}}{2}t\right)+\dfrac{\beta u-av}{\alpha\beta-ab} \tag{7.38}$$

利用式(7.32)的定解条件，得

$$x(0)=C_1+\dfrac{\beta u-av}{\alpha\beta-ab}=x_0,\ \dfrac{\mathrm{d}x}{\mathrm{d}t}\bigg|_{t=0}=\dfrac{-(\alpha+\beta)}{2}C_1+\dfrac{\sqrt{-\Delta}}{2}C_2=-ay_0-\alpha x_0+u$$

求解上两式，得

$$C_1=x_0-\dfrac{\beta u-av}{\alpha\beta-ab},\ C_2=\dfrac{2(-ay_0-\alpha x_0+u)+(\alpha+\beta)\left(x_0-\dfrac{\beta u-av}{\alpha\beta-ab}\right)}{\sqrt{-\Delta}}$$

将 C_1 和 C_2 的表达式代入式(7.38)中即为微分方程式(7.32)的特解。同理，可得微分方程式(7.33)满足定解条件的特解为

$$y(t)=\mathrm{e}^{-\frac{\alpha+\beta}{2}t}\left(C_3\cos\dfrac{\sqrt{-\Delta}}{2}t+C_4\sin\dfrac{\sqrt{-\Delta}}{2}t\right)+\dfrac{\alpha v-ub}{\alpha\beta-ab}$$

其中

$$C_3=y_0-\dfrac{\alpha v-ub}{\alpha\beta-ab},\ C_4=\dfrac{2(-bx_0-\beta y_0+v)+(\alpha+\beta)\left(y_0-\dfrac{\alpha v-ub}{\alpha\beta-ab}\right)}{\sqrt{-\Delta}}$$

特别地，当 $\alpha\beta-ab<0$ 时，微分方程式(7.32)的特解即为式(7.35)，微分方程式(7.33)的特解即为式(7.36)。

已知甲、乙双方的初始作战单元数分别为 $x_0=5$ 和 $y_0=3$。假设 $a=\alpha=\beta=0.1, b=0.06, u=0.12, v=0.08$，则甲、乙双方的正规战作战模型为

$$\begin{cases} \dfrac{dx}{dt}=-0.1y-0.1x+0.12 \\ \dfrac{dy}{dt}=-0.06x-0.1y+0.08 \\ x(0)=5 \\ y(0)=3 \end{cases} \quad (7.39)$$

则 $\alpha\beta-ab=0.004\neq 0$，且 $\Delta=0.024>0$，$r_1=-\dfrac{285}{12644}$，$r_2=-\dfrac{285}{1606}$，即微分方程式(7.39)的特解分别为

$$x(t)=\dfrac{469}{2435}e^{-\frac{285}{12644}t}+\dfrac{1957}{514}e^{-\frac{285}{1606}t}+1$$

$$y(t)=-\dfrac{2876}{19277}e^{-\frac{285}{12644}t}+\dfrac{1277}{433}e^{-\frac{285}{1606}t}+\dfrac{1}{5}$$

现选择时间 $t\in[0,200]$，利用 MATLAB 编程可得甲、乙双方的作战单元数随时间 t 的变化规律。可以得到，甲方作战单元数始终都是凹向单调递减且趋近于1，而乙方作战单元数先是短时间骤减然后一直缓慢单调递增且趋近于1/5，如图7.13所示。编程具体如下，首先建立脚本文件 Q1_zhenggui.m，代码如下：

```
clc,clear all,close all
format rat                          %输出为分数
%输入参数值
x0=5;
y0=3;
T=200;
a=-0.1;
b=-0.06;
alpha=0.1;
beta=0.1;
u=0.12;
v=0.08;
%特征根
delta=(alpha-beta).^2+4*a*b;
r1=(-alpha-beta+sqrt(delta))/2
r2=(-alpha-beta-sqrt(delta))/2
C1=(r2*(x0-(beta*u+a*v)/(alpha*beta-a*b))-(a*y0-alpha*x0+u))/(r2-r1)
C2=(-r1*(x0-(beta*u+a*v)/(alpha*beta-a*b))+(a*y0-alpha*x0+u))/(r2-r1)
feite1=(beta*u+a*v)/(alpha*beta-a*b)
t=0:0.5:T;
```

```
x = C1. * exp(r1 * t) +C2. * exp(r2 * t)+feite1;    %甲方
plot(t,x,'r','linewidth',2)
hold on
C3 = (r2 * (y0-(b * u+alpha * v)/(alpha * beta-a * b))-(b * x0-beta * y0+v))/(r2-r1)
C4 = (-r1 * (y0-(b * u+alpha * v)/(alpha * beta-a * b))+(b * x0-beta * y0+v))/(r2-r1)
feite2 = (b * u+alpha * v)/(alpha * beta-a * b)
y = C3. * exp(r1 * t) +C4. * exp(r2 * t)+feite2;    %乙方
plot(t,y,'b','linewidth',2)
grid on
xlabel 时间 t
ylabel 甲、乙双方的作战单元数
legend 甲方 乙方
title 甲、乙双方作战单元数随时间的变化曲线图
```

运行结果为

r1 =
    −285/12644

r2 =
    −285/1606

C1 =
    469/2435

C2 =
    1957/514

feite1 =
    1

C3 =
    −2876/19277

C4 =
    1277/433

feite2 =
    1/5

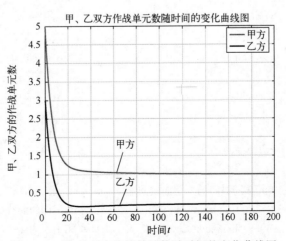

图 7.13 甲、乙双方作战单元数随时间的变化曲线图

事实上,对于甲、乙双方的正规战作战模型式(7.39)的性态研究,也可以运用 MATLAB 函数 ode45 来进行求解。同样可得,甲方作战单元数始终都是凹向单调递减的且趋近于1,而乙方作战单元数先是短时间骤减然后一直缓慢单调递增且趋近于0.2,如图7.14 所示。注意到,模型式(7.39)的唯一平衡点为(1, 0.2),且模型式(7.39)的解是趋近于此平衡点的。利用 MATLAB 编程时,首先建立函数文件 funczhenggui.m,代码如下:

```
function dx = funczhenggui(t,x,a,b,alpha,beta,u,v)
dx = zeros(2,1);
dx(1) = -a*x(2)-alpha*x(1)+u;
dx(2) = -b*x(1)-beta*x(2)+v;
```

建立脚本文件 zhenggui.m,代码如下:

```
clc,clear all,close all
format long
%输入参数值    不同的模型参数值不同
x0 = 5;
y0 = 3;
T = 200;                                    %选取时间
a = 0.1;                                    %正规作战模型的参数值
b = 0.06;
alpha = 0.1;
beta = 0.1;
u = 0.12;
v = 0.08;
options = odeset('RelTol',1e-6,'AbsTol',[1e-6 1e-6]);   %精度
initial_value = [x0 y0];                    %一组初值
figure(1)                                   %随时间 t 的变化曲线图
[tt,X] = ode45(@(t,x) funczhenggui(t,x,a,b,alpha,beta,u,v),[0:0.5:T],initial_value,options);
jia = X(end,1)
yi = X(end,2)
plot(tt,X(:,1),'r','linewidth',2)           %画出 x 随时间 t 的变化曲线图
hold on
plot(tt,X(:,2),'b','linewidth',2)           %画出 y 随时间 t 的变化曲线图
grid on
xlabel 时间 t
ylabel 甲、乙双方的作战单元数
legend 甲方 乙方
title 甲、乙双方作战单元数随时间的变化曲线图
figure(2)                                   %相平面的曲线图    第2张图片
plot(X(:,1),X(:,2),'r-','linewidth',2)      %相平面的曲线图
hold on
```

```
plot(X(end,1),X(end,2),'b*','markersize',5)
xlabel 甲方作战单元数
ylabel 乙方作战单元数
grid on
title 甲、乙双方作战单元数的相平面图
```

运行结果为

jia =
   1.002122553176369
yi =
   0.1983559206504

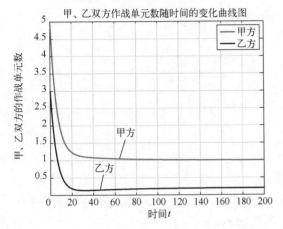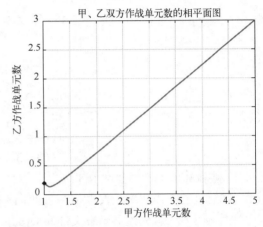

图7.14 甲、乙双方作战单元数的变化图

若假设甲、乙双方的增员率均为0,即 $u=v=0$,则甲、乙双方的正规战作战模型为

$$\begin{cases} \dfrac{\mathrm{d}x}{\mathrm{d}t}=-0.1y-0.1x \\ \dfrac{\mathrm{d}y}{\mathrm{d}t}=-0.06x-0.1y \\ x(0)=5 \\ y(0)=3 \end{cases} \quad (7.40)$$

现利用MATLAB函数ode45进行求解可以得到,甲、乙双方的作战单元数都是短时间骤减,并且乙方的作战单元数首先变为0,这说明了乙方战败而甲方获胜,如图7.15所示。可以发现,乙方作战单元数的曲线在某些时间段间处于 x 轴的下方,这是由微分方程式(7.40)的本身性态决定的,这与正规战的实际情况有所差异,但是不影响甲、乙双方输赢的判定结果。事实上,模型式(7.40)的解是趋近于它的唯一平衡点(0,0)。

对于甲、乙双方的游击战作战模型式(7.30),鉴于方程表达式的复杂性,微分方程式(7.30)特解的解析式是不易求出的。因此,考虑利用MATLAB函数ode45命令来进行分析研究。

已知甲、乙双方的初始作战单元数分别为 $x_0=5$ 和 $y_0=3$。假设 $c=\alpha=\beta=0.1$, $d=0.06$, $u=0.12$, $v=0.08$,则甲、乙双方的游击战作战模型为

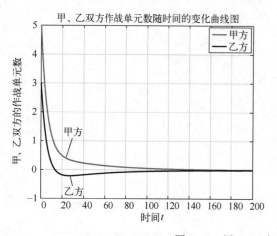
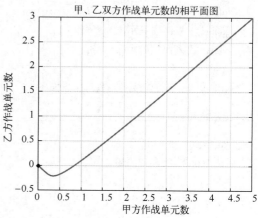

图 7.15 甲、乙双方作战单元数变化图

$$\begin{cases} \dfrac{dx}{dt} = -0.1xy - 0.1x + 0.12 \\ \dfrac{dy}{dt} = -0.06xy - 0.1y + 0.08 \\ x(0) = 5 \\ y(0) = 3 \end{cases} \tag{7.41}$$

利用 MATLAB 编程可以得到,甲方作战单元数一直是凹向单调递减的且趋近于 0.7763,且乙方作战单元数也是一直凹向单调递减的且趋近于 0.5458,如图 7.16 所示。编程具体如下,首先建立函数文件 funcyouji.m,代码如下：

```
function dx = funcyouji(t,x,c,d,alpha,beta,u,v)
dx = zeros(2,1);
dx(1) = -c*x(1)*x(2)-alpha*x(1)+u;
dx(2) = -d*x(1)*x(2)-beta*x(2)+v;
```

建立脚本文件 youji.m,代码如下：

```
clc,clear all,close all
format long
%输入参数值    不同的模型参数值不同
x0 = 5;
y0 = 3;
T = 100;                                    %选取时间
c = 0.1;                                    %正规作战模型的参数值
d = 0.06;
alpha = 0.1;
beta = 0.1;
g = 0.12;
h = 0.08;
options = odeset('RelTol',1e-6,'AbsTol',[1e-6 1e-6]);  %精度
```

224

```
initial_value=[x0 y0];                              %一组初值
figure(1)                                           %随时间 t 的变化曲线图
[tt,X] = ode45(@(t,x) funcyouji(t,x,c,d,alpha,beta,g,h),[0:0.5:T],initial_value,options);
jia=X(end,1)
yi=X(end,2)
plot(tt,X(:,1),'r','linewidth',2)                   %画出 x 随时间 t 的变化曲线图
hold on
plot(tt,X(:,2),'b','linewidth',2)                   %画出 y 随时间 t 的变化曲线图
grid on
xlabel 时间 t
ylabel 甲、乙双方的作战单元数
legend 甲方 乙方
title 甲、乙双方作战单元数随时间的变化曲线图
figure(2)                                           %相平面的曲线图    第 2 张图片
plot(X(:,1),X(:,2),'r-','linewidth',2)              %相平面的曲线图
hold on
plot(X(end,1),X(end,2),'b*','markersize',5)
xlabel 甲方作战单元数
ylabel 乙方作战单元数
grid on
title 甲、乙双方作战单元数的相平面图
```

运行结果为

jia =
　　0.776308264015208
yi =
　　0.545781315062463

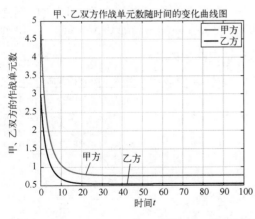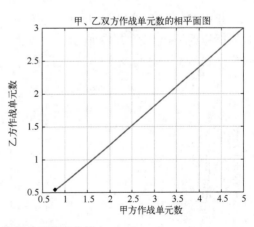

图 7.16　甲、乙双方作战单元数变化图

注意到,模型式(7.41)的非负平衡点为(0.7763,0.5458),并且模型式(7.41)的解是趋近于此平衡点。模型式(7.41)平衡点的求解过程如下,首先建立脚本文件 youjipinghengdian.m,代码如下:

225

```
clc,clear all
c = 0.1;              %游击作战模型的参数值
d = 0.06;
alpha = 0.1;
beta = 0.1;
u = 0.12;
v = 0.08;
syms x y
[x y] = solve(-c*x*y-alpha*x+u==0,-d*x*y-beta*y+v==0);
x = vpa(x)
y = vpa(y)
```

运行结果为

x =
 -2.5763054614240210128445695556516
 0.7763054614240210128445695556161
y =
 -1.4657832768544126077067417333391
 0.5457832768544126077067417333396

若假设甲、乙双方的增员率均为 0,即 $u=v=0$,则甲、乙双方的游击战作战模型为

$$\begin{cases} \dfrac{\mathrm{d}x}{\mathrm{d}t}=-0.1xy-0.1x \\ \dfrac{\mathrm{d}y}{\mathrm{d}t}=-0.06xy-0.1y \\ x(0)=5 \\ y(0)=3 \end{cases} \quad (7.42)$$

利用 MATLAB 函数 ode45 进行求解可得,甲、乙双方的作战单元数都是凹向单调递减并都趋近于 0,如图 7.17 所示。这说明了甲、乙双方基本同时双双战亡。事实上,模型式(7.42)的非负平衡点为(0,0),且它的解是趋近于此平衡点。

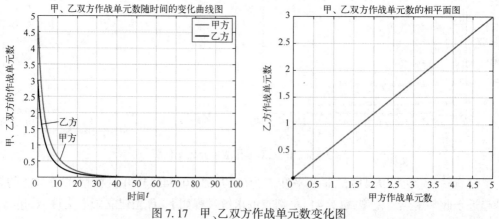

图 7.17　甲、乙双方作战单元数变化图

对于甲、乙双方的混合战作战模型式(7.31),鉴于方程表达式的复杂性,微分方程式(7.31)特解的解析式是不易求出的。因此,考虑利用 MATLAB 函数 ode45 命令来进行分析研究。

已知甲、乙双方的初始作战单元数分别为 $x_0 = 5$ 和 $y_0 = 3$。假定 $e = \alpha = \beta = 0.1, f = 0.06, u = 0.12, v = 0.08$,则甲、乙双方的混合战作战模型为

$$\begin{cases} \dfrac{\mathrm{d}x}{\mathrm{d}t} = -0.1xy - 0.1x + 0.12 \\ \dfrac{\mathrm{d}y}{\mathrm{d}t} = -0.06x - 0.1y + 0.08 \\ x(0) = 5 \\ y(0) = 3 \end{cases} \quad (7.43)$$

利用 MATLAB 编程可得,甲方作战单元数首先短暂骤减然后持续单调增加且趋近于 1,而乙方作战单元数是一直凹向单调递减的且趋近于 0.2,如图 7.18 所示。注意到,模型式(7.43)的非负平衡点为(1, 0.2),并且模型式(7.43)的解是趋近于此平衡点。编程具体如下,首先建立函数文件 funchunhe.m,代码如下:

```
function dx = funchunhe(t,x,e,f,alpha,beta,u,v)
dx = zeros(2,1);
dx(1) = -e*x(1)*x(2) - alpha*x(1) + u;
dx(2) = -f*x(1) - beta*x(2) + v;
```

建立脚本文件 hunhe.m,代码如下:

```
clc,clear all,close all
format long
%输入参数值    不同的模型参数值不同
x0 = 5;
y0 = 3;
T = 200;                                          %选取时间
e = 0.1;                                          %混合作战模型的参数值
f = 0.06;
alpha = 0.1;
beta = 0.1;
u = 0.12;
v = 0.08;
options = odeset('RelTol',1e-6,'AbsTol',[1e-6 1e-6]);   %精度
initial_value = [x0 y0];                          %一组初值
figure(1)                                         %随时间 t 的变化曲线图
[tt,X] = ode45(@(t,x) funchunhe(t,x,e,f,alpha,beta,u,v),[0:0.5:T],initial_value,options);
jia = X(end,1);
yi = X(end,2);
plot(tt,X(:,1),'r','linewidth',2)                 %画出 x 随时间 t 的变化曲线图
hold on
```

```
plot(tt,X(:,2),'b','linewidth',2)              %画出 y 随时间 t 的变化曲线图
grid on
xlabel 时间 t
ylabel 甲、乙双方的作战单元数
legend 甲方 乙方
title 甲、乙双方作战单元数随时间的变化曲线图
figure(2)                                      %相平面的曲线图    第 2 张图片
plot(X(:,1),X(:,2),'r-','linewidth',2)         %相平面的曲线图
hold on
plot(X(end,1),X(end,2),'b*','markersize',5)
xlabel 甲方作战单元数
ylabel 乙方作战单元数
grid on
title 甲、乙双方作战单元数的相平面图
```

运行结果为

jia =
　0.999142620213992
yi =
　0.200755907696836

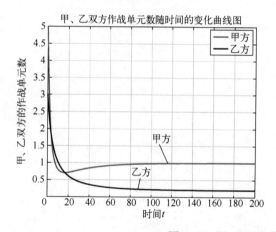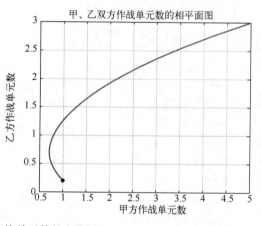

图 7.18　甲、乙双方作战单元数的变化图

若假设甲、乙双方的增员率均为 0, 即 $u=v=0$, 则甲、乙双方的混合战作战模型为

$$\begin{cases} \dfrac{dx}{dt}=-0.1xy-0.1x \\ \dfrac{dy}{dt}=-0.06x-0.1y \\ x(0)=5 \\ y(0)=3 \end{cases} \quad (7.44)$$

现利用 MATLAB 函数 ode45 进行求解可以得到, 甲、乙双方的作战单元数都是凹向单调递减并趋近于 0, 如图 7.19 所示。这说明了甲、乙双方基本同时双双战亡。事实上,

模型式(7.44)的非负平衡点为(0, 0),且它的解是趋近于此平衡点。

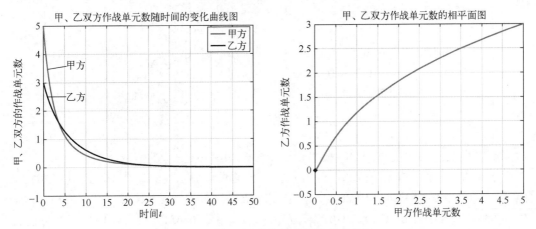

图 7.19 甲、乙双方作战单元数的变化图

对于问题(2),实际上是问题(1)的逆问题。已知甲、乙双方 20 天的作战单元数值,现通过线性最小二乘法来拟合得到甲方和乙方各自的战斗减员率、非战斗减员率和增员率。由表 7.3 的数据可知,甲方作战单元数先短时间骤减然后缓慢单调递增,而乙方作战单元数一直是单调递减的,这与图 7.18 中甲、乙双方作战单元数的变化规律是一致的,因此判定甲、乙双方采用的混合战,并且混合战的作战模型可由微分方程式(7.31)来刻画。由模型式(7.31),利用向前差分方法可得

$$\begin{cases} x(i+1)-x(i)=-ex(i)y(i)-\alpha x(i)+u \\ y(i+1)-y(i)=-fx(i)-\beta y(i)+v \\ x(1)=5 \\ y(1)=3 \end{cases} \quad (i=1,2,\cdots,19) \tag{7.45}$$

将差分方程式(7.45)变形为

$$\begin{bmatrix} -x(i)y(i) & -x(i) & 1 & 0 & 0 & 0 \\ 0 & 0 & 0 & -x(i) & -y(i) & 1 \end{bmatrix} \begin{bmatrix} e \\ \alpha \\ u \\ f \\ \beta \\ v \end{bmatrix} = \begin{bmatrix} x(i+1)-x(i) \\ y(i+1)-y(i) \end{bmatrix} (i=1,2,\cdots,19)$$

(7.46)

将差分方程式(7.46)写成矩阵形式,得

$$\begin{bmatrix} -x(1)y(1) & -x(1) & 1 & 0 & 0 & 0 \\ \vdots & \vdots & \vdots & \vdots & \vdots & \vdots \\ -x(19)y(19) & -x(19) & 1 & 0 & 0 & 0 \\ 0 & 0 & 0 & -x(1) & -y(1) & 1 \\ \vdots & \vdots & \vdots & \vdots & \vdots & \vdots \\ 0 & 0 & 0 & -x(19) & -y(19) & 1 \end{bmatrix} \begin{bmatrix} e \\ \alpha \\ u \\ f \\ \beta \\ v \end{bmatrix} = \begin{bmatrix} x(2)-x(1) \\ \vdots \\ x(20)-x(19) \\ y(2)-y(1) \\ \vdots \\ y(20)-y(19) \end{bmatrix}$$

(7.47)

同理,利用向后差分的方法可得

$$\begin{bmatrix} -x(2)y(2) & -x(2) & 1 & 0 & 0 & 0 \\ \vdots & \vdots & \vdots & \vdots & \vdots & \vdots \\ -x(20)y(20) & -x(20) & 1 & 0 & 0 & 0 \\ 0 & 0 & 0 & -x(2) & -y(2) & 1 \\ \vdots & \vdots & \vdots & \vdots & \vdots & \vdots \\ 0 & 0 & 0 & -x(20) & -y(20) & 1 \end{bmatrix} \begin{bmatrix} e \\ \alpha \\ u \\ f \\ \beta \\ v \end{bmatrix} = \begin{bmatrix} x(2)-x(1) \\ \vdots \\ x(20)-x(19) \\ y(2)-y(1) \\ \vdots \\ y(20)-y(19) \end{bmatrix}$$
(7.48)

现求解方程式(7.47)或式(7.48)便可得 6 个参数 e、α、u、f、β、v 的值。

根据表 7.3 提供的相关数据,利用向后差分的求解方法,由式(7.48)通过 MATLAB 编程可得,$e = 0.056314767702661$,$\alpha = 0.932779677959147$,$u = 0.73028591127632$,$f = 0.097608940044706$,$\beta = 0.286331071270735$,$v = 0.159337646317251$,此时甲、乙双方混合战的作战模型即为

$$\begin{cases} \dfrac{\mathrm{d}x}{\mathrm{d}t} = -0.056314767702661xy - 0.932779677959147x + 0.73028591127632 \\ \dfrac{\mathrm{d}y}{\mathrm{d}t} = -0.097608940044706x - 0.286331071270735y + 0.159337646317251 \\ x(1) = 5 \\ y(1) = 3 \end{cases} \quad (7.49)$$

由式(7.49)可得甲、乙双方在 40 天中每天的作战单元数,如表 7.4 所列。可以发现,由模型式(7.49)所得的甲、乙双方在前 20 天中每天的作战单元数与实际数据(表 7.3)的误差较大,如图 7.20 所示。同时在后 20 天之中,甲方的作战单元数持续微微增加,而乙方的作战单元数持续微微减少。事实上,如果考虑 40 天后的更长时间,甲、乙双方作战单元数的变化规律不会发生太大改变。注意到,模型式(7.49)的解是趋近于非负平衡点(0.7692,0.2942)。

表 7.4 甲方和乙方的作战单元数

天数	1	2	3	4	5	6	7	8	9	10
甲方	5	2.1569	1.2212	0.9038	0.7968	0.7629	0.7543	0.7541	0.7563	0.7589
乙方	3	2.1158	1.5931	1.2478	1.0045	0.8271	0.6955	0.5969	0.5227	0.4668
天数	11	12	13	14	15	16	17	18	19	20
甲方	0.7612	0.763	0.7645	0.7656	0.7665	0.7672	0.7677	0.7681	0.7684	0.7686
乙方	0.4246	0.3928	0.3687	0.3505	0.3368	0.3264	0.3185	0.3126	0.3081	0.3047
天数	21	22	23	24	25	26	27	28	29	30
甲方	0.7687	0.7689	0.769	0.769	0.7691	0.7691	0.7692	0.7692	0.7692	0.7692
乙方	0.3022	0.3002	0.2988	0.2977	0.2968	0.2962	0.2957	0.2954	0.2951	0.2949
天数	31	32	33	34	35	36	37	38	39	40
甲方	0.7692	0.7692	0.7692	0.7692	0.7692	0.7692	0.7692	0.7692	0.7692	0.7692
乙方	0.2947	0.2946	0.2945	0.2945	0.2944	0.2944	0.2943	0.2943	0.2943	0.2943

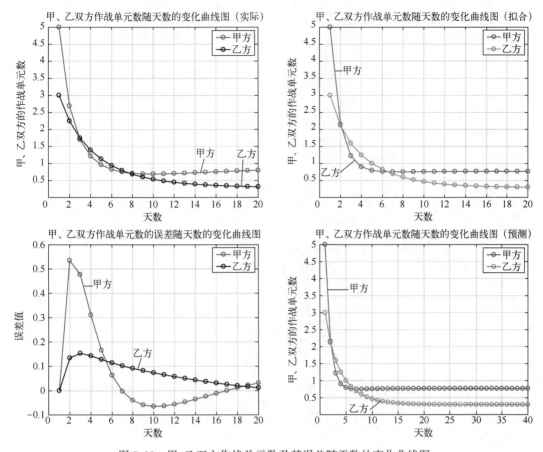

图 7.20 甲、乙双方作战单元数及其误差随天数的变化曲线图

利用 MATLAB 编程具体如下,首先建立和问题(1)相同的函数文件 funchunhe.m,然后建立脚本文件 Q2_xianghou.m,代码如下:

```
clc, clear all, close all
format long
a=[1 2 3 4 5 6 7 8 9 10 11 12 13 14 15 16 17 18 19 20;
    5 2.6923 1.6985 1.2153 0.9627 0.826 0.752 0.7141 0.6975 0.6939 ...
0.698 0.7067 0.718 0.7305 0.7434 0.7561 0.7683 0.7798 0.7904 0.8002;
    3 2.2501 1.7464 1.3909 1.1326 0.9413 0.7976 0.6886 0.6051 0.5405 ...
0.4902 0.4507 0.4193 0.3943 0.3741 0.3577 0.3442 0.3332 0.324 0.3163];
[m,n]=size(a);
x=a(2,:);
x=x';                        %甲方的数据
y=a(3,:);                    %乙方的数据    取第3行数据
y=y';                        %y 为列向量
b=[-x(2:end).^y(2:end) -x(2:end) ones(n-1,1) zeros(n-1,3);
    zeros(n-1,3) -x(2:end) -y(2:end)  ones(n-1,1)];   %分块矩阵
                        %从列向量分块较好理解,6个未知参数
```

```
dx = diff(x);              %求一阶向前差分      %从第1个数据到倒数第2个数据
dy = diff(y);
c = [dx;dy];
xishu = b\c
figure(1)
plot(a(1,:),a(2,:),'ro-','linewidth',2)
hold on
plot(a(1,:),a(3,:),'bo-','linewidth',2)
grid on
xlabel 天数
ylabel 甲、乙双方的作战单元数
legend 甲方 乙方
title 甲、乙双方作战单元数随天数的变化曲线图(实际)
%验证拟合结果
e = xishu(1);
alpha = xishu(2);
u = xishu(3);
f = xishu(4);
beta = xishu(5);
v = xishu(6);
x0 = a(2,1);
y0 = a(3,1);
%T = 20;
options = odeset('RelTol',1e-6,'AbsTol',[1e-6 1e-6]);    %精度
initial_value = [x0 y0];                                  %一组初值
[tt,X] = ode45(@(t,x) funchunhe(t,x,e,f,alpha,beta,u,v),[1:1:n+20],initial_value,options);
figure(2)                                                 %随时间 t 的变化曲线图
plot(tt(1:n),X([1:n],1),'mo-','linewidth',2)              %画出 x 随时间 t 的变化曲线图
hold on
plot(tt(1:n),X([1:n],2),'co-','linewidth',2)              %画出 y 随时间 t 的变化曲线图
xlabel 天数
ylabel 甲、乙双方的作战单元数
grid on
legend 甲方 乙方
title 甲、乙双方作战单元数随天数的变化曲线图(拟合)
figure(3)      %误差图形
plot(tt(1:n),a(2,:)-X([1:n],1)','ro-','linewidth',2)      %画出 x 随时间 t 的变化曲线图
hold on
plot(tt(1:n),a(3,:)-X([1:n],2)','bo-','linewidth',2)      %画出 y 随时间 t 的变化曲线图
grid on
xlabel 天数
ylabel 误差值
title 甲、乙双方作战单元数的误差随天数的变化曲线图
```

```
legend 甲方 乙方
figure(4)    %预测图形
plot(tt,X(:,1),'mo-','linewidth',2)                    %画出 x 随时间 t 的变化曲线图
hold on
plot(tt,X(:,2),'co-','linewidth',2)                    %画出 y 随时间 t 的变化曲线图
xlabel 天数
ylabel 甲、乙双方的作战单元数
grid on
legend 甲方   乙方
title 甲、乙双方作战单元数随天数的变化曲线图(预测)
%模型的平衡点
syms x y
[x y] = solve(-e * x * y-alpha * x+u = =0,-f * x-beta * y+v = =0);
x = vpa(x)
y = vpa(y)
```

运行结果为

```
xishu =
    0.056314767702661
    0.932779677959147
    0.730285911276320
    0.097608940044706
    0.286331071270735
    0.159337646317251
x =
    49.451902682949045057338033830124
    0.769248221423537159730593422262788
y =
    -16.301444817164082750720822110653
    0.294247293592394292569106873269997
```

7.2.4 结果分析

在问题(1)中,建立的微分方程式(7.28)是作战过程的兵力损耗分析的最基本的理论和工具,它是由英国汽车工程师兰彻斯特于 1914 年在英国的《工程》杂志上发表的系列论文而创立的战斗损耗理论。事实上,第一次世界大战期间,兰彻斯特通过对大量战争伤亡数据资料的定量化分析和研究,得到了描述战斗过程中交战双方人员损耗规律的微分方程组,通常称微分方程式(7.28)为兰彻斯特方程。兰彻斯特方程是在给定的一些假设下,把战斗中的双方看作是一个随时间和条件而变化的时变系数,给出了交战双方人员损耗随时间的变化规律。通常把兰彻斯特方程所对应的模型称为兰彻斯特作战模型。兰彻斯特作战模型通常包括 3 种基本情形:正规战模型式(7.29)、游击战模型式(7.30)和混合战模型式(7.31)。这 3 种基本模型的不同主要在于参与战斗的是正规军还是游击

军。事实上,兰彻斯特作战模型本身是非常简单的,但为了获得更多有用的结果,有可能根据实际改进模型。

同时,对于问题(1)我们主要选取了 3 个特殊的兰彻斯特作战模型[式(7.39)、式(7.41)和式(7.43)]进行研究。对于兰彻斯特正规战作战模型式(7.39)而言,$\alpha\beta-ab\neq0$,此时甲方的作战单元数趋近于 1,而乙方的作战单元数趋近于 0.2。事实上,(1,0.2)是模型式(7.39)的平衡点的坐标,可以通过求解方程组 $\begin{cases}-0.1y-0.1x+0.12=0\\-0.06x-0.1y+0.08=0\end{cases}$ 所得到。这就说明了模型式(7.39)是稳定的,也就是说甲、乙双方的作战单元数随着时间趋近于模型式(7.39)的平衡点。这就告诉我们,甲、乙双方在一定时间之后会达到战斗平衡态。事实上,对于作战模型式(7.39)也可通过拉普拉斯变换来求得解析解。相关的求解方法在理查森军备竞赛模型中已经介绍过了,请读者自行完成。

同理,游击战作战模型式(7.41)和混合战作战模型式(7.43)也是稳定的,也就是说甲、乙双方的作战单元数随着时间趋近于各自的平衡点,这说明了甲、乙双方在一定时间后会达到战斗平衡态。

特别地,当不考虑甲、乙双方的增员率时,相应地得到了 3 个作战模型[式(7.40)、式(7.42)和式(7.44)]。可以发现,正规战作战模型式(7.40)中乙方的作战单元数会取得负数,这是从模型本身的特性出发得到了结果,这与真实战斗情况是相矛盾的。这说明了乙方首先战败而甲方获得胜利。而游击战作战模型式(7.42)和混合战作战模型式(7.44)是稳定的,这就说明了甲、乙双方在一定时间后都会趋近于 0,也就意味着只有战斗时间够长甲、乙双方会双双战亡。这主要是因为甲、乙双方都没有战斗增援,双方消耗战的最终结果为两败俱亡。

对于问题(2),主要采用了向后差分的线性最小二乘法来拟合得到 6 个系数,并通过误差分析说明所得系数的精度并不是太高,误差不小。对于模型式(7.49),可以得到平衡点坐标为(0.7692,0.2942),且在此平衡点处的雅可比矩阵两个特征值均为负实数,利用 Hurwitz 判据定理,此平衡点是局部渐近稳定。利用 MATLAB 编程可得以上结果,首先建立脚本文件 Q2_fenxi.m,代码如下:

```
clc,clear all
e=0.056314767702661;
alpha=0.932779677959147;
u=0.73028591127632;
f=0.097608940044706;
beta=0.286331071270735;
v=0.159337646317251;
%求平衡点
syms x y
[xx,yy]=solve(-e*x*y-alpha*x+u,-f*x-beta*y+v,x,y);
xx=vpa(xx)
yy=vpa(yy)
```

```
%求特征值
A=[-e*yy(2)-alpha -e*xx(2); -f -beta];
tezhengzhi=eig(A)
```

运行结果为

xx =
　　49.451902682948900172827667300704
　　0.76924822142353726215792908096531

yy =
　　-16.301444817164017476113734014774
　　0.29424729359239255307178936626661

tezhengzhi =
　　-0.28001373573613239829528927216233
　　-0.95566748147954181937650914084536

事实上,也可以利用向前差分的线性最小二乘法通过求解式(7.47)得到6个系数的值。利用MATLAB编程可得,$e=0.001324627760631$,$\alpha=0.502309328736198$,$u=0.36962223239282$,$f=0.036081455327737$,$\beta=0.221448728836227$,$h=0.093676342003785$,这与系数k、α、l、β均为正数的条件相矛盾,即说明了此方法所得结果精度较差,如图7.21所示。具体编程如下,首先建立和问题(1)相同的函数文件funchunhe.m,然后建立脚本文件Q2_xiangqian.m,只需将脚本文件Q2_xianghou.m中矩阵b的表达式改为

```
b=[-x(1:end-1).^y(1:end-1) -x(1:end-1) ones(n-1,1) zeros(n-1,3);
   zeros(n-1,3)  -x(1:end-1) -y(1:end-1)  ones(n-1,1)];
```

运行结果为

xishu =
　　0.001324627760631
　　0.502309328736198
　　0.369622232392820
　　0.036081455327737
　　0.221448728836227
　　0.093676342003785

x =
　　2329.2369091558927551642747572701
　　0.73525792679079428181057223247355

y =
　　-379.08811481824263296666894429344
　　0.30321766269237581871606964196884

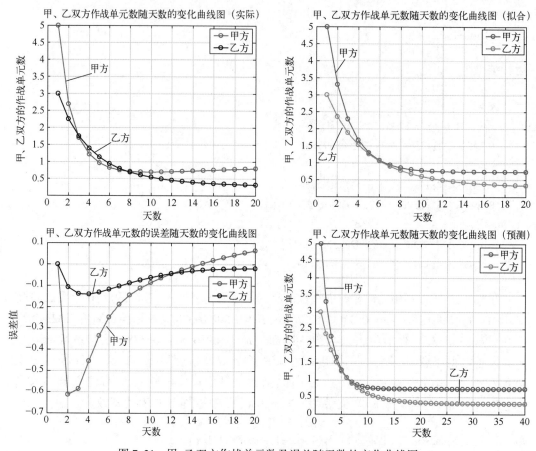

图 7.21 甲、乙双方作战单元数及误差随天数的变化曲线图

7.2.5 模型推广

在本模型中,我们主要研究了甲、乙双方的兰彻斯特作战模型式(7.28)。事实上,对于复杂的联合作战,可以将模型式(7.28)推广到合同作战模型:

$$\begin{cases} \dfrac{\mathrm{d}x_i}{\mathrm{d}t} = -\sum_{j=1}^{n} \alpha_{ij}\varphi_{ij}y_j + u_i(t) \ (i=1,2,\cdots,m) \\ \dfrac{\mathrm{d}y_j}{\mathrm{d}t} = -\sum_{i=1}^{m} \beta_{ji}\psi_{ji}x_i + v_i(t) \ (j=1,2,\cdots,n) \end{cases}$$

式中:x_i 为甲方第 i 种作战单元数;y_j 为乙方第 j 种作战单元数;$u_i(t)$ 为甲方第 i 种作战单元的增援函数;$v_i(t)$ 为乙方第 j 种作战单元的增援函数;α_{ij} 为 y_j 对 x_i 的损耗系数;β_{ji} 为 x_i 对 y_j 的损耗系数,φ_{ij} 为 y_j 用于攻击 x_i 的比例;ψ_{ji} 为 x_i 用于攻击 y_j 的比例,以上参数均为正常数。

同时,精确制导武器由于其超视距、高效费比和高精度的特点为各个国家所青睐,并得到了突飞猛进的发展,并在现代战争中得以大量使用,改变了传统战争的形态。在特定

的假设下,可以建立精确制导武器的兰彻斯特作战模型:

$$\begin{cases} \dfrac{dx}{dt} = -\beta y \\ \dfrac{dy}{dt} = -[1-(1-\alpha)^\mu]y \end{cases}$$

除此之外,在军事运筹研究中还涉及形形色色的兰彻斯特作战模型,如轰炸机-防空导弹对抗的作战模型,随机格斗作战模型,感兴趣的读者可以进行深入研究。

第 8 章　无人机安全飞行问题

现代军事战备中,侦察无人机在空间领域的侦察作用是非常重要的。在一个具体任务中,通常会安排多架侦察无人机开展侦察工作。在侦察过程中,需要对多架侦察无人机进行实时智能控制,以避免发生碰撞导致无人机损坏。如何有效设计多架侦察无人机飞行方案是一个至关重要的问题。本章将介绍侦察无人机安全飞行设计问题的两个模型,包括侦察无人机等高水平匀速直线飞行和侦察无人机非等高非水平匀速直线飞行。

8.1　等高水平匀速直线飞行

8.1.1　问题描述

我方现有 8 架侦察无人机在我某重要领空一个边长为 10km 的正方形区域内做等高水平匀速直线飞行开展侦察任务。为了进行飞行安全管理,这 8 架侦察无人机飞行的位置和速度都可由我方智能操控总系统实时记录。已知此正方形区域的 4 个顶点坐标分别为 $(0,0)$、$(10,0)$、$(10,10)$ 和 $(0,10)$,并且所有侦察无人机水平飞行速度 v 的大小均为 50km/h,但飞行方向各不相同。为了保证侦察飞行安全避免发生碰撞,要求任意两架侦察无人机在飞行过程中的距离都必须大于等于 0.5km。同时,当侦察无人机飞出此领空正方形区域后不再考虑它的飞行状况和飞行安全因素。假设在某时刻智能操控总系统得到 8 架侦察无人机的飞行位置坐标和飞行方向信息,如表 8.1 所列。下面建立数学模型求解问题:

(1) 我方 8 架侦察无人机是否会安全飞行进而不发生碰撞?

(2) 若在此时刻我方又安排 2 架侦察无人机要进入此领空正方形区域,它们的飞行位置坐标和飞行方向信息如表 8.2 所列,则我方 10 架侦察无人机是否会安全飞行进而不发生碰撞?如果它们在飞行过程中会发生碰撞,那么侦察无人机可以对飞行方向进行微小调整进而满足安全飞行要求,并且调整的幅度大小均不会超过 15°,请给出这 10 架侦察无人机的飞行方向角的调整方案,要求它们飞行方向角调整的幅度尽可能地小。

表 8.1　8 架侦察无人机飞行信息

无人机编号	横坐标/km	纵坐标/km	方向角/(°)
1	4.5	1.3	45
2	1.1	5.2	330.5
3	2.25	9.1	350
4	9.375	8.75	242
5	5.312	5.312	235
6	9.375	9.687	220.5
7	9.062	3.125	158
8	8.125	9.375	230.5

表 8.2　新增 2 架侦察无人机飞行信息

无人机编号	横坐标/km	纵坐标/km	方向角/(°)
9	0	0	45
10	10	5	180

注：表 8.1 和表 8.2 中横坐标的正向为领空正东方向，纵坐标的正向为领空正北方向，原点(0,0)为我方智能操作总系统所设置的侦察无人机飞行平面参考基点，方向角为侦察无人机飞行方向与领空正东方向之间的夹角大小，取值范围区间为 [0, 360] (单位：度)。

8.1.2　模型建立

记我方编号为 i 的侦察无人机在问题给定信息得到时刻的位置坐标为 (x_i, y_i)，等高水平直线飞行的方向角为 $\theta_i, i=1,2,\cdots,10$，则它飞行轨迹的参数方程为

$$\begin{cases} x_i(t) = x_i + tv\cos\theta_i, \\ y_i(t) = y_i + tv\sin\theta_i, \end{cases} (i=1,2,\cdots,10)$$

式中：t 为编号 i 侦察无人机的飞行时间。

对于问题(1)，首先可以得到我方 8 架侦察无人机两两之间的初始距离是大于 0.5km 的。欲使我方 8 架侦察无人机安全飞行而不发生碰撞，需要每架侦察无人机在等高匀速飞行直至飞出领空正方形区域之前到其他 7 架侦察无人机的距离始终都必须大于等于 0.5km。若在某个时刻某架侦察无人机与其他某架侦察无人机的距离小于 0.5km，则可以判定我方 8 架侦察无人机不会安全飞行进而会发生碰撞。

由于当侦察无人机飞出我方领空正方形区域后不再考虑它的飞行状况和飞行安全因素，因此首先求解出我方 8 架侦察无人机分别飞出领空正方形区域的时间，记我方编号为 i 的侦察无人机飞出正方形区域时所用的飞行时间为 T_i。为了求解每个飞行时间 T_i，需按照以下 8 种情形进行分析：

(1) 当 $\theta_i = 0$ 时，方程 $x_i + tv\cos\theta_i = 10$ 的根为 T_i，即有 $T_i = \dfrac{10-x_i}{50}$；

(2) 当 $0 < \theta_i < \dfrac{\pi}{2}$ 时，记方程 $x_i + tv\cos\theta_i = 10$ 的根为 $T_i^x = \dfrac{10-x_i}{v\cos\theta_i}$，方程 $y_i + tv\sin\theta_i = 10$ 的根为 $T_i^y = \dfrac{10-y_i}{v\sin\theta_i}$，则有 $T_i = \min\{T_i^x, T_i^y\}$；

(3) 当 $\theta_i = \dfrac{\pi}{2}$ 时，方程 $y_i + tv\sin\theta_i = 10$ 的根为 T_i，即有 $T_i = \dfrac{10-y_i}{50}$；

(4) 当 $\dfrac{\pi}{2} < \theta_i < \pi$ 时，记方程 $x_i + tv\cos\theta_i = 0$ 的根为 $T_i^x = -\dfrac{x_i}{v\cos\theta_i}$，方程 $y_i + tv\sin\theta_i = 10$ 的根为 $T_i^y = \dfrac{10-y_i}{v\sin\theta_i}$，则有 $T_i = \min\{T_i^x, T_i^y\}$；

(5) 当 $\theta_i = \pi$ 时，方程 $x_i + tv\cos\theta_i = 0$ 的根为 T_i，即有 $T_i = \dfrac{x_i}{50}$；

(6) 当 $\pi < \theta_i < \dfrac{3\pi}{2}$ 时，记方程 $x_i + tv\cos\theta_i = 0$ 的根为 $T_i^x = -\dfrac{x_i}{v\cos\theta_i}$，方程 $y_i + tv\sin\theta_i = 0$ 的根

为 $T_i^y = -\dfrac{y_i}{v\sin\theta_i}$,则有 $T_i = \min\{T_i^x, T_i^y\}$;

(7) 当 $\theta_i = \dfrac{3\pi}{2}$ 时,方程 $y_i + tv\sin\theta_i = 0$ 的根为 T_i,即有 $T_i = \dfrac{y_i}{50}$;

(8) 当 $\dfrac{3\pi}{2} < \theta_i < 2\pi$ 时,记方程 $x_i + tv\cos\theta_i = 10$ 的根为 $T_i^x = \dfrac{10-x_i}{v\cos\theta_i}$,方程 $y_i + tv\sin\theta_i = 0$ 的根为 $T_i^y = -\dfrac{y_i}{v\sin\theta_i}$,则有 $T_i = \min\{T_i^x, T_i^y\}$。

记编号 i 侦察无人机和编号 j 侦察无人机飞行的距离函数为 $d_{ij}(t)$,则有

$$d_{ij}(t) = \sqrt{[x_i-x_j+tv(\cos\theta_i-\cos\theta_j)]^2 + [y_i-y_j+tv(\sin\theta_i-\sin\theta_j)]^2} \quad (0 \leq t \leq \min\{T_i, T_j\})$$

现在问题的关键即为求每个距离函数 $d_{ij}(t)$ ($i,j = 1,2,\cdots,8, i \neq j$) 的最小值 $d_{ij}^{\min}$。

对于问题(2),首先在此时刻我方又安排 2 架侦察无人机要进入此领空正方形区域,那么判定我方 10 架侦察无人机是否会安全飞行进而不发生碰撞的方法和问题(1)(8 架侦察无人机情形)的求解思路方法是一样的,仅仅是侦察无人机的数量从 8 架增加到 10 架。如果我方这 10 架侦察无人机不能安全飞行进而会发生碰撞,需要对此 10 架侦察无人机飞行的方向角进行微小调整。

欲使我方 10 架无人机飞行方向角调整的幅度尽可能地小,现以每架侦察无人机飞行方向角调整幅度值的平方和作为目标函数。记编号 i 侦察无人机飞行方向角的调整幅度值为 $\Delta\theta_i$,则可得目标函数为

$$f = \sum_{i=1}^{10} (\Delta\theta_i)^2 \tag{8.1}$$

对于约束条件的研究,首先每架侦察无人机飞行方向角调整幅度值不会超过 15°,进而有 $|\Delta\theta_i| \leq \pi/12$;同时,飞行方向角调整后任意两架侦察无人机飞行过程中的最小距离必须大于等于 0.5 km,则编号 i 侦察无人机和编号 j 侦察无人机飞行的距离平方函数为 $d_{ij}^2(t)$ 需大于等于 0.25,则有

$$d_{ij}^2(t) = [x_i-x_j+tv(\cos(\theta_i+\Delta\theta_i)-\cos(\theta_j+\Delta\theta_j))]^2 + [y_i-y_j+tv(\sin(\theta_i+\Delta\theta_i)-\sin(\theta_j+\Delta\theta_j))]^2 \geq 0.25,$$

其中 $0 \leq t \leq \min\{T_i, T_j\}$, $i,j = 1,2,\cdots,10, i \neq j$。

此时,目标函数式(8.1)的约束条件为

$$\begin{cases} |\Delta\theta_i| \leq \pi/12 \ (i=1,2,\cdots,10) \\ 0.25 - d_{ij}^2(t) \leq 0 \ (i,j=1,2,\cdots,10, i \neq j) \end{cases} \tag{8.2}$$

现在问题的关键即为求解目标函数式(8.1)满足约束条件(8.2)的最优解。

8.1.3 模型求解

对于问题(1),首先求出编号 i 侦察无人机飞出正方形区域时所用的飞行时间为 T_i,然后将距离函数 $d_{ij}(t)$ 的定义区间 $[0, \min\{T_i, T_j\}]$ 进行 N(不妨取 1000)等分,事实上等分的个数 N 越大精度越高,然后计算在每个等分点处距离函数 $d_{ij}(t)$ 的函数值。如果存在某个函数值小于 0.5,那么我方 8 架侦察无人机就不会安全飞行进而会发生碰撞;如果所有的函数值均大于等于 0.5,那么我方 8 架侦察无人机会安全飞行而不会发生碰撞。

利用 MATLAB 编程可得,我方 8 架侦察无人机会安全飞行进而不会发生碰撞。具体操作如下,首先建立函数文件 feichuTime.m,代码如下:

```
function T=feichuTime(minX,maxX,minY,maxY,x0,y0,theta0,v)
n=length(x0);
syms t
for i=1:n
    x=x0(i)+t*v*cos(theta0(i));
    y=y0(i)+t*v*sin(theta0(i));
    if theta0(i)==0
        t1=solve(x-maxX);
        t2=1000;
    elseif theta0(i)>0 && theta0(i)<pi/2          %方向角分8种情形
        t1=solve(x-maxX);
        t2=solve(y-maxY);
    elseif theta0(i)==pi/2
        t1=1000;
        t2=solve(y-maxY);
    elseif theta0(i)>pi/2 && theta0(i)<pi
        t1=solve(x-minX);
        t2=solve(y-maxY);
    elseif theta0(i)==pi
        t1=solve(x-minX);
        t2=1000;
    elseif theta0(i)>pi && theta0(i)<3*pi/2
        t1=solve(x-minX);
        t2=solve(y-minY);
    elseif theta0(i)==3*pi/2
        t1=1000;
        t2=solve(y-minY);
    else
        t1=solve(x-maxX);
        t2=solve(y-minY);
    end
    T(i)=min(t1,t2);                              %单位:h
end
T=double(T');          %时间类型从 sym 转换为 double    列向量
```

建立脚本文件 Q1.m,代码如下:

```
clc,clear all,close all
format short
xding=[0 10 0 10];                                %正方形区域4个顶点的坐标
yding=[0 0 10 10];
```

```
maxX = max(xding);
minX = min(xding);
maxY = max(yding);
minY = min(yding);
dmin = 0.5;                                          %不相碰撞的最小距离值
v = 50;                                              %侦察无人机的均匀速率
x0 = [4.5 1.1 2.25 9.375 5.312 9.375 9.062 8.125]';  %8 个无人机的坐标
y0 = [1.3 5.2 9.1 8.75 5.312 9.687 3.125 9.375]';
theta0 = [45 330.5 350 242 235 220.5 158 230.5]' * pi/180;  %转化为弧度值,列向量
n = length(x0);                                      %侦察无人机的个数
%任意两架侦察无人机之间的距离
for i = 1:n-1
    for j = i+1:n
        D(i,j) = sqrt((x0(i)-x0(j))^2+(y0(i)-y0(j))^2);
        if D(i,j) < dmin
            return
        end
    end
end
T = feichuTime(minX,maxX,minY,maxY,x0,y0,theta0,v)
                                                    %每个侦察无人机飞出正方形区域的时间   调用子函数
N = 1000;                                           %将时间 N 等分   越大越好
for i = 1:n-1
    for j = i+1:n
        TT = min(T(i),T(j));
        t = 0:TT/N:TT;
        for k = 1:N+1
            x1 = x0(i)+v*t(k)*cos(theta0(i));       %第 i 个无人机飞行轨迹参数方程
            y1 = y0(i)+v*t(k)*sin(theta0(i));
            x2 = x0(j)+v*t(k)*cos(theta0(j));       %第 j 个无人机飞行轨迹参数方程
            y2 = y0(j)+v*t(k)*sin(theta0(j));
            dd = (x1-x2)^2+(y1-y2)^2;
            if dd<dmin^2                            %终止的判定条件
                i                                   %输出距离大于 dmin 的无人机的信息
                j
                juli = sqrt(dd)
                disp('两架侦察无人机的距离小于 0.5km')
                disp('侦察无人机群不满足安全飞行的条件')
                return
            end
        end
    end
end
```

```
%画图
plot(xding,yding,'r.','markersize',30)
hold on
plot(x0,y0,'b.','markersize',20)
%给无人机加编号
for i=1:n
    c=num2str(i);
    c=['',c];
    text(x0(i)+0.12,y0(i)-0.12,c)                %改变0.12的大小调整数字的位置
end
grid on
xlabel x
ylabel y
axis equal
axis([minX maxX minY maxY])
title 8架侦察无人机飞行的初始位置
```

运行结果为

T =

0.1556

0.2045

0.1574

0.1982

0.1297

0.2466

0.1955

0.2430

8架侦察无人机飞行的初始位置如图8.1所示。

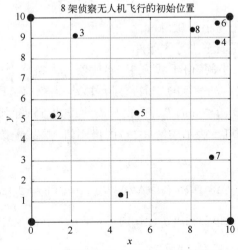

图8.1　8架侦察无人机飞行的初始位置

对于问题(2)的第一小问,因为我方又安排 2 架侦察无人机要进入此领空正方形区域,此时需要判定我方 10 架侦察无人机是否会安全飞行进而不发生碰撞。基于问题(1)的求解方法,利用 MATLAB 编程可得,我方 10 架侦察无人机不会安全飞行,其中编号 8 侦察无人机和编号 9 侦察无人机在某个时刻的距离为 0.484(小于 0.5)km。具体编程操作只需将脚本文件 Q1.m 中的 x0、y0 和 theta0 的取值改为

x0=[4.5 1.1 2.25 9.375 5.312 9.375 9.062 8.125 0 10]';
y0=[1.3 5.2 9.1 8.75 5.312 9.687 3.125 9.375 0 5]';
theta0=[45 330.5 350 242 235 220.5 158 230.5 45 180]'*pi/180;

即可,然后运行结果为

T =
    0.1556
    0.2045
    0.1574
    0.1982
    0.1297
    0.2466
    0.1955
    0.2430
    0.2828
    0.2000
i =
    8
j =
    9
juli =
    0.4840

两架侦察无人机的距离小于 0.5km
侦察无人机群不满足安全飞行的条件

对于问题(2)的第二小问,由于我方 10 架侦察无人机不会安全飞行进而会发生碰撞,现需要对每架侦察无人机飞行的方向角进行微小调整。对于约束条件式(8.2)中的不等式 $0.25-d_{ij}^2(t) \leq 0 (0 \leq t \leq \min\{T_i, T_j\})$,只需使得 $d_{ij}^2(t)$ 在闭区间 $[0, \min\{T_i, T_j\}]$ 上的最小值大于等于 0.25 即可。为了求解 $d_{ij}^2(t)$ 的最小值,首先对距离平方函数 $d_{ij}^2(t)$ 关于 t 进行求导可得

$$\frac{d(d_{ij}^2(t))}{dt} = 2v(\cos(\theta_i+\Delta\theta_i)-\cos(\theta_j+\Delta\theta_j))[x_i-x_j+tv(\cos(\theta_i+\Delta\theta_i)-\cos(\theta_j+\Delta\theta_j))]$$
$$+2v(\sin(\theta_i+\Delta\theta_i)-\sin(\theta_j+\Delta\theta_j))[y_i-y_j+tv(\sin(\theta_i+\Delta\theta_i)-\sin(\theta_j+\Delta\theta_j))]$$

令 $\frac{d(d_{ij}^2(t))}{dt} = 0$,则有

$$t = T_{ij\text{驻点}} = -\frac{(x_i - x_j)(\cos(\theta_i + \Delta\theta_i) - \cos(\theta_j + \Delta\theta_j)) + (y_i - y_j)(\sin(\theta_i + \Delta\theta_i) - \sin(\theta_j + \Delta\theta_j))}{v[(\sin(\theta_i + \Delta\theta_i) - \sin(\theta_j + \Delta\theta_j))^2 + (\cos(\theta_i + \Delta\theta_i) - \cos(\theta_j + \Delta\theta_j))^2]}$$

又因为 $d_{ij}^2(t)$ 关于 t 的二阶导数

$$\frac{\mathrm{d}^2(d_{ij}^2(t))}{\mathrm{d}t^2} = 2v^2[(\cos(\theta_i + \Delta\theta_i) - \cos(\theta_j + \Delta\theta_j))^2 + (\sin(\theta_i + \Delta\theta_i) - \sin(\theta_j + \Delta\theta_j))^2] > 0$$

则 $d_{ij}^2(t)$ 在区间 $[0, \min\{T_i, T_j\}]$ 上的图形是一段凹弧,其单调性的性态只有 3 种情形:一是单调递增,且在 $t = 0$ 处取得最小值,最小值均大于 0.25;二是单调递减;三是先单调递减后单调递增,且在开区间 $(0, \min\{T_i, T_j\})$ 内部取得最小值。

下面根据驻点 $T_{ij\text{驻点}}$ 的取值分 3 种情形进行分析研究。

(1) 若 $0 \leq T_{ij\text{驻点}} \leq \min\{T_i, T_j\}$,则 $d_{ij}^2(t)$ 在点 $T_{ij\text{驻点}}$ 处取得最小值,要求此最小值 $d_{ij}^2(T_{ij\text{驻点}}) \geq 0.25$;

(2) 若 $T_{ij\text{驻点}} < 0$,则 $d_{ij}^2(t)$ 在 $[0, +\infty)$ 内单调递增,且在左端点 $t = 0$ 处取得最小值,此时满足约束条件式(8.2);

(3) 若 $T_{ij\text{驻点}} > \min\{T_i, T_j\}$,则 $d_{ij}^2(t)$ 在 $[0, +\infty)$ 内单调递减,且在右端点 $\min\{T_i, T_j\}$ 处取得最小值,要求 $d_{ij}^2(t)$ 在点 $t = \min\{T_i, T_j\}$ 处的函数值大于等于 0.25。

利用 MATLAB 编程可得,我方 10 架侦察无人机中编号为 1、2、3、4、5、6、7 的无人机几乎不需要调整飞行方向角,而编号 8 侦察无人机需逆时针调整约 6.12224°,编号 9 侦察无人机需逆时针调整约 1.16883°,编号 10 侦察无人机需逆时针调整约 1.8346°,同时所有侦察无人机调整角度值(单位为弧度)平方和的最小值约为 0.012859。具体操作如下,首先建立函数文件 mubiaofunc.m,代码如下:

```
function f = mubiaofunc(delta)
f = delta' * delta;    %delta 为由 10 架侦察无人机飞行方向角的调整量所构成的列向量
end
```

建立和问题(1)相同的函数文件 feichuTime.m 和函数文件 yueshucons.m,代码如下:

```
function [c,ceq] = yueshucons(delta,x0,y0,theta0,v,dmin,T)
nn = length(x0);
theta = theta0+delta;              %方向角的取值范围
coss = cos(theta);
sinn = sin(theta);
DD = [];
for i = 1:nn-1
    for j = i+1:nn
        TTT = min(T(i),T(j));
        a = (x0(i)-x0(j)) * (coss(i)-coss(j))+(y0(i)-y0(j)) * (sinn(i)-sinn(j));
        b = v * ((coss(i)-coss(j))^2+(sinn(i)-sinn(j))^2);
        TT = -a/b;                  %是 delta 的函数
        if TT>=0 && TT<=TTT
            D(i,j) = (x0(i)-x0(j)+v * TT * (coss(i)-coss(j)))^2+ ...
                (y0(i)-y0(j)+v * TT * (sinn(i)-sinn(j)))^2;
```

```
                        %距离的平方        是 delta 的函数
        elseif TT>TTT
            D(i,j)=(x0(i)-x0(j)+v*TTT*(coss(i)-coss(j)))^2+...
                (y0(i)-y0(j)+v*TTT*(sinn(i)-sinn(j)))^2;
                        %距离的平方        是 delta 的函数
        else
            D(i,j)=dmin^2+1;                %或者更大值
        end
    end
    DD=[DD,D(i,i+1:nn)];                    %所得结果构成的行向量
end
c=dmin^2-DD';                               %要求 g 非正值    转置为列向量
%约束条件 g<=0
ceq=[];
```

建立脚本文件 Q2.m,代码如下:

```
clc,clear all,close all
format long
xding=[0 10 0 10];
yding=[0 0 10 10];
maxX=max(xding);
minX=min(xding);
maxY=max(yding);
minY=min(yding);
v=50;                                       %侦察无人机的均匀速率
radmax=pi/12;                               %方向调整的最大角度
dmin=0.5;                                   %不相碰撞的最小距离值
x0=[4.5 1.1 2.25 9.375 5.312 9.375 9.062 8.125 0 10]';    %10 架侦察无人机
y0=[1.3 5.2 9.1 8.75 5.312 9.687 3.125 9.375 0 5]';
theta0=[45 330.5 350 242 235 220.5 158 230.5 45 180]'*pi/180;  %转化为弧度值   列向量
n=length(x0);                               %考虑 10 架侦察无人机
delta0=zeros(n,1);
lb=-radmax*ones(n,1);                       %下界
ub=radmax*ones(n,1);                        %上界
T=feichuTime(minX,maxX,minY,maxY,x0,y0,theta0,v);
                        %每个侦察无人机飞出正方形区域的时间  调用子函数
options=optimoptions('fmincon','Algorithm','interior-point');
[delta1,f1]=fmincon(@mubiaofunc,delta0,[],[],[],[],lb,ub,...
    @(delta) yueshucons(delta,x0,y0,theta0,v,dmin,T),options);
k=20;                   %多次在原点附近随机生成若干个初始值力求寻找最优结果
for i=1:k
    delta0=(rand(n,1)-0.5)*0.1;
        % rand------Uniformly distributed pseudorandom numbers.
```

```
        [delta2,f2] = fmincon(@ mubiaofunc,delta0,[ ],[ ],[ ],[ ],lb,ub,...
            @ (delta) yueshucons(delta,x0,y0,theta0,v,dmin,T),options);
        if f2<f1
            f1 = f2;
            delta1 = delta2;
        end
    end
delta = delta1;                                 %所求的最优解      弧度值
jiaodu = delta * 180/pi;
fxj_gaibian = [delta jiaodu]                    %第1列为弧度   第2列为角度
disp('说明:第1列为弧度,第2列为角度')
fval = f1                                       %目标函数值
%画图
plot(xding,yding,'r.','markersize',30)
hold on
plot(x0(1:end-2),y0(1:end-2),'b.','markersize',20)
hold on
plot(x0(end-1:end),y0(end-1:end),'m.','markersize',30)
%给无人机加编号
for i = 1:n
    c = num2str(i);
    c = ['',c];
    text(x0(i)+0.2,y0(i)+0.2,c)                 %改变0.2的大小调整数字的位置
end
grid on
xlabel x
ylabel y
axis equal
axis([min(xding) max(xding) min(yding) max(yding)])
title 10架侦察无人机飞行的初始位置
```

运行结果为

```
fxj_gaibian =
    -0.000049631700445   -0.002843686965534
    -0.000002171691418   -0.000124428752641
     0.000005084748632    0.000291334636523
    -0.000043875622008   -0.002513887964546
     0.000003037078482    0.000174011779042
    -0.000007185298931   -0.000411687303259
     0.000000663997841    0.000038044273906
     0.106853224908180    6.122238814600905
     0.020399957731711    1.168831480272315
     0.032019833137647    1.834601299500329
```

说明:第1列为弧度,第2列为角度

fval =

0.012859044143137

10架侦察无人机飞行的初始位置如图8.2所示。

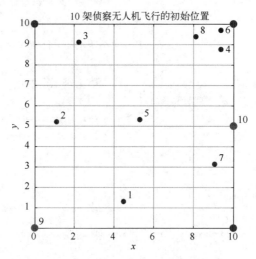

图8.2 10架侦察无人机飞行的初始位置

8.1.4 结果分析

对于问题(1),关键是求解距离函数$d_{ij}(t)$在时间区间$[0,\min\{T_i,T_j\}]$上的最小值。除了前面所采用的计算$d_{ij}(t)$在时间离散点的函数值之外,还可以通过函数的极值最值知识来求解。此问题等价于求解距离平方函数

$$d_{ij}^2(t) = [x_i-x_j+tv(\cos\theta_i-\cos\theta_j)]^2+[y_i-y_j+tv(\sin\theta_i-\sin\theta_j)]^2$$

在时间区间$[0,\min\{T_i,T_j\}]$上的最小值。

若$(\sin\theta_i-\sin\theta_j)^2+(\cos\theta_i-\cos\theta_j)^2=0$,则有$\theta_i=\theta_j$,因此编号$i$侦察无人机和编号$j$侦察无人机同向平行匀速直线飞行,进而它们之间的距离会始终大于等于0.5km。

若$(\sin\theta_i-\sin\theta_j)^2+(\cos\theta_i-\cos\theta_j)^2>0$,则对距离平方函数$d_{ij}^2(t)$关于$t$进行求导得

$$\frac{\mathrm{d}(d_{ij}^2(t))}{\mathrm{d}t}=2v(\cos\theta_i-\cos\theta_j)[x_i-x_j+tv(\cos\theta_i-\cos\theta_j)]+2v(\sin\theta_i-\sin\theta_j)[y_i-y_j+tv(\sin\theta_i-\sin\theta_j)]$$

令$\dfrac{\mathrm{d}(d_{ij}^2(t))}{\mathrm{d}t}=0$,则有

$$t=T_{ij\text{驻点}}=-\frac{(x_i-x_j)(\cos\theta_i-\cos\theta_j)+(y_i-y_j)(\sin\theta_i-\sin\theta_j)}{v[(\sin\theta_i-\sin\theta_j)^2+(\cos\theta_i-\cos\theta_j)^2]}$$

又因为$d_{ij}^2(t)$关于t的二阶导数

$$\frac{\mathrm{d}^2(d_{ij}^2(t))}{\mathrm{d}t^2}=2v^2[(\cos\theta_i-\cos\theta_j)^2+(\sin\theta_i-\sin\theta_j)^2]>0$$

则$d_{ij}^2(t)$在时间区间$[0,\min\{T_i,T_j\}]$上的图形是一段凹弧,其单调性的性态只有3种情

形:一是 $d_{ij}^2(t)$ 单调递增,且在左端点 0 处取得最小值,最小值均大于 0.25;二是 $d_{ij}^2(t)$ 单调递减,在右端点 $\min\{T_i,T_j\}$ 处取得最小值;三是 $d_{ij}^2(t)$ 先单调递减后单调递增,且在开区间 $(0,\min\{T_i,T_j\})$ 内部取得最小值。

下面根据驻点 $T_{ij驻点}$ 的取值分两种情形进行分析研究。

(1)若 $0 \leqslant T_{ij驻点} \leqslant \min\{T_i,T_j\}$,则 $d_{ij}^2(t)$ 在点 $T_{ij驻点}$ 处取得最小值。如果 $d_{ij}^2(t)$ 在点 $T_{ij驻点}$ 处的函数值大于等于 0.5,那么编号 i 侦察无人机和编号 j 侦察无人机不会碰撞进而安全飞行;

(2)若 $T_{ij驻点}<0$ 或 $T_{ij驻点}>\min\{T_i,T_j\}$,则 $d_{ij}^2(t)$ 要么在左端点 0 处取得最小值,要么在右端点 $\min\{T_i,T_j\}$ 处取得最小值。又因为 $d_{ij}^2(t)$ 在点 $t=0$ 处的函数值均大于 0.25,那么若 $d_{ij}^2(t)$ 在点 $t=\min\{T_i,T_j\}$ 处的函数值大于等于 0.25,则编号 i 侦察无人机和编号 j 侦察无人机就不会碰撞进而安全飞行。

利用 MATLAB 编程也可以得到,我方 8 架侦察无人机会安全飞行进而不会发生碰撞。具体如下,首先建立和问题(1)相同的函数文件 feichuTime.m,然后建立脚本文件 Q1_method2.m,代码如下:

```
clc,clear all,close all
format short
xding=[0 10 0 10];                        %正方形区域
yding=[0 0 10 10];
maxX=max(xding);
minX=min(xding);
maxY=max(yding);
minY=min(yding);
dmin=0.5;                                 %不相碰撞的最小距离值
v=50;                                     %侦察无人机的均匀速率
x0=[4.5 1.1 2.25 9.375 5.312 9.375 9.062 8.125]';   %8 个无人机的坐标
y0=[1.3 5.2 9.1 8.75 5.312 9.687 3.125 9.375]';
theta0=[45 330.5 350 242 235 220.5 158 230.5]'*pi/180;  %转化为弧度值
n=length(x0);                             %侦察无人机的个数
%任意两架侦察无人机之间的距离
for i=1:n-1
    for j=i+1:n
        D(i,j)=sqrt((x0(i)-x0(j))^2+(y0(i)-y0(j))^2);
        if D(i,j)<dmin
            return
        end
    end
end
T=feichuTime(minX,maxX,minY,maxY,x0,y0,theta0,v);
        %每个侦察无人机飞出正方形区域的时间    调用子函数
coss=cos(theta0);
sinn=sin(theta0);
```

```
for i=1:n-1
    for j=i+1:n
        %定义距离平方函数
        syms t
        Dfang=(x0(i)-x0(j)+t*v*(coss(i)-coss(j)))^2+(y0(i)-y0(j)+t*v*(sinn(i)-sinn(j)))^2;
        a=(x0(i)-x0(j))*(coss(i)-coss(j))+(y0(i)-y0(j))*(sinn(i)-sinn(j));
        b=v*((coss(i)-coss(j))^2+(sinn(i)-sinn(j))^2);
        TT=-a/b;
        if TT>=0 && TT<=min(T(i),T(j))
            dd=subs(Dfang,t,TT);              %求距离平方函数在点 TT 处的函数值
        else
            dd1=subs(Dfang,t,0);              %距离平方函数在左端点 0 处的函数值
            dd2=subs(Dfang,t,min(T(i),T(j))); %距离平方函数在右端点处的函数值
            dd=min(dd1,dd2);
                dd=subs(Dfang,t,min(T(i),T(j))); %也可以只考虑右端点处的函数值
        end
        dd=double(dd);
        if dd<dmin^2                          %终止的判定条件
            i
            j                                 %输出距离大于 dmin 的无人机的编号
            juli=sqrt(dd)
            disp('两架侦察无人机的距离小于 0.5km')
            disp('侦察无人机群不满足安全飞行的条件')
            return
        end
    end
end
```

如果考虑问题(2)中我方的 10 侦察无人机,利用 MATLAB 编程可得,我方 10 架侦察无人机不会安全飞行,其中编号 8 侦察无人机和编号 9 侦察无人机之间的最小距离为 0.2892(小于 0.5)km。具体编程只需将脚本文件 Q1_method2.m 中的 x0、y0 和 theta0 的取值改为

x0=[4.5 1.1 2.25 9.375 5.312 9.375 9.062 8.125 0 10]';
y0=[1.3 5.2 9.1 8.75 5.312 9.687 3.125 9.375 0 5]';
theta0=[45 330.5 350 242 235 220.5 158 230.5 45 180]'*pi/180;

即可,然后运行结果为

i =
    8
j =
    9
juli =
    0.2892

两架侦察无人机的距离小于 0.5km
侦察无人机群不满足安全飞行的条件

事实上,由于我方又增加两架侦察无人机进入领空正方形区域开展侦察任务,使得原 8 架侦察无人机的飞行状态发生了改变,从安全飞行到不能安全飞行。这就说明了当我方侦察无人机的数量越来越多时,侦察无人机群安全飞行的可能性会越来越小。

同时,对于目标函数式(8.1)满足约束条件式(8.2)的最优解的求解,主要利用了 MATLAB 函数 fmincon 来完成。fmincon 是用于求解非线性多元函数最小值的 MATLAB 命令,优化工具箱提供 fmincon 函数用于对有约束优化问题进行求解。其中约束包括五种情形:①线性不等式约束;②线性等式约束;③变量约束;④非线性不等式约束;⑤非线性等式约束。关于 fmincon 函数的具体介绍,可以在命令行窗口输入 help fmincon 后单击回车键得到。注意到,每次运行脚本文件 Q2.m 所得的结果都是不相同的,这是由 fmincon 函数的功能决定的。同时,每次为了得到更优的结果,又选取了初始值$(0,0,0,\cdots,0)$附近的 20 组随机初始值进行结果比较。为了得到目标函数式(8.1)满足约束条件式(8.2)的最优解,可以多运行 Q2.m 脚本文件些次数比较所得的结果再去选择。

8.1.5 模型推广

在本模型中,我方侦察无人机要求在领空正方形区域内进行侦察。如果将无人机侦察区域从正方形区域变为较大的领空平面区域,那么我方 8 架侦察无人机是否会安全飞行不会发生碰撞。此时关键是不用再考虑每架侦察无人机飞出正方形区域的时间。下面利用结果分析中介绍的距离函数的最小值方法可得,编号 1 侦察无人机和编号 3 侦察无人机之间的最小距离为 0.1996(小于 0.5)km,因此 8 架侦察无人机不会安全飞行了。这就说明了领空侦察区域发生了改变,使得我方 8 架侦察无人机的飞行状态发生了改变,从安全飞行到不能安全飞行。利用 MATLAB 编程具体如下,首先建立脚本文件 Q1_nozheng.m,代码如下:

```
clc,clear all
format short
dmin = 0.5;                                                          %不相碰撞的最小距离值
v = 50;                                                              %侦察无人机的均匀速率
x0 = [4.5 1.1 2.25 9.375 5.312 9.375 9.062 8.125]';                  %8 个无人机的坐标
y0 = [1.3 5.2 9.1 8.75 5.312 9.687 3.125 9.375]';
theta0 = [45 330.5 350 242 235 220.5 158 230.5]' * pi/180;           %转换为弧度值
n = length(x0);                                                      %侦察无人机的个数
%任意两架侦察无人机之间的初始距离
for i = 1:n-1
    for j = i+1:n
        D(i,j) = sqrt((x0(i)-x0(j))^2+(y0(i)-y0(j))^2);
        if D(i,j)<0.5
            return
```

```
            end
        end
end
coss = cos(theta0);
sinn = sin(theta0);
for i = 1:n-1
    for j = i+1:n
        %定义距离平方函数
        syms t
        Dfang = (x0(i)-x0(j)+t*v*(coss(i)-coss(j)))^2+(y0(i)-y0(j)+t*v*(sinn(i)-sinn(j)))^2;
        a = (x0(i)-x0(j))*(coss(i)-coss(j))+(y0(i)-y0(j))*(sinn(i)-sinn(j));
        b = v*((coss(i)-coss(j))^2+(sinn(i)-sinn(j))^2);
        TT = -a/b;
        if TT>=0
            dd = subs(Dfang,t,TT);                    %求距离平方函数在点 TT 处的函数值
            dd = double(dd);
        else
            dd = dmin^2+1;
        end
        if dd<dmin^2                                  %终止的判定条件
            i                                         %输出距离大于 dmin 的无人机的信息
            j
            juli = sqrt(dd)
            disp('两架侦察无人机的距离小于 0.5km')
            disp('侦察无人机群不满足安全飞行的条件')
            return
        end
    end
end
```

运行结果为

i =

　　1

j =

　　3

juli =

　　0.1996

两架侦察无人机的距离小于 0.5km
侦察无人机群不满足安全飞行的条件

　　同时,本模型要求我方侦察无人机等高匀速直线飞行的速度大小是相等的,均为 50km/h。如果将侦察无人机飞行速度大小(表 8.3)变为不全是相等时,那么我方 8 架侦察无人机是否会安全飞行不会发生碰撞呢?

表 8.3　我方 8 架侦察无人机的飞行速度大小

无人机编号	1	2	3	4	5	6	7	8
速度大小	44	45	50	55	54	48	58	45

利用 MATLAB 编程可得,我方 8 架侦察无人机仍会安全飞行而不发生碰撞。这就说明了虽然我方 8 架侦察无人机的飞行速度大小不全相等,但是它们的飞行状态并没有发生改变。因为这与每架侦察无人机的初始位置和飞行方向角也有关。具体操作如下,首先建立函数文件 feichuTime1.m,代码如下:

```
function T=feichuTime1(minX,maxX,minY,maxY,x0,y0,theta0,v)
n=length(x0);
syms t
for i=1:n
    x=x0(i)+t*v(i)*cos(theta0(i));
    y=y0(i)+t*v(i)*sin(theta0(i));
    if theta0(i)==0
        t1=solve(x-maxX);
        t2=1000;
    elseif theta0(i)>0 && theta0(i)<pi/2          %方向角分8种情形
        t1=solve(x-maxX);
        t2=solve(y-maxY);
    elseif theta0(i)==pi/2
        t1=1000;
        t2=solve(y-maxY);
    elseif theta0(i)>pi/2 && theta0(i)<pi
        t1=solve(x-minX);
        t2=solve(y-maxY);
    elseif theta0(i)==pi
        t1=solve(x-minX);
        t2=1000;
    elseif theta0(i)>pi && theta0(i)<3*pi/2
        t1=solve(x-minX);
        t2=solve(y-minY);
    elseif theta0(i)==3*pi/2
        t1=1000;
        t2=solve(y-minY);
    else
        t1=solve(x-maxX);
        t2=solve(y-minY);
    end
    T(i)=min(t1,t2);                              %单位:h
end
T=double(T');                                     %时间类型从 sym 转换为 double　列向量
```

建立脚本文件 Q1_sudubutong.m,代码如下:

```
clc,clear all,close all
format short
xding=[0 10 0 10];                              %正方形区域
yding=[0 0 10 10];
maxX=max(xding);
minX=min(xding);
maxY=max(yding);
minY=min(yding);
dmin=0.5;                                        %不相碰撞的最小距离值
v=[44 45 50 55 54 48 58 45]';                    %8架侦察无人机的速度大小
x0=[4.5 1.1 2.25 9.375 5.312 9.375 9.062 8.125]';  %8个无人机的坐标
y0=[1.3 5.2 9.1 8.75 5.312 9.687 3.125 9.375]';
theta0=[45 330.5 350 242 235 220.5 158 230.5]'*pi/180;  %转换为弧度值
n=length(x0);                                    %侦察无人机的个数
%任意两架侦察无人机之间的距离
for i=1:n-1
    for j=i+1:n
        D(i,j)=sqrt((x0(i)-x0(j))^2+(y0(i)-y0(j))^2);
        if D(i,j)<dmin
            return
        end
    end
end
T=feichuTime1(minX,maxX,minY,maxY,x0,y0,theta0,v)
                %每个侦察无人机飞出正方形区域的时间  调用子函数
N=1000;                                          %将时间N等分  越大越好
for i=1:n-1
    for j=i+1:n
        TT=min(T(i),T(j));
        t=0:TT/N:TT;
        for k=1:N+1
            x1=x0(i)+v(i)*t(k)*cos(theta0(i));    %第i个无人机飞行轨迹参数方程
            y1=y0(i)+v(i)*t(k)*sin(theta0(i));
            x2=x0(j)+v(i)*t(k)*cos(theta0(j));    %第j个无人机飞行轨迹参数方程
            y2=y0(j)+v(i)*t(k)*sin(theta0(j));
            dd=(x1-x2)^2+(y1-y2)^2;
            if dd<dmin^2                          %终止的判定条件
                i                                 %输出距离大于dmin的无人机的信息
                j
                juli=sqrt(dd)
                disp('两架侦察无人机的距离小于0.5km')
```

```
                    disp('侦察无人机群不满足安全飞行的条件')
                    return
                end
            end
        end
    end
end
```

运行结果为

0.1768

0.2272

0.1574

0.1802

0.1201

0.2569

0.1685

0.2700

对于侦察无人机飞行速度大小不全相等情形,我方 8 架侦察无人机也会安全飞行不会发生碰撞。事实上,如果再考虑此 8 架侦察无人机非等高水平直线匀速飞行时,即转换为了三维空间距离的问题,基于已有的信息它们之间的距离必然会变大,所以它们会安全飞行的状态也不会发生变化。

对于本模型还可以推广到多批次侦察无人机进入领空正方形区域的情形。事实上,每批次侦察无人机进入时,其他每架侦察无人机的位置坐标由于等高匀速飞行都是不同的,但是判定侦察无人机是否会安全飞行的方法不变,请感兴趣的读者自行研究。

8.2 非等高非水平匀速直线飞行

8.2.1 问题描述

我方现有 8 架侦察无人机在我某重要领空区域内做非等高非水平匀速直线飞行开展侦察任务,各自的飞行速度大小和方向都不相同。为了进行飞行安全管理,这 8 架侦察无人机飞行的位置和速度都可由我方智能操控总系统实时记录。同时为了保证侦察飞行安全避免发生碰撞,要求任意两架侦察无人机在飞行过程中的距离都必须大于等于 0.5km,并且侦察无人机当飞行高度低于 2km 或高于 10km 时便立刻离开不执行侦察任务,不需再考虑离开后的飞行状态。若在某时刻智能操控总系统得到我方 8 架侦察无人机的飞行位置坐标和飞行方向信息,如表 8.4 和表 8.5 所列,下面建立数学模型求解问题:

(1) 我方 8 架侦察无人机是否会安全飞行进而不发生碰撞?

(2) 若我方 8 架侦察无人机不会安全飞行而发生碰撞,则每架侦察无人机都可以对飞行方向的三个方向角进行微小调整进而满足安全飞行要求,并且每个方向角调整的幅度大小均不会超过 15°,请给出这 8 架侦察无人机的飞行方向角的调整方案,要求它们飞行方向角调整的幅度尽可能得小。

表 8.4 8 架侦察无人机飞行位置坐标

无人机编号	横坐标/km	纵坐标/km	竖坐标/km
1	4.5	1.3	4.52
2	1.1	5.2	3.53
3	2.25	9.1	5.54
4	9.375	8.75	4.25
5	5.312	5.312	6.86
6	9.375	9.687	7.17
7	9.062	3.125	6.38
8	8.125	9.375	5.89

表 8.5 8 架侦察无人机飞行状态

无人机编号	速度大小/(km/h)	第一方向角/(°)	第二方向角/(°)	第三方向角/(°)
1	44	75	45	95
2	56	40	50	100
3	52	20	140	85
4	47	220	210	83
5	53	246	248	91
6	60	135	130	105
7	62	79	82	75
8	49	100	110	100

注：表 8.4 中的横坐标的正向为领空正东方向，纵坐标的正向为领空正北方向，竖坐标的正向为领空正上方向，原点 $(0,0,0)$ 为我方智能操作总系统所设置的空间参考基点，表 8.5 中的第一、第二、第三方向角分别为侦察无人机飞行方向与领空正东、正北、正上方向之间的夹角大小，取值范围均为区间 $[0,180]$（单位：度）。

8.2.2 模型建立

记我方编号为 i 的侦察无人机在问题给定信息得到时刻的位置坐标为 (x_i, y_i, z_i)，非等高非水平匀速直线飞行的第一、第二、第三方向角分别为 θ_{i1}、θ_{i2}、θ_{i3} $(i=1,2,\cdots,8)$，则它空间飞行轨迹的参数方程为

$$\begin{cases} x_i(t) = x_i + tv_i\cos\theta_{i1} \\ y_i(t) = y_i + tv_i\cos\theta_{i2} \quad (i=1,2,\cdots,8) \\ z_i(t) = z_i + tv_i\cos\theta_{i3} \end{cases}$$

式中：t 为侦察无人机的飞行时间。

对于问题(1)，首先可以得到我方 8 架侦察无人机两两之间的初始距离是大于 0.5km 的。欲使我方 8 架侦察无人机安全飞行而不发生碰撞，需要每架侦察无人机非等高非水平匀速直线飞行直至飞行高度低于 2km 或者高于 10km 之前到其他 7 架侦察无人机的距离始终都必须大于等于 0.5km。若在某个时刻某架侦察无人机与其他某架侦察

无人机的距离小于 0.5km,则可以判定我方 8 架侦察无人机不会安全飞行进而会发生碰撞。

由于当侦察无人机飞行高度低于 2km 或者高于 10km 后不再考虑它的飞行状况和飞行安全因素,因此首先求解出我方 8 架侦察无人机飞行高度低于 2km 或者高于 10km 时的飞行时间,记我方编号为 i 的侦察无人机飞出时所用时间为 T_i,$i=1,2,\cdots,8$。为了求解每个飞行时间 T_i,需按照以下 3 种情形进行分析。

(1) 当 $0 \leqslant \theta_{i3} < \frac{\pi}{2}$ 时,方程 $z_i + tv_i\cos\theta_{i3} = 10$ 的根为 T_i,即有 $T_i = \frac{10-z_i}{v_i\cos\theta_{i3}}$;

(2) 当 $\theta_{i3} = \frac{\pi}{2}$ 时,侦察无人机做等高水平匀速直线飞行进而不会飞出;

(3) 当 $\frac{\pi}{2} < \theta_{i3} \leqslant \pi$ 时,方程 $z_i + tv_i\cos\theta_{i3} = 2$ 的根为 T_i,即有 $T_i = \frac{2-z_i}{v_i\cos\theta_{i3}}$。

记编号 i 侦察无人机和编号 j 侦察无人机飞行的距离函数为 $d_{ij}(t)$,则有

$$d_{ij}(t) = \sqrt{A_{ij1}(t) + A_{ij2}(t) + A_{ij3}(t)} \quad (0 \leqslant t \leqslant \min\{T_i, T_j\})$$

其中

$$A_{ij1}(t) = [x_i - x_j + tv_i(v_i\cos\theta_{i1} - v_j\cos\theta_{j1})]^2$$
$$A_{ij2}(t) = [y_i - y_j + t(v_i\cos\theta_{i2} - v_j\cos\theta_{j2})]^2$$
$$A_{ij3}(t) = [z_i - z_j + t(v_i\cos\theta_{i3} - v_j\cos\theta_{j3})]^2$$

现在问题的关键即为求每个距离函数 $d_{ij}(t)$($i,j=1,2,\cdots,8, i \neq j$)的最小值 $d_{ij}^{\min}$。

对于问题(2),若我方 8 架侦察无人机不能安全飞行进而会发生碰撞,则此 8 架侦察无人机飞行的 3 个方向角需进行微小调整。欲使我方 8 架无人机飞行方向角调整的幅度尽可能的小,现以每架侦察无人机飞行 3 个方向角调整幅度值的平方和作为目标函数。记编号 i 侦察无人机飞行第一、第二、第三方向角的调整幅度值分别为 $\Delta\theta_{i1}$、$\Delta\theta_{i2}$ 和 $\Delta\theta_{i3}$,则可得目标函数为

$$f = \sum_{i=1}^{8} [(\Delta\theta_{i1})^2 + (\Delta\theta_{i2})^2 + (\Delta\theta_{i3})^2] \tag{8.3}$$

对于约束条件的研究,首先每架侦察无人机飞行 3 个方向角调整幅度值均不会超过 15°,进而有 $|\Delta\theta_{i1}| \leqslant \pi/12$、$|\Delta\theta_{i2}| \leqslant \pi/12$ 和 $|\Delta\theta_{i3}| \leqslant \pi/12$;同时飞行 3 个方向角调整后任意两架侦察无人机飞行过程中的最小距离必须大于等于 0.5km,则编号 i 侦察无人机和编号 j 侦察无人机飞行的距离平方函数为 $d_{ij}^2(t)$ 需大于等于 0.25,则有

$$d_{ij}^2(t) = [x_i - x_j + t(v_i\cos(\theta_{i1} + \Delta\theta_{i1}) - v_j\cos(\theta_{j1} + \Delta\theta_{j1}))]^2$$
$$+ [y_i - y_j + t(v_i\cos(\theta_{i2} + \Delta\theta_{i2}) - v_j\cos(\theta_{j2} + \Delta\theta_{j2}))]^2$$
$$+ [z_i - z_j + t(v_i\cos(\theta_{i3} + \Delta\theta_{i3}) - v_j\cos(\theta_{j3} + \Delta\theta_{j3}))]^2$$
$$\geqslant 0.25$$
$$(0 \leqslant t \leqslant \min\{T_i, T_j\}, i,j=1,2,\cdots,8, i \neq j)$$

进而目标函数式(8.3)的约束条件为

$$\begin{cases} |\Delta\theta_{i1}| \leq \pi/12, |\Delta\theta_{i2}| \leq \pi/12, |\Delta\theta_{i3}| \leq \pi/12, i=1,2,\cdots,8 \\ 0.25-d_{ij}^2(t) \leq 0, i,j=1,2,\cdots,8, i \neq j \end{cases} \quad (8.4)$$

现在问题的关键即为求解目标函数式(8.3)满足约束条件式(8.4)的最优解。

8.2.3 模型求解

对于问题(1),首先求出编号 i 侦察无人机飞出(飞行高度低于 2km 或高于 10km)时所用的飞行时间为 T_i,然后将距离函数 $d_{ij}(t)$ 的定义区间 $[0,\min\{T_i,T_j\}]$ 进行 N(不妨取 1000)等分,事实上等分的个数 N 越大精度越高,然后计算在每个等分点处距离函数 $d_{ij}(t)$ 的函数值。如果存在某个函数值小于 0.5,那么我方 8 架侦察无人机不会安全飞行进而会发生碰撞;如果所有的函数值均大于等于 0.5,那么我方 8 架侦察无人机会安全飞行而不会发生碰撞。

利用 MATLAB 编程可得,我方 8 架侦察无人机不会安全飞行进而会发生碰撞,因为编号 6 侦察无人机和编号 8 侦察无人机在某个时刻之间的距离为 0.4994(小于 0.5)km。具体操作如下,首先建立函数文件 feichuTime.m,代码如下:

```
function T=feichuTime(minZ,maxZ,z0,theta3,v)
n=length(z0);
syms t
for i=1:n
    z=z0(i)+t*v(i)*cos(theta3(i));
    if theta3(i)>=0 && theta3(i)<pi/2         %方向角分 3 种情形
        T(i)=solve(z-maxZ);
    elseif theta3(i)==pi/2
        T(i)=10000;                           %无法飞出,设置较大的数值即可
    else
        T(i)=solve(z-minZ);
    end
end
T=double(T');                                 %时间类型从 sym 转换为 double   列向量
```

建立脚本文件 Q1.m,代码如下:

```
clc,clear all
format short
maxZ=10;                                      %高度最大值
minZ=2;                                       %高度最小值
dmin=0.5;                                     %不相碰撞的最小距离值
v=[44 56 52 47 53 60 62 49];                  %侦察无人机的均匀速率
x0=[4.5 1.1 2.25 9.375 5.312 9.375 9.062 8.125]';  %8 个无人机的坐标
y0=[1.3 5.2 9.1 8.75 5.312 9.687 3.125 9.375]';
z0=[4.52 3.53 5.54 4.25 6.86 6.17 6.38 5.89]';
theta1=[75 40 20 220 246 135 79 100]'*pi/180; %转换为弧度值
theta2=[45 50 140 210 248 130 82 110]'*pi/180;%与 y 轴正向的夹角
```

```
theta3=[95 100 85 83 91 105 75 100]'*pi/180;        %与z轴正向的夹角
n=length(x0);                                        %侦察无人机的个数
%任意两架侦察无人机之间的距离
for i=1:n-1
    for j=i+1:n
        D(i,j)=sqrt((x0(i)-x0(j))^2+(y0(i)-y0(j))^2+(z0(i)-z0(j))^2);
        if D(i,j)<dmin
            return
        end
    end
end
T=feichuTime(minZ,maxZ,z0,theta3,v);                 %每个侦察无人机飞出的时间  单位:h
N=1000;                                              %将时间N等分  越大越好
for i=1:n-1
    for j=i+1:n
        TT=min(T(i),T(j));
        t=0:TT/N:TT;
        for k=1:N+1
            x1=x0(i)+v(i)*t(k)*cos(theta1(i));        %第i个无人机飞行轨迹参数方程
            y1=y0(i)+v(i)*t(k)*cos(theta2(i));
            z1=z0(i)+v(i)*t(k)*cos(theta3(i));
            x2=x0(j)+v(j)*t(k)*cos(theta1(j));        %第j个无人机飞行轨迹参数方程
            y2=y0(j)+v(j)*t(k)*cos(theta2(j));
            z2=z0(j)+v(j)*t(k)*cos(theta3(j));
            dd=(x1-x2)^2+(y1-y2)^2+(z1-z2)^2;
            if dd<dmin^2                              %终止的判定条件
                i                                     %输出距离大于dmin的无人机的信息
                j
                juli=sqrt(dd)
                disp('两架侦察无人机的距离小于0.5km')
                disp('侦察无人机群不满足安全飞行的条件')
                return
            end
        end
    end
end
```

运行结果为

i =

　　6

j =

　　8

juli =

0.4994

两架侦察无人机的距离小于 0.5km
侦察无人机群不满足安全飞行的条件

对于问题(2)，由于我方 8 架侦察无人机不会安全飞行，因此每架侦察无人机飞行的 3 个方向角需进行微小调整。对于约束条件式(8.4)中的不等式 $0.25-d_{ij}^2(t) \leq 0$，只需使得 $d_{ij}^2(t)$ 的最小值大于等于 0.25 即可。为求解 $d_{ij}^2(t)$ 的最小值，首先对距离平方函数 $d_{ij}^2(t)$ 关于 t 进行求导，得

$$\frac{d(d_{ij}^2(t))}{dt} = 2(v_i\cos(\theta_{i1}+\Delta\theta_{i1})-v_j\cos(\theta_{j1}+\Delta\theta_{j1}))[x_i-x_j+t(v_i\cos(\theta_{i1}+\Delta\theta_{i1})-v_j\cos(\theta_{j1}+\Delta\theta_{j1}))]$$
$$+2(v_i\cos(\theta_{i2}+\Delta\theta_{i2})-v_j\cos(\theta_{j2}+\Delta\theta_{j2}))[y_i-y_j+t(v_i\cos(\theta_{i2}+\Delta\theta_{i2})-v_j\cos(\theta_{j2}+\Delta\theta_{j2}))]^2$$
$$+2(v_i\cos(\theta_{i3}+\Delta\theta_{i3})-v_j\cos(\theta_{j3}+\Delta\theta_{j3}))[z_i-z_j+t(v_i\cos(\theta_{i3}+\Delta\theta_{i3})-v_j\cos(\theta_{j3}+\Delta\theta_{j3}))]$$

令 $\frac{d(d_{ij}^2(t))}{dt} = 0$，则有 $t = T_{ij驻点} = -\frac{a_{ij}}{b_{ij}}$，其中

$$a_{ij} = (x_i-x_j)(v_i\cos(\theta_{i1}+\Delta\theta_{i1})-v_j\cos(\theta_{j1}+\Delta\theta_{j1}))+(y_i-y_j)(v_i\cos(\theta_{i2}+\Delta\theta_{i2})-v_j\cos(\theta_{j2}+\Delta\theta_{j2}))$$
$$+(z_i-z_j)(v_i\cos(\theta_{i3}+\Delta\theta_{i3})-v_j\cos(\theta_{j3}+\Delta\theta_{j3})),$$
$$b_{ij} = [v_i\cos(\theta_{i1}+\Delta\theta_{i1})-v_j\cos(\theta_{j1}+\Delta\theta_{j1})]^2+[v_i\cos(\theta_{i2}+\Delta\theta_{i2})-v_j\cos(\theta_{j2}+\Delta\theta_{j2})]^2$$
$$+[v_i\cos(\theta_{i3}+\Delta\theta_{i3})-v_j\cos(\theta_{j3}+\Delta\theta_{j3})]^2$$

又因为 $d_{ij}^2(t)$ 关于 t 的二阶导数

$$\frac{d^2(d_{ij}^2(t))}{dt^2} = 2[v_i\cos(\theta_{i1}+\Delta\theta_{i1})-v_j\cos(\theta_{j1}+\Delta\theta_{j1})]^2+2[v_i\cos(\theta_{i2}+\Delta\theta_{i2})-v_j\cos(\theta_{j2}+\Delta\theta_{j2})]^2$$
$$+2[v_i\cos(\theta_{i3}+\Delta\theta_{i3})-v_j\cos(\theta_{j3}+\Delta\theta_{j3})]^2 > 0$$

则 $d_{ij}^2(t)$ 在区间 $[0,\min\{T_i,T_j\}]$ 上的图形是一段凹弧，其单调性的性态只有 3 种情形：一是单调递增，且在 $t=0$ 处取得最小值，最小值均大于 0.25；二是单调递减；三是先单调递减后单调递增，且在开区间 $(0,\min\{T_i,T_j\})$ 内部取得最小值。

下面根据驻点 $T_{ij驻点}$ 的取值分 3 种情形进行分析研究。

(1) 若 $0 \leq T_{ij驻点} \leq \min\{T_i,T_j\}$，则 $d_{ij}^2(t)$ 在点 $T_{ij驻点}$ 处取得最小值，要求此最小值 $d_{ij}^2(T_{ij驻点})$ 大于等于 0.25；

(2) 若 $T_{ij驻点}<0$，则 $d_{ij}^2(t)$ 在 $[0,+\infty)$ 内单调递增，且在左端点 $t=0$ 处取得最小值，此时满足约束条件式(8.4)；

(3) 若 $T_{ij驻点}>\min\{T_i,T_j\}$，则 $d_{ij}^2(t)$ 在 $[0,+\infty)$ 内单调递减，且在右端点 $\min\{T_i,T_j\}$ 处取得最小值，要求 $d_{ij}^2(t)$ 在点 $t=\min\{T_i,T_j\}$ 处的函数值大于等于 0.25。

利用 MATLAB 编程可得，我方 8 架侦察无人机中编号为 1、2、3、4、5、7 的无人机几乎不需要调整飞行方向角，而编号 6 侦察无人机飞行 3 个方向角分别需减少约 0.8794°、增加约 1.3233°和减少约 0.3775°，编号 8 侦察无人机飞行 3 个方向角分别需增加约 0.982°、减少约 1.3633°和增加约 0.31°，同时所有侦察无人机飞行 3 个方向角调整角度值(单位为 rad)平方和的最小值约为 0.0017。具体操作如下，首先建立和问题(1)相同的函数文件 feichuTime.m，再建立函数文件 mubiaofunc.m，代码如下：

```
function f=mubiaofunc(delta)
f=delta'*delta;              %delta 为24维列向量
end
```

建立函数文件 yueshucons.m,代码如下:

```
function [c,ceq]=yueshucons(delta,x0,y0,z0,theta1,theta2,theta3,v,dmin,T)
nn=length(x0);
AA=delta(1:nn);
coss1=cos(theta1+AA);                        %前8个为第一方向角改变量
BB=delta(nn+1:2*nn);
coss2=cos(theta2+BB);                        %中8个为第二方向角改变量
CC=delta(2*nn+1:3*nn);
coss3=cos(theta3+CC);                        %后8个为第三方向角改变量
DD=[];
for i=1:nn-1
    for j=i+1:nn
        TTT=min(T(i),T(j));
        a=(x0(i)-x0(j))*(v(i)*coss1(i)-v(j)*coss1(j))+...
          (y0(i)-y0(j))*(v(i)*coss2(i)-v(j)*coss2(j))+...
          (z0(i)-z0(j))*(v(i)*coss3(i)-v(j)*coss3(j));
        b=(v(i)*coss1(i)-v(j)*coss1(j))^2+(v(i)*coss2(i)-v(j)*coss2(j))^2+...
          (v(i)*coss3(i)-v(j)*coss3(j))^2;
        TT=-a/b;                             %是delta的函数
        if TT>=0 && TT<=TTT
            D(i,j)=(x0(i)-x0(j)+TT*((v(i)*coss1(i)-(v(j)*coss1(j)))))^2+...
                   (y0(i)-y0(j)+TT*((v(i)*coss2(i)-(v(j)*coss2(j)))))^2+...
                   (z0(i)-z0(j)+TT*((v(i)*coss3(i)-(v(j)*coss3(j)))))^2;
                                             %距离的平方    是delta的函数
        elseif TT>TTT
            D(i,j)=(x0(i)-x0(j)+TTT*((v(i)*coss1(i)-(v(j)*coss1(j)))))^2+...
                   (y0(i)-y0(j)+TTT*((v(i)*coss2(i)-(v(j)*coss2(j)))))^2+...
                   (z0(i)-z0(j)+TTT*((v(i)*coss3(i)-(v(j)*coss3(j)))))^2;
                                             %距离的平方    是delta的函数
        else
            D(i,j)=dmin^2+1;                 %或者更大值
        end
    end
    DD=[DD,D(i,i+1:nn)];                     %所得结果构成的行向量
end
c=dmin^2-DD';          %要求g非正值    转置为列向量    %约束条件g<=0
ceq=[];
```

建立脚本文件 Q2.m,代码如下:

```matlab
clc,clear all,close all
format long
minZ = 2;
maxZ = 10;
dmin = 0.5;                                    %不相碰撞的最小距离值
radmax = pi/12;                                %最大调整幅度值
v = [44 56 52 47 53 60 62 49];                 %侦察无人机的均匀速率
x0 = [4.5 1.1 2.25 9.375 5.312 9.375 9.062 8.125]';   %8 个无人机的坐标
y0 = [1.3 5.2 9.1 8.75 5.312 9.687 3.125 9.375]';
z0 = [4.52 3.53 5.54 4.25 6.86 6.17 6.38 5.89]';
theta1 = [75 40 20 220 246 135 79 100]'*pi/180;       %转化为弧度值
theta2 = [45 50 140 210 248 130 82 110]'*pi/180;      %与 y 轴正向的夹角
theta3 = [95 100 85 83 91 105 75 100]'*pi/180;        %与 z 轴正向的夹角
n = length(x0);                                %考虑 8 架侦察无人机
delta0 = zeros(3*n,1);
lb = -radmax*ones(3*n,1);                      %下界
ub = radmax*ones(3*n,1);                       %上界
T = feichuTime(minZ,maxZ,z0,theta3,v);
options = optimoptions('fmincon','Algorithm','interior-point');
[delta1,f1] = fmincon(@mubiaofunc,delta0,[],[],[],[],lb,ub,...
    @(delta) yueshucons(delta,x0,y0,z0,theta1,theta2,theta3,v,dmin,T),options);
k = 20;                        %多次在原点附近随机生成若干个初始值力求寻找最优结果
for i = 1:k
    delta0 = (rand(3*n,1)-0.5)*0.1;
    % rand------Uniformly distributed pseudorandom numbers.
    [delta2,f2] = fmincon(@mubiaofunc,delta0,[],[],[],[],lb,ub,...
        @(delta) yueshucons(delta,x0,y0,z0,theta1,theta2,theta3,v,dmin,T),options);
    if f2<f1
        f1 = f2;
        delta1 = delta2;
    end
end
delta = delta1;                                %所求的最优解      弧度值
jiaodu = delta*180/pi;
fxj_gaibian = [delta jiaodu]                   %第 1 列为弧度  第 2 列为角度
disp('说明:第 1 列为弧度,第 2 列为角度')
disp('前 8 行是第一方向角,中 8 行是第二方向角,后 8 行是第三方向角')
fval = f1                                      %目标函数值
%画图
plot3(x0,y0,z0,'b.','markersize',20)
%给无人机加编号
for i = 1:n
    c = num2str(i);
```

```
        c = [ '',c];
        text(x0(i)+0.2,y0(i)+0.2,z0(i)+0.2,c)        %改变0.2的大小调整数字的位置
end
grid on
xlabel x
ylabel y
zlabel z
axis equal
title 8架侦察无人机飞行的初始位置
```

运行结果为

fxj_gaibian =

0.000001657497313	0.000094967600569
0.000000437464810	0.000025064887313
0.000000161135534	0.000009232386019
0.000001175908126	0.000067374572698
-0.000001082507633	-0.000062023118671
-0.015347851998806	-0.879367144123021
-0.000000549810303	-0.000031501809874
0.017138390731261	0.981957456547401
-0.000004067692592	-0.000233061617905
-0.000000874465248	-0.000050103168048
0.000000335042050	0.000019196495411
-0.000001077300139	-0.000061724751223
0.000000603158568	0.000034558440348
0.023096270036234	1.323318795570647
0.000000399905963	0.000022912923909
-0.023793871401531	-1.363288409584750
0.000064810287057	0.003713355917377
0.000001428699252	0.000081858437355
-0.000002097162915	-0.000120158583977
-0.000001108642615	-0.000063520542805
-0.000002145048693	-0.000122902236969
-0.006588551414991	-0.377496189183925
-0.000000790082911	-0.000045268416288
0.005404209908685	0.309638419370419

说明:第1列为弧度,第2列为角度,前8行是第一方向角,中8行是第二方向角,后8行是第三方向角

fval =

0.001701485736375

8架侦察无人机飞行的初始位置如图8.3所示。

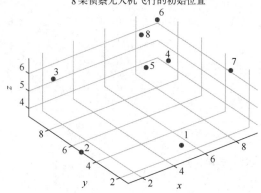

图 8.3　8 架侦察无人机飞行的初始位置

8.2.4　结果分析

对于问题(1),关键是求解距离函数 $d_{ij}(t)$ 在时间区间 $[0,\min\{T_i,T_j\}]$ 上的最小值。除了前面所采用的计算 $d_{ij}(t)$ 在时间区间离散点的函数值之外,还可以通过函数的极值最值知识来求解。此问题等价于求解距离平方函数

$$d_{ij}^2(t)=[x_i-x_j+t(v_i\cos\theta_{i1}-v_j\cos\theta_{j1})]^2+[y_i-y_j+t(v_i\cos\theta_{i2}-v_j\cos\theta_{j2})]^2$$
$$+[z_i-z_j+t(v_i\cos\theta_{i3}-v_j\cos\theta_{j3})]^2$$

在时间区间 $[0,\min\{T_i,T_j\}]$ 上的最小值。相关的求解方法与模型一的结果分析类似,本书在此不再赘述,请读者自行完成。

对于问题(2),需要求解目标函数式(8.3)满足约束条件式(8.4)的最优解,也是利用 MATLAB 函数 fmincon 来完成。为了得到更优的解,又选取了初始值 $(0,0,0,\cdots,0)$ 附近的 20 组随机初始值进行结果比较。注意到,每次运行脚本文件 Q2.m 所得的结果都是相同的,这说明得到了较好的最优解。同时,本模型考虑的是每架侦察无人机飞行的 3 个方向角都可以调整改变,对于只改变某一个方向角(比如第三方向角)的情形也是适用的。

注意到,当每架侦察无人机飞行方向的第三方向角均为 $\pi/2$ 时,我方 8 架侦察无人机即为非等高水平匀速直线飞行,可以看成是模型一的推广。同时我方 8 架侦察无人机若是等高匀速直线飞行时,即为模型一情形。

事实上,本模型可以推广到多批次侦察无人机进入领空区域的情形。当每批次侦察无人机进入时,其他每架侦察无人机的位置坐标由于非等高非水平匀速直线飞行都是不同的,但是判定侦察无人机是否会安全飞行的方法仍然不变,请感兴趣的读者自行研究。

第9章 火力打击任务分配问题

随着战场侦察与监视手段的快速发展,导弹在机动过程中容易暴露在敌人的侦察范围内,又面临着"发现即摧毁"的风险。合理规划机动路线减少暴露时间成为研究导弹发射的关键问题。导弹作战火力打击任务分配涉及待机区域、发射区域和转载区域的选择,发射导弹的类型、数量,弹目匹配,出发时机的选择等诸多要素。本案例按照由简单到复杂的思路介绍导弹作战火力打击任务分配的3个模型,包括单个波次火力打击任务分配模型、两个波次火力打击任务分配模型和多个波次火力打击任务分配模型。

9.1 单个波次火力打击任务分配

9.1.1 问题描述

某型导弹使用车载发射装置,平时在待机区域隐蔽待机,在授领发射任务后,携带导弹沿道路机动,快速抵达指定发射点位实施导弹发射,对射程内的目标进行精确火力打击。某部现有12套车载发射装置,平均部署在两个待机区域(D_1,D_2)。其所属作战区域内有30个发射点位($F_1 \sim F_{30}$),5个转载地域($Z_1 \sim Z_5$),38个道路节点($J_1 \sim J_{38}$)。作战区域内的待机区域、转载地域、发射点位的分布和道路情况已知,各要素名称及坐标如表9.1所列。道路用黑色实线表示,均只能单向行驶,如图9.1所示。通常车辆的平均机动速度为50km/h。每个装置只能载1枚弹,每个转载区域最多存放5枚同类型导弹。一

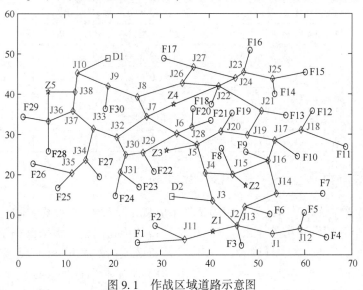

图9.1 作战区域道路示意图

个转载区域最多同时容纳 2 台装置，1 台作业平均用时 10min。同一波次导弹要求齐射，且整体暴露时间最短（所有发射装置的暴露时间总和）。现接收到 1 个波次 12 枚导弹的火力打击任务，下面给出发射任务的合理分配方案和机动方案。

表 9.1 要素名称及坐标

要素名称	(X,Y)坐标	要素名称	(X,Y)坐标	要素名称	(X,Y)坐标
D1	(32.3,14.5)	F25	(8.5,16.7)	J16	(52.3,23.4)
D2	(19.1,48.8)	F26	(3.3,22.6)	J17	(53.7,28.5)
F1	(25.2,3.0)	F27	(17.2,19.3)	J18	(59.2,31.0)
F2	(28.8,7.1)	F28	(6.5,25.8)	J19	(47.9,29.7)
F3	(46.7,2.3)	F29	(1.2,34.3)	J20	(42.4,30.6)
F4	(64.6,4.3)	F30	(18.5,36.2)	J21	(50.9,35.7)
F5	(59.9,10.4)	Z1	(40.8,5.7)	J22	(42,42)
F6	(52.7,10.1)	Z2	(47.6,17.1)	J23	(45.4,44.0)
F7	(63.8,15.1)	Z3	(31.3,25.9)	J24	(47.2,45.4)
F8	(42.5,26.5)	Z4	(32.7,37.3)	J25	(53.2,43.7)
F9	(47.6,25.6)	Z5	(6.5,40.4)	J26	(34.5,42.7)
F10	(58.4,24.5)	J1	(53.2,5.2)	J27	(36.8,46.6)
F11	(68.7,26.8)	J2	(45.8,7.1)	J28	(36.4,31.7)
F12	(61.7,35.7)	J3	(40.7,13.3)	J29	(26.3,25.3)
F13	(56.0,34.7)	J4	(39.2,20.2)	J30	(22.7,24.8)
F14	(53.7,39.9)	J5	(37.5,27.4)	J31	(21.6,20.5)
F15	(60.1,45.3)	J6	(33.3,30.1)	J32	(20.9,29.1)
F16	(48.5,50.8)	J7	(27.1,34.2)	J33	(16.0,31.4)
F17	(30.7,48.9)	J8	(25.1,39.1)	J34	(14.3,23.6)
F18	(40.5,37.3)	J9	(19.1,42.0)	J35	(11.4,20.3)
F19	(44.7,35.1)	J10	(12.6,45.1)	J36	(6.5,33.1)
F20	(36.7,36.2)	J11	(34.9,3.8)	J37	(11.7,35.8)
F21	(40.3,33.3)	J12	(59.0,6.5)	J38	(12.2,40.4)
F22	(28.6,20.7)	J13	(47.4,11.9)		
F23	(25.5,16.9)	J14	(54.1,15.2)		
F24	(20.5,14.7)	J15	(44.9,19.9)		

9.1.2 模型建立

本问题是要在整体暴露时间最短的条件下完成 1 个波次 12 枚导弹的火力打击任务，因此，这是一个合理设置任务分配方案和机动路线的优化问题。根据已知条件，发射装置位于待机区域时已经装载了导弹，发射车位于待机区域内的时间不计入暴露时间，也暂不考虑发射车在发射点位必要的技术准备时间和发射后的撤收时间。因此，"暴露时间"是指各车载发射装置从待机地域出发时刻开始至发射阵地完成发射时刻为止的时间。

假设车辆为匀速行驶的条件下,路程为时间与速度的乘积,本问题可以将暴露时间最短的问题转化为求解最短路径的问题。已知12辆发射车平均分配在2个待机区域,就是每个待机区域有6辆车,并且到达发射阵地后,12辆发射车必须齐射才算完成任务。因此,完成1个波次的火力打击任务,需要先求出待机区域到发射区域的最短路,然后考虑按照行驶距离由远到近依次发车,根据路径大小求出时间并分别记录,这样就可以得出各发射车的出发时间和总的暴露时间,从而完成任务分配。

为求解最优分配方案,将问题转换为求最短路径的问题,建立 0-1 整数规划模型。故设目标函数为

$$\min \sum_{i=1}^{2} \sum_{j=1}^{30} d_{ij} \cdot \varphi_{ij} \tag{9.1}$$

式中:d_{ij} 为由 i 待机阵地到 j 发射阵地的最短路径。

φ_{ij} 为决策变量:

$$\phi_{ij} = \begin{cases} 1 & (\text{选择此路径}) \\ 0 & (\text{不选择此路径}) \end{cases}, i=1,2; j=1,2,\cdots,30 \tag{9.2}$$

约束条件为

$$\sum_{i=1}^{2} \sum_{j=1}^{30} \phi_{ij} = 12$$

9.1.3 模型求解

1. 路网的抽象

最优路径搜索技术通常采用图论中的"图"来表示路网,如图 9.2 所示。

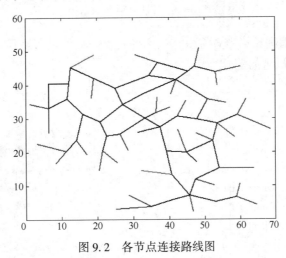

图 9.2 各节点连接路线图

节点:对应图中路线的节点(共 75 个,记作 J1~J38,F1~F30,D1~D2,Z1~Z5);

弧:连接两节点之间的线段,路线的方向对应该线段的方向(共 75 条,记作 A1~A75);

弧的权:是路段上某个或某些特征属性的量化表示。根据不同的最优目标,可以选择不同的路段属性,这里用路段长度作为该路段对应的边弧的权,称为道路权重(记作 W)。

在规定了节点、弧及其权值之后,可将路网抽象为一个赋权有向图,确定路网中某两地间的最优路线,从而将问题转化为图论中的最短路问题。

2. 道路权重的标定

一个车载发射装置网络可以用一个有向图 $G=(V,A,W)$ 表示。其中 V 为节点集,$V=\{V_i | i=1,2,\cdots n\}$;$A$ 为弧集,$A=\{(V_i,V_j) | V_i, V_j \in V\}$,;$W$ 为权集,$W=\{w(V_i,V_j) | V_i, V_j \in V\}$。

道路权重的标定决定了最短路路径搜索的依据,也就是搜索指标。常用的路权指标有两节点之间的线段距离大小、该路线上车载发射装置的暴露时间等。

3. 任意两个节点的最短路

采用经典的最短路径算法 Dijkstra 算法来解决问题。算法流程如图 9.3 所示。

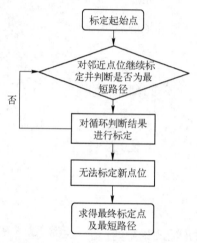

图 9.3 用 Dijkstra 算法求解最短路径流程图

通过 MATLAB 编程计算出各待机阵地到各发射阵地的最短路径与最短距离,结果如表 9.2 所列(只取出最短的前 6 个)。

```
clc,clear
%下面导入数据
launch = importdata('fashe.txt');              %导入发射点的坐标
wait = importdata('daiji.txt');                %导入待机区域的坐标
connect_position = importdata('jiedian.txt');  %导入38个道路节点的坐标
change = importdata('zhuanzai.txt');           %导入5个转载阵地的坐标
connect = importdata('lianjie.txt');           %导入38个道路节点
connect2 = importdata('lianjie2.txt');
connect_position2 = [connect_position;change]; %将38个节点和5个转载阵地的位置整合
distance = zeros(43,43);
for i = 1:43                                    %计算43个点的距离
    for j = 1:43
        if connect(i,j) == 1
distance(i,j) = sqrt((connect_position2(i,1) - connect_position2(j,1))^2 + (connect_position2(i,2) - connect_position2(j,2))^2);
        else
```

```
                distance(i,j)=inf;
            end
        end
end
pos1=3;
[d1,DD1]=dijkstra(distance,pos1);    %d1 为由 pos1 到各道路节点的最短距离,DD1 记载了最短生成树
pos2=10;
[d2,DD2]=dijkstra(distance,pos2);    %d2 为由 pos2 到各道路节点的最短距离,DD2 记载了最短生成树
d_D1toJ3=sqrt((wait(1,1)-connect_position(3,1))^2+(wait(1,2)-connect_position(3,2))^2);
d_D2toJ10=sqrt((wait(2,1)-connect_position(10,1))^2+(wait(2,2)-connect_position(10,2))^2);
dd1(1,1:30)=1:30;
dd2(1,1:30)=1:30;
for i=1:30
dd1(2,i)=d_D1toJ3+d1(connect2(i,2))+sqrt((launch(i,1)-connect_position(connect2(i,2),1))^
2+(launch(i,2)-connect_position(connect2(i,2),2))^2);
dd2(2,i)=d_D2toJ10+d2(connect2(i,2))+sqrt((launch(i,1)-connect_position(connect2(i,2),1))
^2+(launch(i,2)-connect_position(connect2(i,2),2))^2);
end
dd1=dd1';
dd2=dd2';
[sa1,index1]=sort(dd1);
[sa2,index2]=sort(dd2);
dd1(1:30,2)=sa1(1:30,2);
dd1(1:30,1)=index1(1:30,2);          %dd1 记录待机区域 D1 到发射区域的最短路并按由小到大排序
dd2(1:30,2)=sa2(1:30,2);
dd2(1:30,1)=index2(1:30,2);          %dd2 记录待机区域 D2 到发射区域的最短路并按由小到大排序
```

9.1.4 结果分析

执行上面的程序可以得到两个待机区域 D1、D2 分别到 30 个发射区域的最短距离,选取每组结果的前 6 个,得到待机区域到发射阵地的最短距离和一个波次火力打击时导弹发射装置对应的行驶路线表,如表 9.2 和表 9.3 所列。

表 9.2 待机区域到各发射区域的最短距离

待机阵地 D1		待机阵地 D2	
发射阵地编号	最短距离	发射阵地编号	最短距离
F3	21.397	F30	20.512
F6	27.170	F29	28.117
F8	28.277	F28	29.983
F19	33.850	F27	36.145
F5	34.100	F25	39.975
F9	34.630	F21	41.774

表9.3 一个波次火力打击导弹发射装置的行驶路线表

H1:D1→J3→J2→F3
H2:D1→J3→J2→J13→F6
H3:D1→J3→J2→J1→J12→F5
H4:D1→J3→J4→J15→J16→F9
H5:D1→J3→J4→J15→F8
H6:D1→J3→J4→J5→J20→F19
H7:D2→J10→J9→J8→J7→J28→F21
H8:D2→J10→J38→J37→J33→J34→F27
H9:D2→J10→J9→F30
H10:D2→J10→J38→J37→J36→F29
H11:D2→J10→J38→J37→J36→F28
H12:D2→J10→J38→J37→J33→J34→J35→F25

最后，根据最短路径的结果计算整体最短暴露时间。在发射车位于待机区域时不会增加暴露时间和所有导弹都要求齐射的前提下，导弹发射装置的分配方案依据"同时到达"的原则来计算暴露时间。由表9.4可知，由D2出发的发射车距离最远的发射点为F21，距离为41.774km，机动时间为0.835h，由D2出发到发射区域F25的发射车次之，距离为39.975km，为了使这两辆发射车同时到达发射区域，待上一辆发射车出发0.036h以后，该车辆再出发，此时暴露时间为0.799h。按照类似的发式分配发射车，任务分配方案如表9.4所列，将暴露时间相加，得到12辆发射车的整体暴露时间为7.518h。

表9.4 暴露时间分配方案

导弹发射车	发 射 点	路 程	出发时间/h	暴露时间/h
1	F30	20.512	0.425	0.410
2	F3	21.397	0.408	0.428
3	F6	27.170	0.292	0.543
4	F29	28.117	0.273	0.562
5	F8	28.277	0.270	0.566
6	F28	29.983	0.236	0.600
7	F19	33.850	0.158	0.677
8	F5	34.100	0.153	0.682
9	F9	34.630	0.143	0.693
10	F27	36.145	0.113	0.723
11	F25	39.975	0.036	0.799
12	F21	41.774	0.000	0.835

9.2 弹目分配模型

9.2.1 问题描述

在模型一建立的以整体暴露时间(所有发射装置的暴露时间总和)最短为目标的优化模型的基础上,如果平均部署在两个待机地域(D1,D2)的 12 套车载发射装置可携带甲、乙、丙 3 种类型导弹,分别可对应打击 A、B、C 三个目标,三个目标的坐标已知,分别为 $A(596.2\ 323.6)$、$B(593.6\ 327.0)$、$C(591.2\ 336.4)$。部队接收到发射命令后,需要进行具体的发射任务分配,即合理分配每个发射装置携带不同类型的导弹到相应的发射点位实施发射以打击相对应的目标。通常情况下,同一波次的导弹要求齐射,发射点到目标点连线的大地投影不交叉(使得弹道不交叉)。

9.2.2 模型建立

当所有发射车均进入各发射阵地,对敌方目标实施火力打击任务时,为避免各导弹间相互影响和保证打击效果,各导弹弹道要互不交叉,假设 12 辆发射车 F_i 随机机动到 12 个发射阵地,3 个目标地点 A、B、C 的位置在图中标出。可以看到 A 点位于上方,C 点位于下方,B 点位于中间的位置。也就是说,当我们把 A、B、C 三点与原点相连时,得到三个点的斜率后 $k_A = \dfrac{y_A}{x_A}$,$k_B = \dfrac{y_B}{x_B}$,$k_C = \dfrac{y_C}{x_C}$,它们的斜率显然具有以下的关系:$k_A > k_B > k_C$。

为使各弹道大地投影不交叉,现分别把 12 个发射点位与目标点 B 相连并计算其斜率

$$k_i = \dfrac{y_i - y_B}{x_i - x_B}(i=1,2,\cdots,12) \tag{9.3}$$

由图 9.4 可知,把所有的随机匹配的发射阵地与某一目标点之间连线的斜率计算出后排序,然后斜率由小到大排序。然后定义 $k[1]$,$k[2]$,$\cdots$,$k[12]$ 为由小到大排列好的数组。为了使弹道大地投影不相交,分别对应打击目标如下:

$$\begin{cases} A \to k[1], k[2], k[3], k[4] \\ B \to k[5], k[6], k[7], k[8] \\ C \to k[9], k[10], k[11], k[12] \end{cases} \tag{9.4}$$

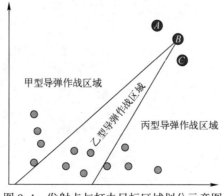

图 9.4 发射点与打击目标区域划分示意图

9.2.3 模型求解

由于待机地域 D1,D2 平均布设有 6 辆发射车,因此从 D1,D2 点各取最近的 6 个发射点作为机动目标,根据每台发射车打击的目标点确定发射车所装载导弹的型号,甲、乙、丙 3 种类型导弹,分别对应打击 A、B、C 三个目标。

利用 MATLAB 程序求解出发射点与目标点弹道不交叉的点,并画出发射点与打击目标的示意图,从而确定发射点位上所对应的发射车所携带的导弹类型。建立脚本文件 danmupipei.m,程序代码如下:

```
clc,clear
MB=[596.2 323.6 1;
    593.6 327.0 2;
    591.2 336.4 3];                              %A、B、C 三个目标点坐标数据
MB(:,4)=MB(:,2)./MB(:,1)
MB=sortrows(MB,4);
MB1=MB(2,1:2);                                   %找出斜率在中间的目标点
ZB=xlsread('fashedian12.xls','sheet1','A2:C13'); % 读取 12 个发射点及其坐标数据
fsd=((ZB(:,3)-MB1(2)))./((ZB(:,2)-MB1(1)));      % 12 个发射点与目标点 B 的斜率
ZB(:,4)=fsd;
ZB=sortrows(ZB,4)                                % 发射点与目标点斜率排序
%下面画出打击方案示意图
plot(ZB(1:12,2),ZB(1:12,3),'b*');                %画出 12 个发射点
hold on;
plot(MB(1:3,1),MB(1:3,2),'ro');                  % 画出 3 个目标点
X1=ZB(1:4,2:3);                                  %根据排序结果将前 4 个发射点分给目标点 C
C=MB(3,1:2);
for i=1:4
plot([X1(i,1),C(:,1)],[X1(i,2),C(:,2)]);
end
X2=ZB(5:8,2:3);                                  %将中间 4 个发射点分给目标点 B
B=MB(2,1:2);
for i=1:4
    plot([X2(i,1),B(:,1)],[X2(i,2),B(:,2)],'r');
end
X3=ZB(9:12,2:3);                                 %将后 4 个发射点分给目标点 A
A=MB(1,1:2);
for i=1:4
    plot([X3(i,1),A(:,1)],[X3(i,2),A(:,2)],'y');
end
```

9.2.4 结果分析

执行上面的程序可以在模型一的基础上进一步得到发射点位对应的打击目标,从而

得到在表 9.4 的基础上 12 辆导弹发射车应携带的导弹类型,具体结果如表 9.5 所列。

表 9.5 弹目匹配分配方案

导弹发射车	待机区域	发 射 点	携带导弹类型	打击目标类型
1	D2	F30	丙	C
2	D1	F3	甲	A
3	D1	F6	甲	A
4	D2	F29	丙	C
5	D1	F8	乙	B
6	D2	F28	丙	C
7	D1	F19	乙	B
8	D1	F5	甲	A
9	D1	F9	甲	A
10	D2	F27	乙	B
11	D2	F25	丙	C
12	D2	F21	乙	B

发射点火力打击示意图如图 9.5 所示,可以发现,虽然发射点位距离待打击目标比较远,但是根据对目标点和发射点位连线的分析,蓝色线表示发射点打击目标 C,红色线表示发射点打击目标 B,黄色线表示发射点打击目标 A,所设计的算法满足弹道不交叉的条件(黑白印刷,无法区分颜色,读者可在 MATLAB 中运行程序查看)。

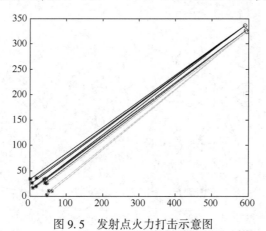

图 9.5 发射点火力打击示意图

模型二是在模型一的基础上,将确定发射点位后的发射车装载导弹的类型与打击的目标相匹配,从而完成导弹火力打击的任务。因此模型二的解决可以看作是模型一加上弹目匹配这个约束条件后的优化问题的延展,我们将模型一和模型二可以整合成下面的形式:

$$\min \sum_{i=1}^{2} \sum_{j=1}^{30} d_{ij} \cdot \varphi_{ij}$$

满足约束条件

$$\sum_{i=1}^{2}\sum_{j=1}^{30}\varphi_{ij}=12$$

式中：d_{ij} 为由 i 待机阵地到 j 发射阵地的最短路径；φ_{ij} 为决策变量。

$$\varphi_{ij}=\begin{cases}1 & 1(\text{选择此路径})\\ 0 & 0(\text{不选择此路径})\end{cases}\quad(i=1,2;j=1,2,\cdots,30)$$

9.3 多个波次火力打击任务分配

9.3.1 问题描述

现接收到 2 个波次的火力打击任务，其他条件不变，试给出各波次发射任务的合理分配方案和机动方案，使得每台发射装置最大暴露时间和整体暴露时间最短。

9.3.2 模型建立

1 个波次的火力打击任务规划问题中，因为从待机区域出发的发射车已经配备导弹，无需去转载地域装弹，所以只需安排发射车由待机区域到发射点发射导弹即可完成第一波次的发射任务。第一波次的任务完成之后，需要到转载地域装载导弹，所以 2 个波次的火力打击任务与 1 个波次不同的是，第二波次还需要先安排发射车到附近的转载地域，然后再由转载地域到附近的发射点才能完成第二波次的发射任务，如图 9.6 所示。因此本问题中的"暴露时间"是指各发射车从待机地域出发时刻开始至完成第二波次发射对应的时刻为止的时间。

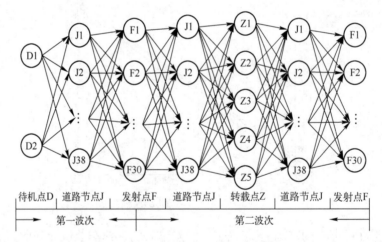

图 9.6 两个波次导弹发射任务示意图

既然暴露时间是完成两个波次发射任务的时间，所以一个直观的想法是能不能将该问题划分为两个波次 3 个阶段来考虑呢？也就是先得到第一波次的机动方案，再得到第二波次的机动方案。在第一波次中先规划出由待机点位到发射点位的机动路径，然后依次按照类似的方法得到由发射点位到转载地域，转载地域到发射点位的机动路径，通过求解 3 个阶段的局部最优解从而得到整个两个波次的全局最优解。但是大家都知道，局部最优未必一定全局最优,这也是多波次任务规划中的难点问题。如何来破解这个难点问题呢?

根据两个波次任务规划的特点将待机区域到发射点位,发射点位到转载地域,转载地域至发射点位组合起来考虑,也就是将两个波次结合起来整体优化,建立以最优节点组合为基础的组合优化模型。

由于发射车平均时速为50km,假设所有的发射车都是匀速行驶,此时,机动时间最小就是使所有节点上线路长度之和最小。对于任意一辆车的行车路线计划,行车计划 R_i $(D_i,F_{ai},Z_i,F_{bi}) \in \text{Road}(D_i,F_{ai},Z_i,F_{bi})$ 为由 D_i 出发,到达第一波次发射点位 F_{ai},中转区域 Z_i 以及第二波次发射点位 F_{bi} 确定。根据前面的思路需要在所有的道路节点组合中选择最优节点组合,其中同时涉及待机区域、发射点位、转载地域的选择和机动路线的选择问题。对所有车辆的发射点位和转载地域可能位置建立 0-1 整数规划模型寻找最小路径。一个完整的规划模型需要具备3个要素,即决策变量、目标函数和约束条件。

1. 决策变量

对于一个优化问题,我们想要的结果什么?这是决策变量要解决的问题。例如在本题中可以将决策变量表示为

$$F_{D_k s,i} = \begin{cases} 1 & (\text{选择从 } D_k \text{ 出发的第 } s \text{ 波次的第 } i \text{ 个发射点}) \\ 0 & (\text{不选择从 } D_k \text{ 出发的第 } s \text{ 波次的第 } i \text{ 个发射点}) \end{cases}$$

$$Z_{D_k s,i,j} = \begin{cases} 1 & (\text{从 } D_k \text{ 出发的第 } s \text{ 波次的第 } i \text{ 个发射点选择第 } j \text{ 个转载地域}) \\ 0 & (\text{从 } D_k \text{ 出发的第 } s \text{ 波次的第 } i \text{ 个发射点不选择第 } j \text{ 个转载地域}) \end{cases}$$

式中:$k=1,2;s=1,2;i=1,2,\cdots,30;j=1,2,\cdots,5$。

当决策变量全部是整数时,这种规划模型称为整数规划。特殊地,如果决策变量只能取 0 或 1 时,规划模型称为 0-1 规划。本问题的模型就是一个 0-1 规划模型。

2. 目标函数

规划模型需要优化什么?想要什么最小或最大?这就是目标函数,是需要优化的目标。例如本问题就是一个单目标优化问题,即要使得整体暴露时间最短。主要包括发射车在道路上的机动时间,由于会车等待和转载区域等待而带来的节点等待时间,以及两个波次齐射而带来的发射等待时间。

整体暴露时间可以表述为

$$\text{整体暴露时间 } T_{\text{tol}} = T_{\text{道路机动时间}} + T_{\text{节点等待时间}} + T_{\text{发射等待时间}}$$

在这三部分暴露时间当中,显然道路机动时间是主要时间,节点等待时间和发射等待时间可以根据机动方案进行调整,所以模型里我们都通过道路机动时间来体现。

在确定道路机动时间时,由于发射车平均时速是50km,假设所有的发射车都是匀速行驶,此时,机动时间最小就是使所有节点上线路长度之和最小。

$$d_{\text{tol}} = \sum_{i=1}^{30}\sum_{k=1}^{2} F_{D_k,i} \cdot d_{D_k,i} + \sum_{i=1}^{30}\sum_{j=1}^{5}\sum_{k=1}^{2} F_{D_k 1,i} \cdot Z_{D_k 1,i,j} \cdot d_{FZ,i,j} + \sum_{i=1}^{30}\sum_{j=1}^{5}\sum_{k=1}^{2} F_{D_k 2,i} \cdot Z_{D_k 2,i,j} \cdot d_{FZ,i,j}$$

其中:$d_{D_k,i}$ 为 D_k 与第 i 个发射点位的最短距离;$d_{FZ,i,j}$ 为第 i 个发射点位与第 j 个转载地域的最短距离。

两个波次的机动距离就是由待机点位到发射点位的距离,发射点位到转载地域的距离以及相应的转载阵地到发射点位的距离三部分之和。用总的机动距离除以平均速度就

可以得到道路机动时间,进而得到总的暴露时间

$$\min T_{\text{tol}} = \min(d_{\text{tol}}/V)$$

3. 约束条件

结合具体问题,一般针对决策变量都有一定的限制条件,这些限制条件就是约束条件。

(1) 12 辆发射车平均部署在 2 个待机区域,也就是每个波次在每一个待机区域上刚好有 6 辆发射车:

$$\sum_{i=1}^{30} F_{D_k s, i} = 6$$

(2) 发射点位不能重复,就是在两个波次所选择的发射点位中,每一个发射点只能使用一次:

$$\sum_{k=1}^{2} \sum_{s=1}^{2} F_{D_k s, i} \leqslant 1$$

(3) 每个转载地域最多有 5 枚导弹:

$$\sum_{i=1}^{5} Z_{D_k s, i, j} \leqslant 5$$

(4) 转载区域与发射点相对应:

$$\sum_{j=1}^{5} Z_{D_k s, i, j} = F_{D_k s, i}$$

(5) 转载区域进入车辆与发出车辆相对应:

$$\sum_{i=1}^{30} Z_{D_k 1, i, j} = \sum_{i=1}^{30} Z_{D_k 2, i, j}$$

约束条件(4)、(5)与两个波次的整体性有关,一方面第一波次中的每个发射点位发射完成后必须进入转载地域装弹,另一方面第一波次后进入转载地域的发射车必须是第二波次完成火力打击时相对应的发射车。满足这两个条件就能够保证在确定机动方案时两个波次的整体性。

4. 多波次火力打击单目标 0-1 规划模型

综上讨论,多波次火力打击单目标 0-1 整数规划模型:

$$\min(T_{\text{tol}}) = \min(d_{\text{tol}}/V)$$

$$\text{s.t.} \begin{cases} \sum_{i=1}^{30} F_{D_k s, i} = 6 \\ \sum_{k=1}^{2} \sum_{s=1}^{2} F_{D_k s, i} \leqslant 1 \\ \sum_{i=1}^{5} Z_{D_k s, i, j} \leqslant 5 \\ \sum_{j=1}^{5} Z_{D_k s, i, j} = F_{D_k s, i} \\ \sum_{i=1}^{30} Z_{D_k 1, i, j} = \sum_{i=1}^{30} Z_{D_k 2, i, j} \end{cases}$$

9.3.3 模型求解

任何一个优化问题的求解都要面临这样一个问题：如何既能实现全局最优，又能提高求解效率呢？根据模型建立的思路这里提出了分层组合优化的求解方法，主要分为两个层次：第一层次，得到最优组合节点，先忽略道路上可能产生的各种等待时间以及出发与到达时间的相关约束，针对前面建立的 0-1 整数规划模型，得到行车路线总长度最小的节点组合。第二层次：对线路时间进行规划，考虑两波次齐射任务，会车等待和转载地域等待，对每辆车在各节点的驻留以及出发时间进行调整，计算暴露时间。对问题从宏观到微观进行全面的剖析与求解。思路流程如图 9.7 所示。

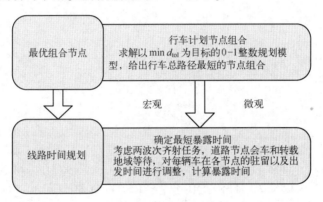

图 9.7　分层组合优化思路流程图

1. 最短路线节点组合优化

在求解最优节点组合时，按照以下 4 个步骤来进行。

(1) 构造邻接矩阵。提取题目中给定各待机区域、道路节点、转载区域、发射点位、目标点各点的坐标。定义变量

$$r_{mn} = \begin{cases} 1 & (m 、 n \text{ 两点之间有路}) \\ +\infty & (m 、 n \text{ 两点之间没有路}) \end{cases}$$

令 $a_1, a_2, \cdots, a_{75}$ 分别对应 $a_{D1}, a_{D2}, a_{Z1} \cdots, a_{Z5}, a_{J1}, a_{J2}, \cdots, a_{J38}, a_{F1}, a_{F2}, \cdots, a_{F30}$，以 r_{mn} 作为元素得到反映两点之间连通性的邻接矩阵 $\boldsymbol{A}_{(75 \times 75)}$。

(2) 构造权值矩阵。设 $\boldsymbol{W} = (w_{ij})_{75 \times 75}$ 为赋权邻接矩阵，其中：

$$w_{ij} = \begin{cases} w(v_i, v_j) & (v_i, v_j \in E) \\ \infty & (\text{其他}) \end{cases}$$

在各节点坐标已知的情况下，通过两点间的距离公式很容易得到赋权邻接矩阵，即权值矩阵。

(3) 所有通路节点的最短路。取决策变量 x_{ij}，当 $x_{ij} = 1$，说明弧 v_i, v_j 位于顶点 1 至顶点 n 的路上；否则为 0，其数学表达式为

$$\min \sum_{v_i, v_j \in E} w_{ij} \cdot x_{ij}$$

$$\text{s.t.} \sum_{j=1}^{n} x_{ij} - \sum_{j=1}^{n} x_{ji} = \begin{cases} 1 & (i = 1) \\ -1 & (i = m) \\ 0 & (i \neq 1, n) \end{cases}$$

(4) 求解 0-1 整数规划模型。利用 Lingo 软件求解该 0-1 规划,可直接得到 12 条线路中分别顺次对应的 Da、Fa、Za、Fb 四个节点的可选组合范围,并且在这个组合范围内选择最短路径。Lingo 程序如下:

model:
!最优节点组合;
sets:
!两个待机阵地
D/1..2/;
!30 个发射点位
F/1..30/;
!5 个转载阵地
Z/1..5/;
tabel1(D,F):A,f1;
tabel2(F,Z):B,f2;
tabel3(Z,F):C,f3;
endsets
data:
!A=@text('待机区域到发射点位最短距离.txt');
A=37.64 34.84 21.40 36.11 34.10 27.17 38.74 28.28 34.63 40.90 51.16 46.09 46.28 68.28 71.53
63.76 61.78 56.92 33.85 35.94 35.64 41.57 49.81 50.40 65.81 69.61 61.98 68.12 66.26 64.48
82.67 79.88 66.43 81.15 79.14 72.21 78.45 59.19 65.54 62.58 72.84 67.78 55.04 55.24 58.49
50.72 42.46 43.88 49.97 42.07 41.77 41.83 42.80 43.39 39.97 43.77 36.15 29.98 28.12 20.51;
!B=@text('多波导弹发射任务规划\发射点位到转载地域最短距离.txt');
B=
15.93   45.81   49.99   62.43   85.6
13.14   43.02   47.2   59.64   82.81
10.07   29.57   33.75   46.19   69.36
24.79   44.29   48.47   60.91   84.08
22.77   42.27   46.45   58.89   82.06
15.85   33.55   39.53   51.97   75.14
27.42   30.18   45.78   56.84   81.39
33.01   10.91   26.51   38.95   62.12
31.31   17.27   32.87   43.93   68.48
37.58   23.54   29.89   39.62   65.5
47.84   33.8   40.15   49.88   75.76
42.77   28.73   35.08   44.81   70.69
49.24   35.2   29.71   26.02   57.77
71.23   57.19   51.7   26.77   58.52
74.48   60.44   54.95   30.02   61.77
66.71   52.67   47.18   22.25   54
66.51   55.83   45.21   28.85   45.4
59.12   45.08   39.59   14.66   46.41
38.58   27.9   17.28   29.72   52.89
40.67   29.99   19.37   21.83   45

```
40.38    29.7    19.08   21.54   44.71
46.3     35.62   25      27.46   35.32
54.54    43.86   33.24   28.84   36.3
55.13    44.45   33.83   29.43   36.89
70.53    59.85   49.23   36.83   33.47
74.33    63.65   53.03   40.63   37.27
66.71    56.03   45.41   33.01   29.65
72.85    62.17   51.55   39.15   14.6
70.98    60.3    49.68   37.28   12.73
57.88    47.2    36.58   24.18   23.45;
!C=@text('多波导弹发射任务规划\转载地域到发射点位最短距离.txt');
C=
15.93  13.14  10.07  24.79  22.77  15.85  27.42  33.01  31.31  37.58
47.84  42.77  49.24  71.23  74.48  66.71  66.51  59.12  38.58  40.67
40.38  46.3   54.54  55.13  70.53  74.33  66.71  72.85  70.98  57.88
45.81  43.02  29.57  44.29  42.27  33.55  30.18  10.91  17.27  23.54
33.8   28.73  35.2   57.19  60.44  52.67  55.83  45.08  27.9   29.99
29.7   35.62  43.86  44.45  59.85  63.65  56.03  62.17  60.3   47.2
49.99  47.2   33.75  48.47  46.45  39.53  45.78  26.51  32.87  29.89
40.15  35.08  29.71  51.7   54.95  47.18  45.21  39.59  17.28  19.37
19.08  25     33.24  33.83  49.23  53.03  45.41  51.55  49.68  36.58
62.43  59.64  46.19  60.91  58.89  51.97  56.84  38.95  43.93  39.62
49.88  44.81  26.02  26.77  30.02  22.25  28.85  14.66  29.72  21.83
21.54  27.46  28.84  29.43  36.83  40.63  33.01  39.15  37.28  24.18
85.6   82.81  69.36  84.08  82.06  75.14  81.39  62.12  68.48  65.5
75.76  70.69  57.77  58.52  61.77  54     45.4   46.41  52.89  45
44.71  35.32  36.3   36.89  33.47  37.27  29.65  14.6   12.73  23.45;
enddata
!目标函数;
min=@sum(D(i):@sum(F(j):@sum(Z(k):@sum(F(l):A(i,j)*f1(i,j)+B(j,k)*f2(j,k)+C(k,l)*f3(k,l))))));
!约束条件;
!f1,f2,f3为决策变量;
@for(tabel1:@bin(f1));
@for(tabel2:@bin(f2));
@for(tabel3:@bin(f3));
!每个待机区域有6辆发射车;
@sum(F(j):f1(1,j))=6;
@sum(F(j):f1(2,j))=6;
@for(F(j):@sum(Z(k):f2(j,k))=@if(@sum(D(i):f1(i,j))#ge#1,1,0));
@for(F(j):@sum(Z(k):f2(j,k))=@sum(D(i):f1(i,j)));
!每个发射点位使用不超过一次;
@for(F(j):f1(1,j)+f1(2,j)<=1;
```

@for(F(l):@sum(Z(k):f3(k,l))<=1);
@for(D(i):@for(F(j):@for(Z(k):f1(i,j)+f3(k,j)<1)));
@for(Z(k):@sum(F(l):f3(k,l))=@sum(F(j):f2(j,k)));
end

2. 线路时间规划

得到了总路径最短的行车路线以后,还需要根据线路时间对机动方案进行调整。主要是解决以下两个问题:节点处的等待时间,这里包括会车时的等待时间和在转载地域的等待时间两部分,还有就是必须考虑两个波次导弹发射齐射的要求,即第一波次和第二波次分别进行齐射。

(1) 会车等待时间。车辆在单行道上行驶过程中,有超车和会车两种情况。由于所有车辆都是看作匀速行驶的,所以这以不考虑超车的情况。

根据图 9.8 所示的单车道会车示意图可分析其会车等待时间。

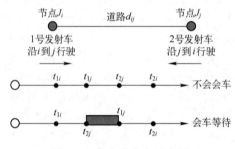

图 9.8 单车道会车示意图

图 9.8 中 1 号车载发射装置需通过单行道进行 i 到 j 的路线行驶,2 号车载发射装置需经过单行道 j 到 i 的路线行驶,因此可能产生会车情况。首先根据上述到达各节点时间计算出 1 号车载发射装置到达 i,j 节点的时间为 t_{1i},t_{1j},2 号车载发射装置到达 i,j 节点的时间为 t_{2i},t_{2j}。若没有交集,则不会会车,若产生交集则会车。本文采用使目标函数即曝光时间短的作为选择的等待方式。若发射车等待,则等待时间为

$$t_{\text{wait}} = t_{1j} - t_{2j}$$

会车后需加入等待时间更新发射车的达到节点的时间:

$$t_i = d_{\text{FZ},i,j}/v + t_{\text{wait}}$$

(2) 转载地域等待时间。由于每个转载地域最多只能同时容纳 2 台发射车,作业时间为 10min。这里主要有两种可能的情况,如图 9.9 所示

假设菱形是转载地域,圆点为发射车,第一种情况如图 9.9(a)所示:当转载地域只有一辆发射车时,该装置可继续停留此地,直到下一辆到来时再离开。还有一种是若下一辆发射车进入路线与转载地域内的发射车离开路线相同,则需要该发射车先离开转载地域到道路节点,随后下一辆车载发射装置进入,如图 9.9(b)所示。若存在转载等待,则需要在暴露时间里加上转载时间来更新节点的离开时间:

$$t_i = d_{\text{FZ},i,j}/v + t_Z$$

(3) 齐射等待时间。因为第一波次和第二波次分别需要齐射,也就是说两个波次都要以 12 辆发射车中最长线路时间 $t_{\max}$ 为基准,对于第一波次发射而言,为了减少暴露时

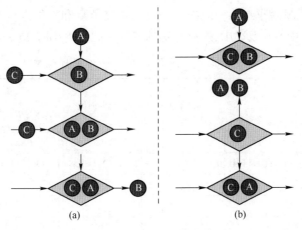

图 9.9 转载等待示意图

间,其他发射车可以晚一些从待机区域出发,最大延迟的时间为第一波次的最长线路时间减去该发射车到达发射点的时间:

$$t_{1\max}-t_j$$

对于第二波次发射而言,因为涉及转载等待,所以从转载区域出发后发射车只能在最终的发射点等待,等待时间为

$$t_{2\max}-t_j$$

也就是第一波次发射等待不会增加暴露时间,而第二波次发射等待会增加暴露时间。

9.3.4 结果分析

按照以上的建模和求解思路,我们得到 2 个波次的导弹发射任务规划方案,通过表 9.6 可以看到两个波次的 12 辆发射车由待机区域、发射点位、转载地域和第二次发射点位的最优节点组合,第一波次总暴露时间为 12 小时 28 分 15 秒,第二波次总暴露时间为 13 小时 26 分 12 秒,两个波次的最短暴露时间为 25 小时 54 分 27 秒。

表 9.6 最优节点组合方案

发 射 车	待机阵地	发射阵地一	转载阵地一	发射阵地二
1	D2	F17	Z2	F18
2	D1	F16	Z5	F22
3	D1	F28	Z5	F13
4	D2	F26	Z2	F9
5	D2	F25	Z3	F15
6	D1	F24	Z1	F19
7	D2	F12	Z4	F30
8	D2	F10	Z4	F21
9	D1	F1	Z1	F8
10	D2	F6	Z3	F27
11	D1	F7	Z1	F2
12	D1	F4	Z2	F29

表 9.7 是 12 辆发射车在第一波次中经过的道路节点和发射点位及相应的到达与离开时间。可以看到在第一波次中，所有车辆的齐射时间为 1 小时 26 分 39 秒。

表 9.7 第一波次导弹发射任务规划方案

发射车	途经的节点及到达、离开时间										
1	D2		J10		J9		J8		J26		J27	
	0:00:00	0:35:42	0:44:41	0:44:41	0:53:19	0:53:19	1:01:19	1:01:19	1:13:24	1:13:24	1:18:50	1:18:50
	F17											
	1:26:39	1:26:39										
2	D1		J3		J4		J5		J20		J19	
	0:00:00	0:10:09	0:20:19	0:20:19	0:28:48	0:28:48	0:37:40	0:37:40	0:44:42	0:44:42	0:51:23	0:51:23
	J21	F25	J22		J23		J24		F16			
	0:59:26	0:59:26	1:12:11	1:12:11	1:17:15	1:17:15	1:19:59	1:19:59	1:26:39	1:26:39		
3	D1		J3		J4		J5		J6		J7	
	0:00:00	0:04:54	0:15:05	0:15:05	0:23:33	0:23:33	0:32:26	0:32:26	0:38:26	0:38:26	0:47:21	0:47:21
	J32		J33		J37		J36		F28			
	0:56:59	0:56:59	1:03:29	1:03:29	1:10:51	1:10:51	1:17:53	1:17:53	1:26:39	1:26:39		
4	D2		J10		J38		J37		J33		J34	
	0:00:00	0:34:07	0:43:06	0:43:06	0:48:45	0:48:45	0:54:19	0:54:19	1:01:42	1:01:42	1:11:16	1:11:16
	J35		F26									
	1:16:33	1:16:33	1:26:39	1:26:39								
5	D2		J10		J38		J37		J33		J34	
	0:00:00	0:38:41	0:47:39	0:47:39	0:53:19	0:53:19	0:58:52	0:58:52	1:06:15	1:06:15	1:15:50	1:15:50
	J35		F25									
	1:21:06	1:21:06	1:26:39	1:26:39								
6	D1		J3		J4		J5		J6		J29	
	0:00:00	0:26:10	0:36:21	0:36:21	0:44:49	0:44:49	0:53:42	0:53:42	0:59:42	0:59:42	1:09:53	1:09:53
	J30		J31		F24							
	1:14:14	1:14:14	1:19:34	1:19:34	1:26:39	1:26:39						
7	D2		J10		J9		J8		J7		J6	
	0:00:00	0:05:19	0:14:18	0:14:18	0:22:56	0:22:56	0:30:56	0:30:56	0:37:17	0:37:17	0:46:12	0:46:12
	J5		J20		J19		J17		J18		F12	
	0:52:12	0:52:12	0:59:13	0:59:13	1:05:54	1:05:54	1:13:01	1:13:01	1:20:16	1:20:16	1:26:39	1:26:39
8	D2		J10		J9		J8		J7		J6	
	0:00:00	0:11:33	0:20:31	0:20:31	0:29:10	0:29:10	0:37:10	0:37:10	0:43:31	0:43:31	0:52:26	0:52:26
	J5		J20		J19		J17		F10			
	0:58:25	0:58:25	1:05:27	1:05:27	1:12:08	1:12:08	1:19:15	1:19:15	1:26:39	1:26:39		

(续)

发射车	途经的节点及到达、离开时间											
9	D1		J3		J2		JZ1		J11		F1	
	0:00:00	0:41:29	0:51:40	0:51:40	1:01:18	1:01:18	1:07:32	1:07:32	1:14:58	1:14:58	1:26:39	1:26:39
10	D2		J10		J9		J8		J7		J6	
	0:00:00	0:00:00	0:08:59	0:08:59	0:17:37	0:17:37	0:25:37	0:25:37	0:31:58	0:31:58	0:40:53	0:40:53
	J5		J4		J3		J2		J13		F6	
	0:46:53	0:46:53	0:55:45	0:55:45	1:04:14	1:04:14	1:13:52	1:13:52	1:19:56	1:19:56	1:26:39	1:26:39
11	D1		J3		J2		J13		J14		F7	
	0:00:00	0:40:10	0:50:20	0:50:20	0:59:58	0:59:58	1:06:03	1:06:03	1:15:00	1:15:00	1:26:39	1:26:39
12	D1		J3		J2		J1		J12		F4	
	0:43:19	0:43:19	0:53:30	0:53:30	1:03:08	1:03:08	1:12:18	1:12:18	1:19:26	1:19:26	1:26:39	1:26:39

表9.8是发射车在第二波次中经过的道路节点、转载地域和发射点位。区域(J15,J33,J2)显示的是道路会车等待时间,区域(Z2,Z5,Z3,Z1,Z4)显示的是转载区域的等待时间,区域(F18,F22,F13,F9,F15,F19,F30,F21,F27,F2)显示的是发射点位的齐射等待时间。

表9.8 第二波次导弹发射任务规划方案

发射车	途经的节点及到达、离开时间(发射点离开时间即发射时间)											
1	F17		J27		J26		J8		J7		J6	
	1:26:39		1:34:28	1:34:28	1:39:53	1:39:53	1:51:58	1:51:58	1:58:19	1:58:19	2:07:14	2:07:14
	J5		J4		J15		Z2		J15		J16	
	2:13:13	2:13:13	2:22:06	2:22:06	2:28:56	2:31:30	2:36:10	2:46:10	2:50:49	2:50:49	3:00:38	3:00:38
	J17		J19		J21		J22		F18			
	3:06:59	3:06:59	3:14:05	3:14:05	3:22:08	3:22:08	3:34:52	3:34:52	3:40:13	3:43:50		
2	F16		J24		J23		J22		J26		J8	
	1:26:39		1:33:18	1:33:18	1:36:02	1:36:02	1:41:06	1:41:06	1:50:13	1:50:13	2:02:18	2:02:18
	J9		J10		J38		Z5		J38		J37	
	2:10:17	2:10:17	2:18:56	2:18:56	2:24:35	2:24:35	2:31:25	2:41:25	2:48:16	2:48:16	2:53:49	2:53:49
	J33		J32		J30		J29		F22			
	3:01:11	3:02:44	3:09:13	3:09:13	3:14:49	3:14:49	3:19:10	3:19:10	3:25:20	3:43:50		
3	F28		J36		Z5		J38		J10		J9	
	1:26:39		1:35:24	1:35:24	1:44:10	1:54:10	2:01:00	2:01:00	2:06:39	2:06:39	2:15:18	2:15:18
	J8		J26		J22		J21		F13			
	2:23:17	2:23:17	2:35:22	2:35:22	2:44:29	2:44:29	2:57:13	2:57:13	3:03:28	3:43:50		

(续)

发射车	途经的节点及到达、离开时间(发射点离开时间即发射时间)										
4	F26		J35		J34		J33		J32		J7	
	1:26:39		1:36:45	1:36:45	1:42:01	1:42:01	1:51:35	1:51:35	1:58:05	1:58:05	2:07:43	2:07:43
	J6		J5		J4		J15		Z2		J15	
	2:16:38	2:16:38	2:22:37	2:22:37	2:31:29	2:31:29	2:38:20	2:50:49	2:55:29	3:05:29	3:10:08	3:10:08
	J16		F9									
	3:19:58	3:19:58	3:26:11	3:43:50								
5	F25		J35		J34		J33		J32		J7	
	1:26:39		1:32:11	1:32:11	1:37:27	1:37:27	1:47:02	1:47:02	1:53:31	1:53:31	2:03:09	2:03:09
	J6		J5		Z3		J5		J20		J19	
	2:12:04	2:12:04	2:18:03	2:18:03	2:25:42	2:35:42	2:43:21	2:43:21	2:50:22	2:50:22	2:57:03	2:57:03
	J21		J22		J23		J24		J25		F15	
	3:05:06	3:05:06	3:17:51	3:17:51	3:22:55	3:22:55	3:25:39	3:25:39	3:33:08	3:33:08	3:41:37	3:43:50
6	F24		J31		J30		J29		J6		J5	
	1:26:39		1:33:43	1:33:43	1:39:03	1:39:03	1:43:24	1:43:24	1:53:35	1:53:35	1:59:34	1:59:34
	J4		J3		J2		Z1		J2		J3	
	2:08:27	2:08:27	2:16:55	2:16:55	2:26:33	2:26:33	2:32:46	2:42:46	2:49:00	2:49:00	2:58:38	2:58:38
	J4		J5		J20		F19					
	3:07:06	3:07:06	3:15:58	3:15:58	3:23:00	3:23:00	3:29:03	3:43:50				
7	F12		J18		J17		J19		J20		J21	
	1:26:39		1:33:02	1:33:02	1:40:16	1:40:16	1:47:23	1:47:23	1:55:25	1:55:25	2:08:10	2:08:10
	Z4		J7		J8		J9		F30			
	2:20:25	2:30:25	2:38:05	2:38:05	2:44:26	2:44:26	2:52:25	2:52:25	2:59:25	3:43:50		
8	F10		J17		J19		J21		J22		Z4	
	1:26:39		1:34:03	1:34:03	1:41:09	1:41:09	1:49:12	1:49:12	2:01:56	2:01:56	2:14:11	2:24:11
	J7		J6		J28		F21					
	2:31:51	2:31:51	2:40:46	2:40:46	2:44:57	2:44:57	2:50:01	3:43:50				
9	F1		J11		Z1		J2		J3		J4	
	1:26:39		1:38:19	1:38:19	1:45:45	1:55:45	2:01:59	2:01:59	2:11:36	2:11:36	2:20:05	2:20:05
	J15		F8									
	2:26:55	2:26:55	2:35:21	3:43:50								
10	F7		J13		J2		J3		J4		J5	
	1:26:39		1:33:21	1:33:21	1:39:25	1:39:25	1:49:03	1:49:03	1:57:31	1:57:31	2:06:24	2:06:24
	Z3		J5		J6		J7		J32		J33	
	2:14:03	2:24:03	2:31:42	2:31:42	2:37:41	2:37:41	2:46:36	2:46:36	2:56:14	2:56:14	3:02:43	3:02:43
	J34		F27									
	3:12:18	3:12:18	3:18:31	3:43:50								
11	F7		J14		J13		J2		Z1		J11	
	1:26:39		1:38:17	1:38:17	1:47:14	1:47:14	1:53:18	2:01:59	2:08:13	2:18:13	2:25:38	2:25:38
	F2											
	2:33:58	3:43:50										

(续)

发射车	途经的节点及到达、离开时间（发射点离开时间即发射时间）									
12	F4		J12		J1		J2		J3		J4	
	1:26:39		1:33:52	1:33:52	1:40:59	1:40:59	1:50:09	1:50:09	1:59:47	1:59:47	2:08:16	2:08:16
	J15		Z2		J15		J4		J5		J6	
	2:15:06	2:15:06	2:19:46	2:29:46	2:34:25	2:36:10	2:43:01	2:43:01	2:51:53	2:51:53	2:57:52	2:57:52
	J7		J32		J4		J33		J37		F29	
	3:06:47	3:06:47	3:16:25	3:16:25	3:22:55	3:22:55	3:30:17	3:30:17	3:37:19	3:37:19	3:43:50	3:43:50

综上可知,该多波次导弹发射任务规划方案较好地满足所有约束条件,同时满足单台发射装置暴露时间和总暴露时间最小,方案较为合理。

9.3.5 问题拓展

在实际导弹火力打击任务规划中,3个波次的导弹发射任务规划可以拓展到 n 个波次中,其中待机区域、发射点位、转载地域、道路节点的连通性都可以参数化。在求解时由于第1波次发射车从待机区域出发时不涉及转载问题,所以从第2波次开始需要考虑到转载阵地装弹,故计时从第2波次完成发射任务开始,第3次以后均与第2波次类似,因此可以将后面的波次进行简化处理。

在问题的求解过程中,是从全局优化的角度来考虑导弹发射任务规划方案的,但是随着波次的增加和参数的复杂化,势必会影响求解的效率。可以按照发射车选择发射点位和转载地域时的"最近"原则,先将待机区域和转载地域按照位置进行划分,区域内的发射点位和转载地域优先进行分配,得到局部最优解;然后,根据整体的区域分布特征再对规划方案进行调整得到全局最优解。这样,可以有效的节省运算时间,提高运算效率。

本章涉及的是一个关于导弹从待机区域到发射点位、发射点位到转载地域、转载地域到新的发射点位、道路节点等待时间及发射点位等待时间等暴露时间的综合性的优化问题。为了降低模型求解过程的难度,可以采用优先等级法,确定各因素在整体暴露时间中的重要程度,这样就可以使模型更具普适性。在实际生活中,该优化模型可应用到诸多领域,例如教育资源配置,经济成分比重的调节,工厂各部门人员的分配,农作物种植面积的规划等。

第 10 章 军事评价问题

评价是人类社会中一项经常性的、极重要的认识活动,是决策中的基础性工作,军事行动也不例外。军事行动中的综合评估和评价是指一个复杂军事系统同时受到多种综合因素影响的作用下,依据多个有关指标对复杂系统进行评价的方法。军事行动中的综合评价具有以下特点:

（1）有多个被评价指标,这些指标既有易于量化的又有不易于量化的。
（2）有一个或多个评价对象,这些对象可以是人、单位、方案、计划等。
（3）评价结果可以是一个排序,一种相互依赖程度,或一种等级,最终把复杂的多维空间问题简化为一维空间问题解决。利用综合评价模型可以为军事指挥员和领导者做出合理的辅助决策提供理论依据和决策支持。

本章主要介绍利用不同的综合评价方法解决不同的军事评估和评价类案例,包括军事保密风险评价模型、军人心理健康的分析与评价模型、军队院校教学训练质量评估模型。

10.1 军队保密风险评价问题

10.1.1 问题描述

"保密是军队永恒的战斗力,泄密是军队失败的导火索。"影响保密的因素很多,主要涉及技术层面、管理层面、人员的意识和能力素质层面等;从具体内容来看,有电磁环境安全,物理空间安全,管理体系安全等问题,保密风险的影响因素有种类多、结构复杂、隐蔽性强等特点。在兼顾系统性和实用性的前提下,结合军队保密管理工作的实际情况,分析研究军队保密风险的相关因素及其内在关系,确定军队保密风险评估的指标体系,建立军队保密风险定量评估的数学模型。

10.1.2 模型建立

1. 明确问题关键

军队保密工作专业性很强,需要首先对该项工作规律和要求等做初步了解,而后分析影响保密安全的因素及其关联关系,在此基础上建立评价指标体系。评价指标体系建立好以后,为了定量化的进行评价,需要对所提指标建立可操作的量化途径,即建立综合评价模型,采用适当的方法得出评价结果。综合评价法有很多,包括:层次分析法、模糊综合评价法、灰色系统法、故障树分析法、TOPSIS 法(逼近理想解排序法)以及秩和比法等。这些方法基于建立起来的指标体系,对指标量化值进行确定或模糊的综合评价。综合评价模型的关键是要解决以下两个问题:分级量化的评价指标体系与评价方法。

为了建立军队保密风险评估的指标体系,需要分析军队保密中风险的成因及含义,既可以查阅国家和军队相关规范,也可走访保密负责单位。风险评估的指标体系中的指标确定是关键,指标的复杂性和多样性是风险评估的一个难点。在初步熟悉了军队保密工作规律的基础上,结合军队保密工作的现状和实际,分析保密风险的相关因素,可以采用分级指标:先确定一级指标,在较高层次刻画影响保密风险的构成要素;接着探讨一级指标涵盖的不同性质和内容,从而确定出二级指标;如果有必要,用同样的方法进一步得出三级指标。从可操作性上考虑,本问题采用二级指标。

确定了综合评价的指标体系以后,就是评估指标的量化和综合评价方法选取和设计。量化过程可依据指标的特点,采用问卷调查、专项考试、专家评定、现场检查、调查取样等方法进行;而解决该综合评价问题一般数学方法有层次分析法、模糊综合评价法、灰色系统法、故障树分析法等。

2. 军队保密风险的影响因素分析

根据我国信息安全风险评估规范,结合军队保密工作的特点,可以总结出军队保密工作具有如下规律:

(1) 单位涉密级别越高则风险越大。
(2) 风险是由威胁构成的,威胁越大则风险越大,并可能造成泄密事件。
(3) 威胁都要利用秘密单位的脆弱性形成风险,脆弱性越大则风险越大。
(4) 秘密的重要性和对风险的防范意识会导出安全需求,安全需求要通过防范措施来得以满足,且是有成本的。
(5) 防范措施可以抵御威胁,降低风险,减少失泄密事件的发生。
(6) 残余风险应受到密切监视,因为它可能会在将来诱发新的安全事件。

军队保密风险评估各要素及其关系用如图 10.1 所示。

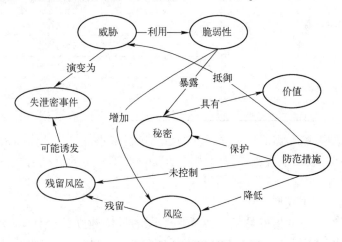

图 10.1 军队保密风险评估概念图

3. 指标体系的建立

针对军队保密风险评价,不同的评估实施主体可能有不同表现形式的评价指标体系,在此考虑影响保密风险的主要是威胁、内部管理、技术因素、物理基础和保密负荷。以这 5 个方面作为一级指标。

威胁主要来源于一些敌对人员对我军军事秘密的各种攻击与窃取,其次是由于内部人员的责任心不强等原因而造成的,以及一些自然环境因素对秘密构成的威胁。下设3个二级指标:敌对人员、内部人员和自然环境因素。

内部管理主要是对涉密人员的管理,对全体官兵的保密宣传教育,保密制度的制定与落实情况进行评定。下设2个二级指标:人员管理和规章制度。

技术防范主要是对易发生泄密的网络、计算机和通信技术的高科技保密措施的评定。下设3个二级指标:网络技术、计算机技术和通信技术。

物理基础主要是用物理手段对涉密的文件、设备和场所进行管理评定。下设3个二级指标:涉密资料、涉密设备和涉密场所。

保密负荷是衡量一个单位承担保密任务轻重的量。下设3个二级指标:涉密信息数量、秘密知悉范围、涉密信息等级。建立二级评价指标体系,如表10.1所列。

表10.1 二级评价指标体系

一级指标	二级指标
威胁	敌对人员
	内部人员
	自然环境因素
内部管理	人员管理
	规章制度
技术防范	网络技术
	计算机技术
	通信技术
物理基础	涉密资料
	涉密设备
	涉密场所
保密负荷	涉密信息数量
	秘密知悉范围
	涉密信息等级

为了实现定量评价,需对每一项指标的数据进行采集并量化。依据指标的特点,采用问卷调查、专项考试、现场检查、调查取样等方法获取第一手的资料信息,由专家依据这些信息评定各个指标的量化得分(或等级)。

4. AHP综合评价模型

如前所述,对同样的指标体系可以采用不同的方法建立综合评价模型。在此,采用一种典型的方法:层次分析法(analytic hierarchy process,AHP)。在此可以用AHP中专家打分、一致性检验后计算权值的思路为评价指标体系中每个指标赋权。具体操作过程如下:

第一步:建立层次结构模型。

以军队保密风险评价为目标,按照上述二级评价指标进行分解,建立层次结构模型,如图10.2所示。

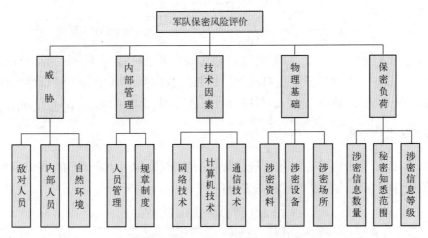

图 10.2 军队保密风险评价的层次结构模型

第二步:确定各层次互相比较的方法——成对比较矩阵和权向量。

在上面层次结构中,对每个指标通过由专家标度的成对比较矩阵计算权重分配,具体做法如下。各指标一级的成对比较矩阵:

$$A = \begin{pmatrix} 1 & \frac{1}{2} & 4 & 3 & 3 \\ 2 & 1 & 7 & 5 & 5 \\ \frac{1}{4} & \frac{1}{7} & 1 & \frac{1}{2} & \frac{1}{3} \\ \frac{1}{3} & \frac{1}{5} & 2 & 1 & 1 \\ \frac{1}{3} & \frac{1}{5} & 3 & 1 & 1 \end{pmatrix}$$

在 MATLAB 中用 eig 函数计算矩阵的特征值和特征向量,在命令行窗口输入

```
>> A=[1 1/2 4 3 3;2 1 7 5 5;1/4 1/7 1 1/2 1/3;1/3 1/5 2 1 1;1/3 1/5 3 1 1];
>> [V D]=eig(A)
```

最大特征值为 $\lambda_{\max} = 5.0721$,对应特征向量为 $(0.2636, 0.4758, 0.0538, 0.0981, 0.1087)$。利用最大特征值检验矩阵 A 的一致性

$$CR = \frac{CI}{RI} = \frac{(\lambda_{\max}-n)/(n-1)}{RI} = \frac{0.0180}{1.12} = 0.0161 < 0.1$$

故认为矩阵 A 是一致的,以 $w^{(2)} = (0.2636, 0.4758, 0.0538, 0.0981, 0.1087)$ 作为一级指标相对保密风险这一目标的评价权重。

一级指标"威胁"的 3 个下级指标,建立成对比较矩阵

$$B_1 = \begin{pmatrix} 1 & 2 & 5 \\ 0.5 & 1 & 2 \\ 0.2 & 0.5 & 1 \end{pmatrix}$$

在 MATLAB 中利用 eig 函数计算 B_1 的特征值和特征向量,得出 $\lambda_{\max} = 3.0055$,$w_1^{(3)} = (0.5954, 0.2764, 0.1283)$。因为

$$CR = \frac{CI}{RI} = \frac{(\lambda_{max}-n)/(n-1)}{RI} = \frac{0.00275}{0.58} = 0.005 < 0.1$$

所以矩阵 B_1 也是一致的。同理,可以对其他二级指标按所述一级指标分组,建立成对比较矩阵,并在一致性检验通过基础上给出相应权向量。其中各二级指标综合权值由相对所属一级指标权值乘以该一级指标自身权值得到,记为:$w = (w_1, w_2, \cdots, w_{14})$。

10.1.3 模型求解

对某单位,依据上面建立的模型进行评价,专家根据检查材料、问卷,得到各级指标评价的权值和综合权值的结果,如表 10.2 所列。

表 10.2 指标权值计算结果表

一级指标	权值	二级指标	成对比较矩阵	权值	综合权值
威胁	0.2636	敌对人员	$B_1 = \begin{pmatrix} 1 & 2 & 5 \\ 1/2 & 1 & 2 \\ 1/5 & 1/2 & 1 \end{pmatrix}$	0.5954	0.1569
		内部人员		0.2764	0.0729
		自然环境因素		0.1283	0.0338
内部管理	0.4758	人员管理	$B_2 = \begin{pmatrix} 1 & 1 \\ 1 & 1 \end{pmatrix}$	0.5000	0.2379
		规章制度		0.5000	0.2379
技术防范	0.0538	网络技术	$B_3 = \begin{pmatrix} 1 & 5 & 3 \\ 1/5 & 1 & 1/2 \\ 1/3 & 2 & 1 \end{pmatrix}$	0.6483	0.0349
		计算机技术		0.1220	0.0066
		通信技术		0.2297	0.0124
物理基础	0.0981	涉密资料	$B_4 = \begin{pmatrix} 1 & 2 & 3 \\ 1/2 & 1 & 2 \\ 1/3 & 1/2 & 1 \end{pmatrix}$	0.5396	0.0529
		涉密设备		0.2970	0.0291
		涉密场所		0.1634	0.0160
保密负荷	0.1087	涉密信息数量	$B_5 = \begin{pmatrix} 1 & 2 & 1 \\ 1/2 & 1 & 1/2 \\ 1 & 2 & 1 \end{pmatrix}$	0.4000	0.0435
		秘密知悉范围		0.2000	0.0217
		涉密信息等级		0.4000	0.0435

分析考查结果,对每个二级指标给出评分。在此,为简便起见,采用百分制,分值越高,意味着引起风险值越高。专家评分记为 $l = (l_1, l_2, \cdots, l_{14})$,则总评成绩为

$$f = w \cdot l = \sum_{i=1}^{14} w_i l_i$$

得到该单位保密风险二级指标的总评成绩如表 10.3 所列。

表 10.3 某单位保密风险评价打分表

二级指标	综合权值	专家打分	乘权得分
敌对人员	0.1569	75	11.7675
内部人员	0.0729	50	3.645
自然环境因素	0.0338	60	2.028
人员管理	0.2379	66	15.7014
规章制度	0.2379	60	14.274
网络技术	0.0349	73	3.0014
计算机技术	0.0066	78	0.5148
通信技术	0.0124	70	0.868

(续)

二级指标	综合权值	专家打分	乘权得分
涉密资料	0.0529	85	4.4965
涉密设备	0.0291	75	2.1825
涉密场所	0.0160	70	1.12
涉密信息数量	0.0435	85	3.6975
秘密知悉范围	0.0217	50	1.085
涉密信息等级	0.0435	60	2.61
总 分			66.992

现根据 AHP 的评价过程利用 MATLAB 编写程序，直接实现对输入的判断矩阵计算最大特征值和一致性检验的过程。首先建立脚本文件 junduibaomifengxianpingjia.m，程序代码如下：

```
clc,clear all
disp('请输入判断矩阵 A');
A=input('A=');
[v,d]=eig(A);              %求矩阵 A 的全部特征值 d 与其对应的特征向量 v 所构成的矩阵
[n,n]=size(A);             %返回矩阵 A 的行数和列数
eigenvalue=diag(d);        %取矩阵 A 的全部特征值 d 的矩阵的对角线上的元素
lamda=max(eigenvalue);     %矩阵 A 的最大特征值
%下面是一致性检验
CI=(lamda-n)/(n-1);
RI=[0 0 0.52 0.89 1.12 1.26 1.36 1.41 1.46 1.49 1.52 1.54 1.56 1.58 1.59];
CR=CI/RI(n);
if CR<0.10
    disp('矩阵 A 的一致性可以接受');
    disp('CI=');disp(CI);
    disp('CR=');disp(CR);
end
disp('矩阵 A 的一致性不能接受,重新构造判断矩阵')
```

10.1.4 结果分析

求解结果如表 10.3 所列，该单位保密风险的综合评价结果为 66.992 分。我们还可以根据该单位的单项指标得分，得到人员管理、规章制度、敌对人员等指标对保密风险是主要影响指标，而计算机技术、通信技术、涉密场所等指标对保密风险是次要影响指标。该单位的保密管理部门今后可以在人员管理、敌对人员管理和规章制度的制定方面多下功夫。一般地，有经验的专业人员根据单项指标得分和综合评分，可望做出理性的判断，并提出针对性的建议，从而为改进工作提供思路，避免盲目性。

综合评价问题在现实生产生活中大量存在，尤其是军事指挥决策的实践工作中，在复杂情况下做出正确的判断和决策具有现实意义。针对上述问题，还可以采用模糊综合评价。将模糊数学与 AHP 方法相结合，用层次分析法来确定模型的指标权重，评价专家对

二级指标按不再给确定得分,只是打等级分(如按照导致风险的贡献分为"强""较强""中"和"弱"等),对各分级指标的模糊评判矩阵进行分层模糊评价。它能够解决确定值打分无弹性的问题,克服层次分析法中主观判断模糊和人为选择、个人偏好对结果的影响,使决策更趋合理化。具体做法如下:

第一步:构建隶属函数。用 r_{ij} 表示第 i 个第二级指标可以被评价为第 j 个等级的可能性,即 i 对 j 的隶属度,它们的关系即为隶属函数。可以采用等级评判法确定隶属度的值

$$r_{ij} = \frac{\text{评为第} j \text{个等级的人数}}{\text{评委总人数}}$$

二级指标的模糊关系矩阵 $\boldsymbol{R} = (r_{ij})$。

第二步:计算两级模糊评价向量。两级模糊评价向量的计算过程如表10.4所列。

计算一级指标的模糊评价向量。

威胁: $(w_{11}, w_{12}, w_{13}) \cdot \boldsymbol{R}_1 = (0.1596, 0.2724, 0.4277, 0.1405)$

内部管理: $(w_{21}, w_{22}) \cdot \boldsymbol{R}_2 = (0.15, 0.25, 0.45, 0.15)$

技术防范: $(w_{31}, w_{32}, w_{33}) \cdot \boldsymbol{R}_3 = (0.2419, 0.3352, 0.4, 0.023)$

物理基础: $(w_{41}, w_{42}, w_{43}) \cdot \boldsymbol{R}_4 = (0.2243, 0.3, 0.4297, 0.046)$

保密负荷: $(w_{51}, w_{52}, w_{53}) \cdot \boldsymbol{R}_5 = (0.22, 0.32, 0.38, 0.08)$

计算保密风险模糊评价向量:以上面5个评价向量为行向量构造矩阵,记为

$$\boldsymbol{R} = \begin{bmatrix} 0.1596 & 0.2724 & 0.4277 & 0.1405 \\ 0.15 & 0.25 & 0.45 & 0.15 \\ 0.2419 & 0.3352 & 0.4 & 0.023 \\ 0.2243 & 0.3 & 0.4297 & 0.046 \\ 0.22 & 0.32 & 0.38 & 0.08 \end{bmatrix}$$

表10.4 模糊评价表

一级指标	权值		二级指标	权值		二级模糊评价矩阵
威胁	w_1	0.2636	敌对人员	w_{11}	0.5954	$\boldsymbol{R}_1 = \begin{pmatrix} 0.2 & 0.3 & 0.4 & 0.1 \\ 0.1 & 0.2 & 0.5 & 0.2 \\ 0.1 & 0.3 & 0.4 & 0.2 \end{pmatrix}$
			内部人员	w_{12}	0.2764	
			自然环境因素	w_{13}	0.1283	
内部管理	w_2	0.4758	人员管理	w_{21}	0.5000	$\boldsymbol{R}_2 = \begin{pmatrix} 0.2 & 0.2 & 0.5 & 0.1 \\ 0.1 & 0.3 & 0.4 & 0.2 \end{pmatrix}$
			规章制度	w_{22}	0.5000	
技术防范	w_3	0.0538	网络技术	w_{31}	0.6483	$\boldsymbol{R}_3 = \begin{pmatrix} 0.3 & 0.3 & 0.4 & 0 \\ 0.2 & 0.4 & 0.4 & 0 \\ 0.1 & 0.4 & 0.4 & 0.1 \end{pmatrix}$
			计算机技术	w_{32}	0.1220	
			通信技术	w_{33}	0.2297	
物理基础	w_4	0.0981	涉密资料	w_{41}	0.5396	$\boldsymbol{R}_4 = \begin{pmatrix} 0.3 & 0.3 & 0.4 & 0 \\ 0.1 & 0.3 & 0.5 & 0.1 \\ 0.2 & 0.3 & 0.4 & 0.1 \end{pmatrix}$
			涉密设备	w_{42}	0.2970	
			涉密场所	w_{43}	0.1634	
保密负荷	w_5	0.1087	涉密信息数量	w_{51}	0.4000	$\boldsymbol{R}_5 = \begin{pmatrix} 0.2 & 0.3 & 0.4 & 0.1 \\ 0.3 & 0.4 & 0.3 & 0 \\ 0.2 & 0.3 & 0.4 & 0.1 \end{pmatrix}$
			秘密知悉范围	w_{52}	0.2000	
			涉密信息等级	w_{53}	0.4000	

评价向量:$(w_1,w_2,w_3,w_4,w_5)\cdot R=(0.1724,0.273,0.4318,0.1229)$

第三步:评价结果赋分。首先要给出不同等级的赋分规则,然后针对不同规则对不同的等级给出不同的分值(表10.5),使得评价结果一目了然。

表10.5 等级赋分表

评价级别	A	B	C	D
程度描述	风险值高	风险值较高	风险值中	风险值低
评分	90	75	60	45

总评得分为:$(0.1724,0.273,0.4318,0.1229)\cdot(90,75,60,45)^T=67.4295$

本案例以军队保密风险评价问题为例,介绍了综合评价模型的一般结构、基于AHP方法的评价过程等,建模和求解的思路、方法具有一般性。对军事决策指挥实践中,在复杂情况下做出正确的判断和决策具有现实意义。层次分析法(AHP)在综合评价和多目标决策问题中有广泛的应用,在此并未详细介绍该方法的理论基础和计算步骤。

10.2 军人心理健康状况评价问题

10.2.1 问题描述

青年军人作为部队的主体,其心理健康素质是影响部队战斗力的重要因素,提高青年官兵的心理素质是部队建设的重要任务,也是目前征兵和部队管理工作所关注的重要问题之一。因此,对于青年军人心理健康状况进行科学的评价与分析,有助于及时发现问题,防患于未然。

对于心理健康状况的评价,一般利用"SCL-90测试量表"(见附件10.1:"SCL-90"心理卫生健康状况测试量表)对被测试者进行测试和分析。主要考察被测试对象在躯体化、强迫症状、人际关系敏感度、抑郁症状、焦虑症状、敌对情绪、恐惧症状、偏执情态、精神病性态和其他等10个方面是否存在心理卫生方面的90个问题。在心理学上,一般是通过采集正常人的相应数据,建立所谓的"常模",简单地将各因素的平均分与常模作比较,来评价被测试对象的心理健康状况。但是从数学建模的角度,如果不考虑各因素在评价体系中的权重以及它们之间的相关性,对于健康状况的评价,缺乏客观评价的说服力。

这就需要根据测试样本数据建立综合评价模型找出各类心理不健康者。下面以1214名测试对象的自评结果作为测试数据。数据的格式如表10.6所列。通过建立综合评价模型:一方面能够找出样本数据中各类心理不健康者,另一方面还能得到这10个方面的影响因素中,哪些因素对军人的心理健康状况是主要因素。

表10.6 某部测试样本数据表

编号	问题1	问题2	问题3	问题4	问题5	…	问题90
1	2	1	1	1	3		1
2	5	2	1	1	1		1
…							
1214	2	1	3	1	3		4

10.2.2 模型建立

综合评价方法有很多,可以用主观评价方法,如层次分析法、模糊综合评价法等方法来进行评价;也可以用客观评价方法,如支持向量机、神经网络、判别分析、回归分析、因子分析、聚类分析、主成分分析等方法来评价。题目给出了被采集对象在躯体化等 10 个方面的数据,也就是说在被评价指标已经确定、相应的数据也已经给出的基础上,应该采用客观评价方法来评价。

因子分析法是由英国心理学家 Spearman 在 1904 年提出来的,他成功地解决了智力测验得分的统计分析。长期以来,教育心理学家不断丰富、发展了因子分析理论和方法,并应用这一方法在行为科学领域进行了广泛的研究。该方法可以用少数的几个因子来表示其基本的数据结构,对各因子的加权求和,求得各因子的综合得分,构建健康状况的评价模型。考虑到本问题就是多因素多样本数据的分析评价问题,通过因子分析法,可以将该问题转换为分别求 10 个方面的因子综合得分,依据样本数据在每个方面的排序结果,确定每个样本在各类中的健康状况。

考虑到"SCL-90 测试量表"中的躯体化、强迫症状、人际关系敏感度等 10 个方面所包含的测试数据的处理过程类似,这里我们以躯体化为例进行因子分析。躯体化因子主要包括 1,4,12,27,40,42,48,49,52,53,56,58 共 12 项,我们可以从表 10.6 中提取出一个 1214×12 的数表(qutihuadata.xls)。按照下面的过程建立因子分析评价模型。

步骤 1 对原始数据进行标准化处理

在躯体化这一类中,进行因子分析的指标变量有 12 个,分别为 $x_1,x_2,\cdots,x_{12}$,共有 1214 个评价对象,第 i 个评价对象的第 j 个指标的取值为 $a_{ij}(i=1,2,\cdots,1214;j=1,2,\cdots,12)$。将各指标值 a_{ij} 转换成标准化指标 $\tilde{a}_{ij}$,有

$$\tilde{a}_{ij} = \frac{a_{ij}-\bar{\mu}_j}{s_j} \quad (i=1,2,\cdots,1214;j=1,2,\cdots,12)$$

式中:$\bar{\mu}_j = \frac{1}{1214}\sum_{i=1}^{1214} a_{ij}, s_j = \sqrt{\frac{1}{1214-1}\sum(a_{ij}-\bar{\mu}_j)^2}$,即 $\bar{\mu}_j,s_j$ 为第 j 个指标的样本均值和样本标准差。称 $\tilde{x}_j = \frac{x_j - \bar{\mu}_j}{s_j}(j=1,2,\cdots,12)$ 为标准化指标变量。

步骤 2 计算相关系数矩阵 $\boldsymbol{R}$

相关系数矩阵 $\boldsymbol{R} = (r_{ij})_{12\times 12}$,有

$$r_{ij} = \frac{\sum \tilde{a}_{ki} \cdot \tilde{a}_{kj}}{1214-1} \quad (i,j=1,2,\cdots,12)$$

式中:$r_{ii}=1, r_{ij}=r_{ji}, r_{ij}$ 是第 i 个指标与第 j 个指标的相关系数。

步骤 3 计算初等载荷矩阵

计算相关系数矩阵 $\boldsymbol{R}$ 的特征值 $\lambda_1 \geq \lambda_2 \geq \cdots \geq \lambda_{12} \geq 0$,以及对应的特征值向量 $\boldsymbol{u}_1,\boldsymbol{u}_2,\cdots,\boldsymbol{u}_{12}$,其中 $\boldsymbol{u}_j = [u_{1j},u_{2j},\cdots,u_{12j}]^{\mathrm{T}}$,初等载荷矩阵

$$\boldsymbol{\Lambda}_1 = [\sqrt{\lambda_1}\boldsymbol{u}_1,\sqrt{\lambda_2}\boldsymbol{u}_2,\cdots,\sqrt{\lambda_{12}}\boldsymbol{u}_{12}]$$

步骤 4 选择 m 个主因子

根据初等载荷矩阵,计算各个公共因子的贡献率,并选择 m 个主因子。对提取的因子载荷矩阵进行旋转,得到矩阵 $\Lambda_2 = \Lambda_1^{(m)} T$(其中 $\Lambda_1^{(m)}$ 为 Λ_1 的前 m 列,T 为正交矩阵),

$$\tilde{x}_1 = \alpha_{11} F_1 + \cdots + \alpha_{1m} F_m$$
$$\vdots$$
$$\tilde{x}_{12} = \alpha_{12,1} F_1 + \cdots + \alpha_{12,m} F_m$$

一般情况下,起主要作用的因子可以简化为 3~5 个主要因子,我们选取 4 个主因子。

步骤 5 计算因子得分 $\hat{F}_j$,并进行综合评价,用回归方法求得函数

$$\hat{F}_j = \beta_{j1} \tilde{x}_1 + \beta_{j2} \tilde{x}_2 + \cdots + \beta_{j12} \tilde{x}_{12} \quad (j=1,2,3,4)$$

记第 i 个样本点对第 j 个因子得分的估计值为 $\hat{F}_{ij}$

$$\hat{F}_{ij} = \beta_{j1} \tilde{a}_{i1} + \beta_{j2} \tilde{a}_{i2} + \cdots + \beta_{j12} \tilde{a}_{i12} \quad (i=1,2,\cdots,1214; j=1,2,3,4)$$

则有

$$\begin{bmatrix} \beta_{11} & \cdots & \beta_{41} \\ \vdots & & \vdots \\ \beta_{12,1} & \cdots & \beta_{4,12} \end{bmatrix} = R^{-1} \Lambda_2$$

且

$$\hat{F} = (\hat{F}_{ij})_{1214 \times 4} = X_0 R^{-1} \Lambda_2$$

式中:$X_0 = (\tilde{a}_{ij})_{1214 \times 12}$ 为原始数据的标准化数据矩阵;R 为相关系数矩阵;Λ_2 是上一步骤中得到的载荷矩阵。

10.2.3 模型求解

由步骤 2 求得相关系数矩阵为

$$R = \begin{bmatrix}
1.00 & 0.44 & 0.29 & 0.32 & 0.32 & 0.36 & 0.37 & 0.39 & 0.32 & 0.36 & 0.30 & 0.37 \\
0.44 & 1.00 & 0.39 & 0.40 & 0.46 & 0.31 & 0.44 & 0.49 & 0.48 & 0.39 & 0.41 & 0.41 \\
0.29 & 0.39 & 1.00 & 0.38 & 0.46 & 0.40 & 0.62 & 0.47 & 0.49 & 0.48 & 0.46 & 0.51 \\
0.32 & 0.40 & 0.38 & 1.00 & 0.54 & 0.52 & 0.55 & 0.55 & 0.54 & 0.53 & 0.48 & 0.46 \\
0.32 & 0.46 & 0.46 & 0.54 & 1.00 & 0.38 & 0.50 & 0.55 & 0.51 & 0.49 & 0.48 & 0.46 \\
0.36 & 0.31 & 0.40 & 0.52 & 0.38 & 1.00 & 0.54 & 0.56 & 0.53 & 0.48 & 0.56 & 0.54 \\
0.37 & 0.44 & 0.62 & 0.55 & 0.50 & 0.54 & 1.00 & 0.62 & 0.63 & 0.61 & 0.52 & 0.59 \\
0.39 & 0.49 & 0.47 & 0.55 & 0.55 & 0.56 & 0.62 & 1.00 & 0.64 & 0.58 & 0.60 & 0.59 \\
0.32 & 0.48 & 0.49 & 0.54 & 0.51 & 0.53 & 0.63 & 0.64 & 1.00 & 0.60 & 0.61 & 0.58 \\
0.36 & 0.39 & 0.48 & 0.53 & 0.49 & 0.48 & 0.61 & 0.58 & 0.60 & 1.00 & 0.56 & 0.54 \\
0.30 & 0.41 & 0.46 & 0.48 & 0.48 & 0.56 & 0.52 & 0.60 & 0.61 & 0.56 & 1.00 & 0.57 \\
0.37 & 0.41 & 0.51 & 0.46 & 0.46 & 0.54 & 0.59 & 0.59 & 0.58 & 0.54 & 0.57 & 1.00
\end{bmatrix}$$

由步骤 3 求得初等载荷矩阵为

$$\boldsymbol{\Lambda}_1 = \begin{bmatrix} 0.53 & 0.68 & 0.36 & 0.16 & 0.19 & -0.09 & 0.16 & 0.04 & -0.04 & -0.16 & 0.02 & 0.01 \\ 0.63 & 0.53 & -0.24 & -0.11 & -0.34 & 0.08 & -0.28 & 0.05 & 0.12 & 0.18 & 0.00 & -0.02 \\ 0.68 & -0.07 & -0.37 & 0.49 & 0.18 & 0.17 & -0.02 & 0.22 & 0.03 & -0.04 & -0.06 & 0.20 \\ 0.72 & -0.07 & 0.04 & -0.44 & 0.34 & 0.08 & -0.22 & 0.00 & 0.24 & -0.18 & -0.14 & 0.07 \\ 0.70 & 0.09 & -0.37 & -0.32 & 0.16 & 0.16 & 0.39 & -0.03 & -0.11 & 0.08 & 0.18 & -0.07 \\ 0.71 & -0.18 & 0.48 & 0.00 & 0.07 & 0.29 & -0.10 & 0.15 & -0.09 & 0.27 & 0.16 & 0.03 \\ 0.81 & -0.09 & -0.10 & 0.21 & 0.19 & -0.08 & -0.22 & -0.10 & -0.13 & -0.01 & -0.02 & -0.40 \\ 0.81 & -0.03 & 0.04 & -0.10 & -0.13 & 0.01 & 0.03 & -0.16 & -0.36 & 0.04 & -0.37 & 0.14 \\ 0.80 & -0.14 & -0.03 & -0.05 & -0.21 & -0.15 & -0.16 & -0.05 & -0.17 & -0.28 & 0.33 & 0.14 \\ 0.76 & -0.12 & -0.01 & 0.01 & 0.09 & -0.54 & 0.07 & 0.07 & 0.12 & 0.26 & 0.01 & 0.09 \\ 0.76 & -0.20 & 0.12 & -0.04 & -0.34 & 0.01 & 0.23 & 0.32 & 0.13 & -0.17 & -0.12 & -0.18 \\ 0.77 & -0.10 & 0.10 & 0.23 & -0.13 & 0.13 & 0.15 & -0.44 & 0.30 & 0.01 & 0.03 & 0.03 \end{bmatrix}$$

寻找到的 4 个主因子的贡献率如表 10.7 所列。

表 10.7 主因子贡献率数据

因子	1	2	3	4
贡献率	26.95	11.03	17.52	16.80
累计贡献率	26.95	37.98	55.50	72.30

在步骤 5 中,由

$$\begin{bmatrix} \beta_{11} & \cdots & \beta_{41} \\ \vdots & & \vdots \\ \beta_{12,1} & \cdots & \beta_{4,12} \end{bmatrix} = \boldsymbol{R}^{-1}\boldsymbol{\Lambda}_2$$

得出

$$\boldsymbol{R}^{-1}\boldsymbol{\Lambda}_2 = \begin{bmatrix} -0.0134 & 0.9122 & 0.2211 & -0.1326 \\ -0.3702 & 0.3991 & -0.4429 & 0.0174 \\ -0.2836 & -0.0691 & 0.1646 & 0.8235 \\ 0.2138 & -0.1415 & -0.4337 & -0.4209 \\ -0.2158 & -0.1547 & -0.6515 & -0.0512 \\ 0.5626 & 0.0852 & 0.3413 & -0.2423 \\ 0.0133 & -0.0368 & 0.0903 & 0.3604 \\ 0.1536 & -0.0038 & -0.1159 & -0.0630 \\ 0.1316 & -0.1287 & -0.1068 & 0.0488 \\ 0.1352 & -0.0891 & -0.0491 & 0.0660 \\ 0.2849 & -0.1150 & 0.0358 & -0.0378 \\ 0.1733 & 0.0581 & 0.2620 & 0.2460 \end{bmatrix}$$

由此计算各个因子得分函数如下:

$F_{11} = -0.0134\tilde{x}_1 - 0.3702\tilde{x}_2 - 0.2836\tilde{x}_3 + 0.2138\tilde{x}_4 - 0.2158\tilde{x}_5 + 0.5626\tilde{x}_6$
$\quad + 0.0133\tilde{x}_7 + 0.1536\tilde{x}_8 + 0.1316\tilde{x}_9 + 0.1352\tilde{x}_{10} + 0.2849\tilde{x}_{11} + 0.1733\tilde{x}_{12}$

$F_{12} = 0.9122\tilde{x}_1 + 0.3991\tilde{x}_2 - 0.0691\tilde{x}_3 - 0.1415\tilde{x}_4 - 0.1547\tilde{x}_5 + 0.0852\tilde{x}_6$
$\quad - 0.0368\tilde{x}_7 - 0.0038\tilde{x}_8 - 0.1287\tilde{x}_9 - 0.0891\tilde{x}_{10} - 0.1150\tilde{x}_{11} + 0.0581\tilde{x}_{12}$

$$F_{13} = 0.2211\tilde{x}_1 - 0.4429\tilde{x}_2 + 0.1646\tilde{x}_3 - 0.4337\tilde{x}_4 - 0.615\tilde{x}_5 + 0.3413\tilde{x}_6$$
$$+ 0.0903\tilde{x}_7 - 0.1159\tilde{x}_8 - 0.1068\tilde{x}_9 - 0.0491\tilde{x}_{10} + 0.0358\tilde{x}_{11} + 0.2620\tilde{x}_{12}$$
$$F_{14} = -0.1326\tilde{x}_1 + 0.0174\tilde{x}_2 + 0.8235\tilde{x}_3 - 0.4209\tilde{x}_4 - 0.0512\tilde{x}_5 - 0.2423\tilde{x}_6$$
$$+ 0.3604\tilde{x}_7 - 0.0630\tilde{x}_8 + 0.0488\tilde{x}_9 + 0.0660\tilde{x}_{10} - 0.0378\tilde{x}_{11} + 0.2460\tilde{x}_{12}$$

利用综合因子得分公式,有
$$F_1 = \frac{26.95 F_{11} + 11.03 F_{12} + 17.52 F_{13} + 16.80 F_{14}}{72.30}$$

以上因子分析的计算过程可利用 MATLAB 编程完成,首先建立脚本文件 junrenxinlijiankangpingjia1.m,程序代码如下:

```
clc,clear
ga = xlsread('qutihuadata.xls');      %把躯体化对应问题的数据保存在纯文本文件 qutihuadata.xls 中
n = size(ga,1);
x = ga(:,[1:12]);
x = zscore(x);                         %数据标准化
r = corrcoef(x);                       %求相关系数矩阵
[vec1,val,con1] = pcacov(r);           %进行主成分分析的相关计算
f1 = repmat(sign(sum(vec1)),size(vec1,1),1);
vec2 = vec1.*f1;                       %特征向量正负号转换
f2 = repmat(sqrt(val)',size(vec2,1),1);
a = vec2.*f2;                          %求初等载荷矩阵
num = ('4:');                          %交互选择主因子的个数设为4
am = a(:,[1:4]);                       %提出4个主因子的载荷矩阵
[bm,t] = rotatefactors(am,'method','varimax');     %旋转变换,bm 为旋转后的载荷矩阵
bt = [bm,a(:,[5:end])];                %旋转后全部因子的载荷矩阵,前两个旋转,后面不旋转
con2 = sum(bt.^2);                     %计算因子贡献
check = [con1,con2'/sum(con2)*100]
rate = con2(1:4)/sum(con2);            %因子贡献率
coef = inv(r)*bm;                      %计算得分函数的系数
score = x*coef;                        %计算各因子的得分
weight = rate/sum(rate);               %计算得分权重
Tscore = score*weight';                %对各因子的得分进行加权求和,即求每个测试者的评价得分
```

运行可得 1214 个军人心理状况中躯体化因素的综合得分,如表 10.8 所列。

表 10.8 军人心理状况躯体化因素综合得分表

人员	1	2	3	4	...	1211	1212	1213	1214
F_i	0.3185	0.0726	0.7240	-0.2441	...	-0.7031	0.1453	-0.0751	-0.1039

画出得分频率分布直方图如图 10.3 所示,通过图 10.3 可以看到,1214 个测试样本的综合得分大致呈正态分布的趋势。

其他 9 类心理健康问题评价得分程序只需将上述程序中的躯体化数据 qutihuadata.xls 改为各自待评价因子强迫症状(qiangpozhengzhuangdata.xls)、人际关系敏感度(renjiganx-

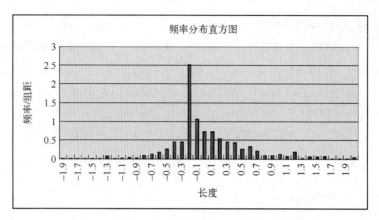

图 10.3 躯体化方面综合得分频率分布直方图

imingandata. xls)、抑郁(yiyudata. xls)、焦虑(jiaolvdata. xls)、敌对(diduidata. xls)、恐怖(kongbudata. xls)、偏执(pianzhidata. xls)、精神病性(jingshenbingxingdata. xls)、其他(qitadata. xls)对应的数据文档即可。

10.2.4 结果分析

通过因子分析法,既解决了数据量大带来的处理分析上的难题,又避免了层次分析中设定各指标权重所带来的主观随意性,对比平均数与常模比较的评价方法,也就更具有说服力和实践性。因因子分析法将1214个测试数据分别从10个方面进行分析,每个方面都能够得到一个排序结果,使得评价者能够直观地对1214个被评价对象的心理健康状况从多个方面进行评价。

虽然我们通过因子分析法完成了对心理健康各个方面的分别评价。但是同时也面临一个问题,那就是我们还需要对1214个被评价对象的心理状况进行综合评价。综合评价的目的就是从10个影响军人心理健康的因子中寻找起主导作用的那几类因子,分析影响军人心理健康的主要原因。由于变量之间的相关度高,多的变量导致大的数据量,这给系统的分析带来了很多不便。因此,我们采用聚类分析的方法,按照变量的相似关系把影响军人心理健康的因子聚合成为数较少的几类,进而找出影响系统的主要原因。

R 型聚类分析(对变量指标进行聚类)的主要过程如下:

步骤 1 标准化处理(同因子分析的标准化方法)

步骤 2 变量指标相似性度量

在对变量进行聚类分析时,首先要确定变量的相似性度量,我们采用相关系数。

记变量指标 x_k 的取值 $(x_{1k}, x_{2k}, \cdots, x_{nk})^T \in \mathbf{R}^n (k=1,2,\cdots,m)$,则可以用两变量 x_k 和 x_l 的样本相关系数作为它们的相似性度量,即

$$r_{kl} = \frac{\sum_{i=1}^{n}(x_{ik} - \bar{x}_k)(x_{il} - \bar{x}_l)}{\left[\sum_{i=1}^{n}(x_{ik} - \bar{x}_k)^2 \sum (x_{il} - \bar{x}_l)^2\right]^{\frac{1}{2}}}$$

计算可得到相关系数矩阵 $\mathbf{R} = (r_{kl})_{10 \times 10}$。

步骤3 变量聚类法

变量聚类法采用了与系统聚类法相同的思路和过程,这里使用最长距离法进行聚类,定义两类变量的距离为

$$R(G_1,G_2)=\max_{\substack{x_k\in G_1\\ x_l\in G_2}}\{d_{kl}\}$$

其中: $d_{kl}=1-|r_{kl}|$,这时,$R(G_1,G_2)$ 与两类中相似性最小的两变量间的相似性度量值有关。

步骤4 利用 MATLAB 绘制聚类图,并得到各因子标尺值 γ_i

步骤5 分析聚类图,计算各影响因子的权重 A 矩阵。其中 A 的元素 a_i 为

$$a_i=\frac{\gamma_i}{\sum_{i=1}^{n}\gamma_i}\quad(i=1,2,\cdots,n)$$

步骤6 计算每名测试者的心理健康状况的总得分 M

$$M_{1214\times1}=F_{1214\times10}\times A_{10\times1}$$

式中: $F_{1214\times10}$ 为测试者各因子综合得分矩阵。

利用 MATLAB 编程进行影响军人心理健康的聚类分析和画出聚类图,首先建立脚本文件 junrenxinlijiankangpingjia2.m,程序代码如下:

```
clc,clear
zx=xlsread('juleidata.xls')load zc.txt;
    %把所有测试者10类心理健康问题的评价得分放入2014*10的矩阵存在juleidata.xls中
r=corrcoef(zx);              %计算相关系数矩阵
d=pdist(r,'correlation');   ;计算相关系数导出的距离
z=linkage(d,'complete');     %按最长距离法聚类
h=dendrogram(z);             %画出聚类图
```

MATLAB 运行可绘制出影响军人心理健康原因的聚类图,如图 10.4 所示。

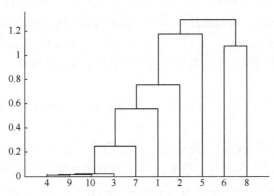

图 10.4 影响军人心理健康原因的聚类图

由聚类图得到各标尺值 γ_i 如表 10.9 所列。

计算各影响因子权重 a_i 如表 10.10 所列。

表 10.9　影响军人心理健康因子的标尺值

因子	1	2	3	4	5	6	7	8	9	10
标尺值	0.5821	0.8462	0.2354	0.1572	0.6797	0.6787	0.5456	0.7847	0.1572	0.1937

表 10.10　影响军人心理健康因子的权重

因子	1	2	3	4	5	6	7	8	9	10
权重	0.1233	0.1792	0.0499	0.0333	0.1440	0.1440	0.1156	0.1662	0.0333	0.0410

根据图 10.4 聚类分析的结果,以及表 10.8、表 10.9 中标尺值 γ_i 和 10 个方面因子的权重 a_i,可以知道因子 2、8、5、6 对军人心理健康影响最大,也就是强迫症状、偏执情绪、敌对情绪和焦虑这 4 个因素是影响军人心理健康状况的主要原因。

从军人的身份特点和职业特征来进一步分析,这 4 个因素作为主要影响军人心理健康的原因也是较为合理的。强迫症状是由于军队要求绝对地服从命令,所以对军人来说,不管其是否愿意做上级安排的某任务,都必须令行禁止,并且还会要求尽量做得更好,精益求精。敌对情绪是由于部队毕竟是为了打仗,竞争相对较为激烈。总是以战争作为自己今后的假想生活,所以这种环境下产生敌对情绪很正常。偏执和焦虑成为主要原因是由于军人处于一个相对封闭的环境里,并且有具体的一日生活制度,如果出现问题不及时纠正和引导,容易出现思想上焦虑并引起偏激的看法。

最后,计算得到每名测试者心理健康状况的总得分如表 10.11 所列。

表 10.11　军人心理健康状况的总得分

人员编号	1	2	3	4	…	1211	1212	1213	1214
M	0.2304	0.1055	0.3086	0.3626	…	0.7089	0.1386	0.3319	0.2976

利用聚类分析法,我们不仅找到了影响军人心理健康状况的主要原因,还得到了每名被测试样本数据的总得分,实现了对军人心理健康状况的综合评价。

事实上,本案例我们利用因子分析法得到了影响军人心理健康状况 10 个方面因素分别的综合评价结果,完成了对心理健康各个方面的分别评价;利用聚类分析法,完成了对军人心理健康状况的综合评价。经过综合评价,同一个测试样本,不仅能知道其在某一因素中的情况,还可以得到其在所有因素中的综合情况,有效地保证了评价结果的客观、全面、有效。

附件 10.1　"SCL-90" 心理卫生健康状况测试量表

自评测试说明:

请仔细阅读每一条测试项目,要独立地、不受任何人影响地自我评定,一般根据最近一星期以内下述情况影响你的实际感觉,在测试题的 5 个选项中选择适合你的选项。

分值	没有	很轻	中等	偏重	严重
	1	2	3	4	5
1. 头痛					
2. 严重神经过敏,心神不定					
3. 头脑中有不必要的想法或字句盘旋					

(续)

分值	没有 1	很轻 2	中等 3	偏重 4	严重 5
4. 头晕或昏倒					
5. 对异性的兴趣减退					
6. 对旁人责备求全					
7. 感到别人能控制你的思想					
8. 责怪别人制造麻烦					
9. 忘性大					
10. 担心自己的衣饰整齐及仪态的端庄					
11. 容易烦恼和激动					
12. 胸痛					
13. 害怕空旷的场所或街道					
14. 感到自己精力下降,活动减慢					
15. 想结束自己的生命					
16. 听到旁人听不到声音					
17. 发抖					
18. 感到大多数人都不可信任					
19. 胃口不好					
20. 容易哭泣					
21. 同异性相处时感到害羞不自在					
22. 感到受骗,中了圈套或有人想抓你					
23. 无缘无故地感觉到害怕					
24. 自己不能控制地大发脾气					
25. 怕单独出门					
26. 经常责怪自己					
27. 腰痛					
28. 感到难以完成任务					
29. 感到孤独					
30. 感到苦闷					
31. 过分担忧					
32. 对事物不感兴趣					
33. 感到害怕					
34. 你的感情容易受到伤害					
35. 旁人能知道你的私下想法					
36. 感到别人不理解你不同情你					
37. 感到人们对你不友好,不喜欢你					
38. 做事情必须做得很慢以保证做正确					
39. 心跳得厉害					
40. 恶心或胃不舒服					
41. 感到比不上别人					

(续)

分值	没有 1	很轻 2	中等 3	偏重 4	严重 5
42. 肌肉酸痛					
43. 感到有人在监视你谈论你					
44. 难以入睡					
45. 做事必须反复检查					
46. 难以做出决定					
47. 怕乘电车、公共汽车、地铁或火车					
48. 呼吸困难					
49. 一阵阵发冷或发热					
50. 因为感到害怕而避开某些东西、场合或活动					
51. 脑子变空了					
52. 身体发麻或刺痛					
53. 后面有梗塞感					
54. 感到前途没有希望					
55. 不能集中注意力					
56. 感到身体的某一部分软弱无力					
57. 感到紧张或容易紧张					
58. 感到手或脚发重					
59. 感到死亡的事					
60. 吃得太多					
61. 当别人看着你或谈论你时感到不自在					
62. 有一些属于你自己的看法					
63. 有想打人或伤害他人的冲动					
64. 醒得太早					
65. 必须反复洗手、点数目或触摸某些东西					
66. 睡得不稳不深					
67. 有想摔坏或破坏东西的冲动					
68. 有一些别人没有的想法或念头					
69. 感到对别人神经过敏					
70. 在商场或电影院等人多的地方感到不自在					
71. 感到任何事情都很困难					
72. 一阵阵恐惧或惊恐					
73. 感到在公共场合吃东西很不舒服					
74. 经常与人争论					
75. 单独一个人时神经很紧张					
76. 别人对你的成绩没有做出恰当的评论					
77. 即使和别人在一起也感到孤独					
78. 感到坐立不安心神不定					
79. 感到自己没有什么价值					

(续)

分值	没有 1	很轻 2	中等 3	偏重 4	严重 5
80. 感到熟悉的东西变陌生或不像真的					
81. 大叫或摔东西					
82. 害怕会在公共场合昏倒					
83. 感到别人想占你便宜					
84. 为一些有关"性"的想法而苦恼					
85. 你认为应该因为自己的过错而受惩罚					
86. 感到要赶快把事情做完					
87. 感到自己的身体有严重问题					
88. 从未感到和其他人亲近					
89. 感到自己有罪					
90. 感到自己的脑子有毛病					

症状自评量表(the self-report symptom inventory, Symptom checklist, 90, SCL-90)有90个评定项目,每个项目分5级评分,包含了比较广泛的精神病症状学内容,从感觉、情感、思维、意识、行为直至生活习惯、人际关系、饮食等均有涉及,能准确刻画被试的自觉症状,能较好地反映被试的问题及其严重程度和变化,是当前研究神经症及综合性医院住院病人或心理咨询门诊中应用最多的一种自评量表。

SCL-90主要提供以下分析指标:

(1) 总分和总均分。

总分是90个项目各单项得分相加,最低分为90分,最高分为450分。

总均分=总分÷90,表示总的来看,被试的自我感觉介于1~5的哪一个范围。

(2) 阴性项目数表示被试"无症状"的项目有多少。

(3) 阳性项目数表示被试在多少项目中呈现"有症状"。

(4) 阳性项目均分表示"有症状"项目的平均得分。可以看出被试自我感觉不佳的程度究竟在哪个范围。

(5) 因子分。SCL-90有10个因子,每个因子反映被试某方面的情况,可通过因子分了解被试的症状分布特点以及问题的具体演变过程。

分析统计指标:

(一) 总分

(1) 总分是90个项目所得分之和。

(2) 总症状指数,也称总均分,是将总分除以90(=总分÷90)。

(3) 阳性项目数是指评为1~4分的项目数,阳性症状痛苦水平是指总分除以阳性项目数(=总分÷阳性项目数)。

(4) 阳性症状均分是指总分减去阴性项目(评为0的项目)总分,再除以阳性项目数。

(二) 因子分

SCL-90包括9个因子,每一个因子反映出病人的某方面症状痛苦情况,通过因子分可了解症状分布特点。

$$因子分 = 组成某一因子的各项目总分/组成某一因子的项目数。$$

9个因子含义及所包含项目。

(1) 躯体化:包括1,4,12,27,40,42,48,49,52,53,56,58共12项。该因子主要反映身体不适感,包括心血管、胃肠道、呼吸和其他系统的主诉不适,和头痛、背痛、肌肉酸痛,以及焦虑的其他躯体表现。

(2) 强迫症状:包括了3,9,10,28,38,45,46,51,55,65共10项。主要指那些明知没有必要,但又无法摆脱的无意义的思想、冲动和行为,还有一些比较一般的认知障碍的行为征象也在这一因子中反映。

(3) 人际关系敏感:包括6,21,34,36,37,41,61,69,73共9项。主要指某些个人不自在与自卑感,特别是与其他人相比较时更加突出。在人际交往中的自卑感,心神不安,明显不自在,以及人际交流中的自我意识,消极的期待也是这方面症状的典型原因。

(4) 抑郁:包括5,14,15,20,22,26,29,30,31,32,54,71,79共13项。苦闷的情感与心境为代表性症状,还以生活兴趣的减退,动力缺乏,活力丧失等为特征。还反映失望、悲观以及与抑郁相联系的认知和躯体方面的感受,另外,还包括有关死亡的思想和自杀观念。

(5) 焦虑:包括2,17,23,33,39,57,72,78,80,86共10项。一般指那些烦躁,坐立不安,神经过敏,紧张以及由此产生的躯体征象,如震颤等。测定游离不定的焦虑及惊恐发作是本因子的主要内容,还包括一项解体感受的项目。

(6) 敌对:包括11,24,63,67,74,81共6项。主要从三方面来反映敌对的表现:思想、感情及行为。其项目包括厌烦的感觉,摔物,争论直到不可控制的脾气暴发等各方面。

(7) 恐怖:包括13,25,47,50,70,75,82共7项。恐惧的对象包括出门旅行,空旷场地,人群或公共场所和交通工具。此外,还有反映社交恐怖的一些项目。

(8) 偏执:包括8,18,43,68,76,83共6项。本因子是围绕偏执性思维的基本特征而制定,主要指投射性思维,敌对,猜疑,关系观念,妄想,被动体验和夸大等。

(9) 精神病性:包括7,16,35,62,77,84,85,87,88,90共10项。反映各式各样的急性症状和行为,限定不严的精神病性过程的指征。此外,也可以反映精神病性行为的继发征兆和分裂性生活方式的指征。

另外,还有19,44,59,60,64,66,89共7个项目未归入任何因子,反映睡眠及饮食情况,分析时将这7项作为附加项目或其他,作为第10个因子来处理,以便使各因子分之和等于总分。

10.3 军校学员教学训练质量评估问题

10.3.1 问题描述

习主席在军队院校教学训练问题上曾经多次强调,"军队院校教育要坚持面向战场、面向部队、面向未来,围绕实战搞教学、着眼打赢育人才,使培养的学员符合部队建设和未来战争的需要"。军队院校必须有效提升教学训练的质量水平,使之与实战化目标趋势接轨,必须全面提升办学育人水平,为强军兴军提供有力人才支持。某军校教学管理人员拟定了一份调查问卷(见附件10.2),分别对在校的10个班级的学生进行了问卷调查,附件10.3中给出了调查结果的统计数据。请利用附件10.2中的统计数据进行定量分析,同时根据附件10.1中每一个问题的特点进行统计分析,从总体上分析该军校学生的教学训练与哪些因素有关;进一步地,根据影响教学训练的主要因素建立一定的标准,对参与调查的教学班教学训练的质量情况进行综合评价。

附件10.2　军校学员学习训练情况调查表

1. 你认为自己的学习态度如何?
   a. 努力上进　　　　b. 一般　　　　　　c. 无所谓
2. 你对自己的学习成绩满意吗?
   a. 满意　　　　　　b. 不满意　　　　　c. 基本满意
3. 你在学校的任职情况?
   a. 当过骨干　　　　b. 从未当过骨干
4. 你对所学专业的兴趣如何?
   a. 很感兴趣　　　　b. 一般　　　　　　c. 不感兴趣
5. 你对所学专业感兴趣的主要原因?
   a. 专业发展前途　　b. 个人兴趣、特长　c. 经济收入　　　　d. 其他
6. 你绝大部分课余时间是怎样利用的?(可以多选)
   a. 学习　　　　　　b. 看小说　　　　　c. 体育运动　　　　d. 上网玩游戏
   e. 听音乐　　　　　f. 谈恋爱　　　　　g. 其他
7. 上课时你的状态如何?
   a. 认真听讲做好笔记　　　　　　　　　b. 注意力不集中,心不在焉
   c. 打瞌睡
8. 你认为你的学习风气好或者差的主要原因是什么?
   a. 学校管理上的问题　　　　　　　　　b. 教师的教风
   c. 学生的学风　　　　　　　　　　　　d. 社会上的风气
9. 你觉得怎样能够带动你的学习动力?　(可以多选)
   a. 整体氛围浓,有监督和鼓励机制　　　b. 师资力量强,教学质量好
   c. 学习环境优美,教学设施完善　　　　d. 专业分配形式好
   e. 丰厚的奖学金
10. 你每天的体能训练时间?
    a. 一个小时以内　　　　　　　　　　　b. 一个小时至一个半小时
    c. 一个半小时以上　　　　　　　　　　d. 自己还会加练
11. 你的体能训练效果如何?
    a. 成绩良好以上　　b. 勉强达标　　　　c. 不及格
12. 你认为限制了你训练效果的主要原因是什么?
    a. 学业繁重,没有时间锻炼　　　　　　b. 没有训练的氛围
    c. 缺乏训练器材　　d. 自身不够努力　　e. 其他
13. 你如何看待体能训练的作用?
    a. 体能训练有助于我的身心健康和未来军人事业的发展

b. 体能训练是上级硬性的要求,不得不练,对以后职业发展没什么用

c. 练不练无所谓,总想逃避体能训练

d. 其他

14. 你对组织体能训练有什么期待?(可以多选)

a. 多培养练兵备战意识　　　　　　b. 适当组织实弹演练

c. 增加训练技巧的培训　　　　　　d. 制订有针对性的训练计划

e. 提升安全防护,有效避免训练伤

15. 你如何认识教学训练的实战化?

a. 要有备战打仗的意识,加强教学训练实战化就是提升军人的战斗本领

b. 无所谓,反正还在军校,等毕业下了部队再说

c. 没有必要,和平年代战争离我们还很远

16. 你认为学校教学训练贴近实战存在问题的症结是什么?

a. 突出实战化的军校教学训练和管理制度的改革还不到位

b. 课堂理论与实战技能相脱节,缺少实战化的训练

c. 学校领导的重视程度

附件10.3　调查数据汇总表

题目	选项	各班级选择不同选项的人数									
		一	二	三	四	五	六	七	八	九	十
1	a	24	20	19	41	28	19	17	32	31	31
	b	19	30	31	44	17	25	12	18	44	34
	c	3	5	4	10	2	3	8	2	11	4
2	a	4	10	11	12	6	13	9	18	9	16
	b	28	13	19	40	16	9	10	7	45	34
	c	14	32	25	41	25	25	17	26	37	12
3	a	25	33	30	31	36	43	29	20	53	51
	b	18	22	15	13	16	4	8	30	19	11
4	a	20	30	29	56	20	36	23	29	31	38
	b	10	30	35	20	14	39	15	30	67	29
	c	1	3	7	9	1	2	0	3	9	4
5	a	24	15	17	37	21	12	19	10	42	22
	b	6	17	18	23	11	8	4	10	31	18
	c	4	10	9	23	8	17	5	18	13	11
	d	9	13	9	12	7	10	9	13	8	4
6	a	14	22	35	60	21	17	24	36	42	42
	b	26	34	34	56	26	29	23	28	52	51
	c	25	29	27	47	20	24	21	27	38	39
	d	28	36	29	62	33	28	25	24	47	39
	e	21	34	22	34	21	13	18	23	41	29
	f	4	4	3	1	5	3	8	5	3	4
	g	20	32	35	10	15	22	20	14	43	39

（续）

题目	选项	各班级选择不同选项的人数									
		一	二	三	四	五	六	七	八	九	十
7	a	40	52	44	78	36	45	33	48	93	62
	b	3	3	6	14	8	2	4	3	1	0
	c	2	0	2	1	2	0	0	0	0	0
8	a	16	11	10	3	8	7	2	6	17	5
	b	10	13	26	9	29	23	28	33	53	25
	c	19	8	6	1	5	5	1	4	12	3
	d	1	22	10	15	4	12	5	8	12	26
9	a	19	41	45	68	24	31	27	40	69	51
	b	19	8	7	14	9	13	10	6	20	1
	c	20	13	16	13	22	19	24	19	6	13
	d	23	15	20	9	23	25	28	18	7	16
	e	21	0	2	0	1	3	0	0	1	0
10	a	35	37	39	70	36	35	22	40	75	53
	b	2	3	0	3	0	0	0	0	0	1
	c	0	8	7	11	3	6	5	6	6	4
	d	4	5	7	0	2	2	7	6	13	1
11	a	33	45	40	77	40	43	29	49	73	56
	b	9	5	9	16	7	4	5	2	12	7
	c	0	3	4	0	0	5	2	0	8	0
12	a	20	30	28	40	28	30	15	37	42	40
	b	4	1	2	8	1	2	1	2	8	5
	c	3	5	7	7	2	5	2	4	8	4
	d	16	17	13	35	14	9	17	6	23	12
	e	2	3	1	4	2	1	2	2	5	3
13	a	12	18	22	25	9	17	16	21	17	16
	b	7	6	8	11	5	5	3	5	18	7
	c	1	2	1	3	2	3	1	0	3	0
	d	25	29	21	55	31	22	17	24	55	36
14	a	24	32	45	70	31	27	34	46	52	52
	b	35	43	43	65	35	38	32	37	61	60
	c	25	29	27	47	20	24	21	27	38	39
	d	29	37	31	64	35	29	27	25	49	40
	e	26	39	27	39	26	18	23	28	46	34
15	a	22	14	15	26	13	6	5	18	34	31
	b	2	2	4	3	1	0	2	5	4	0
	c	2	9	11	15	4	5	10	0	9	5
16	a	21	25	22	45	22	17	12	20	46	29
	b	16	13	22	19	14	15	17	15	23	14
	c	9	10	8	20	11	15	8	17	24	21

307

10.3.2 模型建立

在前面两个军事评估和评价类案例中,我们既利用了层次分析法、模糊综合评价法等主观赋权的方法进行了评价;也利用了因子分析和聚类分析法等客观赋权的评价方法。从这两类案例可以看出,当被评价对象含有定性指标或难以量化的指标时,一般采用主观赋权的方法,当被评价对象的评价指标为定量指标时,用客观赋权的方法更加直观、科学和有效。本问题中通过问卷调查的方法已经获得了教学训练方面的数据,因此,仍然采用客观评价的方法来评价。这里主要采用主成分分析法来评价,在评价之前,需要将所给的数据进行处理,这也是所有定量评价问题之前都需要做的工作。

1. 对题目进行分类

附件 10.3 中的军校学员学习训练情况调查表中有共有 16 个问题,前 9 个是学习方面的问题,后 7 个是训练方面的问题,除了第 6、9、14 题是多项选择题外,其他题目都是单项选择题。因此,这里为了方便获得每个班对于每道题目的得分,将题目按照单选题和多选题两类分别处理。

2. 单选题按照"正向指标"的原则得分

对于单项选择题,一般有 2~4 个选项,而且答案的倾向性非常明显,可以确定选哪个选项对教学训练的评价最好,选哪个选项对教学训练的评价结果最差。例如:第 2 题是:"你对自己的学习成绩满意吗?",当选择 A 选项"满意"时,学习效果的评价就越高。所以对于单项选择题,为了评价的方便,我们都以选择最有利的结果为参照。以第 1 题为例,一班 3 个选项的人数分别为 24、19、3,则一班第 1 个题目的得分为:24/(24+19+3)=0.5217(保留两位小数),其他数据处理方式类似,具体结果如表 10.12 所列。

表 10.12 单选题得分数据表

题目	一	二	三	四	五	六	七	八	九	十
1	0.52	0.36	0.35	0.43	0.60	0.40	0.46	0.62	0.36	0.45
2	0.09	0.18	0.20	0.13	0.13	0.28	0.25	0.35	0.10	0.26
3	0.58	0.60	0.67	0.70	0.69	0.91	0.78	0.40	0.74	0.82
4	0.65	0.48	0.41	0.66	0.57	0.47	0.61	0.47	0.29	0.54
5	0.56	0.27	0.32	0.39	0.45	0.26	0.51	0.20	0.45	0.40
7	0.89	0.95	0.85	0.84	0.78	0.96	0.89	0.94	0.99	1.00
8	0.35	0.20	0.19	0.11	0.17	0.15	0.06	0.12	0.18	0.08
10	0.10	0.09	0.13	0.00	0.05	0.05	0.21	0.12	0.14	0.02
11	0.79	0.85	0.75	0.83	0.85	0.83	0.81	0.96	0.78	0.89
12	0.44	0.54	0.55	0.43	0.60	0.64	0.41	0.73	0.49	0.63
13	0.27	0.33	0.42	0.27	0.19	0.36	0.43	0.42	0.18	0.27
15	0.85	0.56	0.50	0.59	0.72	0.55	0.29	0.78	0.72	0.86
16	0.46	0.52	0.55	0.54	0.47	0.36	0.32	0.38	0.49	0.45

3. 多选题利用主成分分析给出综合得分

对于 6、9、14 这 3 道多选题目,每一个选项都会对该问题在教学或是训练方面带来影响,也就是说可能某几项综合起来会对教学或训练带来正面的影响。因此,不能单纯以选择某一项的占比来作为某班在该道题目的得分,需要利用综合评价方法来分析这些选项综合作用的结果。下面以第6题为例来分析对数据的处理过程。第6题的初始数据如表10.13所列。

表 10.13　第 6 题原始数据表

第6题选项	a	b	c	d	e	f	g
一	14	26	25	28	21	4	20
二	22	34	29	36	34	4	32
三	35	34	27	29	22	3	35
四	60	56	47	62	34	1	10
五	21	26	20	33	21	5	15
六	17	29	24	28	13	3	22
七	24	23	21	25	18	8	20
八	36	28	27	24	23	5	14
九	42	52	38	47	41	3	43
十	42	51	39	39	29	4	39

第6题有7个选项,为了根据所给数据对10个班给出得分结果,首先要知道哪几个主成分对第6题的打分起到决定性的作用。这里利用主成分分析法来进行计算,具体过程如下:

步骤1　对原始数据进行标准化处理

第6题有7个选项,也就是进行主成分分析的变量有7个,分别为 $x_1, x_2, \cdots, x_7$,共有10个班级,即10个被评价对象,第 i 个被评价对象的第 j 个指标的取值为 $a_{ij}(i=1,2,\cdots,10, j=1,2,\cdots,7)$,将指标取值 a_{ij} 标准化。

步骤2　计算相关系数矩阵 $\boldsymbol{R}_{7\times 7}$。

步骤1和步骤2与案例10.2军人心理健康的分析与评价中因子分析的前两个步骤类似,这里不再赘述。

步骤3　求相关系数矩阵 $\boldsymbol{R}$ 的特征根、特征向量和贡献率

相关系数矩阵 $\boldsymbol{R}_{7\times 7}$ 的特征根 $\lambda_i(i=1,2,\cdots,7)$ 描述了各个主成分在描述被评价对象时所起作用的大小,特征根 λ_i 对应的特征向量 L_i 描述了在新坐标系下各分量上的系数。特征根所占的比重称为贡献率,表示每个分量说明原始变量的信息量,计算公式为

$$G_i = \frac{\lambda_i}{\sum_{i=1}^{7} \lambda_i}$$

则由特征向量组成7个新的指标变量

$$\begin{cases} y_1 = a_{11}\tilde{x}_1 + a_{21}\tilde{x}_2 + \cdots + a_{71}\tilde{x}_7 \\ y_2 = a_{12}\tilde{x}_1 + a_{22}\tilde{x}_2 + \cdots + a_{72}\tilde{x}_7 \\ \quad\quad\quad\quad\quad\quad \vdots \\ y_7 = a_{17}\tilde{x}_1 + a_{27}\tilde{x}_2 + \cdots + a_{77}\tilde{x}_7 \end{cases}$$

式中:y_1 为第 1 主成分;y_2 为第 2 主成分,…,y_7 为第 7 主成分。

步骤 4 确定主成分个数及综合评分

利用主成分分析法进行评价时,总是希望选取个数较少的主成分,同时还要损失的信息量尽可能少。在上一步计算贡献率的基础上计算累计贡献率,一般情况下取大于 85% 可以保证样本排序的稳定。这样就可以用少数几个主成分来对多个指标的样本进行评价和排序。综合评分的公式为

$$Z = \sum_{i=1}^{7} G_i y_i \tag{10.1}$$

10.3.3 模型求解

由步骤 2 求得相关系数矩阵为

$$R = \begin{bmatrix} 1 & 0.85 & 0.88 & 0.78 & 0.63 & -0.52 & 0.07 \\ 0.85 & 1 & 0.97 & 0.89 & 0.79 & -0.68 & 0.38 \\ 0.88 & 0.97 & 1 & 0.89 & 0.76 & -0.69 & 0.22 \\ 0.78 & 0.89 & 0.89 & 1 & 0.75 & -0.69 & 0.05 \\ 0.63 & 0.79 & 0.76 & 0.75 & 1 & -0.44 & 0.45 \\ -0.51 & -0.68 & -0.69 & -0.69 & -0.43 & 1 & -0.11 \\ 0.07 & 0.38 & 0.22 & 0.05 & 0.45 & -0.11 & 1 \end{bmatrix}$$

由步骤 3 求得特征根 λ 及其所对应的特征向量分别为

$$\lambda = [4.85 \quad 1.11 \quad 0.55 \quad 0.31 \quad 0.11 \quad 0.05 \quad 0.01]^T,$$

$$L = \begin{bmatrix} 0.39 & -0.20 & 0.37 & 0.56 & -0.44 & 0.40 & 0.10 \\ 0.45 & 0.08 & 0.02 & 0.20 & 0.36 & -0.11 & -0.79 \\ 0.44 & -0.07 & 0.06 & 0.17 & 0.14 & -0.73 & 0.45 \\ 0.42 & -0.21 & 0.04 & -0.37 & 0.55 & 0.49 & 0.31 \\ 0.38 & 0.29 & 0.29 & -0.65 & -0.49 & -0.09 & -0.12 \\ -0.33 & 0.19 & 0.86 & 0.04 & 0.33 & -0.06 & 0.02 \\ 0.13 & 0.89 & -0.19 & 0.24 & 0.10 & 0.20 & 0.24 \end{bmatrix}$$

由此计算特征根对应的贡献率为

$$G = [69.22 \quad 15.82 \quad 7.92 \quad 4.45 \quad 1.68 \quad 0.82 \quad 0.10]^T$$

由步骤 4 可知,前 3 个特征根的累计贡献率就达到 92% 以上,主成分分析效果很好。下面便选取前 3 个主成分进行综合评价,即有

$$\begin{cases} y_1 = 0.39\tilde{x}_1 - 0.20\tilde{x}_2 + 0.37\tilde{x}_3 + 0.56\tilde{x}_4 - 0.44\tilde{x}_5 + 0.41\tilde{x}_6 + 0.10\tilde{x}_7 \\ y_2 = 0.45\tilde{x}_1 + 0.08\tilde{x}_2 + 0.02\tilde{x}_3 + 0.20\tilde{x}_4 + 0.36\tilde{x}_5 - 0.11\tilde{x}_6 - 0.79\tilde{x}_7 \\ y_3 = 0.44\tilde{x}_1 - 0.07\tilde{x}_2 + 0.06\tilde{x}_3 + 0.17\tilde{x}_4 + 0.14\tilde{x}_5 - 0.73\tilde{x}_6 + 0.45\tilde{x}_7 \end{cases} \tag{10.2}$$

因此,对于第 6 题 7 个选项作为 7 个影响因素的话,前 3 个主成分所占的权重最大。再由式(10.2)可知,$\tilde{x}_4$、$\tilde{x}_5$ 在主成分 y_1 的计算中所占比例最大,因此主成分 y_1 主要体现选项 d 和 e 即玩游戏和听音乐这两个方面,类似地可以分析得到主成分 y_2 主要体现的是 $\tilde{x}_1$ 学习方面,主成分 y_3 主要体现的是 $\tilde{x}_6$,根据式(10.1)以及表 10.12 的特征根贡献率,可以

得出综合得分公式：
$$Z = 69.22\%y_1 + 15.82\%y_2 + 7.92\%y_3 + 4.45\%y_4 + 1.68\%y_5 + 0.82\%y_6 + 0.10\%y_7$$

利用 MATLAB 按照以上过程进行编程求解可得 10 个班的综合得分及排序结果，首先建立脚本文件 junrenxinlijiankangpingjia1.m，代码如下：

```
clc,clear
shuju = xlsread('diaochashujuhuizongbiao.xls','B2:G32');
                            %把附件 10.2 中的原始数据保存在 diaochashujuhuizongbiao.xls 文件中
shuju = zscore(shuju);      %数据标准化
r = corrcoef(shuju);        %计算相关系数矩阵
%下面利用相关系数矩阵进行主成分分析,x 的列为 r 的特征向量,即主成分的系数
[x,y,z] = pcacov(r);        %y 为 r 的特征值,z 为各个主成分的贡献率
f = repmat(sign(sum(x)),size(x,1),1);    %构造与 x 同维数的元素为-1 或 1 的矩阵
x = x.*f;                   %修改特征向量的正负号,每个特征向量乘以所有分量和的符号函数值
num = 3;                    %num 为选取的主成分个数
df = shuju*x(:,[1:num]);    %计算各个主成分得分
tf = df*z(1:num)/100;       %计算综合得分
[stf,ind] = sort(tf,'descend');    %把得分按照从高到低的次序排列
stf = stf';
ind = ind'
```

运行可以计算出 10 个班级第 6 题的综合得分及排序结果，如表 10.14 所列。

表 10.14 10 个班级第 6 题的综合得分及排序结果

班级	一	二	三	四	五	六	七	八	九	十
Z_i	-1.18	0.23	0.08	2.50	-1.27	-1.27	-1.67	-0.83	2.18	1.40
排序	7	4	5	1	8	9	10	6	2	3

第 9 题和第 14 题按照类似的方法来处理，也可以得到这两个题目的综合得分，结果如表 10.15 和表 10.16 所列。

表 10.15 10 个班级第 9 题的综合得分及排序结果

班级	一	二	三	四	五	六	七	八	九	十
Z_i	2.05	-0.58	-0.21	-1.15	0.71	0.75	0.98	-0.17	-1.36	-1.01
排序	1	7	6	9	4	3	2	5	10	8

表 10.16 10 个班级第 14 题的综合得分及排序结果

班级	一	二	三	四	五	六	七	八	九	十
Z_i	-1.40	0.11	-0.44	3.35	-1.28	-1.67	-1.64	-0.73	2.28	1.43
排序	8	4	5	1	7	10	9	6	2	3

10.3.4 结果分析

通过主成分分析法,又得到了多项选择题的得分数据,将表 10.13~表 10.15 的结果与表 10.11 的数据相融合,得到 10 个班级 16 道题目的得分数据如表 10.17 所列。

表 10.17 10 个班级 16 道题目的得分数据表

题目	一	二	三	四	五	六	七	八	九	十
1	0.52	0.36	0.35	0.43	0.60	0.40	0.46	0.62	0.36	0.45
2	0.09	0.18	0.20	0.13	0.13	0.28	0.25	0.35	0.10	0.26
3	0.58	0.60	0.67	0.70	0.69	0.91	0.78	0.40	0.74	0.82
4	0.65	0.48	0.41	0.66	0.57	0.47	0.61	0.47	0.29	0.54
5	0.56	0.27	0.32	0.39	0.45	0.26	0.51	0.20	0.45	0.40
6	−1.18	0.23	0.08	2.50	−1.27	−1.27	−1.67	−0.83	2.18	1.40
7	0.89	0.95	0.85	0.84	0.78	0.96	0.89	0.94	0.99	1.00
8	0.35	0.20	0.19	0.11	0.17	0.15	0.06	0.12	0.18	0.08
9	2.05	−0.58	−0.21	−1.15	0.71	0.75	0.98	−0.17	−1.36	−1.01
10	0.10	0.09	0.13	0.00	0.05	0.05	0.21	0.12	0.14	0.02
11	0.79	0.85	0.75	0.83	0.85	0.83	0.81	0.96	0.78	0.89
12	0.44	0.54	0.55	0.43	0.60	0.64	0.41	0.73	0.49	0.63
13	0.27	0.33	0.42	0.27	0.19	0.36	0.43	0.42	0.18	0.27
14	−1.40	0.11	−0.44	3.35	−1.28	−1.67	−1.64	−0.73	2.28	1.43
15	0.85	0.56	0.50	0.59	0.72	0.55	0.29	0.78	0.72	0.86
16	0.46	0.52	0.42	0.54	0.47	0.36	0.32	0.38	0.49	0.45

本案例的目的,是要对 10 个班级的教学训练情况有一个综合的评价,这 16 道题目又是从不同的侧面来反映学员教学训练效果的,因此,我们再次利用前面主成分分析的计算思路和程序,就可以从整体的角度来进行综合评价。最终计算结果如表 10.18 所列。

表 10.18 10 个班级 16 道题目的综合得分及排序结果

班级	一	二	三	四	五	六	七	八	九	十
综合得分	−0.47	−0.10	−0.32	−0.83	0.15	0.51	−0.18	1.94	−1.04	0.33
排序	8	6	7	9	4	2	5	1	10	3

综合得分公式:

$$Z = 29.01\%y_1 + 23.84\%y_2 + 18.05\%y_3 + 10.32\%y_4 + 7.59\%y_5 + 5.75\%y_6 + 3.57y_7$$
$$+ 1.44y_8 + 0.41y_9 + 2.67 \times 10^{-15}y_{10} + 1.96 \times 10^{-15}y_{11} + 1.79 \times 10^{-15}y_{12} + 1.46 \times 10^{-15}y_{13}$$
$$+ 1.23 \times 10^{-15}y_{14} + 7.83 \times 10^{-16}y_{15} + 6.02 \times 10^{-16}y_{16}$$

进一步地,根据综合得分公式,我们可以分析影响该校学员教学训练的原因。由公式可以看到,前五个主成分对综合评分的结果起到了决定性作用,后面的主成分,尤其是第

十到第十六个主成分的贡献非常小,都可以忽略不计。这前5个主成分与16个因素的方程为:

$$y_1 = 0.21\tilde{x}_1 - 0.02\tilde{x}_2 + 0.47\tilde{x}_3 + 0.16\tilde{x}_4 - 0.07\tilde{x}_5 + 0.26\tilde{x}_6 - 0.27\tilde{x}_7 + 0.07\tilde{x}_8$$
$$- 0.37\tilde{x}_9 + 0.29\tilde{x}_{10} + 0.11\tilde{x}_{11} + 0.38\tilde{x}_{12} + 0.14\tilde{x}_{13} - 0.06\tilde{x}_{14} - 0.39\tilde{x}_{15} + 0.03\tilde{x}_{16}$$

$$y_2 = 0.34\tilde{x}_1 + 0.32\tilde{x}_2 - 0.08\tilde{x}_3 + 0.12\tilde{x}_4 + 0.03\tilde{x}_5 + 0.05\tilde{x}_6 + 0.15\tilde{x}_7 + 0.15\tilde{x}_8$$
$$+ 0.13\tilde{x}_9 + 0.44\tilde{x}_{10} - 0.13\tilde{x}_{11} - 0.43\tilde{x}_{12} + 0.48\tilde{x}_{13} - 0.01\tilde{x}_{14} - 0.03\tilde{x}_{15} - 0.25\tilde{x}_{16}$$

$$y_3 = -0.\tilde{x}_1 - 0.05\tilde{x}_2 - 0.31\tilde{x}_3 + 0.30\tilde{x}_4 + 0.65\tilde{x}_5 - 0.14\tilde{x}_6 - 0.12\tilde{x}_7 - 0.02\tilde{x}_8$$
$$+ 0.02\tilde{x}_9 + 0.25\tilde{x}_{10} + 0.11\tilde{x}_{11} + 0.30\tilde{x}_{12} - 0.01\tilde{x}_{13} + 0.42\tilde{x}_{14} - 0.01\tilde{x}_{15} - 0.12\tilde{x}_{16}$$

$$y_4 = 0.05\tilde{x}_1 - 0.24\tilde{x}_2 + 0.24\tilde{x}_3 + 0.53\tilde{x}_4 - 0.08\tilde{x}_5 + 0.01\tilde{x}_6 + 0.49\tilde{x}_7 - 0.05\tilde{x}_8$$
$$+ 0.16\tilde{x}_9 - 0.02\tilde{x}_{10} + 0.28\tilde{x}_{11} - 0.23\tilde{x}_{12} - 0.08\tilde{x}_{13} + 0.23\tilde{x}_{14} - 0.15\tilde{x}_{15} + 0.34\tilde{x}_{16}$$

$$y_5 = -0.14\tilde{x}_1 - 0.40\tilde{x}_2 + 0.03\tilde{x}_3 + 0.11\tilde{x}_4 + 0.17\tilde{x}_5 + 0.49\tilde{x}_6 - 0.07\tilde{x}_7 + 0.17\tilde{x}_8$$
$$+ 0.45\tilde{x}_9 - 0.16\tilde{x}_{10} - 0.28\tilde{x}_{11} + 0.15\tilde{x}_{12} + 0.36\tilde{x}_{13} - 0.17\tilde{x}_{14} + 0.11\tilde{x}_{15} + 0.06\tilde{x}_{16}$$

通过前5个主成分的方程,我们很容易分析得到每个主成分所代表的含义:

第一个主成分 y_1 起主要作用的是 $\tilde{x}_3$ 和 $\tilde{x}_{12}$,主要代表学员骨干任职经历及训练效果;

第二个主成分 y_2 起主要作用的是 $\tilde{x}_{10}$ 和 $\tilde{x}_{13}$,主要代表体能训练和体能训练的时间;

第三个主成分 y_3 起主要作用的是 $\tilde{x}_5$ 和 $\tilde{x}_{14}$,主要代表学员专业学习情况和对训练方面的期待;

第四个主成分 y_4 起主要作用的是 $\tilde{x}_4$ 和 $\tilde{x}_7$,主要代表学员对所学专业的兴趣和上课学习的状态;

第五个主成分 y_5 起主要作用的是 $\tilde{x}_6$ 和 $\tilde{x}_9$,主要代表课余时间的安排和对学习动力的影响。

综上所述,本案例主要利用主成分分析法以所给的调查问卷为研究对象,完成了军队院校学员的教学训练质量的综合评价,不仅实现了被评价班级相对于某个具体问题的评价和排序,还能够将被评价班级相对于整个问卷所有问题的整体评价。根据评价结果,对军校管理部门和领导提出有针对性的意见和建议。由此可以看到,当评价指标比较多时,利用主成分分析法可以将原来比较多的评价指标浓缩为为数较少的几个新的指标,提高评价的准确性的效率。当然,对于本问题的评价结果,在很大程度上依赖于调查问卷问题设置的是否科学与有效。从系统工程的角度,为了评价的科学有效,我们还可以增加一些评价指标,或者多种评价方法结合来进行综合评价。

10.4 地空导弹武器系统作战效能评估问题

10.4.1 问题描述

地空导弹以其射程远、精度高、反应快、全天候等特点,已成为现代地面防空体系的重要力量。根据地空导弹武器系统所担负的任务和特点,结合影响作战效能的主要因素,地空导弹武器系统作战效能因素指标体系,如图10.5所示。

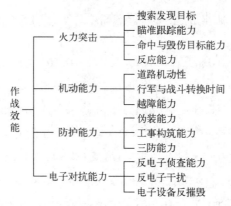

图 10.5 地空导弹武器系统作战效能因素指标体系

以我国"道尔"-M1 地空导弹武器系统为例,影响其作战效能的因素集和评价集{好,较好,一般,较差,差},如表 10.19 所列,其中评价集是邀请足够数量的专家,各自对每一因素进行优劣的评判所得到的统计结果。

表 10.19 因素集及评价集

因素集	各影响因素	评价集				
		1	2	3	4	5
火力突击	搜索发现目标能力	好(0.4)	较好(0.5)	一般(0.1)	较差(0)	差(0)
	瞄准跟踪	好(0.3)	较好(0.4)	一般(0.2)	较差(0.1)	差(0)
	命中与毁伤目标	好(0.4)	较好(0.3)	一般(0.2)	较差(0.1)	差(0)
	火力转火能力	好(0.4)	较好(0.4)	一般(0.1)	较差(0.1)	差(0)
机动能力	道路机动性	好(0.1)	较好(0.1)	一般(0.3)	较差(0.3)	差(0.2)
	行军与战斗转换时间	好(0.1)	较好(0.3)	一般(0.3)	较差(0.2)	差(0.1)
	越障能力	好(0.1)	较好(0.1)	一般(0.3)	较差(0.2)	差(0.2)
防护能力	伪装能力	好(0.1)	较好(0.2)	一般(0.3)	较差(0.1)	差(0.2)
	工事构筑能力	好(0)	较好(0.2)	一般(0.5)	较差(0.2)	差(0.1)
	三防能力	好(0)	较好(0.2)	一般(0.4)	较差(0.2)	差(0.2)
电子对抗	反电子侦察能力	好(0.2)	较好(0.3)	一般(0.2)	较差(0.2)	差(0.1)
	反电子干扰能力	好(0.3)	较好(0.5)	一般(0.1)	较差(0.1)	差(0)
	电子设备反摧毁	好(0.3)	较好(0.4)	一般(0.1)	较差(0.1)	差(0.1)

考虑不同因素的重要程度,已知因素集火力突击、机动能力、防护能力和电子对抗这 4 类因素的权重分别为:0.4,0,1,0.3,0.2。每类因素的权重进一步划分为:
$A_1 = (0.2, 0.2, 0.4, 0.2)$;$A_2 = (0.4, 0.3, 0.3)$;$A_3 = (0.4, 0.4, 0.2)$;$A_4 = (0.3, 0.3, 0.4)$
下面根据以上所给数据信息,对地空导弹武器系统的作战效能进行综合评价。

10.4.2 模型建立

本案例是根据数据信息,对地空导弹武器系统的作战效能进行综合评价,即建立评价模型。在对地空导弹武器系统作战效能进行综合评价的过程中,由于其效能指标存在模糊性,因此采用模糊综合评价方法进行更符合实际。因为效能指标涉及的因素很多,且一个因素还有多个层次,所以采用多级模糊综合评价的方法,即先按最低层次的各个因素进行综合评价,然后一层一层依次往上进行评价,直到最顶层,从而得出评价的结果。模糊综合评价是对受多种因素影响的事物做出全面评价的一种十分有效的多因素评价方法。在这里,综合的含义是指评价条件包含多个因素或多个指标。评价是指按照给定的条件对事物的优劣、好坏进行的评比、判别。

多级模糊综合评价的方法,一般步骤如下:

(1) 建立因素集。因素集是影响评价对象的各种因素所组成的集合。

设因素集为 $U=\{U_1,U_2,\cdots,U_s\}$ 并以其作为第一因素集。设 $U_i=\{u_{i1},u_{i2},\cdots,u_{in}\}$ $i=1,2,\cdots,s$,u_{ij} 称为第二级因素集。

(2) 建立评语集。评语集是评价者对评价对象做出的各种总的评价所组成的集合。常采用专家评估法来确定评语集中各元素的取值,记作:$V=\{v_1,v_2,\cdots,v_m\}$。

(3) 确定权重集。权重反映了各个因素在综合评价过程中所占有的地位或作用。U_i 中各因素相对 U_i 的权重分配为 $A_i=(a_{i1},a_{i2},\cdots,a_{in})$ 且满足 $a_{i1}+a_{i2}+\cdots+a_{in}=1$。

(4) 进行模糊综合评价。U_i 中单个因素评判矩阵 $\boldsymbol{R}_i$ 为

$$\boldsymbol{R}_i=\begin{bmatrix} r_{11}^{(i)} & r_{12}^{(i)} & \cdots & r_{1m}^{(i)} \\ r_{21}^{(i)} & r_{22}^{(i)} & \cdots & r_{2m}^{(i)} \\ \vdots & \vdots & & \vdots \\ r_{n1}^{(i)} & r_{n2}^{(i)} & \cdots & r_{nm}^{(i)} \end{bmatrix}$$

若 $\boldsymbol{R}_i$ 为单因素评判矩阵,则得到一级评判向量

$$\boldsymbol{B}_i=\boldsymbol{A}_i\circ\boldsymbol{R}_i=(b_{i1},b_{i2},\cdots,b_{im}),\quad i=1,2,\cdots,s \tag{10.3}$$

式中:$\circ$ 表示算子,在此算子采用 $M(\cdot,\oplus)$ 型(广义加权平均型),即

若 $\boldsymbol{B}_i$ 中第 j 个元素记为 b_j,则

$$b_j=\min\left\{1,\sum_{k=1}^{n}a_{ik}\cdot r_{kj}^{(i)}\right\} \tag{10.4}$$

将每个 U_i 看作一个因素,记为

$$K=\{u_1,u_2,\cdots,u_s\}$$

这样,K 又是一个因素集,K 的单因素评判矩阵为

$$\boldsymbol{R}=\begin{bmatrix} B_1 \\ B_2 \\ \vdots \\ B_s \end{bmatrix}=\begin{bmatrix} b_{11} & b_{12} & \cdots & b_{1m} \\ b_{21} & b_{22} & \cdots & b_{2m} \\ \vdots & \vdots & & \vdots \\ b_{s1} & b_{s2} & \cdots & b_{sm} \end{bmatrix} \tag{10.5}$$

每个 U_i 作为 U 的部分,反映了 U 的某种属性,可以按它们的重要性给出权重分配 $A=(a_1,a_2,\cdots,a_s)$,于是得到二级评判向量:

$$\boldsymbol{B}=\boldsymbol{A}\circ\boldsymbol{R}=(b_1,b_2,\cdots,b_m) \tag{10.6}$$

(5) 总评分的计算。为了充分利用综合评价提供的信息,将评判等级与相应的分数相结合,计算出总评分:

$$V' = \frac{\left|\sum_{j=1}^{m} b_j \cdot v'_j\right|}{\sum_{j=1}^{m} b_j} \tag{10.7}$$

其中 $v' = (v'_1, v'_2, \cdots, v'_m)$。

10.4.3 模型求解

步骤 1　建立因素集

设作战效能的因素集为

$$U = \{活力突击, 机动能力, 防护能力, 电子对抗能力\},$$

记为 $U = \{U_1, U_2, U_3, U_4\}$，并以其作为第一因素集。各因素的子集如下：

$U_1 = \{搜索发现目标能力, 瞄准跟踪, 命中与毁伤目标, 火力转火能力\}$；
$U_2 = \{道路机动性, 行军与战斗转换时间, 越障能力\}$；
$U_3 = \{伪装能力, 工事构筑能力, 三防能力\}$；
$U_4 = \{反电子侦察能力, 反电子干扰能力, 电子设备反摧毁能力\}$.

分别记为

$$U_1 = \{u_{11}, u_{12}, u_{13}, u_{14}\};$$
$$U_2 = \{u_{21}, u_{22}, u_{23}\};$$
$$U_3 = \{u_{31}, u_{32}, u_{33}\};$$
$$U_4 = \{u_{41}, u_{42}, u_{43}\}.$$

步骤 2　建立评语集

为了通过模糊评判作战能力的值，将作战能力的 5 个等级 $\{好, 较好, 一般, 较差, 差\}$ 取值范围定义为 $[0,1]$，并对各等级量化，量化值如下：

$$v' = (v'_1, v'_2, \cdots, v'_5) = \{1, 0.85, 0.75, 0.7, 0.6\}$$

步骤 3　权重集

记 4 类因素的权重为 $A = (0.4, 0.1, 0.3, 0.2)$。每类因素的权重进一步划分如下：

$$A_1 = (0.2, 0.2, 0.4, 0.2);$$
$$A_2 = (0.4, 0.3, 0.3);$$
$$A_3 = (0.4, 0.4, 0.2)$$
$$A_4 = (0.3, 0.3, 0.4)$$

步骤 4　模糊综合评价

由表 10.18 知

$$\boldsymbol{R}_1 = \begin{bmatrix} 0.4 & 0.5 & 0.1 & 0 & 0 \\ 0.3 & 0.4 & 0.2 & 0.1 & 0 \\ 0.4 & 0.3 & 0.2 & 0.1 & 0 \\ 0.4 & 0.4 & 0.1 & 0.1 & 0 \end{bmatrix}; \quad \boldsymbol{R}_2 = \begin{bmatrix} 0.1 & 0.1 & 0.3 & 0.3 & 0.2 \\ 0.1 & 0.3 & 0.3 & 0.2 & 0.1 \\ 0.1 & 0.1 & 0.3 & 0.3 & 0.2 \end{bmatrix};$$

$$\boldsymbol{R}_3 = \begin{bmatrix} 0.1 & 0.4 & 0.3 & 0.1 & 0.1 \\ 0 & 0.2 & 0.5 & 0.2 & 0.1 \\ 0 & 0.2 & 0.4 & 0.2 & 0.2 \end{bmatrix}; \quad \boldsymbol{R}_4 = \begin{bmatrix} 0.2 & 0.3 & 0.2 & 0.2 & 0.1 \\ 0.3 & 0.5 & 0.1 & 0.1 & 0 \\ 0.3 & 0.4 & 0.1 & 0.1 & 0.1 \end{bmatrix}$$

根据式(10.3)~式(10.6),计算得

$$B_1 = (0.38, 0.38, 0.16, 0.08, 0);$$
$$B_2 = (0.1, 0.16, 0.3, 0.27, 0.17);$$
$$B_3 = (0.04, 0.28, 0.40, 0.16, 0.12);$$
$$B_4 = (0.27, 0.40, 0.13, 0.13, 0.07).$$

$$R = \begin{bmatrix} B_1 \\ B_2 \\ \vdots \\ B_5 \end{bmatrix} = \begin{bmatrix} 0.38 & 0.38 & 0.16 & 0.08 & 0 \\ 0.10 & 0.16 & 0.30 & 0.27 & 0.17 \\ 0.04 & 0.28 & 0.40 & 0.16 & 0.12 \\ 0.27 & 0.40 & 0.13 & 0.13 & 0.07 \end{bmatrix}$$

$$B = A \circ R = (0.228, 0.332, 0.240, 0.133, 0.067);$$

步骤 5　计算总评分

由式(10.7),计算,得

$$V' = (0.228, 0.332, 0.240, 0.133, 0.067) \begin{bmatrix} 1 \\ 0.85 \\ 0.75 \\ 0.7 \\ 0.6 \end{bmatrix} = 0.8235$$

进行 MATLAB 编程,程序代码如下:

```
clc,clear all
%% input data
R1=[4 5 1 0 0;
3 4 2 1 0;
4 3 2 1 0;
4 4 1 1 0]/10;
R2=[1 1 3 3 2;
1 3 3 2 1;
1 1 3 3 2]/10;
R3=[1 4 3 1 1;
0 2 5 2 1;
0 2 4 2 2]/10;
R4=[2 3 2 2 1;
3 5 1 1 0;
3 4 1 1 1]/10;
A1=[2 2 4 2]/10;
A2=[4 3 3]/10;
A3=[4 4 2]/10;
A4=[3 3 4]/10;
A=[4 1 3 2]/10;
R=[A1*R1
A2*R2
```

```
A3 * R3
A4 * R4];
B = A * R;
V = [1 0.85 0.75 0.7 0.6] * B'/sum(B)    %综合评判得分
```

运行结果为

V =

    0.8235

10.4.4 结果分析

通过建立模糊综合评价模型,对地空导弹系统作战效能进行了评估,根据计算结果知我军"道尔"-M1地空导弹武器系统作战效能的总评分为0.8235。可见,我军"道尔"-M1地空导弹武器系统有较强的作战能力,与实际情况相符。

第 11 章 军事资源分配问题

11.1 弹药供应问题

弹药供应,也称"弹药补给",为保障部队作战、训练需要组织实施弹药的调拨、分配和补充的工作,是保持部队持续作战能力的决定性因素之一。其具体任务是,在战役或战斗准备阶段,按储备标准实时供应携行量和加大储备量。同时,部队在训练中需要大量的弹药,而弹药又是危险物品,为了确保安全,通常情况下利用弹药库对弹药集中管理保存。为了便于弹药的取用,弹药库的供应以及其位置的选取至关重要。本案例将介绍弹药库的供应与选址问题,通过分析求解拟对弹药供应具有重要作用。

11.1.1 问题描述

某部队为了保证弹药库的安全,决定建立两个弹药库为所属的 7 个基地提供弹药保障,每个弹药库的库存量都为 22t,7 个基地的位置坐标和弹药需求量如表 11.1 所列,假设平面直角坐标系的原点已给定。

表 11.1 7 个基地的位置坐标和弹药需求量

基地编号	1	2	3	4	5	6	7
横坐标/km	1.25	8.75	0.5	5.75	3	4.25	3.5
纵坐标/km	1.25	0.75	4.75	5	6.5	7.25	2
需求量/t	4	3	5	8	7	3	9

现计划从弹药库分别向各个基地运送弹药供训练保障,假设从每个弹药库运送到各个基地的运费与吨千米数(弹药的重量和弹药库与基地之间直线距离的乘积)成正比。下面建立数学模型求解问题。

(1)已知所建两个弹药库的位置坐标分别为(6,3)和(3,4)(单位:km),考虑每个基地可以领取不同弹药库的弹药和每个基地只能领取一个弹药库的弹药两种情形,分别给出此两个弹药库为 7 个基地提供弹药的供应方案,使得运送弹药的总运费最小。

(2)若要建立两个弹药库为 7 个基地提供弹药保障,考虑每个基地可以领取不同弹药库的弹药和每个基地只能领取一个弹药库的弹药两种情形,分别给出两个弹药库的位置坐标以及为 7 个基地提供弹药的供应方案,使得运送弹药的总运费最小。

11.1.2 模型建立

因为从每个弹药库运送到各个基地的运费与吨千米数成正比,为方便起见取此比例系数为 1。记第 i 个弹药库的位置坐标为 $(x_i, y_i)(i=1,2)$,第 i 个弹药库的库存量为

$e_i(i=1,2)$，第 j 个基地的位置坐标为 $(a_j,b_j)(j=1,2,\cdots,7)$，第 j 个基地的弹药需求量为 $l_j(j=1,2,\cdots,7)$，c_{ij} 为第 i 个弹药库向第 j 个基地提供弹药的吨数，则有 $0 \leq c_{ij} \leq l_j$。因此，两个弹药库向第 j 个基地运送弹药的运费为

$$\sum_{i=1}^{2} c_{ij}\sqrt{(x_i-a_j)^2+(y_i-b_j)^2}$$

则两个弹药库向 7 个基地运输弹药的总运费为

$$z = \sum_{j=1}^{7}\sum_{i=1}^{2} c_{ij}\sqrt{(x_i-a_j)^2+(y_i-b_j)^2}$$

此时，总运费 z 可以作为目标函数，现在需要求解目标函数 z 的最小值，模型即为

$$\min z = \sum_{j=1}^{7}\sum_{i=1}^{2} c_{ij}\sqrt{(x_i-a_j)^2+(y_i-b_j)^2} \tag{11.1}$$

若每个基地可以领取不同弹药库的弹药，由问题条件可知，每个弹药库供应分配出去的弹药总量不能超过库存量，则有

$$\sum_{j=1}^{7} c_{ij} \leq e_i \quad (i=1,2) \tag{11.2}$$

每个基地弹药的需求量必须得到满足，则有

$$\sum_{i=1}^{2} c_{ij} = l_j \quad (j=1,2,\cdots,7) \tag{11.3}$$

此时关键的问题即为式(11.1)满足约束条件式(11.2)和式(11.3)的最优解，即弹药库供应问题的规划模型为

$$\min z = \sum_{j=1}^{7}\sum_{i=1}^{2} c_{ij}\sqrt{(x_i-a_j)^2+(y_i-b_j)^2}$$

$$\text{s.t.} \begin{cases} \sum_{j=1}^{7} c_{ij} \leq e_i & (i=1,2) \\ \sum_{i=1}^{2} c_{ij} = l_j & (j=1,2,\cdots,7) \\ c_{ij} \geq 0 & (i=1,2;j=1,2,\cdots,7) \end{cases}$$

若每个基地只能领取一个弹药库的弹药，引入 0-1 变量 k_{ij}，它表示的是弹药库对各个基地的供应分配选择，取值为 0 或者 1，则有

$$k_{ij} = \begin{cases} 1 & (\text{第 } i \text{ 个弹药库向第 } j \text{ 个基地供应弹药}) \\ 0 & (\text{第 } i \text{ 个弹药库不向第 } j \text{ 个基地供应弹药}) \end{cases}$$

即有

$$\sum_{i=1}^{2} k_{ij} = 1 \quad (j=1,2,\cdots,7) \tag{11.4}$$

$$c_{ij} = l_j k_{ij} \quad (j=1,2,\cdots,7) \tag{11.5}$$

此时关键的问题即为式(11.1)满足约束条件式(11.2)~式(11.5)的最优解，即弹药库供应问题的规划模型为

$$\min z = \sum_{j=1}^{7}\sum_{i=1}^{2} c_{ij}\sqrt{(x_i-a_j)^2+(y_i-b_j)^2}$$

$$\text{s. t.} \begin{cases} \sum_{j=1}^{7} c_{ij} \leqslant e_i & (i = 1,2) \\ \sum_{i=1}^{2} c_{ij} = l_j & (j = 1,2,\cdots,7) \\ \sum_{i=1}^{2} k_{ij} = 1 & (j = 1,2,\cdots,7) \\ c_{ij} = l_j k_{ij} & (j = 1,2,\cdots,7) \\ k_{ij} = 0,1 & (i = 1,2;j = 1,2,\cdots,7) \\ c_{ij} \geqslant 0 & (i = 1,2;j = 1,2,\cdots,7) \end{cases}$$

11.1.3 模型求解

对于问题(1),针对每个基地可以领取不同弹药库的弹药情形,需要求得式(11.1)满足约束条件式(11.2)和式(11.3)的最优解。事实上,这是一个线性规划问题,包括了14个非负变量 $c_{ij}(i=1,2;j=1,2,\cdots,7)$,且有

$$\begin{pmatrix} 1 & 1 & 1 & 1 & 1 & 1 & 1 & 0 & 0 & 0 & 0 & 0 & 0 & 0 \\ 0 & 0 & 0 & 0 & 0 & 0 & 0 & 1 & 1 & 1 & 1 & 1 & 1 & 1 \end{pmatrix} \boldsymbol{C}^{\mathrm{T}} \leqslant \begin{pmatrix} 22 \\ 22 \end{pmatrix}$$

$$\begin{pmatrix} 1 & 0 & 0 & 0 & 0 & 0 & 0 & 1 & 0 & 0 & 0 & 0 & 0 & 0 \\ 0 & 1 & 0 & 0 & 0 & 0 & 0 & 0 & 1 & 0 & 0 & 0 & 0 & 0 \\ 0 & 0 & 1 & 0 & 0 & 0 & 0 & 0 & 0 & 1 & 0 & 0 & 0 & 0 \\ 0 & 0 & 0 & 1 & 0 & 0 & 0 & 0 & 0 & 0 & 1 & 0 & 0 & 0 \\ 0 & 0 & 0 & 0 & 1 & 0 & 0 & 0 & 0 & 0 & 0 & 1 & 0 & 0 \\ 0 & 0 & 0 & 0 & 0 & 1 & 0 & 0 & 0 & 0 & 0 & 0 & 1 & 0 \\ 0 & 0 & 0 & 0 & 0 & 0 & 1 & 0 & 0 & 0 & 0 & 0 & 0 & 1 \end{pmatrix} \boldsymbol{C}^{\mathrm{T}} = \begin{pmatrix} 4 \\ 3 \\ 5 \\ 8 \\ 7 \\ 3 \\ 9 \end{pmatrix}$$

式中: $\boldsymbol{C} = (c_{11} \quad c_{12} \quad c_{13} \quad c_{14} \quad c_{15} \quad c_{16} \quad c_{17} \quad c_{21} \quad c_{22} \quad c_{23} \quad c_{24} \quad c_{25} \quad c_{26} \quad c_{27})$。

MATLAB 提供了一个求解线性规划的函数 linprog,有关 linprog 的详细介绍可以在命令行窗口输入 help linprog 单击回车键得到。下面就用函数 linprog 对此情形问题进行求解。利用 MATLAB 编程可得,第 1 个弹药库分别向第 2、4、7 个基地供应 3t、8t、6t 弹药,第 2 个弹药库分别向第 1、3、5、6、7 个基地供应 4t、5t、7t、3t、3t 弹药,此时运输总运费的最小值为 103.15925,如图 11.1 所示,具体操作如下,首先建立脚本文件 gongying1.m,代码如下:

```
clc,clear all,close all
format long g
%各个基地的信息
a=[1.25 8.75 0.5 5.75 3 4.25 3.5];      %7 个基地的横坐标
b=[1.25 0.75 4.75 5 6.5 7.25 2];         %7 个基地的纵坐标
beq=[4 3 5 8 7 3 9]';                    %7 个基地各自的弹药需求数量
%各个弹药库的信息
B=[22 22]';                              %两个弹药库各自的库存量
```

```matlab
xx=[6 3];                              %两个弹药库的横坐标
yy=[3 4];                              %两个弹药库的纵坐标
%计算弹药库与各个基地的距离
n=length(a);
mm=length(xx);
for i=1:n
    for j=1:mm
        s(i,j)=((xx(j)-a(i))^2+(yy(j)-b(i))^2)^(1/2);
    end
end
%拉伸处理,s(i,j)的系数被重新洗牌,比如s(1,1)就是f(1),s(1,2)就是f(7)
f=s(:);
%构造约束条件涉及的矩阵
Aa=ones(1,n);
Ab=zeros(1,n);
A=[Aa Ab
   Ab Aa];                             %分块矩阵
Ac=eye(n);
Aeq=[Ac Ac];                           %约束条件 Aeq*x=beq
lb=zeros(2*n,1);                       %下界      行向量
ub=max(beq)+lb;                        %上界      行向量
[x,fval]=linprog(f,A,B,Aeq,beq,lb,ub); %线性规划函数  没有设置初始值x0
disp 第1个弹药库的供应方案为
disp(x(1:n))
disp 第2个弹药库的供应方案为
disp(x(n+1:2*n))
disp 最小运费为
disp(fval)
plot(a,b,'ro','markersize',5,'linewidth',2)
%给基地加编号
for i=1:n
    text(a(i)+0.12,b(i)-0.12,num2str(i),'fontsize',13,'color','red','fontweight','bold')
            %改变0.12的大小调整数字的位置
end
hold on
plot(xx,yy,'b*','markersize',10)
%给弹药库加编号
m=length(xx);
for i=1:m
    text(xx(i)+0.12,yy(i)-0.12,num2str(i),'fontsize',13,'color','blue','fontweight','bold')
end
grid on
xlabel 横坐标x
```

ylabel 纵坐标 y
title 2 个弹药库和 7 个基地的位置图
legend 基地 弹药库
axis equal

运行结果为

Optimization terminated.
第 1 个弹药库的供应方案为
　　2.39051847283569e-11
　　　　2.99999999997227
　　2.60188869346995e-11
　　　　7.99999999996958
　　3.71799708169423e-11
　　1.12442975779662e-10
　　　　6.00000000068617
第 2 个弹药库的供应方案为
　　　　3.99999999997609
　　2.77315219089943e-11
　　　　4.99999999997398
　　3.0423907342891e-11
　　　　6.99999999996282
　　　　2.99999999988756
　　　　2.99999999931383
最小运费为
　　103.159250314397

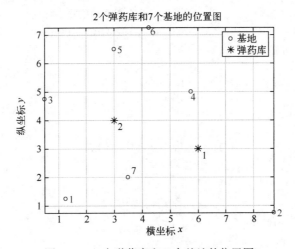

图 11.1　2 个弹药库和 7 个基地的位置图

对于问题(1),针对每个基地只能领取一个弹药库的弹药情形,需要求得模型式(11.1)满足约束条件式(11.2)~式(11.5)的最优解。事实上,由于这是一个 0-1 整数规划问题,包括了 14 个 0-1 变量 $k_{ij}(i=1,2;j=1,2,\cdots,7)$,且有

$$\begin{pmatrix} 4 & 3 & 5 & 8 & 7 & 3 & 9 & 0 & 0 & 0 & 0 & 0 & 0 & 0 \\ 0 & 0 & 0 & 0 & 0 & 0 & 0 & 4 & 3 & 5 & 8 & 7 & 3 & 9 \end{pmatrix} \boldsymbol{K}^{\mathrm{T}} \leqslant \begin{pmatrix} 22 \\ 22 \end{pmatrix}$$

$$\begin{pmatrix} 1 & 0 & 0 & 0 & 0 & 0 & 0 & 1 & 0 & 0 & 0 & 0 & 0 & 0 \\ 0 & 1 & 0 & 0 & 0 & 0 & 0 & 0 & 1 & 0 & 0 & 0 & 0 & 0 \\ 0 & 0 & 1 & 0 & 0 & 0 & 0 & 0 & 0 & 1 & 0 & 0 & 0 & 0 \\ 0 & 0 & 0 & 1 & 0 & 0 & 0 & 0 & 0 & 0 & 1 & 0 & 0 & 0 \\ 0 & 0 & 0 & 0 & 1 & 0 & 0 & 0 & 0 & 0 & 0 & 1 & 0 & 0 \\ 0 & 0 & 0 & 0 & 0 & 1 & 0 & 0 & 0 & 0 & 0 & 0 & 1 & 0 \\ 0 & 0 & 0 & 0 & 0 & 0 & 1 & 0 & 0 & 0 & 0 & 0 & 0 & 1 \end{pmatrix} \boldsymbol{C}^{\mathrm{T}} = \begin{pmatrix} 1 \\ 1 \\ 1 \\ 1 \\ 1 \\ 1 \\ 1 \end{pmatrix}$$

式中:$\boldsymbol{K} = (k_{11} \quad k_{12} \quad k_{13} \quad k_{14} \quad k_{15} \quad k_{16} \quad k_{17} \quad k_{21} \quad k_{22} \quad k_{23} \quad k_{24} \quad k_{25} \quad k_{26} \quad k_{27})$。

MATLAB 提供了一个求解混合整数线性规划的函数 intlinprog,下面就用函数 intlinprog 对此情形问题进行求解。利用 MATLAB 编程可得,第 1 个弹药库分别向第 2、4、7 个基地供应 3t、8t、9t 弹药,第 2 个弹药库分别向第 1、3、5、6 个基地供应 4t、5t、7t、3t 弹药,此时运输总运费的最小值为 105.052339。具体操作如下,首先建立脚本文件 gongying2.m,代码如下:

```
clc,clear all
format long g
%各个基地的信息
a=[1.25 8.75 0.5 5.75 3 4.25 3.5];        %7个基地的横坐标
b=[1.25 0.75 4.75 5 6.5 7.25 2];          %7个基地的纵坐标
xuqiu=[4 3 5 8 7 3 9];                    %7个基地各自的弹药需求数量
%各个弹药库的信息
B=[22 22]';                               %两个弹药库各自的库存量
xx=[6 3];                                 %两个弹药库的横坐标
yy=[3 4];                                 %两个弹药库的纵坐标
%计算弹药库与各个基地的距离
n=length(a);
mm=length(xx);
for i=1:n
    for j=1:mm
        s(i,j)=((xx(j)-a(i))^2+(yy(j)-b(i))^2)^(1/2);
    end
end
f=s(:);                                   %拉伸处理
%构造约束条件涉及的矩阵
AA=[xuqiu xuqiu]';
ff=f.*AA;                                 %列向量
Aa=zeros(1,n);
A=[xuqiu Aa; Aa xuqiu];                   %分块矩阵
Ac=eye(n);
Aeq=[Ac Ac];                              %约束条件 Aeq*x=beq
```

```
beq=ones(n,1);                              %beg 的取值使得决策变量的取值上界就不用限制了
lb=zeros(2*n,1);                            %下界为0    行向量
%取整变量地址
intcon=1:2*n;
[x,fval]=intlinprog(ff,intcon,A,B,Aeq,beq,lb);    %整数规划函数
disp 第1个弹药库的供应方案为
disp(xuqiu'.*x(1:n))
disp 第2个弹药库的供应方案为
disp(xuqiu'.*x(n+1:2*n))
disp 最小运费为
disp(fval)
```

运行结果为

第1个弹药库的供应方案为

    0
    3
    0
    8
    0
    0
    9

第2个弹药库的供应方案为

    4
    3.84592537276713e-16
    5
   -1.00367213496364e-15
    7
    3
   -1.00367213496364e-15

最小运费为

    105.052339085798

对于问题(2),由于两个弹药库的位置坐标未知,因此两个弹药库的位置坐标的分量 x_1、y_1、x_2 和 y_2 是需要求解的。针对每个基地可以领取不同弹药库的弹药情形,与问题(1)比较而言仅仅是多了4个位置坐标变量,也就是说未知变量从14个增加到了18个。因为要求模型式(11.1)的最小值,下面采用 MATLAB 函数 fmincon 求解。选取两个弹药库坐标的初始值分别为(3,2)和(3,6.5),利用 MATLAB 编程可得,第1个弹药库的位置坐标为(3.5,2),分别向第1、2、3、4、5、6、7个基地供应约 3.995t、2.994t、0.047t、0.99t、0.005t、0.006t、8.996t 弹药,第2个弹药库的位置坐标为(3,6.5),分别向第1、2、3、4、5、6、7个基地供应约 0.005t、0.006t、4.953t、7.01t、6.995t、2.996t、0.004t 弹药,此时运输总运费的最小值为 71.12532。具体操作如下,首先建立函数文件 fun1.m,代码如下:

```
function f=fun1(xx,a,b)
n=length(a);
x=[xx(2*n+1)   xx(2*n+3)];
y=[xx(2*n+2)   xx(2*n+4)];
m=length(x);
for i=1:n
    for j=1:m
        s(i,j)=((x(j)-a(i))^2+(y(j)-b(i))^2)^(1/2);   %计算弹药库与各个基地的距离
    end
end
c=s(:);                                                %拉伸处理  列向量
f=xx(1:2*n)*c;                                         %通过构造矩阵加法的形式将每一个部分加起来
```

建立脚本文件 xuanzhi1.m,代码如下:

```
clc,clear all,close all
format long g
aa=[1.25 8.75 0.5 5.75 3 4.25 3.5];        %7个基地的横坐标
bb=[1.25 0.75 4.75 5 6.5 7.25 2];          %7个基地的纵坐标
beq=[4 3 5 8 7 3 9]';                       %7个基地各自的弹药需求数量
b=[22 22]';                                 %两个弹药库各自的库存量
n=length(aa);
N=2;                                         %弹药库的数量
A=zeros(N,2*(n+N));
A(1,1:n)=1;                                  %表示从第1个弹药库运出的总和
A(2,n+1:2*n)=1;                              %表示从第2个弹药库运出的总和
Aeq=zeros(n,2*(n+N));
for i=1:n
    Aeq(i,i)=1;
    Aeq(i,i+n)=1;
end
lb=zeros(2*(n+N),1);
x0=[3 5 1 7 1 1 1 1 1 1 4 1 6 5 3 2 3 6.5];  %最后4位为自定义初始值
[x,fval]=fmincon(@(xx)fun1(xx,aa,bb),x0,A,b,Aeq,beq,lb);
disp 第1个弹药库的坐标为
disp(x(2*n+1:2*n+2))                         %后面4个值为所求的坐标
disp 第2个弹药库的坐标为
disp(x(end-1:end))
disp 第1个弹药库的供应方案为
disp(x(1:n)')
disp 第2个弹药库的供应方案为
disp(x(n+1:2*n)')
disp 最小运费为
disp(fval)
```

```
plot(aa,bb,'ro','markersize',5,'linewidth',2)
%给基地加编号
for i=1:n
    text(aa(i)+0.12,bb(i)-0.12,num2str(i),'fontsize',13,'color','red','fontweight','bold')
            %改变0.12的大小调整数字的位置
end
hold on
xx=[x(2*n+1) x(end-1)];
yy=[x(2*n+2) x(end)];
plot(xx,yy,'b*','markersize',10)
%给弹药库加编号
m=length(xx);
for i=1:m
    text(xx(i)-0.3,yy(i)+0.12,num2str(i),'fontsize',13,'color','blue','fontweight','bold')
end
grid on
xlabel 横坐标 x
ylabel 纵坐标 y
title 2 个弹药库和 7 个基地的位置图
legend 基地 弹药库
axis equal
```

运行结果为

第 1 个弹药库的坐标为

   3.49999997888025   1.99999997523644

第 2 个弹药库的坐标为

   3.00000005709924   6.49999992589799

第 1 个弹药库的供应方案为

   3.99469136642622

   2.99401520582281

   0.0474042767978702

   0.98965174419647

   0.00508860454379153

   0.00614989143874436

   8.99610137127294

第 2 个弹药库的供应方案为

   0.00530863357378544

   0.00598479417718758

   4.95259572320213

   7.01034825580353

   6.99491139545621

   2.99385010856126

   0.00389862872705896

最小运费为

71.1253211117186

图 11.2 所示为 2 个弹药库和 7 个基地的位置图。

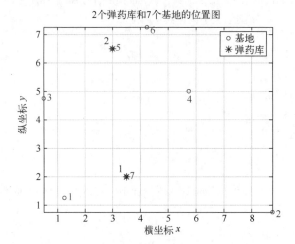

图 11.2 2 个弹药库和 7 个基地的位置图

针对每个基地只能领取一个弹药库的弹药情形,既有非负变量 x_1 和 y_1、x_2 和 y_2,又有 0-1 变量 $k_{ij}(i=1,2;j=1,2,\cdots,7)$,用 MATLAB 编程求解不方便。为有效解决此规划问题,下面采用 Lingo 求解。事实上,需要求解的未知变量有 18 个,但用 Lingo 求解过程需要考虑的未知变量有 46 个,其中 28 个为每个弹药库向 7 个基地可以供应的弹药吨数(14 个)和满足约束条件的供应弹药吨数(14 个)。利用 Lingo 编程可得,第 1 个弹药库的位置坐标为(3.5,2),分别向第 1、2、3、7 个基地供应 4t、3t、5t、9t 弹药,第 2 个弹药库的位置坐标为(4.12939,6.202053),分别向第 4、5、6 个基地供应 8t、7t、3t 弹药,此时运输总运费的最小值为 73.50843。具体操作如下,首先建立 Lingo 文件 xuanzhi2.lg4,代码如下:

```
model:
title 弹药库选址;
sets:
danyaoku/1,2/:x,y,e;              !定义 2 个弹药库;
jidi/1..7/:a,b,d;                 !定义 7 个基地;
links(jidi,danyaoku):c,k,cc;      !c 为某弹药库向某基地分配弹药数量;
endsets
data:
e=22,22;                          !弹药库的库存量;
a=1.25,8.75,0.5,5.75,3,4.25,3.5;  !7 个基地位置的横坐标;
b=1.25,0.75,4.75,5,6.5,7.25,2;    !7 个基地位置的纵坐标;
d=4,3,5,8,7,3,9;                  !每个基地弹药的需求量;
enddata
!非线性规划,要有初始值;
init:
```

```
x,y=2,2,2,2;              !实际赋值顺序是 x=(5,1),y=(2,7),可以看出 Lingo 是按照列赋值的;
endinit
[obj]min=@sum(links(i,j):c(i,j)*((x(j)-a(i))^2+(y(j)-b(i))^2)^(1/2));
@for(jidi(i):@sum(danyaoku(j):c(i,j))=d(i));    !约束条件:满足每个基地的需求量;
@for(jidi(i):@sum(danyaoku(j):k(i,j))=1);        !约束条件:每个基地只能到一个弹药库领取弹药;
@for(danyaoku(j):@sum(jidi(i):c(i,j))<=e(j));    !约束条件:弹药库的领取数量不超过库存数;
@for(links:c<=cc*k);
@for(links:@bin(k));                              !约束条件:k(i,j)为 0-1 变量;
@for(links:@bnd(3,cc,9));                         !@bnd(0.75,y,7.75));
```

运行结果为

Local optimal solution found.

Objective value:	73.50842
Objective bound:	73.50842
Infeasibilities:	0.000000
Extended solver steps:	9
Total solver iterations:	1425
Elapsed runtime seconds:	0.37

Model Title:弹药库选址

Variable	Value	Reduced Cost
X(1)	3.500000	0.9321220E-03
X(2)	4.129390	0.000000
Y(1)	2.000000	-0.7850933E-03
Y(2)	6.202053	0.000000
C(1,1)	4.000000	0.000000
C(1,2)	0.000000	3.356617
C(2,1)	3.000000	0.000000
C(2,2)	0.000000	1.749915
C(3,1)	5.000000	0.000000
C(3,2)	0.000000	0.000000
C(4,1)	0.000000	1.732250
C(4,2)	8.000000	0.000000
C(5,1)	0.000000	3.359664
C(5,2)	7.000000	0.000000
C(6,1)	0.000000	4.248437
C(6,2)	3.000000	0.000000
C(7,1)	9.000000	0.000000
C(7,2)	0.000000	4.248928

11.1.4 结果分析

对于问题(1),考虑了每个基地可以领取不同弹药库的弹药和只能领取一个弹药库的弹药两种情形进行求解,可以发现所得的弹药库分配方案是不一样的。对于每个基地可以领取不同弹药库的弹药情形,由供应方案得第 7 个基地的 9t 弹药由第 1 弹药库供应 6t 和第 2 弹药库供应 3t 得到。对于每个基地只能领取一个弹药库的弹药情形,第 7 个基地的 9t 弹药只能由第 1 弹药库供应得到,并且所得最小运费值比每个基地可以领取不同弹药库的弹药情形较大,这其中的缘由是容易得到的。事实上,两种情形的问题均为规划模型,其求解也可以利用 Lingo 软件来完成。从所得结果可知,无论是 MATLAB 还是 Lingo 软件运行的结果是一样的。

对于每个基地可以领取不同弹药库的弹药情形,首先建立 Lingo 文件 gongying1.lg4,代码如下:

```
model:
title 弹药库选址;
sets:
danyaoku/1,2/:e,x,y;                    !定义 2 个弹药库;
jidi/1..7/:d,a,b;                       !定义 7 个基地;
links(jidi,danyaoku):c;                 !c 为某弹药库向某基地分配弹药数量;
endsets
data:
x,y=6,3,3,4;
e=22,22;                                !弹药库的库存量;
a=1.25,8.75,0.5,5.75,3,4.25,3.5;        !7 个基地位置的横坐标;
b=1.25,0.75,4.75,5,6.5,7.25,2;          !7 个基地位置的纵坐标;
d=4,3,5,8,7,3,9;                        !每个基地弹药的需求量;
enddata
[obj]min=@sum(links(i,j):c(i,j)*((x(j)-a(i))^2+(y(j)-b(i))^2)^(1/2));
@for(jidi(i):@sum(danyaoku(j):c(i,j))=d(i));     !约束条件:满足每个基地的需求量;
@for(danyaoku(j):@sum(jidi(i):c(i,j))<=e(j));    !约束条件:弹药库的领取数量不超过库存数;
```

运行结果为

Global optimal solution found.
  Objective value: 103.1593
  Infeasibilities: 0.000000
  Total solver iterations: 1
  Elapsed runtime seconds: 0.06
Model Title:弹药库选址

Variable	Value	Reduced Cost
C(1,1)	0.000000	1.171483
C(1,2)	4.000000	0.000000
C(2,1)	3.000000	0.000000
C(2,2)	0.000000	3.682784
C(3,1)	0.000000	2.530592

C(3,2)	5.000000	0.000000
C(4,1)	8.000000	0.000000
C(4,2)	0.000000	1.541640
C(5,1)	0.000000	1.478743
C(5,2)	7.000000	0.000000
C(6,1)	0.000000	0.4830674
C(6,2)	3.000000	0.000000
C(7,1)	6.000000	0.000000
C(7,2)	3.000000	0.000000

对于每个基地只能领取一个弹药库的弹药情形,首先建立 Lingo 文件 gongying2.lg4,代码如下:

```
model:
title 弹药库选址;
sets:
danyaoku/1,2/:x,y,e;                    !定义2个弹药库;
jidi/1..7/:a,b,d;                        !定义7个基地;
links(jidi,danyaoku):c,k,cc;            !c 为某弹药库向某基地分配弹药数量;
endsets
data:
x,y=6,3,3,4;
e=22,22;                                 !弹药库的库存量;
a=1.25,8.75,0.5,5.75,3,4.25,3.5;         !7个基地位置的横坐标;
b=1.25,0.75,4.75,5,6.5,7.25,2;           !7个基地位置的纵坐标;
d=4,3,5,8,7,3,9;                         !每个基地弹药的需求量;
enddata
[obj]min=@sum(links(i,j):c(i,j)*((x(j)-a(i))^2+(y(j)-b(i))^2)^(1/2));
@for(jidi(i):@sum(danyaoku(j):c(i,j))=d(i));    !约束条件:满足每个基地的需求量;
@for(jidi(i):@sum(danyaoku(j):k(i,j))=1);       !约束条件:每个基地只能到一个弹药库领取弹药;
@for(danyaoku(j):@sum(jidi(i):c(i,j))<=e(j));   !约束条件:弹药库的领取数量不超过库存数;
@for(links:c<=cc*k);
@for(links:@bin(k));                            !约束条件:k(i,j)为0-1变量;
@for(links:@bnd(3,cc,9));                       !@bnd(0.75,y,7.75));;
```

运行结果为

```
Local optimal solution found.
    Objective value:                    105.0523
    Objective bound:                    105.0523
    Infeasibilities:                    0.2748991E-05
    Extended solver steps:              3
    Total solver iterations:            55
    Elapsed runtime seconds:            0.75
Model Title:弹药库选址
```

Variable	Value	Reduced Cost
C(1,1)	0.000000	1.802513
C(1,2)	4.000000	0.000000
C(2,1)	3.000000	0.000000
C(2,2)	0.000000	3.051755
C(3,1)	0.000000	3.161622
C(3,2)	5.000000	0.000000
C(4,1)	8.000000	0.000000
C(4,2)	0.000000	0.9106105
C(5,1)	0.000000	2.109772
C(5,2)	7.000000	0.000000
C(6,1)	0.000000	1.114097
C(6,2)	3.000000	0.000000
C(7,1)	9.000000	0.000000
C(7,2)	0.000000	0.000000

对于问题(2),考虑了每个基地可以领取不同弹药库的弹药和只能领取一个弹药库的弹药两种情形进行求解,可以发现所得的弹药库的位置坐标有一个是相同的,即为(3,2),而另一个不同,进而弹药库供应7个基地弹药的分配方案也是不一样的。同时,对于每个基地可以领取不同弹药库的弹药情形问题的求解,主要利用的是函数fmincon。事实上,fmincon对初始值的要求是比较高的,如果把两个弹药库坐标的初始值改变较大,那么所得总运费最小值的误差较大,精度不高了。为了有效地解决此问题,也可以利用Lingo来求解。首先建立Lingo文件xuanzhi1.lg4,代码如下:

```
model:
title 弹药库选址;
sets:
danyaoku/1,2/:e,x,y;                !定义2个弹药库;
jidi/1..7/:d,a,b;                   !定义6个基地;
links(jidi,danyaoku):c;             !c 为某弹药库向某基地分配弹药数量;
endsets
data:
e=22,22;                            !弹药库的库存量;
a=1.25,8.75,0.5,5.75,3,4.25,3.5;    !6个基地位置的横坐标;
b=1.25,0.75,4.75,5,6.5,7.25,2;      !6个基地位置的纵坐标;
d=4,3,5,8,7,3,9;                    !每个基地弹药的需求量;
enddata
!非线性规划,要有初始值;
init:
x,y=2,2,2,2;        !实际赋值顺序是 x=(5,1),y=(2,7),可以看出 Lingo 是按照列赋值的;
endinit
[obj]min=@sum(links(i,j):c(i,j)*((x(j)-a(i))^2+(y(j)-b(i))^2)^(1/2));
@for(jidi(i):@sum(danyaoku(j):c(i,j))=d(i));  !约束条件:满足每个基地的需求量;
```

@for(danyaoku(j):@sum(jidi(i):c(i,j))<=e(j));   !约束条件:弹药库的领取数量不超过库存数;

运行结果为

Local optimal solution found.
 Objective value: 70.98595
 Infeasibilities: 0.000000
 Total solver iterations: 116
 Elapsed runtime seconds: 0.08
Model Title:弹药库选址

Variable	Value	Reduced Cost
X(1)	3.000000	-0.2277757E-06
X(2)	3.500000	-0.3066043E-06
Y(1)	6.500000	-0.6551277E-06
Y(2)	2.000000	0.000000
C(1,1)	0.000000	3.779787
C(1,2)	4.000000	0.000000
C(2,1)	0.000000	3.352479
C(2,2)	3.000000	0.000000
C(3,1)	5.000000	0.000000
C(3,2)	0.000000	0.4005572
C(4,1)	7.000000	0.000000
C(4,2)	1.000000	0.000000
C(5,1)	7.000000	0.000000
C(5,2)	0.000000	3.910184
C(6,1)	3.000000	0.000000
C(6,2)	0.000000	3.228054
C(7,1)	0.000000	5.145202
C(7,2)	9.000000	0.000000

从运行结果来看,用 MATLAB 和 Lingo 编程所得的两个弹药库坐标都是一样的,Lingo 所得总运费最小值为 70.98595,比 MATLAB 所得的结果 71.12532 更小,可见 Lingo 所得的结果更优,精度更高。事实上,如果把所得两个弹药库的坐标(3.5,2)和(3,6.5)作为已知条件,利用问题(1)给出的 MATLAB 程序进行求解所得总运费最小值也为 70.98595。这说明了函数 fmincon 所得结果的精度还不是太高,在此推荐用 Lingo 来解决此类规划问题。

值得注意的是,本模型的问题可以推广到每个弹药库有两种弹药或者多种弹药,或者某个弹药库的弹药尽量全部供应完,或者某个基地指定由某个弹药库供应弹药等情形。针对给定的具体问题,可以建立多目标规划模型用 Lingo 来求解,请感兴趣的读者自行研究。

11.2 武器-目标分配问题

军事领域研究对象的属性决定了军事领域存在大量的决策问题,如兵力规划决策、作战部署决策、目标威胁评估决策和目标分配决策等。对于火力单元攻击敌方目标问题,如何给出有效的目标分配决策方案是一个较为重要的问题。本案例将介绍武器(主要是指火力单元)攻击目标分配决策模型,通过分析求解对作战效能进行分析。

11.2.1 问题描述

我方某侦察站在某一时刻发现有 15 个敌方目标要对我方某基地进行攻击,此时我方计划安排 8 个火力单元进行攻击,每个火力单元可以重复进行多组攻击,并评估和记录各个敌方目标的威胁程度与各个火力单元对各个目标的攻击有力程度。若取第 i 个火力单元对第 j 个敌方目标进行攻击的效益值 c_{ij} 为第 j 个敌方目标的威胁程度评估值 w_j 与第 i 个火力单元对其攻击有利程度评估值 p_{ij} 的乘积,具体数值如表 11.2 所列。请建立数学模型求解下列问题,要求对 15 个敌方目标分配决策的整体攻击效益值尽可能得大。

(1) 假设 15 个敌方目标同时出现,要求我方迅速分配 15 组火力单元去跟踪进而去攻击。若不考虑每个火力单元重复进行多组攻击的转火时间,请给出我方 8 个火力单元的攻击敌方目标的分配方案。

(2) 假设 15 个敌方目标同时出现,要求每个敌方目标出现后 3s 内必须安排我方一火力单元去跟踪进而去攻击。若考虑我方 8 个火力单元的转火时间,具体为表 11.2 中最后一列数据(单位:s),请给出我方 8 个火力单元的攻击敌方目标的分配方案。

(3) 假设 15 个敌方目标分批次出现,且每批次之间的间隔时间均为 1.5s,同时要求一旦出现我方迅速分配不同火力单元分别去跟踪进而去攻击。若考虑我方 8 个火力单元的转火时间,请给出我方 8 个火力单元的攻击敌方目标的分配方案。

表 11.2　15 个火力单元攻击 8 个目标的数据信息

p_{ij}	1	2	3	4	5	6	7	8	9	10	11	12	13	14	15	T_i
1	0.87	0.52	0.11	0.78	0.72	0.69	0.94	0.72	0.36	0.28	0.27	0.74	0.24	0.78	0.45	2
2	0.87	0.52	0.11	0.78	0.72	0.69	0.94	0.72	0.36	0.28	0.27	0.74	0.24	0.78	0.45	2
3	0.87	0.52	0.11	0.78	0.72	0.69	0.94	0.72	0.36	0.28	0.27	0.74	0.24	0.78	0.45	2
4	0.87	0.52	0.11	0.78	0.72	0.69	0.94	0.72	0.36	0.28	0.27	0.74	0.24	0.78	0.45	2
5	0.87	0.52	0.11	0.78	0.72	0.69	0.94	0.72	0.36	0.28	0.27	0.74	0.24	0.78	0.45	2
6	0.87	0.52	0.11	0.78	0.72	0.69	0.94	0.72	0.36	0.28	0.27	0.74	0.24	0.78	0.45	2
7	0.62	0.87	0.70	0.22	0.80	0.42	0.43	0.90	0.13	0.95	0.18	0.19	0.12	0.61	0.35	3
8	0.48	0.20	0.42	0.16	0.43	0.58	0.69	0.03	0.34	0.72	0.15	0.24	0.29	0.30	0.75	4
w_j	0.47	0.97	0.76	0.62	0.48	0.77	0.33	0.74	0.54	0.65	0.43	0.35	0.63	0.66	0.57	

11.2.2 模型建立

记第 j 个敌方目标的威胁程度评估值为 $w_j, j=1,2,\cdots,15$,我方第 i 个火力单元对第 j 个目标攻击有力程度评估值为 $p_{ij}, i=1,2,\cdots,8$,那么所对应的攻击效益值为 $c_{ij}=w_j p_{ij}$,刻画的是对敌方目标进行攻击我方获益大小程度。引入决策变量 x_{ij},它表示的是火力单元

对敌方目标的选择分配方案,取值为 0 或者 1,即有

$$x_{ij} = \begin{cases} 1 & (\text{第}i\text{个火力单元对第}j\text{个目标进行攻击}) \\ 0 & (\text{第}i\text{个火力单元不对第}j\text{个目标进行攻击}) \end{cases} \quad (11.6)$$

对于问题(1),由于每个敌方目标只需被一个火力单元攻击,因此有 $\sum_{i=1}^{8} x_{ij} = 1$;又每一个火力单元最多攻击 15 个敌方目标,即有 $\sum_{j=1}^{15} x_{ij} \leqslant 15$。若记 Z 为目标分配决策的整体攻击效益值,根据问题描述建立目标分配的数学模型为

$$\max Z = \sum_{i=1}^{8} \sum_{j=1}^{15} c_{ij} x_{ij} = \sum_{i=1}^{8} \sum_{j=1}^{15} w_j p_{ij} x_{ij} \quad (11.7)$$

模型式(11.7)的约束条件为

$$\begin{cases} \sum_{i=1}^{8} x_{ij} = 1 & (j = 1, 2, \cdots, 15) \\ \sum_{j=1}^{15} x_{ij} \leqslant 15 & (i = 1, 2, \cdots, 8) \end{cases} \quad (11.8)$$

为了方便求解,记 $M = \max\limits_{1 \leqslant i \leqslant 8, 1 \leqslant j \leqslant 15} c_{ij}$,现把模型式(11.7)转化为求解目标函数 $Y = M - Z$ 最小值的问题,则模型式(11.7)就等价于模型

$$\min Y = \sum_{i=1}^{8} \sum_{j=1}^{15} (M - w_j p_{ij}) x_{ij} \quad (11.9)$$

此时问题(1)的关键即为模型式(11.9)满足约束条件式(11.8)的最优解。

对于问题(2),记 N_i 为第 i 个火力单元被分配选择(攻击敌方目标)的个数,则 N_i 的最大值为每个敌方目标要求的跟踪限制时间 3(单位:s)与第 i 个火力单元转火时间 T_i 之商的取整函数值与 1 的和,即

$$N_i \leqslant 1 + \left[\frac{3}{T_i}\right]$$

因此问题(2)的约束条件为

$$\begin{cases} \sum_{i=1}^{8} x_{ij} = 1 & (j = 1, 2, \cdots, 15) \\ \sum_{j=1}^{15} x_{ij} \leqslant 15 & (i = 1, 2, \cdots, 8) \\ N_i \leqslant 1 + \left[\dfrac{3}{T_i}\right] \end{cases} \quad (11.10)$$

此时问题(2)的关键即为模型式(11.9)满足约束条件式(11.10)的最优解。

对于问题(3),记 t_{ij} 为第 i 个火力单元去攻击第 j 个目标的时刻,由于分配给同一火力单元的相邻两个敌方目标出现的时间间隔必须大于等于此火力单元的转火时间,即有 $|t_{ij} - t_{ik}| \geqslant T_i, j \neq k$,因此问题(3)的约束条件为

$$\begin{cases} \sum_{i=1}^{8} x_{ij} = 1 & (j=1,2,\cdots,15) \\ \sum_{j=1}^{15} x_{ij} \leq 15 & (i=1,2,\cdots,8) \\ |t_{ij} - t_{ik}| \geq T_i & (j \neq k) \end{cases} \quad (11.11)$$

此时问题(3)的关键即为模型式(11.9)满足约束条件式(11.11)的最优解。

11.2.3 模型求解

对于问题(1),需要求得模型式(11.9)满足约束条件式(11.8)的最优解。事实上,这是一个 0－1 整数规划问题。MATLAB 提供了一个求解混合整数线性规划的函数 intlinprog,有关 intlinprog 的详细介绍可以在命令行窗口输入 help intlinprog 单击回车键得到。下面就用函数 intlinprog 对此问题进行求解。利用 MATLAB 编程可得,15 个敌方目标分别被我方火力单元 6、7、7、6、7、6、6、7、7、6、8、6、8 号跟踪并攻击,此时我方最大整体攻击效益值为 6.4719。具体操作如下,首先将表 11.2 中前 8 行、前 15 列数据保存在文本文件 anli6zhang4jie.txt 中,然后建立函数文件 Task.m,代码如下:

```
function [maxXiaoyi,Bianhao] = Task(C,N,maxC)
[m,n] = size(C);       %获取效益矩阵中敌方目标的个数 n 和火力单元的个数 m
%按列拉成一列向量
F = C(:);
%构造等式约束(每一行加起来等于1,即每个目标必须分配一个火力单元)
Aeq = cell(n,n);
Aeq(:) = {zeros(1,m)};
Aeq(eye(n,n) == 1) = {ones(1,m)};
Aeq = cell2mat(Aeq);
Beq = ones(n,1);
%取整变量地址
intcon = 1:n*m;
%变量取值范围(大于0小于1)
LB = zeros(n*m,1);    %列向量
UB = ones(n*m,1);
if n == m             %如果目标数等于火力单元数
    %构造等式约束(每个火力单元一定会被安排)
    Aeq2 = repmat(eye(m,m),1,n);
    Beq2 = ones(m,1);
    Aeq = [Aeq;Aeq2];
    Beq = [Beq;Beq2];
    [x,min_fval] = intlinprog(F,intcon,[],[],Aeq,Beq,LB,UB);    %整数规划求解
elseif n < m          %如果目标数 n 小于火力单元数 m
    %不等式约束——每一列加起来大于0小于1,即每个火力单元可能被安排也可能不被安排目标
```

```
        A = repmat(eye(m,m),1,n);
        B = ones(m,1);
        [x,min_fval] = intlinprog(F,intcon,A,B,Aeq,Beq,LB,UB);    %利用整数规划函数求解
elseif n > m          %如果目标数 n 大于火力单元数 m              %不等式约束
        %每列加起来大于 1 小于 m,即每个火力单元可能被安排一个或者多个目标,最多不超过 m
        A = repmat(eye(m,m),1,n);
        B = ones(m,1) * n;
        [x,min_fval] = intlinprog(F,intcon,A,B,Aeq,Beq,LB,UB);    %利用整数规划函数求解
end
%将结果还原成效益矩阵对应形式
x = reshape(x,m,n);
maxXiaoyi = N * maxC-min_fval;                                   %转换成最大值
%输出火力单元的编号
Bianhao = [ ];
for i = 1:N
        a = find(x(:,i) == 1);
        Bianhao = [Bianhao,a];
end
```

建立脚本文件 Q1.m,代码如下:

```
clc,clear all
youli_zhi = textread('anli6zhang4jie.txt');
%目标 j 的威胁程度值
weixie_zhi = [0.47 0.97 0.76 0.62 0.48 0.77 0.33 0.74 0.54 0.65 0.43 0.35 0.63 0.66 0.57];
N = size(youli_zhi,2);
C = [ ];
for i = 1:N
        C = [C,youli_zhi(:,i) * weixie_zhi(i)];
end
maxC = max(max(C));
C = maxC-C;                                    %转换为求最小值问题
[maxXiaoyi,Bianhao] = Task(C,N,maxC);          %输出结果
```

运行结果为

```
        maxXiaoyi =
            6.4719
        Bianhao =
         6   7   7   6   7   6   6   7   6   7   6   6   8   6   8
```

对于问题(2),需要求得模型式(11.9)满足约束条件式(11.10)的最优解。事实上,此问题模型的约束条件比问题(1)模型的约束条件增加了一个,要求每个敌方目标出现后 3s 内必须安排我方一火力单元去跟踪进而去攻击。这就意味着每个火力单元的选取个数有了限制,比如 6 号火力单元,在问题(1)的结果中出现了 8 次,但在此问题中根据

条件的要求至多出现 2 次。为了得到此问题的最优解,可以对问题(1)所得的分配结果进行优化处理,具体方法如下:

首先对问题(1)所得结果中出现的火力单元编号进行优选,比如 6 号火力单元最多能被选择次数为 2,而问题(1)结果中出现了 8 次,因此需要在这 8 次攻击中选取效益值最大的 2 次,选取后并把其他 6 次攻击敌方目标所对应的效益值调整为 0,这样做的目的是下次在寻找最优解的过程中不再选取此编号火力单元。基于上述方法,将编号 6、7、8 火力单元所对应的效益值调整后所得一个新的效益值矩阵,然后对此效益值矩阵进行下一次的寻找最优解操作,依次循环下去直至所得结果中的同一火力单元编号的个数小于等于其最多被选择的次数,最后所得结果即为所求的最优解。

需要注意的是,现要求解模型式(11.9)满足约束条件式(11.10)的最小值,因此在 MATLAB 编写程序时的操作与上述分析的方法正好相反,也就是除了效益取值最小的次数之外的其他次数所对应的效益值分别调整为 $M+1$,其中 $M = \max\limits_{1 \leq i \leq 8, 1 \leq j \leq 15} c_{ij}$。利用 MATLAB 编程可得,15 个敌方目标分别被我方火力单元 5、7、1、5、4、6、4、7、2、8、1、3、2、6、3 号跟踪并去攻击,此时我方最大整体攻击效益值为 5.6331。编程具体操作如下,首先建立和问题(1)相同的文本文件 anli6zhang4jie.txt 和函数文件 Task.m,然后建立函数文件 yueshuTime1.m,代码如下:

```
function tiaozheng = yueshuTime1(Bianhao, N, C)
Tgong = 3;               %要求目标出现后的 3s 内火力单元去跟踪进而去攻击
Tzhuan = [2 2 2 2 2 2 3 4];              %每个火力单元的转火时间
A = unique(Bianhao);              %火力单元的编号,从小到大排列
Num = length(A);              %A 的维数
tiaozheng = [];              %输出矩阵
for i = 1:Num
    a = A(i);              %a 为火力单元编号  一个编号一个编号着手研究
    b = find(Bianhao == a);
    bb = length(b);              %火力单元编号 a 的个数
    c = [];              %矩阵 C 中相应值的大小,去掉较小的几个,保留大的
    ee = zeros(1, N-Num+1);              %列数不用太大  tiaozheng 记录列数相等
    for i = 1:bb
        c = [c; C(a,b(i)), b(i)];              %第 2 列为目标编号,第 1 列为对应的效益值
    end
    c = sortrows(c, 1);              %第 1 列按照从小到大排列
    c(:,1) = [];              %去掉第 1 列,保留第 2 列的目标编号
    d = floor(Tgong/Tzhuan(a)) + 1;              %火力单元编号 a 的个数
    %有个问题需要关注,如果最小值的个数大于火力单元编号 a 的个数时如何删除
    if length(c) > d              %被选择火力单元 a 的个数大于可以出现的真实个数
        c(1:d) = [];              %去掉选取火力单元编号 a 的目标编号
        %记录那些需要调整的目标的编号
        for i = 1:length(c)
            ee(i) = c(i);
```

```
            end
            e = [a ee];                    %列数相同
            tiaozheng = [tiaozheng;e];
        end
    end
end
```

建立脚本文件 Q2.m，代码如下：

```
clc,clear all
youli_zhi = textread('anli6zhang4jie.txt');
%目标 j 的威胁程度值
weixie_zhi = [0.47 0.97 0.76 0.62 0.48 0.77 0.33 0.74 0.54 0.65 0.43 0.35 0.63 0.66 0.57];
N = size(youli_zhi,2);
C = [];
for i = 1:N
    C = [C,youli_zhi(:,i) * weixie_zhi(i)];
end
maxC = max(max(C));                              %给定最大值
C = maxC-C;                                      %转化为求 C 最小值问题
while 1
    [maxXiaoyi,Bianhao] = Task(C,N,maxC);        %输出结果
    %问题 2,考虑火力单元的转火时间,输出需要调整的火力单元信息以及对应的目标编号
    tiaozheng = yueshuTime1(Bianhao,N,C);
    if length(tiaozheng) = = 0
        break
    else
        %根据 tiaozheng 的数据进行结果修正
        TT = tiaozheng;
        TT(:,1) = [];
        NN = size(TT,1);                         %行数
        for i = 1:NN
            b = (tiaozheng(i,:) ~ = 0);
            nn = sum(b);                         %第 i 行非零行的个数
            for j = 2:nn
                C(tiaozheng(i,1),tiaozheng(i,j)) = maxC+1;   %改变 C 的数值
                %把火力单元编号 a 无法攻击的目标对应的值调整为大数,进而不再选择 a 了
            end
        end
    end
end
disp('15 个目标分别被攻击对应的火力单元编号为')
disp(Bianhao)
disp('我方最大效益值为')
disp(maxXiaoyi)
```

运行结果为

15个目标分别被攻击对应的火力单元编号为

5 7 1 5 4 6 4 7 2 8 1 3 2 6 3

我方最大效益值为

5.6331

对于问题(3),需要求得模型式(11.9)满足约束条件式(11.11)的最优解。事实上,此问题模型的约束条件比问题(1)模型的约束条件增加了一个,要求15个敌方目标分批次出现且每批次之间的间隔时间均为1.5s。这就意味着每个火力单元的选取个数有了限制,例如7号火力单元,在问题(1)的结果中出现了5次,但在此问题中根据条件7号火力单元是不能连续两次选择为火力单元去攻击,这是因为7号火力单元的转火时间为3(大于1.5)s。事实上,6号、7号、8号火力单元都不能连续两次选择为火力单元去攻击敌方目标,因为它们最小的转火时间为2(大于1.5)s,同时8号火力单元是不能间隔两批次选择为火力单元去攻击目标的。为了得到此问题的最优解,可以对问题(1)所得的分配结果进行优化处理。具体方法如下:

首先对问题(1)所得结果中出现的火力单元编号进行优选,例如7号火力单元被选择去攻击第2、3个敌方目标,现记7号火力单元攻击2号目标的效益值和其他火力单元攻击3号目标的效益最大值(不妨设为i_2号火力单元)之和为A_2,7号火力单元攻击3号目标的效益值和其他火力单元攻击2号目标的效益最大值(不妨设为i_3号火力单元)之和为A_3,若A_2大于等于A_3,则7号火力单元去攻击2号目标,而将7号火力单元攻击3号目标的效益值调整为0;若A_2小于A_3,则7号火力单元去攻击3号目标,而将7号火力单元攻击2号目标的效益值调整为0,这样做的目的是下次在寻找最优解的过程中不再选取7号火力单元。基于上述方法,将编号6、7、8火力单元所对应的效益值调整后所得一个新的效益值矩阵,然后对此效益值矩阵进行下一次的寻找最优解操作,依次下去直至所得结果中同一火力单元编号连续两次去攻击的时间间隔(此期间敌方目标出现的个数与1.5的乘积)大于等于此火力单元的转火时间。

需要注意的是,现需要求解模型式(11.9)满足约束条件式(11.11)的最小值,因此在MATLAB编写程序时的操作与上述分析的方法正好相反,也就是说需调整为0的效益值均需调整为$M+1$。利用MATLAB编程可得,15个敌方目标分别被我方火力单元6、7、8、6、7、6、5、7、6、5、6、5、6、8号跟踪并攻击,此时我方最大整体攻击效益值为6.2276。编程具体操作如下,首先建立和问题(1)相同的文本文件anli6zhang4jie.txt和函数文件Task.m,然后建立函数文件yueshuTime2.m,代码如下:

```
function tiaozheng=yueshuTime2(Bianhao,N,C)
Tpi=1.5;          %每批次目标出现的间隔时间1.5,要求出现后马上火力单元去跟踪进而去攻击
Tzhuan=[2 2 2 2 2 3 4];   %每个火力单元的转火时间
A=unique(Bianhao);        %火力单元的编号,从小到大排列
Num=length(A);            %或者A的维数
tiaozheng=[];             %输出矩阵
for i=1:Num
    a=A(i);               %a为火力单元编号 一个编号一个编号着手研究
```

```
            b=find(Bianhao==a);
        AAA=100000;              %较大的数即可
        if length(b)>1
            kk=1;
            aa=zeros(1,N-Num+1);%列数不用太大
            for k=2:length(b)
                if (b(k)-b(k-1))*Tpi<Tzhuan(a)      %时间约束条件
                    disp('火力单元编号为')
                    disp(a)
                    disp('需要调整攻击目标的批次数为')
                    %需要比较大小进行选择的
                    a1=C(a,b(k-1));
                    a2=C(a,b(k));
                    b1=C(:,b(k-1));    %取 C 的第 b(k-1)列
                    b1(a,:)=[];        %去掉第 a 行
                    c1=min(b1);        %C 中第 b(k-1)列去掉最小值后所得新向量的最小元素值
                    d1=C(:,b(k));      %取 C 的第 b(k)列
                    d1(a,:)=[];        %去掉第 a 行
                    e1=min(d1);        %C 中第 b(k)列去掉最小值后所得新向量的最小元素值
                    if a1+c1>a2+e1     %调整和的值较大的那个编号
                        disp(b(k-1))
                        %找到了哪些编号目标不能满足条件,需调整火力单元的编号
                        aa(kk)=b(k-1);
                    else
                        disp(b(k))
                        aa(kk)=b(k);
                    end
                    %防止连续两个目标编号相同
                    if aa(kk)==AAA
                        aa(kk)=0;
                        kk=kk-1;
                    end
                    AAA=aa(kk);
                    kk=kk+1;
                end
            end
            if rank(aa)>0
                aaa=[a aa];        %第 1 个是不满足条件火力单元编号,后面是不能攻击目标编号
                tiaozheng=[tiaozheng;aaa];
            end
        end
    end
end
```

建立脚本文件 Q3.m，只需将脚本文件 Q2.m 中所调用函数的文件名称由 yueshuTime1 改为 yueshuTime2 即可，最后运行结果为

15 个目标分别被攻击对应的火力单元编号为
 6 7 8 6 7 6 5 7 6 4 7 5 6 5 6 8
我方最大效益值为
 6.2276

11.2.4 结果分析

  对于问题(1)，由于 MATLAB 函数 intlinprog 的内在搜索原理，运行结果包含的都是 6 号火力单元。从表 11.2 中的信息可以得到，1~6 号火力单元都是属于同一类型的。也就是说，可以把所得结果中的编号 6 变为编号 1~5 中的任意个数字，因此火力单元攻击目标的分配决策方案是不唯一的，但我方整体攻击效益值的最大值是不变的。同时，问题(1)的求解还可以利用匈牙利算法来完成。匈牙利算法是一种在多项式时间内求解任务分配问题的组合优化算法，并推动了后来的原始对偶算法，请感兴趣的读者自行完成。

  对于问题(2)，由于 15 个敌方目标同时出现并且要求出现后 3s 后必须被我方某一火力单元跟踪并进行攻击，这就使得某些火力单元被选取的个数有了限制。此时主要采用的方法是对于问题(1)求得的结果进行修正，使得每个被选择的火力单元的个数小于等于 3 与它的转火时间之比的取整函数值与 1 之和。和问题(1)相同，由于 1~6 号火力单元都是属于同一类型的且转火时间都相等，因此所得分配方案中 1~6 编号中任意两个编号的数字调换一下都是可行的，比如将编号 1 和编号 2 调换后可得另一个分配方案为
 5 7 2 5 4 6 4 7 1 8 2 3 1 6 3
但是我方整体攻击效益值的最大值是不变的。

  对于问题(3)，由于 15 个敌方目标分批次出现并且两批次间隔时间均为 1.5s，这就使得某些火力单元被选取的个数有了限制。此时主要采用的方法是对于问题(1)求得的结果进行修正，使得每个被选择的同一火力单元连续两次去攻击的时间间隔(此期间敌方目标出现的个数与 1.5 的乘积)大于等于此火力单元的转火时间。和问题(1)一样，由于 1~6 号火力单元都是属于同一类型的且转火时间都相等，因此可以把所得结果中的编号 6 变为编号 1~4 中的任意个数字，因此火力单元攻击目标的分配决策方案也是不唯一的，但我方整体攻击效益值的最大值是不变的。

  事实上，本模型的问题(1)可以推广到一般的指派问题中。指派问题是现实生活中经常遇到的一类组合优化问题，它的基本要求是在满足特定的指派要求条件下，使指派方案的总体效果最佳或用时最短或费用最小等，应用十分广泛。例如，建筑学中总建造费用最小问题，图书馆资源优化配置问题，比武竞赛人员安排方案问题等。

11.3 飞行计划安排问题

11.3.1 问题描述

  在甲、乙双方的一场战争中，一部分甲方部队被乙方部队包围长达 4 个月。由于乙方

封锁了所有水陆交通要道,被包围的甲方部队只能依靠空中交通维持供给。运送 4 个月的供给分别需要 2,3,3,4 次飞行,每次飞行编队由 50 架飞机组成(每架飞机需要 3 名飞行员),可以运送 10 万吨物质。每架飞机每个月只能飞行一次,每名飞行员每个月也只能飞行一次。在执行完运输任务后的返回途中有 20%的飞机会被乙方部队击落,相应的飞行员也因此牺牲或失踪。在第 1 个月开始时,甲方拥有 110 架飞机和 330 名熟练的飞行员。在每个月开始时,甲方可以招聘新飞行员和购买新飞机。新飞机必须经过一个月的检查后才可以投入使用,新飞行员必须在熟练飞行员的指导下经过一个月的训练才能投入飞行。每名熟练飞行员可以作为教练每个月指导 20 名飞行员(包括他自己在内)进行训练。每名飞行员在完成一个月的飞行任务后,必须有一个月的带薪假期,假期结束后才能再投入飞行。

问题(1)已知各项费用(单位略去)如表 11.3 所列,请为甲方安排一个飞行计划。

问题(2)如果每名熟练飞行员可以作为教练每个月指导不超过 20 名飞行员(包括他自己在内)进行训练,模型和结果有哪些改变?

表 11.3 飞行计划的原始数据

	第 1 个月	第 2 个月	第 3 个月	第 4 个月
新飞机价格	200	195	190	185
闲置的熟练飞行员报酬	7.0	6.9	6.8	6.7
教练和新飞行员报酬(包括培训费用)	10.0	9.9	9.8	9.7
执行飞行任务的熟练飞行员报酬	9.0	8.9	9.8	9.7
休假期间的熟练飞行员报酬	5.0	4.9	4.8	4.7

11.3.2 模型建立

首先这是一个优化问题,要建立优化模型。注意到执行飞行任务以及执行飞行任务后休假的熟练飞行员数量是常数,所以这部分费用(报酬)是固定的,在优化目标中可以不考虑。

(1) 确定决策变量。设 4 个月开始时甲方新购买的飞机数量分别为 $x_i(i=1,2,3,4)$ 架,闲置的飞机数量分别为 y_i 架。4 个月中,飞行员中教练和新飞行员数量分别为 u_i,闲置熟练飞行员数量分别为 v_i。

(2) 建立目标函数。

$$\min 200x_1+195x_2+190x_3+185x_4+10u_1+9.9u_2+9.8u_3+9.7u_4+7v_1$$

(3) 考虑约束条件。从飞机数量限制和飞行员数量限制两个方面考虑:

① 飞机数量限制。4 个月中执行飞行任务的飞机分别为 100,150,150,200(架),但只有 80,120,120,160(架)能够返回供下个月使用,故有

第 1 个月:$100+y_1=110$;

第 2 个月:$150+y_2=80+y_1+x_1$;

第 3 个月:$150+y_3=120+y_2+x_2$;

第 4 个月:$200+y_4=120+y_3+x_3$。

② 飞行员数量限制。4 个月中执行飞行任务的熟练飞行员分别为 300,450,450,600

(人),但只有 240,360,360,480(人)能够返回(下个月一定休假),故有

第 1 个月:$300+0.05u_1+v_1=330$;

第 2 个月:$450+0.05u_2+v_2=u_1+v_1$;

第 3 个月:$450+0.05u_3+v_3=u_2+v_2+240$;

第 4 个月:$600+0.05u_3+v_4=u_3+v_3+360$。

对于问题(2),如果每名熟练飞行员可以作为教练每个月指导不超过 20 名飞行员(包括他自己在内)进行训练,则应将教练与新飞行员分开。设 4 个月飞行员中教练数量为 $u_i(i=1,2,3,4)$,新飞行员数量分别为 $w_i(i=1,2,3,4)$,其他符号不变。此时,飞行员的数量限制约束为

第 1 个月 $300+u_1+v_1=330$;

第 2 个月 $450+u_2+v_2=u_1+v_1+w_1,w_1\leq 20u_1$;

第 3 个月 $450+u_3+v_3=u_2+v_2+240+w_2,w_2\leq 20u_2$;

第 4 个月 $600+u_3+v_4=u_3+v_3+360+w_3,w_3\leq 20u_3$。

目标函数、约束条件作相应修改即可。

11.3.3 模型求解

对于问题(1),采用 Lingo 编程求解,建立程序文件 play_plan.lg4,代码如下:

```
model:
sets:
col/1..4/:c1,c2,c3,x,u,v,y;
row/1..3/:b1,b2;
endsets
data:
c1 = 200 195 190 185;
c2 = 10 9.9 9.8 9.7;
c3 = 7 6.9 6.8 6.7;
b1 = 70 30 80;
b2 = 450 210 240;
enddata
min = @sum(col:c1*x+c2*u+c3*v);
y(1) = 10;
@for(col(i)|i#lt#4:y(i)+x(i)-y(i+1) = b1(i));0.05*u(1)+v(1) = 30;
@for(col(i)|i#lt#4:u(i)+v(i)-0.05*u(i+1)-v(i+1) = b2(i));
@for(col:@gin(x);@gin(u);@gin(v);@gin(y));
```

对于问题(2),利用 Lingo 编程求解,建立程序文件 play_plan2.lg4,代码如下:

```
model:
sets:
col/1..4/:
c1,c2,c3,x,u,v,w,y;
row/1..3/:b1,b2;
```

```
endsets
data:
c1 = 200 195 190 185;
c2 = 10 9.9 9.8 9.7;
c3 = 7 6.9 6.8 6.7;
b1 = 70 30 80;
b2 = 450 210 240;
enddata
min = @sum(col:c1 * x+c2 * (u+w) +c3 * v);
y(1) = 10;
@for(col(i)|i#lt#4:y(i)+x(i)-y(i+1) = b1(i));  u(1)+v(1) = 30;
@for(col(i)|i#lt#4:u(i)+v(i)+w(i)-u(i+1)-v(i+1) = b2(i));
@for(col(i)|i#lt#4:w(i)<20 * u(i));
@for(col:@gin(x);@gin(u);@gin(v);@gin(w);@gin(y));
end
```

11.3.4 结果分析

文件 play_plan.lg4 运行结果为

Global optimal solution found.
  Objective value: 42324.40
  Objective bound: 42324.40
  Infeasibilities: 0.000000
  Extended solver steps: 0
  Total solver iterations: 1258

Variable	Value	Reduced Cost
C1(1)	200.0000	0.000000
C1(2)	195.0000	0.000000
C1(3)	190.0000	0.000000
C1(4)	185.0000	0.000000
C2(1)	10.00000	0.000000
C2(2)	9.900000	0.000000
C2(3)	9.800000	0.000000
C2(4)	9.700000	0.000000
C3(1)	7.000000	0.000000
C3(2)	6.900000	0.000000
C3(3)	6.800000	0.000000
C3(4)	6.700000	0.000000
X(1)	60.00000	200.0000
X(2)	30.00000	195.0000
X(3)	80.00000	190.0000
X(4)	0.000000	185.0000
U(1)	460.0000	10.00000

U(2)	220.0000	9.900000
U(3)	240.0000	9.800000
U(4)	0.000000	9.700000
V(1)	7.000000	7.000000
V(2)	6.000000	6.900000
V(3)	4.000000	6.800000
V(4)	4.000000	6.700000
Y(1)	10.00000	0.000000
Y(2)	0.000000	0.000000
Y(3)	0.000000	0.000000
Y(4)	0.000000	0.000000
B1(1)	70.00000	0.000000
B1(2)	30.00000	0.000000
B1(3)	80.00000	0.000000
B2(1)	450.0000	0.000000
B2(2)	210.0000	0.000000
B2(3)	240.0000	0.000000

Row	Slack or Surplus	Dual Price
1	42324.40	−1.000000
2	0.000000	0.000000
3	0.000000	0.000000
4	0.000000	0.000000
5	0.000000	0.000000

求得最优解为

$$x_1=60, x_2=30, x_3=80, x_4=0, u_1=460, u_2=220, u_3=240,$$
$$u_4=0, v_1=7, v_2=6, v_3=4, v_4=4, y_1=10, y_2=y_3=y_4=0;$$

目标函数值为：42324.4。

文件 play_plan2.lg4 运行结果如下：

Global optimal solution found.

Objective value:	42185.80
Objective bound:	42185.80
Infeasibilities:	0.000000
Extended solver steps:	0
Total solver iterations:	20

Variable	Value	Reduced Cost
C1(1)	200.0000	0.000000
C1(2)	195.0000	0.000000
C1(3)	190.0000	0.000000
C1(4)	185.0000	0.000000
C2(1)	10.00000	0.000000
C2(2)	9.900000	0.000000

C2(3)	9.800000	0.000000
C2(4)	9.700000	0.000000
C3(1)	7.000000	0.000000
C3(2)	6.900000	0.000000
C3(3)	6.800000	0.000000
C3(4)	6.700000	0.000000
X(1)	60.00000	200.0000
X(2)	30.00000	195.0000
X(3)	80.00000	190.0000
X(4)	0.000000	185.0000
U(1)	22.00000	10.00000
U(2)	11.00000	9.900000
U(3)	12.00000	9.800000
U(4)	0.000000	9.700000
V(1)	8.000000	7.000000
V(2)	0.000000	6.900000
V(3)	0.000000	6.800000
V(4)	0.000000	6.700000
W(1)	431.0000	10.00000
W(2)	211.0000	9.900000
W(3)	228.0000	9.800000
W(4)	0.000000	9.700000
Y(1)	10.00000	0.000000
Y(2)	0.000000	0.000000
Y(3)	0.000000	0.000000
Y(4)	0.000000	0.000000
B1(1)	70.00000	0.000000
B1(2)	30.00000	0.000000
B1(3)	80.00000	0.000000
B2(1)	450.0000	0.000000
B2(2)	210.0000	0.000000
B2(3)	240.0000	0.000000
Row	Slack or Surplus	Dual Price
1	42185.80	−1.000000
2	0.000000	0.000000
3	0.000000	0.000000
4	0.000000	0.000000
5	0.000000	0.000000
6	0.000000	0.000000
7	0.000000	0.000000
8	0.000000	0.000000
9	0.000000	0.000000
10	9.000000	0.000000

| 11 | 9.000000 | 0.000000 |
| 12 | 12.00000 | 0.000000 |

求得最优解：

$u_1 = 22, u_2 = 11, u_3 = 12, u_4 = 0, v_1 = 8, v_2 = v_3 = v_4 = 0, w_1 = 431, w_2 = 211, w_3 = 228, w_4 = 0$
$x_i(i=1,2,3,4), y_i(i=1,2,3,4)$ 不变，目标函数值为42185。

11.4 起降带优选问题

11.4.1 问题描述

机场道面是机场的核心部分，遭敌破坏后必须快速修复以保证飞机起降能力。战时机场道面抢修保障纷繁复杂，时间紧迫，短时间内对机场跑道进行全面修复是不现实也是不必要的，必须根据作战方针和具体作战任务，紧急修复一条应急起降跑道即应急起降带(emergency operating strip, EOS)来满足战时急需。抢修机场道面首先必须快速确定最小起降带MOS(minimum operating strip)。MOS表示抢修工作量最小的EOS。《美国空军跑道快速修复手册》对MOS的规格做出了如下规定：供歼击机使用的MOS规格一般不小于：长1500m，宽20m。实际抢修工作中，应根据使用机型、道面损坏情况和作战需要等情况综合确定。本问题中取20m×1500m。

某机场道面50m×2800m在战时遭敌轰炸，未爆弹全部处理后，道面上留下21个弹坑，经数据汇总、测算及分类得到数据信息如表11.4所列。表11.4中x_i, y_i分别为第i给弹坑圆圆心的横坐标和纵坐标；r_i为第i个弹坑圆的半径；v_i为第i个弹坑的体积。EOS标准为20m×1500m，求最优MOS。

表11.4 弹坑数据

弹坑号	x/m	y/m	直径 d/m	V/m^3	弹坑号	x/m	y/m	直径 d/m	V/m^3
1	26	80	4.3	16.10	12	19	1 980	8	76.33
2	41	160	5.2	43.50	13	27	2 200	8.9	81.18
3	12	340	5.6	62.40	14	44	2 250	10.5	141.66
4	26	640	3.9	10.30	15	28	2 350	8.2	69.84
5	24	690	2.7	5.70	16	14	2 600	8.6	126.73
6	46	890	2.5	3.40	17	47	1 560	8.5	84.94
7	33	980	6.7	56.70	18	35	1 780	9	86.84
8	41	1 100	4.6	40.90	19	44	1 890	9	105.81
9	14	1 480	8.6	89.45	20	14	2 100	8.3	67.05
10	23	1 640	9	98.47	21	18	2 400	7.8	76.33
11	37	1 700	8.5	84.94					

11.4.2 模型建立

1. 符号说明

设 A 为机场道面宽度;B 为机场道面长度;D_1 为机场道面区域,$D_1=AB$;A_0 为 EOS 长度;B_0 为 EOS 宽度;D_2 为 EOS 区域,$D_2=A_0B_0$;x_i,y_i 分别为第 i 个弹坑圆圆心的横坐标和纵坐标;r_i 为第 i 个弹坑圆的半径;v_i 为第 i 个弹坑的体积。

2. 分析及建模

以 A 边为 X 轴方向,B 边为 Y 轴方向建立二维坐标系来精确描述战时机场道面毁伤及抢修问题。一般地,军用机场道面 A 约取 50m,B 约取 2800m。机场道面一旦被毁伤,弹坑的位置和大小就确定了,而弹坑口部可近似看作一个圆(以下称弹坑圆),在二维坐标系中弹坑圆用圆心坐标和半径来描述,弹坑则由弹坑圆和抢修工程量来描述。

战时机场道面有 n 个弹坑毁伤,其数据可以写成数学形式:

$$(X,Y,R,V) = ((x_1,y_1,r_1,v_1),(x_2,y_2,r_2,v_2),\cdots,(x_n,y_n,r_n,v_n))$$

道面第 i 个 $(1\leqslant i\leqslant n)$ 弹坑(简称为弹坑圆毁),其数学形式为 (x_i,y_i,r_i,v_i)

式中:(x_i,y_i,r_i) 即以 (x_i,y_i) 为圆心,r_i 为半径的圆;弹坑 (x_i,y_i,r_i,v_i) 即以弹坑圆 (x_i,y_i,r_i) 为口部,v_i 为抢修工程量的立体。

如图 11.3 所示,在二维坐标系内,机场跑道可定义为一个矩形区域 D,其 4 个顶点分别为 $(0,0),(A,0),(0,B),(A,B)$。MOS 应尽量与原跑道起降方向平行,以利用原有导航设备及机场标志,但有时适当偏转 MOS 的角度,可以避开部分弹坑,减小抢修工程量。偏转不会影响净空和导航设备的使用,只是对飞行员驾驶可能会有一定影响,因此应根据具体情况确定是否偏转。

若 EOS 的矩形区域 D_2 可在 D_1 范围内适当偏转,故 D_2 可由 D_2 左下角顶点 (x_0,y_0),A_0B_0 和其与 y 轴方向的夹角来描述,即 $D_2[(x_0,y_0),20\times1500,\varphi]$(若抢修指挥部确定不偏转,只需定义 $\varphi=0$)。在这里选择 D_2 左下角顶点 (x_0,y_0) 作为旋转点,是因为它与 D_2 内的任意点 (x,y) 作为旋转点等效,而且选择点 (x_0,y_0) 进行计算更方便。

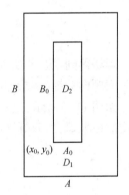

图 11.3 机场道面和 EOS

记 V 为 EOS 的矩形区域 D_2 内(含边界)弹坑的抢修工程量之和,令 $K=(k_1,k_2,\cdots,k_n)$,用 k_i 描述第 i 个弹坑是否应该修复以及修复的程度。规定:

当 $k_i=0$ 时为不修复;

当 $k_i=0.5$ 时为修复一半;

当 $k_i=1$ 时为全修复。

根据实际清空,当弹坑圆与 D_2 相交时,EOS 边缘处理要增加工作量,故抢修工程量应适当增加。

记 $V=\sum_{i=1}^{n}k_iv_i$,k_i 取值如图 11.4 所示。

(1) 当圆心 (x_i,y_i) 落入 EOS 区域 D_2 以内(含边界)时,$k_i=1$。

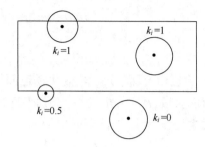

图 11.4 弹坑圆与 EOS 的相对位置及 k_i 取值

(2) 当圆心 (x_i,y_i) 落入 EOS 区域 D_2 之外但此圆与 EOS 区域 D_2(含边界)相交时，$k_i=0.5$。

(3) 当圆心 (x_i,y_i) 落入 EOS 区域 D_2 之外但此圆与 EOS 区域 D_2(含边界)相离时，$k_i=1$。即数学描述为

$$V = \sum_{i=1}^{n} k_i v_i$$

其中

$$k_i = \begin{cases} 1 & ((x_i,y_i) \in D_2) \\ 0.5 & ((x_i,y_i) \notin D_2 \cap [(x_i,y_i,r_i) \cap D_2]) \\ 0 & ((x_i,y_i,r_i) \text{与} D_2 \text{相离}) \end{cases}$$

容易得到，D_2 在 D_1 以内任意平移和适当偏转(偏转增量为 $\Delta\theta$)以寻求的最小值 $V_{\min}$ 即是问题的关键(寻求 MOS)。

如图 11.5 所示，记 a_1 与 a_2 分别为 D_2 绕 D_2 左下角顶点 (x_0,y_0) 逆时针和顺时针旋转角度的最大值，由分析计算，得

$$a_1 = \arcsin\left(\frac{x_0}{B_0}\right)$$

$$a_2 = \arcsin\left[\frac{(A-x_0)}{\sqrt{A_0^2+B_0^2}}\right] - \arcsin\left[\frac{A_0}{\sqrt{A_0^2+B_0^2}}\right]$$

$$0° \leq a_1, a_2 \leq 2°$$

v_i 的值是确定的，k_i 取值取决于弹坑圆 (x_i,y_i,r_i) 与 D_2 的相对位置，而弹坑圆 (x_i,y_i,r_i) 是确定的，D_2 由点 (x_0,y_0) 和偏转量 $\Delta\theta$ 决定，则 k_i 取值取决于 $x_0,y_0,\Delta\theta$ 的取值，即最终的目标为：求出 V 的最小值 $V_{\min}$ 并确定当 x_0,y_0 和 $\Delta\theta$ 为何值时 V 取到 $V_{\min}$，得基本数学模型：

令

$$s = f_{\min}(x_0,y_0,\Delta\theta) = V_{\min} = \min \sum_{i=1}^{n} k_i v_i$$

$$\begin{cases} 0 \leq x_0 \leq A-A_0 \\ 0 \leq y_0 \leq B-B_0 \\ -a_2 \leq \Delta\theta \leq a_1 \end{cases}$$

式中：$\Delta\theta$ 为正时，为逆时针旋转；$\Delta\theta$ 为负时，为顺时针旋转。

D_2 的平移和旋转涉及 4 个点和 4 条边的旋转,是一个很复杂的过程和问题。利用相对运动原理和坐标系变换的知识,假设 D_2 不动,而只有弹坑圆 (x_i,y_i,r_i) 平移和旋转,将问题简化为相对运动问题。此时,EOS 的矩形区域 D_2 固定,其顶点分别为 $(0,0)$,$(A_0,0)$,$(0,B_0)$,(A_0,B_0),而且无论怎样运动,r_i 和 v_i 的值都是不变的,改变的仅仅是弹坑圆心的坐标 (x_i,y_i),因此利用左边变换对弹坑圆心 (x_i,y_i) 的平移和旋转问题进行分析:

第一步 弹坑圆心 (x_i,y_i) 向左平移 x_0 个单位,向下平移 y_0 个单位,得到 (x'_i,y'_i):

$$\begin{cases} x'_i = x_i - x_0 \\ y'_i = y_i - y_0 \end{cases} \Leftrightarrow \begin{cases} x'_i = \sqrt{(x_i-x_0)^2+(y_i-y_0)^2} \cdot \cos\theta_i \\ y'_i = \sqrt{(x_i-x_0)^2+(y_i-y_0)^2} \cdot \sin\theta_i \end{cases}$$

式中:θ_i 为 (x'_i,y'_i) 对应的极角。

绕圆点旋转 $\pm 2°$,(x'_i,y'_i) 是否能旋转到 EOS 的矩形区域 D_2 内与 (x'_i,y'_i) 所在的区域关系很大,当 (x'_i,y'_i) 在第三象限时不可能,当 (x'_i,y'_i) 在第二、第四象限时做如下分析:

如图 11.5 所示,第二象限的阴影部分区域是以 $2°$ 为圆心角、B_0 为半径的扇形区域,第四象限的阴影部分是是以 $2°$ 为圆心角、A_0 为半径的扇形区域。

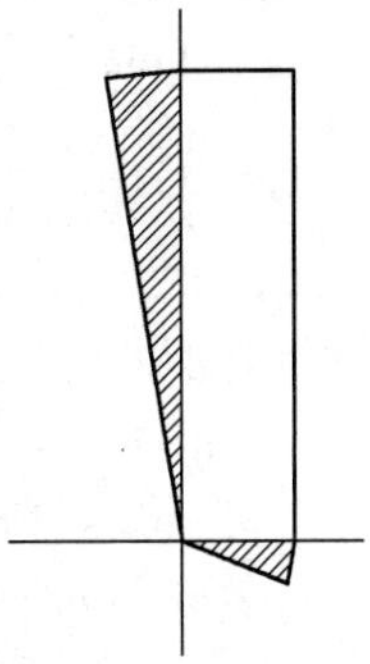

事实上,点 (x'_i,y'_i) 只有在第二和第四象限的阴影部分区域才有可能经旋转进入 D_2,但第四象限的阴影部分区域的面积极小(以 $A_0=20$ 为例,面积不足 $7m^2$,弧长不足 $0.7m$),可忽略不计,而第二象限的阴影部分区域的面积较大,不能忽略。则有:

当 $180° \leq \theta_i < 360°$,即 $y'_i = y_i - y_0 < 0$ 时,$k_i = 0$;

$0 \leq \theta_i \leq 180°$,即 $y'_i = y_i - y_0 \geq 0$ 时,$\theta_i = \arccos[(x_i-x_0)/\sqrt{(x_i-x_0)^2+(y_i-y_0)^2}]$

图 11.5 弹坑落点有效扇形区

第二步:弹坑圆心 (x'_i,y'_i)(此时取 $0 \leq \theta_i \leq 180°$)绕原点 $(0,0)$ 旋转 $\Delta\theta'(\Delta\theta'=-\Delta\theta)$,$\Delta\theta'$ 为正值时逆时针旋转,$\Delta\theta'$ 为负值时顺时针旋转;

(x'_i,y'_i) 旋转得到 (x''_i,y''_i)

$$\begin{cases} x''_i = \sqrt{(x_i-x_0)^2+(y_i-y_0)^2}\cos(\theta_i+\Delta\theta') \\ y''_i = \sqrt{(x_i-x_0)^2+(y_i-y_0)^2}\sin(\theta_i+\Delta\theta') \end{cases}$$

经第一步和第二步的分析,得优化数学模型如下:

$$s = f_{\min}(x_0,y_0,\Delta\theta') = V_{\min} = \min\sum_{i=1}^{n} k_i \cdot v_i$$

其中

$$k_i = \begin{cases} 0, & (y_i-y_0)<0 \\ 1, & (y_i-y_0)\geq 0 \cap (0\leq x''_i\leq A_0) \cap (0\leq y''_i\leq B_0) \\ 0, & (y_i-y_0)\geq 0 \cap [(x''_i\leq -r_i)\cup(x''_i>A_0+r_i)\cup(y''_i<-r_i)\cup(y''_i>B_0+r_i)] \\ 0.5, & \text{其他} \end{cases}$$

11.4.3 模型求解

利用 MATLAB 编程求解,建立脚本文件 qijaingdai.m,代码如下:

```
clc,clear
%% Input Data
data = [26 80 4.3 16.1;41 160 5.2 43.5;12 340 5.6 62.40;26 640 3.9 10.3;
        24 690 2.7 5.7;46 890 2.5 3.4;33 980 6.7 56.70;41 1100 4.6 40.9;
        14 1480 8.6 89.45;23 1640 9 98.47;37 1700 8.5 84.94;19 1980 8 76.33;
        27 2200 8.9 81.18;44 2250 10.5 141.66;28 2350 8.2 69.84;
        14 2600 8.6 126.73;47 1560 8.5 84.94;35 1780 9 86.84;
        44 1890 9 105.81;14 2100 8.3 67.05;18 2400 7.8 76.33];
A = 50;B = 2800;A0 = 20;B0 = 1500;
x0 = 15;y0 = 100;theta0 = 0.004;
sum = 0;
for i = 1:21
    xi = data(i,1);
    yi = data(i,2);
    ri = data(i,3)/2;
    vi = data(i,4);
    R_xiyi = sqrt((xi-x0)^2+(yi-y0)^2);
    thetai = acos((xi-x0)/R_xiyi);
    xii = R_xiyi * cos(thetai+theta0);
    yii = R_xiyi * sin(thetai+theta0);
    if yi-y0<0
        ki = 0;
    elseif  yi-y0 >=0 & ((xii>=0&&xii<=A0) && (yii>=0&&yii<=B0))
        ki = 1;
    elseif  yi-y0 >=0 & ((xii<-ri)|(xii>A0+ri)|(yii<-ri)|(yii>B0+ri))
        ki = 0;
    else
        ki = 0.5;
    end
    sum = sum+ki * vi;
end
```

11.4.4 结果分析

MATLAB 运行结果如下:

$$V = 93.15, x_0 = 15, y_0 = 100, \Delta\theta' = 0.004$$

即当 $x_0 = 15m, y_0 = 100m, \Delta\theta' = -0.004 = 0.23°$ 时,$V_{min} = 93.15m^3$,故战时机场道面抢修最优 MOS 为:$D_2[(15,100),20×1500,0°]$ 绕左下角顶点为 $(15,100)$ 顺时针旋转 $0.23°$,此时最小工程量为 $93.15m^3$。

第三篇

实 战 篇

第 12 章 军事联合投送问题

12.1 问题提出

联合投送是指运用公路、铁路、轮船等多种运输方式,将人员、武器装备、后勤物资等分批次快速送达作战地域的大型军事行动。联合投送受诸多因素干扰,如:距离、任务、道路约束,对投送方案制定提出了较大的挑战。现计划通过公路、铁路投送多个编组(每个编组由若干梯队构成,梯队为运输的基本单位),相关投送的规则如下:

(1) 道路通行规则。
① 编组在运输过程中,不能在中间路段或节点停留。
② 单个编组投送中只允许铁路转公路,且至多转运 1 次,忽略转运耗时。
③ 编组分为 A、B、C 三种类型,对于 A 型编组,须优先选择且充分利用铁路。
④ 当多个编组目的地相同时,须 B 型编组全部梯队到达后,其他类型编组才可以进入。
⑤ 同一编组只能选择同一条投送路线。
(2) 连续投送规则。各编组在投送时间上应保持连续,即某编组第 T 天投送未完成,则第 $T+1$ 天继续投送该编组剩余梯队。
(3) 路段容量限制规则。每天通过各节点进入路段的总梯队数不能超过该路段的最大投送能力。一旦达到上限值,该路段当天临时关闭,待第二天重新开启。
(4) 装卸载规则。
① 投送起点需进行装载,投送终点需进行卸载,从铁路转公路运输时,也需进行装、卸载。
② 投送起(终)点和转运点的最大装(卸)载梯队数:铁路为 18 梯队/天,公路为 15 梯队/天。
③ 装、卸载的耗时忽略不计。
现通过建立数学模型解决以下问题:
(1) 在综合考虑总任务完成时间、各编组投送时间、总投送里程、道路负荷等因素的情况下,设计合理的联合投送方案。
(2) 若紧急增加某编队数量并提升运送等级给出联合投送调整策略。
(3) 投送过程中,可能存在影响投送任务的关键路段,分析得出关键路段。假设投送进行到某天,某条关键路段中断,讨论投送方案的调整策略。

12.2　问题假设

（1）假设投送方式的转换只能发生在节点,且节点处的场地、设施满足运输方式转换的要求。

（2）不考虑实时路况对联合投送过程中的影响。

（3）不考虑车辆损坏、交通事故等意外事件的发生。

（4）不考虑恶劣天气等自然因素对联合投送的影响。

（5）假设道路负荷不会引起道路中断。

（6）假设投送单位在两节点之间采用单一运输方式,相邻投送单位之间无相互干扰,同时不考虑分流运输方式来分担运量。

（7）假设各投送单元在转运节点及时装运卸载,不长期滞留。

（8）假设线路运行速度以平均速度计量,并以此作为该路段运行耗时的计算标准。

12.3　建模思路

本章基于最小费用最大流、任务分配、排队论思想,引入自适应变异策略,提出基于协同进化的自适应遗传算法进行模型求解,较好地解决了易陷入局部最优解、收敛速度慢的问题。采用"径-环切割"的方法对整个联合投送作战地域进行划分,充分考虑到总任务完成时间、各编组投送时间、总投送里程、道路负荷等因素,引入带有混合时间窗的惩罚函数,建立联合投送路线管理模型,优化联合投送路径安排。同时,通过扩大邻接矩阵,将铁路和公路分开,简化了算法,并通过合理设定优先级,将一个复杂的联合投送问题简单化。优先级的引入还使算法更加灵活多变,方案制定者可以综合考虑多方面因素自行设定优先级,按实际需要进行投送方案的制订；在模型的计算中,自适应遗传算法具有改善全局收敛性、避免陷入局部最优解、性能稳定的特点,便于实验仿真和灵敏度分析,结果经验证可靠。

12.4　模型的建立与求解

12.4.1　基于自适应遗传算法的联合投送路径规划

1. 问题分析

根据问题背景可知,作战物资的投送分为 A、B、C 三种编组类型,每种编组类型包含若干出发节点和目的节点不同的编组,而每个编组又包含若干梯队。由于每个路段的最大投送能力不同,每个节点装、卸载梯队数也不尽相同,而且每个节点有多个可供选择的下一路段,因此,总任务完成时间由各编组投送时间决定；总的投送里程由各编组投送里程决定；道路负荷则受到各编组路径选择的影响。需要解决的问题是：综合考虑总任务完成时间、各编组投送时间、总投送里程以及道路负荷等因素,给出最优的投送方案。

在本问题中,首先可以将物资的联合投送问题抽象为由节点以及连接节点的弧（节点之间的路段)构成的有向虚拟网络图,该网络图的每条弧上都赋与了非负的权值;其次,建立路径优化模型;最后将每段路的最大投送能力看作是容量,而得到最优投送方案需要考虑的总任务完成时间、各编组投送时间、总投送里程等因素则看作是费用,因此可以采用最小费用最大流算法进行求解。当不同编组路径发生冲突时,则采用排队论思想或次优解的方法进行求解,最终得出考虑诸多因素后的综合最优投送方案。问题(1)的求解流程图如图12.1所示。

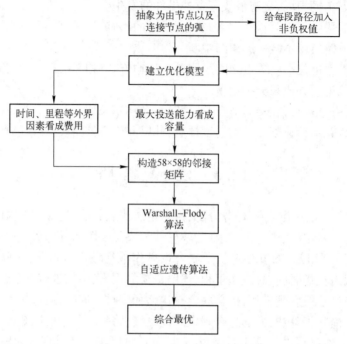

图12.1 问题(1)求解流程图

2. 路径优化模型建立

结合联合投送要求及对本题的分析,在采用 Warshall-Floyd 算法以及嵌入深度变异的遗传算法求投送方案进行求解时,要遵循一些原则,从而达到提高联合投送的效率、降低投送成本的目的,具体来说,包括充分利用道路资源原则、时间和里程综合最优原则、任务需要原则等。

本题是一个多式联合投送问题,在分析时要考虑到运输方式对最优解的影响,如图12.2所示,A、B、C 三种编组出发时路径、投送方式、每天发出的梯队数均可不同,且起点、终点也可以不同,所以在对其建立模型时要分层次进行,用约束条件分别对不同编组进行模型建立,然后再综合优化,得出全局最优解。

1) 交通路线网向虚拟网络的转化

在研究联合投送时,由于其交通信息复杂,不妨将其抽象简化,本题将联合投送路线网看作一个虚拟网络 N,交叉路口、车站或城市看作节点,节点之间的路段看作连接节点的弧。虚线对应铁路,实线对应公路。定义 $V(v)$ 是网络 N 的节点集,记作 $V=\{v1,v2,\cdots,vi,\cdots,vn\}$,由数据信息计算得到任意两个节点之间采用不同投送方式时的投送里程 D 和所需时间 $T(T=$里程$/$速度$)$,其中虚线表示采用铁路投送的里程和所需时间,实线表示采

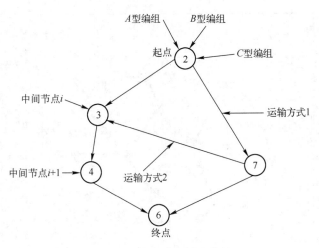

图 12.2　多式联合投送路径

用公路投送的里程和所需时间。

用 D,T 对网络图 N 的每个弧段进行赋值,得到联合投送路线网络图,如图 12.3 所示。

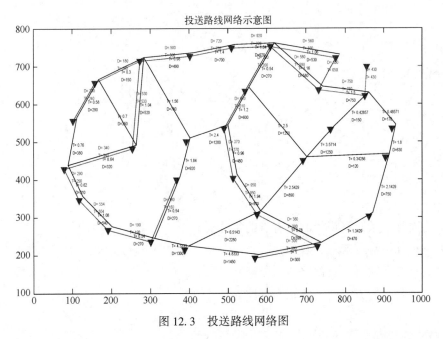

图 12.3　投送路线网络图

2) 路径优化模型

首先,采用计算机仿真的方法对所有编组的投送路径进行随机模拟,不难发现很容易造成同一路段上发生冲突和拥堵,如图 12.4 所示。所以,本题在求解过程中要划分层次,分类型逐个解决。根据道路通行规则,对于 A 型编组,须优先选择且充分利用铁路。因此,首先考虑 A 型编组的路径优化模型。

(1) A 型编组的路径优化模型。单个编组在投送过程中的最优方案与路段的最大投送能力、投送时间、投送里程有着密切的关系。将影响投送的因素作为求解最优路径的权

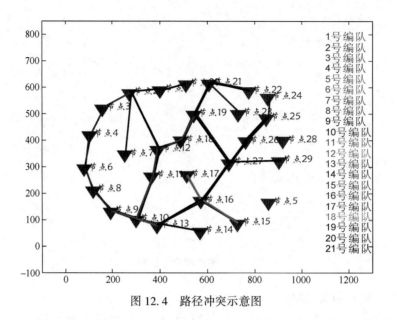

图 12.4 路径冲突示意图

值赋给每条路段,建立以投送距离和投送时间之和最小为目标函数的优化模型

$$F = \sum_{v_i \in V} \sum_{v_j \in A^+} \sum_{m \in Q} \omega (\alpha d_{ij}^m + \beta t_{sij}^m) x_{ij}^m v_{ij} \quad (12.1)$$

$$D = \min F \quad (12.2)$$

约束条件:

$$\sum_{v_j \in A_i^+} \sum_{m \in Q} x_{ij}^m - \sum_{v_i \in A_j^+} \sum_{m \in Q} x_{ji}^m = 1, i \in Q \quad (12.3)$$

$$\sum_{v_j \in A_i^+} \sum_{m \in Q} x_{ij}^m - \sum_{v_i \in A_j^+} \sum_{m \in Q} x_{ji}^m = 0, i \in I \quad (12.4)$$

$$\sum_{v_j \in A_i^+} \sum_{m \in Q} x_{ij}^m - \sum_{v_i \in A_j^+} \sum_{m \in Q} x_{ji}^m = -1, i \in E \quad (12.5)$$

$$\sum_{m \in Q} \sum_{n \in Q} v_i f_i^{mn} \leq 1 \quad (12.6)$$

式中:v_i 为属于一条完整路径的所有点的集合,且

$$f_i^{mn} = \begin{cases} 0 & (v_i \text{ 处运输方式发生改变}) \\ 1 & (v_i \text{ 处运输方式由铁路转为公路}) \\ 2 & (v_i \text{ 处运输方式由公路转为铁路}) \end{cases}$$

$$\sum_{m \in Q} x_{ij}^m = 1, v_i \in V - \{D\}, \quad v_j \in A_i^+ \quad (12.7)$$

$$x_{ij}^m + x_{ji}^m \geq 2 f_j^{mn}, \quad v_j \in A_i^+, \quad v_i \in A_j^+, \quad m \in Q, \quad n \in Q \quad (12.8)$$

约束条件式(12.3)~式(12.5)分别表示网络中起点、中间点及终点为满足得到一条从起点到终点的完整路线的条件;约束条件式(12.6)是用来筛选得到的解中满足只能由铁路转为公路,且至多转运一次的条件;约束条件式(12.7)表示从任意节点 v_i 出发只能选择一种运输方式,对同一编组只能选择同一条投送路线进行了限制;约束条件式(12.8)可以保证单个编组在运输方式上的连续性。

模型里程和时间指标的重视程度用参数 $\alpha,\beta(\alpha+\beta=1)$ 表示,可根据作战任务的需要,结合专家建议分别给出。

决策变量 x_{ij}^m, v_{ij} 和惩罚因子的定义如下:

$$x_{ij}^m = \begin{cases} 1 & (\text{从 } v_i \text{ 到 } v_j \text{ 选择第 } m \text{ 种运输方式}) \\ 0 & (\text{从 } v_i \text{ 到 } v_j \text{ 未选第 } m \text{ 种运输方式}) \end{cases}, \quad v_{ij} = \begin{cases} 1 & (v_i \text{ 与 } v_j \text{ 相邻}) \\ 0 & (v_i \text{ 与 } v_j \text{ 不相邻}) \end{cases}$$

$$\omega = \begin{cases} 1 & (\text{运输方式为铁路}) \\ 3 & (\text{运输方式为公路}) \end{cases}$$

在投送过程中,若选择公路,ω 将会使得出的解变大,不满足最优的思想,这样就可以将优先走公路的路径筛除;而选择铁路时,不会对求解最优路径造成影响,因此惩罚因子 ω 可以用来保证 A 型编组优先选择且充分利用铁路。

由于这里时间和里程的量纲和数量级不同,为屏蔽数值量纲差异,确保求解结果的可靠性,需要将里程 d 和时间 t 进行归一化处理,于是模型式(12.1)、式(12.2)可改写为

$$F = \sum_{v_i \in V} \sum_{v_j \in A^+} \sum_{m \in Q} \omega \left(\alpha \frac{d_{ij}^m}{\max d_{ij}^m} + \beta \frac{t_{sij}^m}{\max t_{sij}^m} \right) x_{ij}^m v_{ij} \tag{12.9}$$

$$D = \min F \tag{12.10}$$

(2) B、C 型编组的路径优化模型。在求解 B、C 型编组的最优路径中,求解思路与 A 型编组的方法类似,且同样要进行归一化处理,但 B、C 型编组没有充分利用铁路的要求,因此,B、C 型编组的求解模型不需要利用惩罚因子 ω 对运输方式筛选,故路径优化模型如下:

$$F = \sum_{v_i \in V} \sum_{v_j \in A^+} \sum_{m \in Q} \left(\alpha \frac{d_{ij}^m}{\max d_{ij}^m} + \beta \frac{t_{sij}^m}{\max t_{sij}^m} \right) x_{ij}^m v_{ij} \tag{12.11}$$

$$D = \min F \tag{12.12}$$

B、C 型编组在求解过程中的约束条件与 A 型编组基本一致,故可直接利用上述 A 型编组的约束条件对 B、C 型编组进行约束。

(3) 联合投送最优方案模型。每个编组的投送时间模型为

$$T_s = T_{\text{last}}^s - T_{\text{first}}^s \tag{12.13}$$

式中:$S = \{1, 2, \cdots, 21\}$ 为编组集合;T_{last}^s, T_{first}^s 分别表示编组 s 的第一个梯队投送时间和最后一个梯队投送时间。

总任务投送时间,就是第一个编组第一个梯队出发时间与最后一个编组最后一个梯队到达时间之差,即

$$T = T_{\text{last}}^{ll} - T_{\text{first}}^{ff} \tag{12.14}$$

整个投送过程的总投送里程为

$$R = \sum_s \sum_{ij} r_{sij}^m v_{ij}, \quad j \in A_i^+ \tag{12.15}$$

则联合投送最优方案模型的目标函数即为总任务投送时间最短:

$$T^* = \min T \tag{12.16}$$

约束条件为

$$\sum_s e_{si} y_i^m \leq Y_i^m, \quad i \in Q, \quad m = n, \quad m, n \in Q \tag{12.17}$$

$$\sum_s e_{si} y_i^m \leq Y_i^m, \quad i \in E, \quad m = n, \quad m, n \in Q \tag{12.18}$$

$$\sum_s e_{si}y_i^m \leq 15, \quad i \in ZY, \quad m,n \in Q \tag{12.19}$$

$$\sum_s g_{sij}^{mn} e_{si} v_{ij} \leq L_{ij} \tag{12.20}$$

$$\sum_{i,j} kt_{s_Bij}v_{ij} \leq \sum_{i,j} kt_{s_Aij}v_{ij} \tag{12.21}$$

$$\sum_{ij} kt_{s_Bij}v_{ij} \leq \sum_{ij} kt_{s_Aij}v_{ij} \tag{12.22}$$

其中决策变量为

$$e_{si} = \begin{cases} 1 & (编组 s 在 v_i 处有梯队) \\ 0 & (编组 s 在 v_i 处无梯队) \end{cases}, \quad Y_i^m = \begin{cases} 18 & (运输方式为铁路) \\ 15 & (运输方式为公路) \end{cases}$$

约束条件的含义：约束条件式(12.17)~式(12.19)保证投送过程中通过起点、终点和转运点的梯队数不超过节点每天允许的装卸载梯队数；约束条件式(12.20)保证每天通过节点进入路段的总梯队数不超过该路段的最大投送能力；约束条件式(12.21)、式(12.22)则保证多个编组目的地相同时，所有 B 型编组全部到达后，其他编组才能进入。

3. 模型求解

对于不包含负权环路，先构造 58×58 的邻接矩阵，再利用 Warshall-Floyd 算法求解出单个编组的最优解，然后利用自适应遗传算法对所有找到的单个编组的解进行优化，最终得出综合所有因素后的全局最优解。

具体过程如下：

1) Warshall-Floyd 算法求解局部最优解

采用化繁为简的思想，假设有 29 个铁路节点和 29 个公路节点，共计 58 个节点，构造出 58×58 的邻接矩阵，对于其中实际不存在的节点，令其与剩余任何节点的里程距离和时间距离都为无穷大，对于题目中实际存在连接关系的公路与公路节点、铁路与铁路节点，它们间的距离和时间按照实际里程距离和实际时间距离构造。此外考虑到公路不能转铁路而铁路可以转公路，对于这样的情况，令铁路到公路里程距离和时间距离为 0，令公路到铁路的里程距离和时间距离为无穷大。再根据带权重的时间距离和里程距离，采用 Warshall-Floyd 算法求解最短路径。

根据上述算法，对模型式(12.9)~式(12.12)求解，即得 A、B、C 型编组最优路径，如图 12.5~图 12.7 所示。

2) 自适应遗传算法求解全局最优解

为了避免局部最优无法代表全局最优，采用退而求其次的思想，每一个编组保留较短的 10 条路径，作为后续算法的输入参数。采用遗传算法，以每个编组保留的 10 条路径为对象，即选取 A、B、C 型编组排名靠前的 10 组次优解，如图 12.8 所示。

综合考虑所有约束条件，对所有编组进行全局优化，最终即可得出最优解。具体过程如下：

(1) 染色体编码。每一个染色体作为一个可行解，存储在一个元胞数组 Chorm 中，Chorm{:,1} 存储 21 个编组的路径信息，Chorm{:,2} 存储 21 个编组的投送出发时间，出发时间以及每天投送量依据各段道路的承载能力和各个路段耗时情况，按照避免拥塞和超过载荷的原则，对每天的投送量按短板效应的原则分配，Chorm{:,3} 存储对应 21 个编组的选择方案来自于 Top_10 的索引位置。

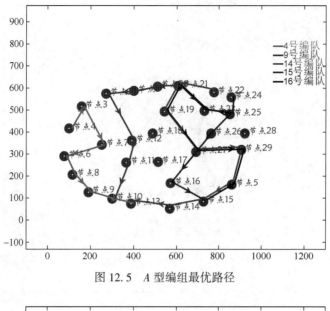

图 12.5 A 型编组最优路径

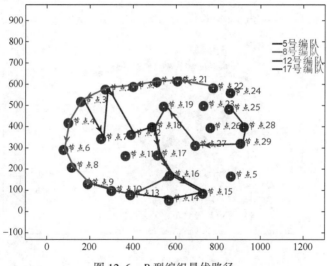

图 12.6 B 型编组最优路径

（2）优先级计算。考虑到目的地相同的有 4 组，其中每组中都有一个 B 型编组，并且当多个编组的目的地相同时 B 优先级最高，然后根据冲突数量衡量编组优先级，冲突多的为了不影响其他编组的投送，故冲突多的优先级高。所以先给 B 进行优先级排序，对每一个染色体的 21 个编组进行冲突预运算，计算每一个编组中所有路段在其他的重复情况，并以重复量作为编组出发顺序的依据。

（3）适应度计算。建立一个 118×N 的路段容量记录器，按照计算的优先级顺序投送编组，并实时更新路段容量记录器的容量，在投送下一个编组时，也按照前段投送原则，如果路段拥堵不能投送，则推迟发送时间，当超过预设的时间后则不再投送，按优先级顺次到临近编组进行投送，并将二者优先级对调，每执行完一次投送都要清空编队未投送标志。当所有标志位都清空时，此时的所得值就是最终的投送时间消耗量，该时间消耗量就可以代表适应度。

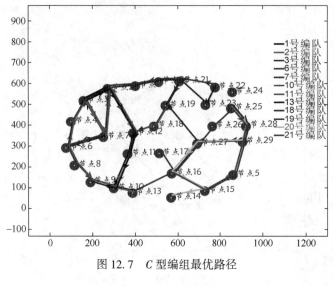

图 12.7 C 型编组最优路径

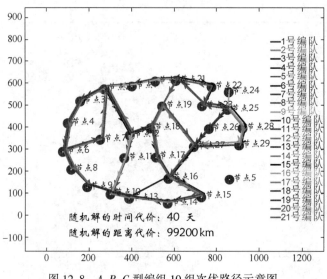

图 12.8 A、B、C 型编组 10 组次优路径示意图

(4) 交叉操作。获取 Chorm{ : ,3} 的所有编组代号,根据编组适应度值自动选取合适的交叉概率 P_c 对相邻的两个染色体相同位置的编组号进行交叉,交叉长度随机生成。

(5) 变异操作。根据编组适应度值自动选取合适变异概率 P_m 对每一个染色体编码随机选择位置进行变异操作。

(6) 选择操作。按照设定的代沟 GGap 将新产生的个体和原种群中适应度高的插入到原种群中得到新的种群。

图 12.9 和图 12.10 所示为根据遗传算法得出的迭代变化示意图。

4. 联合投送方案

最终得到所有编组的最优投送方案如表 12.1 所列。

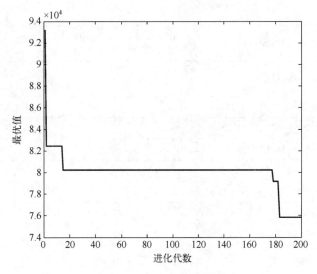

图 12.9 距离优化示意图

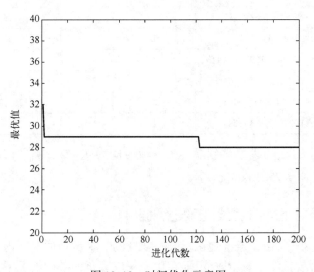

图 12.10 时间优化示意图

表 12.1 联合投送方案

梯队数	投送路线(路段编号)	出发开始时间(第 X 天)	出发持续天数	每日出发梯队数
10	10-56-52-67-69-71-75	1	7	[1,2,2,1,2,1,1]
10	12-10-56-52-67-73-93-95-97-80-78	1	7	[1,2,2,1,2,1,1]
16	56-52-48-46-83-87-89-74-69	4	6	[1,3,4,1,3,4]
33	6-4-67-69-71-75	1	20	[1,2,2,1,2,1,2,2,1,2,1,2,2,1,2,1,2,2,1,2]
28	4-67-69-71-75	1	17	[1,2,2,1,2,1,2,2,1,2,1,2,2,1,2,1,2]

(续)

梯队数	投送路线(路段编号)	出发开始时间(第 X 天)	出发持续天数	每日出发梯队数
29	99-101-105-97-80-78	1	18	[1,2,2,1,2,1,2,2,1,2,1,2,2,1,2,1,2,2]
38	26-22-20-1-7-9-11-13-15	1	10	[4,4,4,4,4,4,4,4,4,2]
15	24-22-20-1-67-69-71	1	4	[4,4,4,3]
15	22-20-1-3-5-58-61-63-65	3	4	[4,4,4,3]
22	20-1-3-55-53-61-63-65	1	6	[4,4,4,4,4,2]
24	30-22-20-1-7-56-60-58-61-63-65	1	6	[4,4,4,4,4,4]
12	34-32-30-22-20-1-3-55-53-61-63	1	3	[4,4,4]
32	4-67-69-71-66	3	8	[4,4,4,4,4,4,4,4]
25	24-29-91-105-82	8	22	[1,1,1,2,1,1,1,1,1,1,2,1,1,1,1,1,2,1,1,1,1,1]
36	29-91-105-97	1	14	[1,3,4,1,3,4,1,3,4,1,3,4,1,3]
22	44-41-26-29-31-33-35-37	1	8	[1,3,4,1,3,4,1,3]
20	99-101-103-111-113	1	10	[1,2,3,2,1,2,3,2,1,2]
10	34-32-30-25-42-107-109-111-113	1	5	[1,3,4,1,1]
16	24-25-42-99-101-103	1	7	[1,2,3,2,1,2,3]
32	99-101-103-111-113-80	5	15	[1,2,3,2,1,2,3,2,1,2,3,2,1,2,3]
15	41-27-24-29-31-33-35	2	4	[4,4,4,3]

根据以上投送方案,可计算得到总任务完成时间为 $T = T_{\text{last}}^{tl} - T_{\text{first}}^{ff} = 28$(天);总投送里程为 $R = \sum_s \sum_{ij} r_{sij}^m v_{ij} = 75830 \text{km}$。

12.4.2 紧急任务下的联合投送策略调整

在执行任务过程中,由于某些地区对某一物资的需求量短的时间内急剧增加,这时该物资优先级或编组数目都会发生改变,而在优先完成紧急任务的情况下,需要同时考虑各个路段的拥塞情况、道路利用率、道路总运送量等指标,在尽量不影响其他编队的情况下完成紧急投送任务。

1. 问题分析

对于问题(2)需要分析问题(1)投送方案下编队优先级、各个路段的拥塞情况、道路利用率、道路总运送量等指标,调整路径权值,更改邻接矩阵数值,在尽量不影响其他编队的情况下完成紧急投送任务,给出收到紧急投送任务后联合投送方案调整策略。问题(2)的求解流程图如图 12.11 所示。

2. 模型建立

由于某地区急需物资 D,在该出发点和相应目的地 D 型编组的优先级最高。同时保持其他地区优先级顺序不变,给出该地区 D 型编组投送模型。

$$F_D = \sum_{v_i \in V} \sum_{v_j \in A^+} \sum_{m \in Q} \omega \left(\alpha \frac{d_{ij}^m}{\max d_{ij}^m} + \beta \frac{t_{sij}^m}{\max t_{sij}^m} \right) x_{ij}^m v_{ij} \qquad (12.23)$$

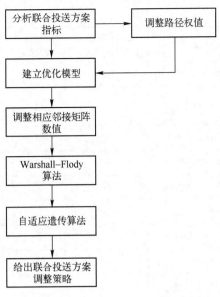

图 12.11 问题(2)求解流程图

$$F=\delta_1 F_A+\delta_2 F_B+\delta_3 F_C+\delta_4 F_D, \quad \delta_1=\delta_2=\delta_3 \geqslant \delta_4 \quad (12.24)$$

3. 模型求解及调整策略

将上述模型带入 12.4.1 节模型进行求解,在 D 型编组的出发点和目的地优先运送 D 型编组,直至 D 型编组全部运送完毕,调整相应路径权值和邻接矩阵。利用 MATLAB 编程得出调整策略,如表 12.2 所列。

表 12.2 紧急任务下联合投送调整方案

梯队数	投送路线(路段编号)	出发开始时间(第 X 天)	出发持续天数	每日出发梯队数
10	57-59-52-67-73-93-95-97-80-78	1	7	[1,2,2,1,2,1,1]
30	12-57-59-52-67-73-93-95-82	1	5	[6,6,6,6,6]
16	9-11-13-15-17	2	4	[4,4,4,4]
33	6-4-67-73-93-95-82	2	29	[1,1,1,2,1,1,1,1,1,1,2,1,1,1,1,1,1,2,1,1,1,1,1,1,2,1,1,1,1]
28	4-7-9-11-13-15-75	6	17	[1,2,2,1,2,1,2,2,1,2,1,2,1,2,1,2,1]
29	41-26-29-31-33-35-37-39-78	6	18	[1,2,2,1,2,1,2,2,1,2,1,2,2,1,2,1,2,2]
38	27-24-22-20-1-67-69-71	2	10	[4,4,4,4,4,4,4,4,4,2]
32	24-22-20-1-7-9-11-13-15	1	8	[4,4,4,4,4,4,4,4]
15	29-31-74-69-71	1	6	[1,3,4,1,3,3]
22	20-1-7-9-11-13-15	1	6	[4,4,4,4,4,2]
24	30-22-20-1-67-69-71	1	6	[4,4,4,4,4,4]
12	34-32-30-22-20-1-7-9-11-13	1	3	[4,4,4]

(续)

梯队数	投送路线(路段编号)	出发开始时间(第 X 天)	出发持续天数	每日出发梯队数
32	55-50-48-46-83-87-89-74-69-71-66	2	12	[1,3,4,1,3,4,1,3,4,1,3,4]
25	24-29-31-33-35-37-39-78	1	15	[1,2,2,1,2,1,2,2,1,2,1,2,2,1,2]
36	23-28-42-107-109-104-105-97	4	14	[1,3,4,1,3,4,1,3,4,1,3,4,1,3]
22	44-41-26-29-31-33-35-37	1	11	[1,2,3,2,1,2,3,2,1,2,3]
20	107-109-104-92-89-93-95-97	1	8	[1,3,4,1,3,4,1,3]
10	34-32-91-105-97	1	5	[1,3,4,1,1]
16	24-29-91-102-100-107-109	1	8	[1,2,3,2,1,2,3,2]
32	107-109-111-113-80	1	12	[1,3,4,1,3,4,1,3,4,1,3,4]
15	41-26-29-91-103-111-113-98	1	6	[1,3,4,1,3,3]

12.4.3 特殊情况下的联合投送策略调整

本题中的关键路段实际上就是编组流量大并且占用天数长的路段,因此,在寻找关键路段时要在联合投送方案中找出哪条路段在整个投送过程中被占用天数最多且通过该路段的编组数最大。多次对 12.4.1 节模型进行求解,得出多个联合投送方案,计算其各项指标,最终确定关键路段。假设该路段中断,则其对应的邻接矩阵需要进行修正,然后再利用 12.4.1 节的模型进行求解,最终得出新的投送方案。

1. 问题分析

根据联合投送方案提出将道路负荷重、利用天数长的路段设为关键路段。根据联合投送方案求出利用率较高的路段,画出路段利用甘特图,计算路段运送梯队总量,进而采用直观图示和严格模型相结合的方式对关键路段进行筛选,确定关键路段。对关键路段邻接矩阵进行修改,利用问题(1)模型对其求解,给出联合投送方案调整策略。问题(3)的求解流程图如图 12.12 所示。

2. 模型建立

基于已有信息,建立以整个投送过程中被占用天数和通过该路段的编组数的加权平均为指标的关键节点选取模型:

$$G^{ij} = \lambda_1 T_{zy}^{ij} + \lambda_2 T_{tl}^{ij}$$

式中:λ_1, λ_2 为权重,$\lambda_1 + \lambda_2 = 1$;$T_{zy}^{ij}, T_{tl}^{ij}$ 为节点 i, j 之间的路段在整个投送过程中被占用天数和通过该路段的编组数。若 $G_{gj} = \max\{G^{ij}\}$,则 G_{gj} 即为所求关键节点。然后利用 12.4.1 节模型构建算法进行求解。

3. 模型求解

根据 12.4.1 节的联合投送方案,将各路段总利用天数、路段总运送量、路段利用甘特图绘制如图 12.13~图 12.15 所示。

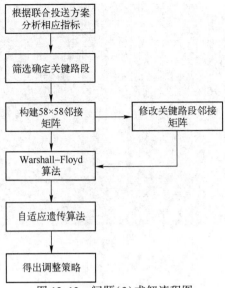

图 12.12 问题(3)求解流程图

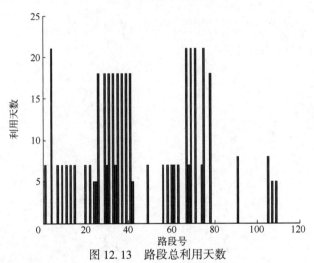

图 12.13 路段总利用天数

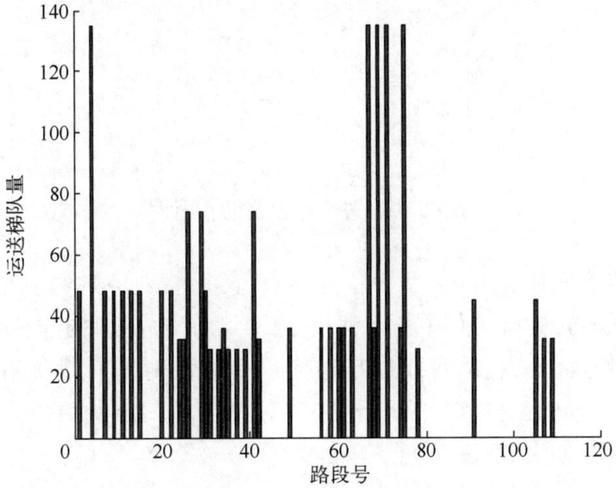

图 12.14 路段总运送量

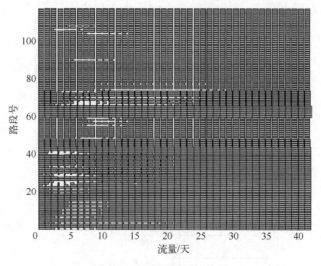

图 12.15 路段利用甘特图

4. 关键路段及调整策略

经求解,路段 4、67、69、71、75 利用天数最长、负载最大,即 4、67、69、71、75 号路段为关键路段,如图 12.16 所示。

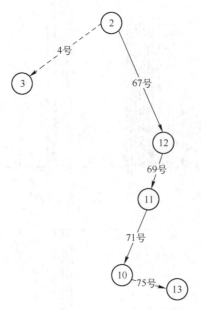

图 12.16 关键路段空间示意图

现假设 67 号路段中断,中断的路段不能通行,然后将对应的邻接矩阵进行修正,将其中的第 10 行第 9 列修正为 ∞ ,然后重新利用 12.4.1 节的模型构建算法,先用 Warshall-Floyd 搜索算法找出次优解,最后再通过自适应遗传算法对所有次优解进行全局优化,要考虑到编组在运输过程中,可以在中间路段或节点处停留,因此可以进一步优化,最终得出新的联合投送方案,如表 12.3 所列。

表 12.3 特殊情况下联合投送调整方案

梯队数	投送路线（路段编号）	出发开始时间（第 X 天）	出发持续天数	每日出发梯队数
10	10-8-2-19-21-29-31-33-35-37-39-78	2	7	[1,2,2,1,2,1,1]
10	13-15-17-70-73-93-95-97-80-78	3	7	[1,2,2,1,2,1,1]
16	8-2-19-21-29-31-74-69	1	6	[1,3,4,1,3,4]
33	6-4-7-9-11-13-15-75	6	20	[1,2,2,1,2,1,2,2,1,2, 1,2,2,1,2,1,2,2,1,2]
28	4-2-19-21-29-31-33-35-37-39-78	1	17	[1,2,2,1,2,1, 2,2,1,2,1,2,2,1,2,1,2]
29	99-101-103-111-113-98-82	6	25	[1,1,1,2,1,1,1,1,1,1,2,1, 1,1,1,1,2,1,1,1,1,1,1,1,2]
38	27-24-22-20-1-3-5-58-61	1	10	[4,4,4,4,4,4,4,4,4,2]
15	28-26-29-31-74-69-71	3	6	[1,3,4,1,3,3]
15	22-20-1-7-56-60-58-61-63	1	4	[4,4,4,3]
22	20-1-3-55-53-61-63-65	1	6	[4,4,4,4,4,2]
24	31-74-69-71	1	9	[1,3,4,1,3,4,1,3,4]
12	35-106-92-89-74-69-71-66	4	5	[1,3,4,1,3]
32	4-2-19-21-29-31-33-35-82-76-66	2	28	[1,1,1,2,1,1,1,1,1,2,1,1,1, 1,1,2,1,1,1,1,1,2,1,1,1,1]
25	24-29-31-33-35-37-39-78	1	15	[1,2,2,1,2,1,2,2,1,2,1,2,2,1,2]
36	25-42-107-109-111-113	1	14	[1,3,4,1,3,4,1,3,4,1,3,4,1,3]
22	44-41-26-29-31-33-35-37	1	8	[1,3,4,1,3,4,1,3]
20	99-101-105-97	1	10	[1,2,3,2,1,2,3,2,1,2]
10	34-32-30-25-42-99-101-105-97	1	6	[1,2,3,2,1,1]
16	24-25-42-107-109	3	4	[4,4,4,4]
32	107-109-111-113-80	1	12	[1,3,4,1,3,4,1,3,4,1,3,4]
15	99-101-105	1	7	[1,2,3,2,1,2,3]

12.5 模型评价

本章为解决联合投送问题的传统算法易陷入局部最优解、收敛速度慢等不足，综合最小费用最大流、任务分配和排队论思想，引入自适应变异策略，采用基于协同进化的自适应遗传算法对模型求解，较好地解决了相应的问题。

对于联合投送路径规划问题，首先构建虚拟节点网络图，对投送路线图进行合理的抽象简化。通过扩大邻接矩阵，将铁路和公路分开，简化了算法，并通过合理设定优先级，将一个复杂的联合投送问题简单化。优先级的引入还使算法更加灵活多变，方案制定者可以综合考虑多方面因素自行设定优先级，按实际需要进行投送方案的制订。接着，以完成时间为目标函数，根据对问题规则建立合理的约束条件，并建立基于自适应遗传算法的联合投送路径优化模型,对最优路径进行求解,对各编组投送组合进行合理规划,从而得到最优方案。

对于紧急任务下的联合投送策略调整问题,为了适应现实战场情况紧急投送任务,提出任务配送的最高优先级,分析问题(1)投送方案各个路段的拥塞情况、道路利用率、道路总运送量等指标,调整相应路径权值,更改邻接矩阵数值,在尽量不影响其他编队的情况下完成紧急投送任务,更加贴近战场实况,对紧急任务给出了较好的紧急调整方案。

对于特殊情况下的联合投送策略调整问题,分析道路负荷,利用天数长,道路利用率等指标,提出以整个投送过程中被占用天数和通过该路段的编组数的加权平均为指标的关键节点选取模型。根据联合投送方案求出利用率较高的路段,画出路段利用甘特图,计算路段运送梯队总量,进而采用直观图示和严格模型相结合的方式对关键路段进行筛选,分析得出关键路段,并假设某关键路段在某天中断,修改相应路段邻接矩阵,利用问题(1)模型进行求解,给出调整策略。

在模型计算中,自适应遗传算法具有改善全局收敛性、避免陷入局部最优解、性能稳定的特点,便于实验仿真和灵敏度分析,结果经验证可靠。

在模型应用方面,本算法考虑到任务需要,指挥员可能对时间或对车辆行驶里程重视程度不同,故用相对权重 α 和 β 对其进行了分配,可以灵活地改变它们的取值来对投送方案进行重新制定,具有较强的战场适应能力。

本章建立的基于遗传算法的作战物资联合投送路径优化模型可广泛应用于运输网络等诸多领域,如民用海港口集装箱航线运输等,进一步研究可用于未来战场中"陆-海-空"联合作战的物资投送,提高模型的精确程度后可为我国国防领域提供理论支撑与技术支持,具有较强的现实应用性和学术研究性。

12.6 模型的改进与推广

在研究过程中本章没有考虑实时路况的影响,没有考虑车辆损坏、天气等自然因素对系统模型的影响,并且对于装卸载耗时等都未考虑,在实际应用过程中,该模型较为简单,不够完善,模型有待进一步贴近实际。后期在研究中,应考虑更多的其他因素对于任务执行的影响,从而在执行任务的外界环境发生变化时可以较快地作出反应,给出调整方案。

该模型的实现算法时间时间较长,实用性与可操作性还可进一步提高。如果作战区域战况紧急,该模型运送时间相对较长,可能会给作战带来不利影响。在后期研究中,对算法结构和运行效率要进行进一步改进,缩短算法运行时间,较快对情况变化作出反应。

本模型不具有实时监控能力,在后期研究中,应对投送路线路况及拥挤程度进行实时监控,并及时修改投送路线,从而保证投送路线的最优化,提高投送方案执行效率。

第13章 军事信息资源的数据分析问题

13.1 问题提出

在信息化条件下,各种军事资源的采集、储存与利用,能够为部队的现代化建设和科学化管理提供有力的决策支持与理论依据。特别是根据部队的实际,如何利用这些数据资源做好部队的编制体制调整与优化、人员的合理配置与管理、武器装备的有效保障与维护,并为人员和装备的管理提供辅助决策等方面的工作,这是一个当前亟待解决的问题,也是大数据时代在军事应用领域的一个重要研究方向。

通过本问题的研究,利用已有的军事信息资源,通过数据分析和建模方法,借助数学分析软件,实现装备管理的科学化,为部队的科学化和有效性管理提供有利的决策支持与理论依据。具体的研究内容如下:在装备管理方面,实现对装备的编制状况、装备现有状况、装备可用状况、装备状态状况、装备拟增加状况、装备库存和消耗状况和各类装备的相关性分析,为全方位、全寿命掌控总体、各单位和各类别装备的情况提供了辅助决策支持。

13.2 问题主要的建模方法

13.2.1 数据挖掘方法

在大数据时代,数据挖掘是最关键的工作。大数据的挖掘是从海量、不完全的、有噪声的、模糊的、随机的大型数据库中发现隐含在其中有价值的、潜在有用的信息和知识的过程,也是一种决策支持过程,其主要基于人工智能、机器学习、模式学习、统计学等。通过对大数据高度自动化地分析,做出归纳性的推理,从中挖掘出潜在的模式,可以帮助企业、商家、用户调整市场政策、减少风险、理性面对市场,并做出正确的决策。目前,在很多领域尤其是在商业领域如银行、电信、电商等,数据挖掘可以解决很多问题,包括市场营销策略制定、背景分析、企业管理危机等。大数据的挖掘常用的方法有分类、回归分析、聚类、关联规则、神经网络方法、Web 数据挖掘等。这些方法从不同的角度对数据进行挖掘。

(1) 分类。分类是找出数据库中的一组数据对象的共同特点并按照分类模式将其划分为不同的类,其目的是通过分类模型,将数据库中的数据项映射到某个给定的类别中。可以应用到涉及分类、趋势预测中,如淘宝商铺将用户在一段时间内的购买情况划分成不同的类,根据情况向用户推荐关联类的商品,从而增加商铺的销售量。

(2) 回归分析。回归分析反映了数据库中数据的属性值的特性,通过函数表达数据映射的关系来发现属性值之间的依赖关系。它可以应用到对数据序列的预测及相关关系的研究中去。在市场营销中,回归分析可以被应用到各个方面。如通过对本季度销售的回归分析,对下一季度的销售趋势做出预测并做出针对性的营销改变。

(3) 聚类分析。聚类类似于分类,但与分类的目的不同,是针对数据的相似性和差异性将一组数据分为几个类别。属于同一类别的数据间的相似性很大,但不同类别之间数据的相似性很小,跨类的数据关联性很低。

(4) 关联规则。关联规则是隐藏在数据项之间的关联或相互关系,即可以根据一个数据项的出现推导出其他数据项的出现。关联规则的挖掘过程主要包括两个阶段:第一阶段为从海量原始数据中找出所有的高频项目组;第二阶段为从这些高频项目组产生关联规则。关联规则挖掘技术已经被广泛应用于金融行业企业中用以预测客户的需求,各银行在自己的 ATM 机上通过捆绑客户可能感兴趣的信息供用户了解并获取相应信息来改善自身的营销。

(5) 神经网络方法。神经网络作为一种先进的人工智能技术,因其自身自行处理、分布存储和高度容错等特性非常适合处理非线性的以及那些以模糊、不完整、不严密的知识或数据为特征的处理问题,它的这一特点十分适合解决数据挖掘的问题。

(6) Web 数据挖掘。Web 数据挖掘是一项综合性技术,指 Web 从文档结构和使用的集合 C 中发现隐含的模式 P,如果将 C 看作输入,P 看作输出,那么 Web 挖掘过程就可以看作是从输入到输出的一个映射过程。当前越来越多的 Web 数据都是以数据流的形式出现的,因此对 Web 数据流挖掘就具有很重要的意义。目前,常用的 Web 数据挖掘算法有 PageRank 算法、HITS 算法和 LOGSOM 算法。这 3 种算法提到的用户都是笼统的用户,并没有区分用户的个体。Web 数据挖掘也面临着一些问题,包括用户的分类问题、网站内容时效性问题、用户在页面停留时间问题、页面的链入与链出数问题等。在 Web 技术高速发展的今天,这些问题仍旧值得研究并加以解决。

13.2.2 数据挖掘过程中的数据预处理

整个数据挖掘过程中,数据预处理要花费 60% 左右的时间,而后的挖掘工作仅占总工作量的 40% 左右。经过预处理的数据,不但可以节约大量的空间和时间,而且得到的挖掘结果能更好地起到决策和预测作用。所以本节主要介绍数据预处理的步骤和方法。

一般情形下,数据预处理分为 4 个步骤,本节同时把对初始数据源的选择作为数据预处理过程中的一个步骤,即共分为 5 个步骤,这是因为如果在数据获得初期就有一定的指导,则可以减少数据获取的盲目性以及不必要噪声的引入且对后期的工作也可节约大量的时间和空间。整个预处理过程如图 13.1 所示。

1. 初始源数据的获取

研究发现,通过对挖掘的错误结果寻找原因,多半是由数据源的质量引起的。因此,原始数据的获取,从源头尽量减少错误和误差,尤其是减少人为误差,尤为重要。首先应了解任务所涉及的原始数据的属性和数据结构及所代表的意义,确定所需要的数据项和数据提取原则,使用合适的手段和严格的操作规范来完成相关数据的获取,由于这一步骤涉及较多相关专业知识,可以结合专家和用户论证的方式尽量获取有较高含金量(预测能力)的变量因子。获取过程中若涉及多源数据的抽取,由于运行的软硬件平台不同,对这些异质异构数据库要注意数据源的链接和数据格式的转换。若涉及数据的保密,则在

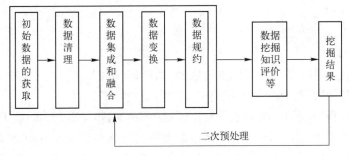

图 13.1　数据预处理

处理时应多注意此类相关数据的操作且对相关数据作备注说明以备查用。

2. 数据清理

数据清理是数据准备过程中最花费时间、最乏味,但也是最重要的步骤。该步骤可以有效减少学习过程中可能出现相互矛盾情况的问题。初始获得的数据主要有以下几种情况需要处理:

(1) 含噪声数据。处理此类数据,目前最广泛的是应用数据平滑技术。1999 年,Pyle 系统归纳了利用数据平滑技术处理噪声数据的方法,主要如下:

① 分箱技术,检测周围相应属性值进行局部数据平滑。

② 利用聚类技术,根据要求选择包括模糊聚类分析或灰色聚类分析技术检测孤立点数据,并进行修正,还可结合使用灰色数学或粗糙集等数学方法进行相应检测。

③ 利用回归函数或时间序列分析的方法进行修正。

④ 计算机和人工相结合的方式等。

对此类数据,尤其对于孤立点或异常数据,是不可以随便以删除方式进行处理的。很可能孤立点的数据正是实验要找出的异常数据。因此,对于孤立点应先进入数据库,而不进行任何处理。当然,如果结合专业知识分析,确信无用则可进行删除处理。

(2) 错误数据。对有些带有错误的数据元组,结合数据所反映的实际问题进行分析进行更改或删除或忽略。同时,也可以结合模糊数学的隶属函数寻找约束函数,根据前一段历史趋势数据对当前数据进行修正。

(3) 缺失数据。

① 若数据属于时间局部性的缺失,则可采用近阶段数据的线性插值法进行补缺;若时间段较长,则应该采用该时间段的历史数据恢复丢失数据。若属于数据的空间缺损则用其周围数据点的信息来代替,且对相关数据作备注说明,以备查用。

② 使用一个全局常量或属性的平均值填充空缺值。

③ 使用回归的方法或使用基于推导的贝叶斯方法或判定树等来对数据的部分属性进行修复。

④ 忽略元组。

(4) 冗余数据。包括属性冗余和属性数据的冗余。若通过因子分析或经验等方法确信部分属性的相关数据足以对信息进行挖掘和决策,可通过用相关数学方法找出具有最大影响属性因子的属性数据即可,其余属性则可删除。若某属性的部分数据足以反映该问题的信息,则其余的可删除。若经过分析,这部分冗余数据可能还有他用则先保留并作备注说明。

3. 数据集成和数据融合

1）数据集成

数据集成是一种将多个数据源中的数据(数据库、数据立方体或一般文件)结合起来存放到一个一致的数据存储(如数据仓库)中的一种技术和过程。

由于不同学科方面的数据集成涉及不同的理论依据和规则,因此,数据集成可以说是数据预处理中比较困难的一个步骤。每个数据源的命名规则和要求都可能不一致,将多个数据源的数据抽取到一个数据仓库中为了保证实验结果的准确性必须要求所有数据的格式统一。实现格式统一的方法大致分为两类:一是在各数据源中先进行修改,后统一抽取至数据仓库中;二是先抽取到数据仓库中,再进行统一修改。

2）数据融合

本节所讲的融合仅限于数据层的数据融合,即把数据融合的思想引入到数据预处理的过程中,加入数据的智能化合成,产生比单一信息源更准确、更完全、更可靠的数据进行估计和判断,然后存入到数据仓库或数据挖掘模块中。例如,用主成分分析法将多个指标数据融合成一个新的指标,实验时只拿融合后的新指标进行计算即可,一个新指标包含了原始多个指标的信息,既节省了存储空间,又提升了计算速度。

4. 数据变换

数据变换是采用线性或非线性的数学变换方法将多维数据压缩成较少维数的数据,消除它们在空间、属性、时间及精度等特征表现的差异。这类方法虽然对原始数据通常都是有损的,但其结果往往具有更大的实用性。

常用的规范化方法有最小-最大规范化、Z-score 规范化(零-均值规范化)、小数定标规范化等。

1）最小-最大规范化

一般情况下,所获取的数据根据实际问题的背景有 3 种表征形式:越大越好的数据,即极大型指标;越小越好的数据,即极小型指标;越靠近某个中间值越好的数据,即中间型指标。

最小-最大规范化方法是对原始数据进行线性变换。设 X_{max} 和 X_{min} 分别为 X 的最大值和最小值,将 X 的一个原始值通过最小-最大标准化映射成在区间 [0,1] 中的值 x',其公式为

$$新数据 = (原数据-极小值)/(极大值-极小值)$$

2）Z-score 规范化

这种方法基于原始数据的均值(mean)和标准差(standard deviation)进行数据的标准化。将 X 的原始值使用 Z-score 标准化到 x'。Z-score 标准化方法适用于属性 X 的最大值和最小值未知的情况,或有超出取值范围的离群数据的情况。

$$新数据 = (原数据-均值)/标准差$$

3）小数定标规范化(decimal scaling)

这种方法通过移动数据的小数点位置来进行标准化。小数点移动多少位取决于属性 X 的取值中的最大绝对值。将属性 X 的原始值使用小数定标标准化到的计算方法为

$$新数据 = 原数据/10*j$$

其中,j是满足条件的最小整数。例如:假设的值由-986到917,X的最大绝对值为986,为使用小数定标标准化,我们用$1000(j=3)$除以每个值,这样-986被规范化为-0.986。需要注意的是,标准化会对原始数据做出改变,因此需要保存所使用的标准化方法的参数,以便对后续的数据进行统一的标准化。

除了上述提到的数据进行统一的标准化外,还有对数Logistic模式、模糊量化模式等。

5. 数据归约

数据经过去噪处理后,需根据相关要求对数据的属性进行相应处理。数据规约就是在减少数据存储空间的同时尽可能保证数据的完整性,获得比原始数据小得多的数据,并将数据以合乎要求的方式表示。例如,利用数据仓库的降维技术将小颗粒数据整合成大颗粒数据,方便数据的使用,节省存储空间。

13.3 问题主要的建模思路

本问题以军事信息资源面临的数据量丰富但是数据使用效率不高的问题为问题导向,以数据挖掘理论和技术、数据仓库理论为理论基础,在进行理论和技术研究的基础上,研究数据挖掘在军事信息资源中人员和装备管理的应用问题。通过数据预处理确定研究数据的数量和质量,通过数据分析,明确数据挖掘方法在不同方向上的应用,最后将所得结论与人员和装备管理实际相结合,为决策者提供辅助决策方案和方法,主要的技术路线如图13.2所示。

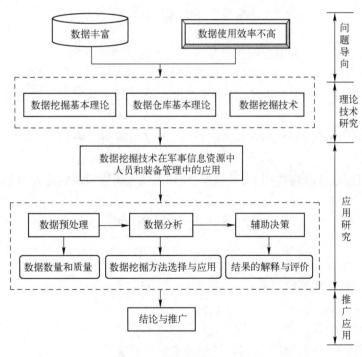

图13.2 问题的技术路线图

1. 数据的数量和质量

目前,军事信息资源面临的普遍问题是数据量丰富但是数据使用效率不高的问题:一方面,数据的准确性和可靠性也是一切建模分析的关键,要依据相关性、可靠性和最新性等原则进行;另一方面,如何从众多的资料中挑选有用的部分进行分析,需要运用数据筛洗的相关方法进行处理。因此,保证数据资源一定的数量和质量是数据挖掘的基础和前提。

2. 数据挖掘方法的选择与应用

数据挖掘常用的算法包括:统计分析、关联规则、聚类分析、决策树、神经网络、遗传算法、模糊集等,每种方法都有所侧重,在数据分析时不同的方法适用于不同的方法,应全面了解每种方法的基本原理与优劣之处,选择与要解决问题类型相匹配的数据挖掘方法。另外,数据挖掘模型是数据挖掘算法的实际应用,在军事信息资源中进行挖掘必须针对该类数据的特点及特定的挖掘目标,选择合适的数据挖掘算法。

3. 结果的解释与评价

数据挖掘的结果是不确定的,这需要对目标问题从多个侧面进行分析和描述,在此基础上,需要结合专业知识才能对其做出合理的解释,以提供科学合理的辅助决策支持信息。评价模型的合理性关系到所使用的数据分析方法是否反映数据的真实意义和实用价值,一方面可以使用已知规律性的数据来进行检验;另一方面也可以在实际的运行环境中取出新鲜数据进行检验。

13.4 问题假设

假设1:附件中样本数据能够反映被研究对象的真实性。

假设2:附件中所给的样本可以反映我军人员装备管理的整体情况。

假设3:附件中未列出的人员、装备相关因素指标对人员装备管理的硬性不大,可以被忽略。

假设4:仓库储备量变化周期长,附件中所提供的时间段内,仓库装备并未出现大规模的补给与更替。

假设5:忽略仓库维修费用、人员管理、地理环境等因素对装备库存量的影响。

13.5 符号说明

d_j——各个部队所处位置距离中心位置的距离;

Y——影响装备状态的因素;

X——装备的状态;

R——因素与装备状态的相关系数;

η_{ij}——装备各种状态的数量占该区域装备总数的比率;

Q——库存合理性指数。

13.6 模型的建立与求解

13.6.1 数据预处理

1. 数据预处理的重要性

数据预处理作为数据挖掘的一个重要过程,它为数据挖掘过程提供质量保障数据。因为数据库很大,不可避免地存在噪声数据、冗余数据、缺失数据、不确定数据和不一致数据等诸多情况。通过预处理工作,可以使残缺的数据完整,将错误的数据纠正,将多余的数据去除,将所需的数据挑选出来并且进行数据集成,从而提高数据质量,进而提高挖掘结果的质量。

2. 异常数据处理

1) 装备数量异常情况

针对物资数量,不可能出现可用量大于现有量的情况。而已知的数据出现了装备可用数大于装备现有数的情况,此时举例如图 13.3 所示,此类错误显而易见。将异常数据进行剔除。

序号	装备层次码(ZBXH)	部队层次码(BDXH)	天文时间(TWSJ)	编制数(BZS)	现有数(XYS)	可用数(KYS)	拟增加数(NZJS)
6	001001005001	400009	2010-9-30	0.0000	0.0000	7.0000	0.0000
7	001001005001	400009	2011-9-30	0.0000	0.0000	7.0000	0.0000
8	001001005001	400009	2012-9-15	0.0000	0.0000	7.0000	0.0000
9	001001005001	400009	2013-9-30	0.0000	0.0000	7.0000	0.0000
10	001001005001	400009	2014-9-30	0.0000	0.0000	7.0000	0.0000
11	001001007003002	400009	2010-9-30	0.0000	0.0000	2.0000	0.0000
12	001001007003002	400009	2011-9-30	0.0000	0.0000	2.0000	0.0000
13	001001007003002	400009	2012-9-15	0.0000	0.0000	2.0000	0.0000
14	001001007003002	400009	2013-9-30	0.0000	0.0000	2.0000	0.0000
15	001001007003002	400009	2014-9-30	0.0000	0.0000	2.0000	0.0000
221	001001001002	400111	2010-9-30	0.0000	0.0000	6.0000	0.0000
222	001001001002	400111	2011-9-30	0.0000	0.0000	6.0000	0.0000

图 13.3 异常数据的举例说明

2) 部队地理位置异常情况

对于各部队经纬度的相关数据,我们据此将部队按照区域分类。而这些坐标难免会出现不合群的点,即离群点或异常点。离群点的存在,会使模型求解偏离真实情况,所以需要对离群点进行检测和剔除。

这里采用基于距离的方法对经纬度坐标进行离群点检测。这种方法根据每个样本到样本均值的距离来判定异常,离样本均值超过两个标准差的值即为潜在离群点,本节中样本为各经纬度坐标点。离群点检测模型建立和求解过程如下:

假设样本 $x_1, x_2, \cdots, x_n$ 来自协方差矩阵为 $\boldsymbol{\Sigma}$ 的分布,样本 x_j 到样本均值 $\bar{x}$ 的 Mahalanobis 距离定义为

$$d_j = \sqrt{(x_j - \bar{x}) \boldsymbol{\Sigma}^{-1} (x_j - \bar{x})}$$

通常情况下,$\boldsymbol{\Sigma}$ 未知,常用样本估计值 $\hat{\boldsymbol{\Sigma}}$ 代替

$$\hat{\boldsymbol{\Sigma}} = \frac{1}{n} \sum_{i=1}^{n} (x_i - \bar{x})(x_i - \bar{x})^{\mathrm{T}}$$

下面利用 SPSS 软件对经纬度进行基于距离的离群点检测,如图 13.4 所示。

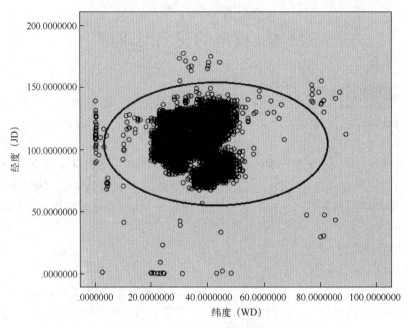

图 13.4　经纬度基于距离的离群点检测

图 13.4 中椭圆以外的点即为离群点或异常点,虽然这些点的横、纵坐标值都分别在适当的范围内,但两个坐标值的相关性偏离了其他数据总体。在具体问题求解时,这些离群点或异常值是需要剔除的。

3. 数据标准化处理

现将装备满编率纳入影响装备的状态的影响因素的范围中,满编率为现有数与编制数之比。那么,当编制数为 0,现有数大于 0 时,满编率的计算就存在问题。如果用分母为零求极限的方式 $\lim\limits_{x \to 0} \dfrac{y}{x} = \infty$ 进行求解,分析结果会出现很大的偏差。考虑到装备编制数与现有数代表的意思就是装备数量,数量小于 1 与数量为 0 意义无异。因此,在数据分析计算的时候,将编制数 0 变为 0.9,其实际意义并未改变,而计算的结果更加趋于合理。

13.6.2　装备区域及类别的划分

1. 根据经纬度,高程划分区域

部队作为一个作战群体,一个大单位下的小单位一般情况下隶属于同一区域(实际中小远散单位也存在一定偏差),这样方便部队管理。因此,结合经纬度、高程和部队大单位分布情况,分别绘制各单位经度分布图、纬度分布图和高程分布图,如图 13.5 所示。

先以经度划分,可分为 8 个区域,但是通过观察维度看出,在这个区域下,一些区域还可以划分为更小的区域,所以最终将部队分为 12 个区域,具体如表 13.1 所列。

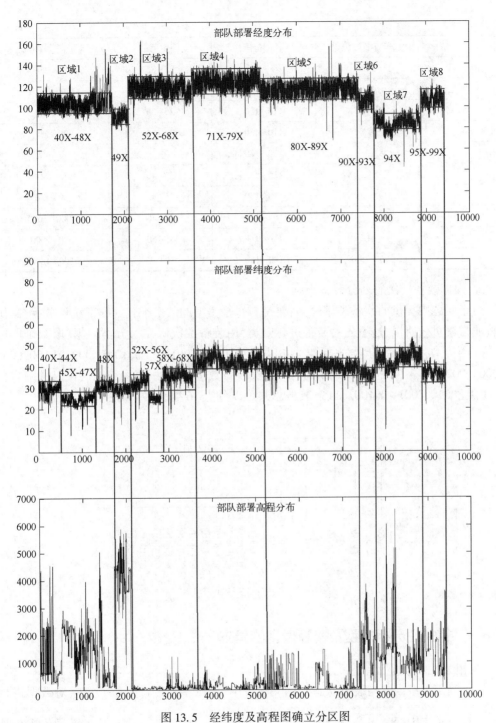

图 13.5 经纬度及高程图确立分区图

表 13.1 部队分区具体情况表

区 域	大单位名称编码	经度范围	纬度范围	高程范围/m
1	40X~44X	95~115	25~35	600~2500
2	45X~47X	95~115	20~30	600~2500

(续)

区 域	大单位名称编码	经度范围	纬度范围	高程范围/m
3	48X	95~115	25~35	600~2500
4	49X	85~105	25~35	3700~5200
5	52X~56X	110~130	25~35	20~100
6	57X	110~130	20~25	20~130
7	58X~68X	110~130	30~40	10~400
8	70X~79X	115~135	35~45	100~500
9	80X~89X	110~130	35~43	80~120
10	90X~93X	100~120	33~40	1000~3000
11	94X	80~100	35~50	600~2000
12	95X~99X	100~120	30~40	500~1800

2. 根据装备层次码划分装备类别

由于问题中提供的装备类型较多,要是对每个类型的装备配置情况都统计分析,工作量将非常繁重。所以,这里先对装备进行归类,用装备层次码作为分类依据,取两个层次(6位码字)作为装备分类的标准,可以分为 6 类(001001、001005、002001、002003、002004、002005)。但对于001001代码的这类装备数量过多,所以用第三层代码进一步分为 11 类(001001001~001001011),装备总共可以分为 16 类,具体如图 13.6 所示。

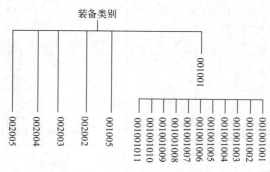

图 13.6 装备分类具体情况图

13.6.3 相关性分析模型及检验模型的建立

1. 相关性分析模型

为了确定各个因素与装备状态的相关联程度,运用多元统计分析的方法对数据进行处理。首先求出因变量 Y 与自变量 X 的均值,$\overline{X} = \frac{1}{n}\sum_{i=1}^{n} X_i$,$\overline{Y} = \frac{1}{n}\sum_{i=1}^{n} Y_i$,而后代入相关系数求解公式 $R = \dfrac{\sum_{i=1}^{n}(X_i - \overline{X})(Y_i - \overline{Y})}{\sqrt{\sum_{i=1}^{n}(X_i - \overline{X})^2 \sum_{i=1}^{n}(Y_i - \overline{Y})^2}}$,计算出样本的相关系数。相关系数的

绝对值越接近1,那么相关程度就越大。

2. 相关系数检验模型

(1) 提出假设：$H_0:\rho=0;H_1:\rho\neq0$

(2) 确定拒绝域：计算检验的统计量为 $t=|r|\sqrt{\dfrac{n-2}{1-r^2}}$，$n$ 是样本观测量数，$n-2$ 是自由度；r 为总体的相关系数。该统计量服从 $t\sim t(n-2)$，当 $t\geq t_{0.05}(n-2)$ 时，即 $p\leq 0.05$，拒绝原假设。

(3) 计算 $t=|r|\sqrt{\dfrac{n-2}{1-r^2}}$ 的值，因为在本题中，我们不能确定数据总体的相关系数，但是由于样本的数据量较大，有一定的代表性，我们将样本的相关性系数 R 作为总体的相关系数进行求解。

根据问题1的分析，我们从装备所在的区域、类别、装备发放时间、装备的满编率4个方面分析装备的状态与各因素间的联系。

13.6.4 装备状态与区域的相关性模型及求解

在数据的预处理中，我们筛选出了异常数据。通过整理数据，得到各类装备在不同的区域中，它的各种状态的数量占该区域装备总数的比率，有

$$\eta_{ij}=\dfrac{x_{ij}}{y_i}\quad (i=1,2,\cdots,12,j=1,2,3,4)$$

式中：x_{ij} 为某种装备在第 i 区域，处于 j 状态的装备的数量；y_j 表示某种装备所有区域处于 j 状态的装备的数量。求出16种装备的每一种状态的比率 η_{ij}，得到结果如表13.2所列。

表13.2 各类装备的不同状态在各个区域的数量和比率

装备类别	区域	状况				总量	比例				大单位
		1	2	3	4		1	2	3	4	
001001001	1	4394	69069	775	534	74772	0.05877	0.92373	0.01036	0.00714	40X~44X
	2	715	78472	372	558	80117	0.00892	0.97947	0.00464	0.00696	45X~47X
	3	1721	1387	0	0	3108	0.55373	0.44627	0	0	48X
	4	987	33335	406	594	35322	0.02794	0.94375	0.01149	0.01682	49X
	5	5483	84013	0	0	89496	0.06127	0.93873	0	0	52X~56X
	6	135	58516	0	0	58651	0.0023	0.9977	0	0	57X
	7	16	1531	0	1110	2657	0.00602	0.57621	0	0.41776	58X~68X
	8	5158	237406	441	21	243026	0.02122	0.97687	0.00181	8.6E-05	71X~79X
	9	1291	40479	21	966	42757	0.03019	0.94672	0.00049	0.02259	80X~89X
	10	4417	7665	0	0	12082	0.36559	0.63441	0	0	90X~93X
	11	11950	135074	29	0	147053	0.08126	0.91854	0.0002	0	94X
	12	12757	108896	0	1744	123397	0.10338	0.88248	0	0.01413	95X~99X

（续）

装备类别	区域	状况				总量	比例				大单位
		1	2	3	4		1	2	3	4	
001001002	1	0	517	0	0	517	0	1	0	0	40X~44X
	2	0	537	0	38	575	0	0.93391	0	0.06609	45X~47X
	3	0	0	0	0	0	0	0	0	0	48X
	4	0	116	0	0	116	0	1	0	0	49X
	5	0	0	0	0	0	0	0	0	0	52X~56X
	6	0	428	0	0	428	0	1	0	0	57X
	7	0	0	0	0	0	0	0	0	0	58X~68X
	8	0	341	0	0	341	0	1	0	0	71X~79X
	9	0	891	0	0	891	0	1	0	0	80X~89X
	10	0	0	0	0	0	0	0	0	0	90X~93X
	11	0	346	0	0	346	0	1	0	0	94X
	12	0	1318	0	0	1318	0	1	0	0	95X~99X
001001003	1	0	602	0	0	602	0	1	0	0	40X~44X
	2	0	0	0	0	0	0	0	0	0	45X~47X
	3	0	0	0	0	0	0	0	0	0	48X
	4	0	0	0	0	0	0	0	0	0	49X
	5	0	0	0	0	0	0	0	0	0	52X~56X
	6	0	1480	0	0	1480	0	1	0	0	57X
	7	0	402	0	0	402	0	1	0	0	58X~68X
	8	0	1586	0	0	1586	0	1	0	0	71X~79X
	9	0	0	0	0	0	0	0	0	0	80X~89X
	10	0	0	0	0	0	0	0	0	0	90X~93X
	11	0	0	0	0	0	0	0	0	0	94X
	12	75	527	0	0	602	0.12458	0.87542	0	0	95X~99X
001001004	1	0	52	0	17	69	0	0.75362	0	0.24638	40X~44X
	2	1253	15219	400	12	16884	0.07421	0.90139	0.02369	0.00071	45X~47X
	3	0	0	0	0	0	0	0	0	0	48X
	4	0	204	0	0	204	0	1	0	0	49X
	5	0	82	44	100	226	0	0.36283	0.19469	0.44248	52X~56X
	6	0	0	0	0	0	0	0	0	0	57X
	7	0	5004	0	289	5293	0	0.9454	0	0.0546	58X~68X
	8	0	11999	0	394	12393	0	0.96821	0	0.03179	71X~79X
	9	18	113231	19	0	113268	0.00016	0.99967	0.00017	0	80X~89X
	10	0	0	0	0	0	0	0	0	0	90X~93X
	11	0	12961	0	0	12961	0	1	0	0	94X
	12	3010	19247	0	79	22336	0.13476	0.8617	0	0.00354	95X~99X

(续)

装备类别	区域	状况				总量	比例				大单位
		1	2	3	4		1	2	3	4	
001001005	1	0	1477	0	0	1477	0	1	0	0	40X~44X
	2	0	2297	0	0	2297	0	1	0	0	45X~47X
	3	300	181	0	0	481	0.6237	0.3763	0	0	48X
	4	0	2279	32	563	2874	0	0.79297	0.01113	0.19589	49X
	5	55	1158	0	0	1213	0.04534	0.95466	0	0	52X~56X
	6	0	875	0	0	875	0	1	0	0	57X
	7	54	3609	0	0	3663	0.01474	0.98526	0	0	58X~68X
	8	0	3471	0	0	3471	0	1	0	0	71X~79X
	9	69	30117	0	0	30186	0.00229	0.99771	0	0	80X~89X
	10	0	174	0	0	174	0	1	0	0	90X~93X
	11	166	4281	0	0	4447	0.03733	0.96267	0	0	94X
	12	406	5630	0	0	6036	0.06726	0.93274	0	0	95X~99X
001001006	1	0	736	0	17	753	0	0.97742	0	0.02258	40X~44X
	2	0	244	0	0	244	0	1	0	0	45X~47X
	3	13	14	0	0	27	0.48148	0.51852	0	0	48X
	4	0	287	24	0	311	0	0.92283	0.07717	0	49X
	5	0	398	0	0	398	0	1	0	0	52X~56X
	6	0	1102	0	0	1102	0	1	0	0	57X
	7	40	2164	0	0	2204	0.01815	0.98185	0	0	58X~68X
	8	0	1837	0	0	1837	0	1	0	0	71X~79X
	9	104	2362	13	0	2479	0.04195	0.9528	0.00524	0	80X~89X
	10	0	0	0	0	0	0	0	0	0	90X~93X
	11	241	1196	0	0	1437	0.16771	0.83229	0	0	94X
	12	0	1063	0	0	1063	0	1	0	0	95X~99X
001001007	1	11794	111422	786	223	124225	0.09494	0.89694	0.00633	0.0018	40X~44X
	2	16789	48355	1531	0	66675	0.2518	0.72523	0.02296	0	45X~47X
	3	4000	3817	0	0	7817	0.51171	0.48829	0	0	48X
	4	1467	2370	122	286	4245	0.34558	0.5583	0.02874	0.06737	49X
	5	14984	117890	18	0	132892	0.11275	0.88711	0.00014	0	52X~56X
	6	0	0	0	0	0	0	0	0	0	57X
	7	0	131535	14	0	131549	0	0.99989	0.00011	0	58X~68X
	8	4556	385566	172	2285	392579	0.01161	0.98214	0.00044	0.00582	71X~79X
	9	31952	542588	237	387	575164	0.05555	0.94336	0.00041	0.00067	80X~89X
	10	3613	34549	0	0	38162	0.09468	0.90532	0	0	90X~93X
	11	16533	0	0	0	16533	1	0	0	0	94X
	12	104051	156988	18	2812	263869	0.39433	0.59495	6.8E-05	0.01066	95X~99X

(续)

装备类别	区域	状况				总量	比例				大单位
		1	2	3	4		1	2	3	4	
001001008	1	258	5250	68	30	5606	0.04602	0.9365	0.01213	0.00535	40X~44X
	2	587	298	52	100	1037	0.56606	0.28737	0.05014	0.09643	45X~47X
	3	509	234	0	0	743	0.68506	0.31494	0	0	48X
	4	39	20	10889	47	10995	0.00355	0.00182	0.99036	0.00427	49X
	5	188	9010	39	11	9248	0.02033	0.97426	0.00422	0.00119	52X~56X
	6	0	6606	0	0	6606	0	1	0	0	57X
	7	46	21827	61	316	22250	0.00207	0.98099	0.00274	0.0142	58X~68X
	8	687	27448	35	20	28190	0.02437	0.97368	0.00124	0.00071	71X~79X
	9	2064	39572	53	253	41942	0.04921	0.94349	0.00126	0.00603	80X~89X
	10	20	1205	0	0	1225	0.01633	0.98367	0	0	90X~93X
	11	878	18965	0	0	19843	0.04425	0.95575	0	0	94X
	12	1504	13855	0	0	15359	0.09792	0.90208	0	0	95X~99X
001001009	1	17	5875	12	106	6010	0.00283	0.97754	0.002	0.01764	40X~44X
	2	0	8670	104	0	8774	0	0.98815	0.01185	0	45X~47X
	3	0	347	64	0	411	0	0.84428	0.15572	0	48X
	4	978	372	0	0	1350	0.72444	0.27556	0	0	49X
	5	5803	11	95	0	5909	0.98206	0.00186	0.01608	0	52X~56X
	6	208	17069	0	17	17294	0.01203	0.98699	0	0.00098	57X
	7	18	8071	0	0	8089	0.00223	0.99777	0	0	58X~68X
	8	74	35043	60	24	35201	0.0021	0.99551	0.0017	0.00068	71X~79X
	9	426	27653	54	77	28210	0.0151	0.98026	0.00191	0.00273	80X~89X
	10	21	1008	0	0	1029	0.02041	0.97959	0	0	90X~93X
	11	126	16818	55	13	17012	0.00741	0.9886	0.00323	0.00076	94X
	12	106	13012	45	0	13163	0.00805	0.98853	0.00342	0	95X~99X
001001010	1	0	2929	0	0	2929	0	1	0	0	40X~44X
	2	0	1005	0	0	1005	0	1	0	0	45X~47X
	3	0	0	0	0	0	0	0	0	0	48X
	4	0	2208	0	0	2208	0	1	0	0	49X
	5	0	1094	0	85	1179	0	0.92791	0	0.07209	52X~56X
	6	0	6272	0	0	6272	0	1	0	0	57X
	7	0	1446	2470	0	3916	0	0.36925	0.63075	0	58X~68X
	8	0	3305	0	0	3305	0	1	0	0	71X~79X
	9	22	6530	0	0	6552	0.00336	0.99664	0	0	80X~89X
	10	0	0	0	0	0	0	0	0	0	90X~93X
	11	0	3707	15	0	3722	0	0.99597	0.00403	0	94X
	12	0	7677	0	0	7677	0	1	0	0	95X~99X

(续)

装备类别	区域	状况				总量	比例				大单位
		1	2	3	4		1	2	3	4	
001001011	1	39	0	0	0	39	1	0	0	0	40X~44X
	2	0	0	0	0	0	0	0	0	0	45X~47X
	3	0	0	0	0	0	0	0	0	0	48X
	4	0	0	0	0	0	0	0	0	0	49X
	5	0	155	0	0	155	0	1	0	0	52X~56X
	6	0	642	0	0	642	0	1	0	0	57X
	7	0	0	0	0	0	0	0	0	0	58X~68X
	8	0	966	0	0	966	0	1	0	0	71X~79X
	9	0	540	0	0	540	0	1	0	0	80X~89X
	10	0	0	0	0	0	0	0	0	0	90X~93X
	11	65	526	0	0	591	0.10998	0.89002	0	0	94X
	12	67	722	0	0	789	0.08492	0.91508	0	0	95X~99X
001005	1	0	4456	17	0	4473	0	0.9962	0.0038	0	40X~44X
	2	235	10654	77	56	11022	0.02132	0.96661	0.00699	0.00508	45X~47X
	3	98	971	13		1082	0.09057	0.89741	0.01201	0	48X
	4	185	5896	87	113	6281	0.02945	0.9387	0.01385	0.01799	49X
	5	75	8565	0	0	8640	0.00868	0.99132	0	0	52X~56X
	6	0	4912	0	0	4912	0	1	0	0	57X
	7	148	19711	722	0	20581	0.00719	0.95773	0.03508	0	58X~68X
	8	0	4754	110	0	4864	0	0.97738	0.02262	0	71X~79X
	9	335	21538	52	88	22013	0.01522	0.97842	0.00236	0.004	80X~89X
	10	0	0	0	0	0	0	0	0	0	90X~93X
	11	615	8995	22	171	9803	0.06274	0.91758	0.00224	0.01744	94X
	12	0	2716	132	122	2970	0	0.91448	0.04444	0.04108	95X~99X
002001	1	0	2152	0	0	2152	0	1	0	0	40X~44X
	2	0	1993	0	0	1993	0	1	0	0	45X~47X
	3	0	0	0	0	0	0	0	0	0	48X
	4	0	383	0	0	383	0	1	0	0	49X
	5	34	4394	0	0	4428	0.00768	0.99232	0	0	52X~56X
	6	188	2349	35	0	2572	0.07309	0.9133	0.01361	0	57X
	7	188	6986	13	0	7187	0.02616	0.97203	0.00181	0	58X~68X
	8	355	8338	60	38	8791	0.04038	0.94847	0.00683	0.00432	71X~79X
	9	13	10334	162	13	10522	0.00124	0.98213	0.0154	0.00124	80X~89X
	10	0	0	0	0	0	0	0	0	0	90X~93X
	11	0	2273	21	0	2294	0	0.99085	0.00915	0	94X
	12	476	3910	0	621	5007	0.09507	0.78091	0	0.12403	95X~99X

(续)

装备类别	区域	状况				总量	比例				大单位
		1	2	3	4		1	2	3	4	
002003	1	119	1352	0	0	1471	0.0809	0.9191	0	0	40X~44X
	2	0	1300	0	0	1300	0	1	0	0	45X~47X
	3	0	0	0	0	0	0	0	0	0	48X
	4	0	1348	12	0	1360	0	0.99118	0.00882	0	49X
	5	242	7611	0	0	7853	0.03082	0.96918	0	0	52X~56X
	6	97	1434	0	41	1572	0.0617	0.91221	0	0.02608	57X
	7	29	10086	0	0	10115	0.00287	0.99713	0	0	58X~68X
	8	331	11497	17	0	11845	0.02794	0.97062	0.00144	0	71X~79X
	9	740	12923	285	33	13981	0.05293	0.92433	0.02038	0.00236	80X~89X
	10	0	21	0	0	21	0	1	0	0	90X~93X
	11	83	4467	3	0	4553	0.01823	0.98111	0.00066	0	94X
	12	501	3303	0	160	3964	0.12639	0.83325	0	0.04036	95X~99X
002004	1	59	238	0	18	315	0.1873	0.75556	0	0.05714	40X~44X
	2	0	231	0	0	231	0	1	0	0	45X~47X
	3	0	0	0	0	0	0	0	0	0	48X
	4	0	108	28	0	136	0	0.79412	0.20588	0	49X
	5	21	1499	41	13	1574	0.01334	0.95235	0.02605	0.00826	52X~56X
	6	0	559	0	12	571	0	0.97898	0	0.02102	57X
	7	0	1909	0		1909	0	1	0	0	58X~68X
	8	53	1986	0	0	2039	0.02599	0.97401	0	0	71X~79X
	9	61	2923	32	41	3057	0.01995	0.95617	0.01047	0.01341	80X~89X
	10	0	78	0	0	78	0	1	0	0	90X~93X
	11	112	957	3	0	1072	0.10448	0.89272	0.0028	0	94X
	12	142	954	37	43	1176	0.12075	0.81122	0.03146	0.03656	95X~99X
002005	1	82	213	0	65	360	0.22778	0.59167	0	0.18056	40X~44X
	2	73	138	0	0	211	0.34597	0.65403	0	0	45X~47X
	3	0	0	0	0	0	0	0	0	0	48X
	4	0	127	0	0	127	0	1	0	0	49X
	5	0	1590	0	50	1640	0	0.96951	0	0.03049	52X~56X
	6	0	335	0	0	335	0	1	0	0	57X
	7	0	1745	0	0	1745	0	1	0	0	58X~68X
	8	0	1740	17	0	1757	0	0.99032	0.00968	0	71X~79X
	9	61	1759	0	0	1820	0.03352	0.96648	0	0	80X~89X
	10	0	59	0	0	59	0	1	0	0	90X~93X
	11	13	759	0		772	0.01684	0.98316	0	0	94X
	12	127	534	0	180	841	0.15101	0.63496	0	0.21403	95X~99X

由表 13.2 可以直接看出，每类装备在不同区域的总数、该装备的各个状态的数量以及各个状态占该区域内装备总数的比率。由于装备种类较多，在不影响结果的前提下，我们选取型号为 001001001 的装备为典型进行分析，其在不同区域下各个状况的数量以及比率如表 13.3 所列。

表 13.3　型号为 001001001 的装备在不同区域内各个状况的数量和比率

区域	装备状况				比例			
	1	2	3	4	1	2	3	4
1	4394	69069	755	534	0.05877	0.92373	0.0136	0.00741
2	715	78472	372	558	0.00892	0.97947	0.00464	0.00696
3	1721	1387	0	0	0.55373	0.44627	0	0
4	987	33335	406	594	0.02794	0.94375	0.01149	0.01682
5	5488	84013	0	0	0.06127	0.93873	0	0
6	135	58516	0	0	0.0023	0.9977	0	0
7	16	1531	0	1110	0.00602	0.57621	0	0.41776
8	5158	237406	441	21	0.02122	0.97687	0.00181	0.00043
9	1291	40479	21	966	0.03019	0.94672	0.00049	0.02259
10	4417	7665	0	0	0.36559	0.63441	0	0
11	11950	135074	29	0	0.08126	0.91854	0.0002	0
12	12757	108896	0	1744	0.10338	0.88248	0	0.01413

仅仅分析表 13.3 中的数据是定量的。为了更加直观地找出规律，依据表 13.3 的数据，作出 001001001 装备各状态与区域的关系图，如图 13.7 所示。

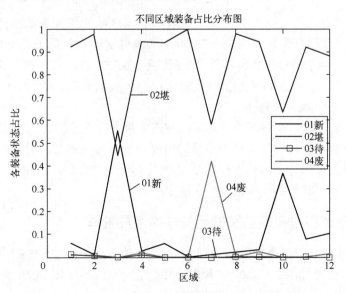

图 13.7　001001001 装备各状态的比率与区域的关系图

结合表 13.3 与图 13.7 分析发现,001001001 装备的 01、02 状态与区域有较大的相关性,04 状态与区域相关性较小,区域对 03 状态的影响较为稳定。

为了能进一步得出 001001001 装备各个状态的比率与区域的相关程度,借助 SPSS 的回归分析求解出 001001001 装备各状态的比率与区域的相关系数,如图 13.8 所示。

相关性

		@1新	@2堪	@3待	@4废
@1新	Pearson相关性	1	−.781**	−.255	−.214
	显著性（双侧）		.003	.423	.505
	平方与叉积的和	.322	−.272	−.002	−.048
	协方差	.029	−.025	−.000	−.004
	N	12	12	12	12
@2堪	Pearson相关性	−.781**	1	.313	−.443
	显著性（双侧）	.003		.322	.149
	平方与叉积的和	−.272	.376	.003	−.107
	协方差	−.025	.034	.000	−.010
	N	12	12	12	12
@3待	Pearson相关性	−.255	.313	1	−.153
	显著性（双侧）	.423	.322		.634
	平方与叉积的和	−.002	.003	.000	−.001
	协方差	.000	.000	.000	.000
	N	12	12	12	12
@4废	Pearson相关性	−.214	−.443	−.153	1
	显著性（双侧）	.505	.149	.634	
	平方与叉积的和	−.048	−.107	−.001	.156
	协方差	−.004	−.010	.000	.014
	N	12	12	12	12

**. 在.01 水平（双侧）上显著相关。

图 13.8　001001001 装备各状态的比率与区域的相关系数

分析图 13.8 显示出了 001001001 装备各状态与区域的相关系数。但这些相关系数是相对的,因为区域与 03 状态的相关性较小,所以针对第三行的数据分析,求出区域对 01、02、04 状态的装备的相对相关系数,发现区域与 01、04 状态均存在负相关性。区域与 02 状态相关系数为 0.313,两者相关程度较大;与 01 状态关联系数为−0.255;与 04 状态的关联程度较小,关联系数为−0.153。

通过分析表 13.3 以及各类装备的区域与装备状态相关系数表,发现不同区域内的装备状态有较大的差异,我们认为这种情况的出现与各个区域的装备管理和维护制度有较大关系,若装备的使用有严格的管理制度,并且定时维修,那么处于 02 状态的装备数量将会增多,处于 03、04 状态的装备数量便会减少。

13.6.5　装备状态与装备类别的相关性模型及求解

分析装备状态与装备类别的相关程度,仍是依据表 2。通过 SPSS 软件,对相同区域下,不同类别的装备与各个状态的比率进行相关性分析。下面以区域 1 为例,得到区域 1 的不同类别的装备与装备状态比率,如表 13.4 所列。

表 13.4　区域 1 的不同类别的装备与装备状态比率表

区域	装备类别	各状况装备占比			
		1	2	3	4
1 区	001001001	0.058765	0.923728	0.010365	0.007142
	001001002	0	1	0	0
	001001003	0	1	0	0
	001001004	0	0.753623	0	0.246377
	001001005	0	1	0	0
	001001006	0	0.977424	0	0.022576
	001001007	0.093951	0.897621	0.006285	0.001783
	001001008	0.04322	0.938303	0.010925	0.007551
	001001009	0.002829	0.977537	0.001997	0.017637
	001001010	0	1	0	0
	001001011	0	1	0	0
	001005	0	0.996199	0.003801	0
	002001	0	1	0	0
	002003	0.080897	0.919103	0	0
	002004	0.187302	0.755556	0	0.057143
	002005	0.227778	0.591667	0	0.180556

表 13.4 给出了在区域 1 的不同类别的装备各个状态的占比，但是不能直观地看出装备类别与装备状态的关系，因此为了给出一个简洁直观的印象，做出装备各状态比率与不同类别的装备的折线图，如图 13.9 所示。

分析表中数据，结合折线图，发现装备类别对处于 03 状态的装备影响较小，即相关性较小，与其余 3 种状态有较大相关性。

通过 SPSS 进行不同类别的装备与各个状态的比率相关性的分析计算，得出结果如图 13.10 所示。

对图 13.10 进行数据分析，区域 1 的装备类别与 03 状态的关联系数为 1，类别与 01 状态的关联系数为 -0.056，说明关联程度小；与 02 状态的关联系数小，为 0.071；与 04 状态的关联系数为 -0.224。

从总体来看，在各个区域内装备类别与装备状态依旧有着较为明显的关联。结合中国部队实际情况，不同区域的部队每年有着不同的军事任务，而且各个区域军兵种的数量也会有差异，这就会导致不同军兵种使用的装备类别有较大的不同，使用次数多的装备维修次数就会增多，毁坏率也会随之上升。

13.6.6　装备状态与装备满编率相关性模型及求解

我们继续对 001001001 装备进行分析。对问题中的数据进行处理，得到

001001001装备在每一区域的现有数、编制数、满编率以及各类状态的比率,如表13.5所列。

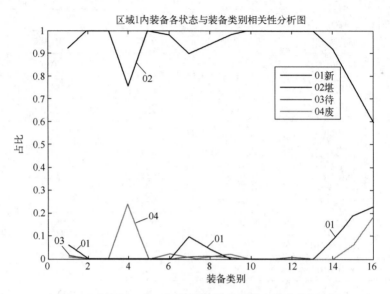

图13.9 区域1的不同类别的装备与装备状态分析图

相关性

		@1新	@2堪	@3待	@4废
@1新	Pearson相关性	1	-.831**	.056	.374
	显著性（双侧）		.000	.837	.153
	平方与叉积的和	.077	-.107	.000	.029
	协方差	.005	-.007	.000	.002
	N	16	16	16	16
@2堪	Pearson相关性	-.831**	1	.071	-.826**
	显著性（双侧）	.000		.795	.000
	平方与叉积的和	-.107	.214	.000	-.108
	协方差	-.007	.014	.000	-.007
	N	16	16	16	16
@3待	Pearson相关性	.056	.071	1	-.224
	显著性（双侧）	.837	.795		.404
	平方与叉积的和	.000	.000	.000	-.001
	协方差	.000	.000	.000	.000
	N	16	16	16	16
@4废	Pearson相关性	.374	-.826**	-.224	1
	显著性（双侧）	.153	.000	.404	
	平方与叉积的和	.029	-.108	-.001	.079
	协方差	.002	-.007	.000	.005
	N	16	16	16	16

**. 在.01水平（双侧）上显著相关。

图13.10 不同类别的装备与各个状态的比率相关性分析图

表13.5 001001001装备在区域1的现有数、编制数、满编率以及各类状态的比率

装备类别	区域	现有数	编制数	满编率	各类状态占比			
					1	2	3	4
001001001	1	91818	78679	1.167	0.0587	0.923	0.0136	0.007
	2	75811	61620	1.2303	0.0089	0.979	0.0046	0.007
	3	14978	7585	1.9746	0.5537	0.446	0	0
	4	65575	61470	1.0667	0.0279	0.943	0.0114	0.016
	5	97678	85756	1.1390	0.0612	0.938	0	0
	6	59055	56610	1.0431	0.0023	0.997	0	0
	7	229875	189418	1.2135	0.0060	0.576	0	0.417
	8	236916	185644	1.2761	0.0212	0.976	0.0018	0.001
	9	269067	185540	1.4501	0.0301	0.946	0.0004	0.022
	10	23241	19057	1.2195	0.3655	0.634	0	0
	11	139471	119010	1.1719	0.0812	0.918	0.0002	0
	12	119948	75387	1.5911	0.1033	0.882	0	0.014

通过分析表13.5,001001001装备在各个区域均超编,并且同一种状态在不同区域的比率也存在着较大差别,我们先作出各个状态比率与满编率的相关性分析图,如图13.11所示。

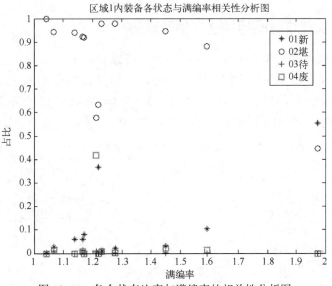

图13.11 各个状态比率与满编率的相关性分析图

观察图13.11,发现02状态对应的点波动范围较大,可以认为满编率对02状态的影响程度较大,即相关性较大;03状态趋于稳定,01、04状态波动较小,相关性较小。利用SPSS软件求出满编率与各个状态的相关系数,如图13.12所示。

对图13.12中数据分析,满编率与01状态的关联系数为1,满编率与02状态的关联系数为-0.781;与03状态的关联系数为-0.255;与04状态的关联系数为-0.214。

分析各类装备的不同状态与满编率的关系,发现满编率对装备的状态有一定的影响,装

备满编率越大,则装备数量越多,已使用的装备的占比较小,其中毁坏的装备的占比更小。

相关性

		@1新	@2堪	@3待	@4废
@1新	Pearson相关性	1	−.781**	−.255	−.214
	显著性（双侧）		.003	.423	.505
	平方与叉积的和	.322	−.272	−.002	−.048
	协方差	.029	−.025	−.000	−.004
	N	12	12	12	12
@2堪	Pearson相关性	−.781**	1	.313	−.443
	显著性（双侧）	.003		.322	.149
	平方与叉积的和	−.272	.376	.003	−.107
	协方差	−.025	.034	.000	−.010
	N	12	12	12	12
@3待	Pearson相关性	−.255	.313	1	−.153
	显著性（双侧）	.423	.322		.634
	平方与叉积的和	−.002	.003	.000	−.001
	协方差	.000	.000	.000	.000
	N	12	12	12	12
@4废	Pearson相关性	−.214	−.443	−.153	1
	显著性（双侧）	.505	.149	.634	
	平方与叉积的和	−.048	−.107	−.001	.156
	协方差	−.004	−.010	.000	.014
	N	12	12	12	12

**. 在.01水平（双侧）上显著相关。

图 13.12　满编率与各个状态的相关系数图

13.6.7　装备状态与时间相关性模型及求解

因为天文时间中的月份集中在 9 月与 10 月,所以我们不予考虑月份的差异,将时间中的年份作为自变量。为了确定时间是否影响以及如何影响装备状态,统计出不同装备类别,在各个区域的不同时间下对应的 01、02、03、04 的装备数量所占比率。下面以 001001001 装备为例,作出不同部队的装备各状态与时间的相关性分析如图 13.13 所示。

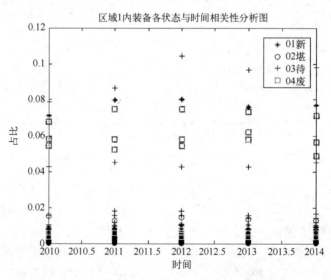

图 13.13　不同部队的装备各状态与时间的相关性图

根据数据分析,结合散点图,可以看出处于 02 状态的装备与装备总量的比率随时间的变化较为稳定。

13.6.8 装备库存管理建立与求解

对于问题(2),要求分析得到装备仓库各类装备库存数量的合理性,并提出有针对性的库存管理建议。通过分析问题中所给数据,我们发现仓库层次码与问题(1)中部队层次码是不能一一对应的,因而在处理数据时,对数据联用则会出现较大误差,为了消除此类影响,观察发现,各类型装备对应的装备层次码是通用的,因而将装备层次码作为中间层,即可将仓库与仓库负责的队部进行合理配对,分析流程如图 13.14 所示。

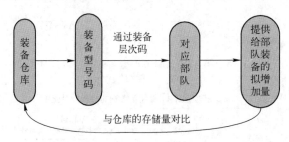

图 13.14　问题(2)分析流程 1

用此思路分析,为了简化问题进行探索式分析,以验证此方法的可行性,我们对所有仓库进行分类,选取其中的两类仓库,以型号为 001001001 的装备进行对比分析,得到结果表 13.6 所列。

表 13.6　以型号为 001001001 的装备进行对比分析结果

仓库类别	装备型号	参　数	不同时间下各类型的数量				
			2010	2011	2012	2013	2014
42X	0011001001	储备数量	1340	1725	398	3085	6674
		拟增加数	3691	3691	3691	3691	3691
48X		储备数量	3982	6432	1651	1196	2559
		拟增加数	1517	1517	1517	1517	1517

分析表 13.6 中的数据,第 42X 类仓库在 2013 年、2014 年能够满足部队拟增加的装备数量,储备数量呈上升趋势;第 48X 类仓库在 2010 年、2011 年能够满足部队拟增加的装备数量,储备数量呈下降趋势。结合表中数据,为了更加直观地反映出变化趋势,用 MATLAB 绘制出对比图,如图 13.15 和图 13.16 所示。

通过以上两个对比图发现,趋势变化有一定出入,且用此种分析办法只能较单一地简单反映出储存量与拟增加量的关系,对于提出有针对性的库存管理建议存在一定局限性。

为了分析出装备仓库各类装备库存数量的合理性,我们不考虑对装备仓库再分类,直接以仓库内的装备型号作为统一标准,找出配备此类型装备的部队所需拟增加量,与仓库内此类型装备存储量进行比较,整理所给数据得到结果如表 13.7 所列。

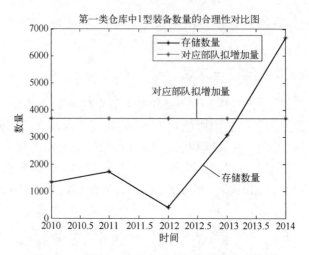

图 13.15　第 42X 仓库中 1 型装备数量合理性图

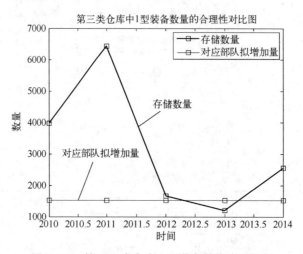

图 13.16　第 48X 仓库中 1 型装备数量合理性图

表 13.7　各类装备不同时间内仓库存量及部队拟增量

装备型号	参数	时间				
		2010	2011	2012	2013	2014
001001001	储备数量	85200	84744	84951	87930	89734
	拟增加量	224241	221563	219486	215749	207619
001001002	储备数量	266	271	263	258	287
	拟增加量	731	731	731	727	642
001001003	储备数量	264	261	274	265	308
	拟增加量	1089	1089	1089	1089	932
001001004	储备数量	12218	12707	11799	12820	12378
	拟增加量	5520	5143	5067	4807	4543

(续)

装备型号	参数	时间				
		2010	2011	2012	2013	2014
001001005	储备数量	3162	3195	3147	3170	3133
	拟增加量	1822	1818	1791	1775	1745
001001006	储备数量	652	644	663	640	669
	拟增加量	1313	1313	1313	1310	1214
001001007	储备数量	186963	186104	191170	190545	193901
	拟增加量	447777	443467	438996	432254	415873
001001008	储备数量	11978	12021	11970	11958	12188
	拟增加量	25152	25021	24970	24797	24124
001001009	储备数量	9932	10099	10113	10186	10279
	拟增加量	24077	23893	23830	23723	22871
001001010	储备数量	2351	2305	2306	2273	2368
	拟增加量	7766	7766	7767	7779	7212
001001011	储备数量	219	208	202	213	221
	拟增加量	557	557	557	548	481
001005	储备数量	6828	6912	6928	7089	7273
	拟增加量	18284	17961	17701	17188	16500
002001	储备数量	2647	2606	2655	2729	2801
	拟增加量	7467	7387	7339	7196	6797
002003	储备数量	3045	3029	3094	2997	3139
	拟增加量	1422	1362	1341	9279	8900
002004	储备数量	502	500	507	509	511
	拟增加量	1244	1241	1232	1215	1165
002005	储备数量	368	380	377	381	389
	拟增加量	1305	1300	1285	1259	1203

由表 13.7,可以直接看出仓库内各类型装备基本上储备量小于拟增加量,但其中装备型号为 001001004 和 001001005 的装备则情况相反,出现了储备量大于拟增加量的情况,如图 13.17 所示。

001001004	储备数量	12218	12707	11799	12820	12378
	拟增加量	5520	5143	5067	4807	4543
001001005	储备数量	3162	3195	3147	3170	3133
	拟增加量	1822	1818	1791	1775	1745

图 13.17 个别情况储备量大于拟增加量举例图

按照正常情况,存储量大,则说明能够保障到位,但是并不完全正确。

对于表 13.7 中给出的数据,储备量小于拟增加量,并不能说明装备仓库的不合理性。分析发现,拟增加量是以编制数与现有数为依据确定的(拟增加量 = 编制数 − 现有数)。以中国军队为例,为了方便对各部队进行装备配备保障,在进行装备配备时一般按部队编制数进行保障。但是,对于某一部队的实际情况,常常存在编制数空编,即编制数远大于实际现有数。我们以某坦克营为例,一般坦克营按建制编有坦克 25 辆,实际现有坦克 20 辆左右,这是由多方面因素决定的,包括部队担负的主要任务、部队驻地、部队日常训练实况和经济条件等多种其他因素。中国部队素来有作战部队与保障部队的区分,主要考虑中国现有的武器装备及经济实力,在装备保障时,为了达到最大实际效益,装备仓库的实际储存量小于部队拟增加量只要在一定范围内,那么库存量则认为是合理的。

为了保持库存的合理性,既不能过度积压也不能短缺。通过查阅相关资料,综合得到确定中国装备仓库存储数量是否合理的办法,其中较为常用的是库存合理性指数对应法:

$$库存合理性指数\ Q = \frac{拟增加量}{储备数量}$$

合理度范围划分如表 13.8 所列。

表 13.8 合理度范围划分情况图

级别	合理	一般合理	不合理
对应比值	0.8~1.5	1.5~3.5	>3.5 或 <0.8
情况	库存量能够满足大部分拟增加量	库存量基本满足拟增加量	库存量太多或太少

根据表 13.8 即合理度划分范围,得出各类型装备在不同年份的合理度比值,结果(深色为库存量太少,浅色为库存量太多),如表 13.9 所列。

表 13.9 各类型装备在不同年份的合理度比值表

装备型号	参数	时间				
		2010 年	2011 年	2012 年	2013 年	2014 年
001001001	比值	2.63193662	2.61449778	2.58367764	2.45364494	2.31371609
001001002	比值	2.74812030	2.69741697	2.77946768	2.81782945	2.23693379
001001003	比值	4.125	4.17241379	3.97445255	4.10943396	3.02597402
001001004	比值	0.45179243	0.40473754	0.42944317	0.37496099	0.36702213
001001005	比值	0.57621758	0.56901408	0.56911344	0.55993690	0.55697414
001001006	比值	2.01380368	2.03881987	1.98039215	2.046875	1.81464872
001001007	比值	2.39500328	2.38289880	2.29636449	2.26851399	2.14476975
001001008	比值	2.09984972	2.08144081	2.08604845	2.07367452	1.97932392
001001009	比值	2.42418445	2.36587781	2.35637298	2.32898095	2.22502188
001001010	比值	3.30327520	3.36919739	3.36816999	3.42234931	3.04560810
001001011	比值	2.54337899	2.67788461	2.75742574	2.57279953	2.17647058
001005	比值	2.67779730	2.59852430	2.55499422	2.42460149	2.26866492
002001	比值	2.82092935	2.83461243	2.76421845	2.63686332	2.42663334
002003	比值	0.46699507	0.44965335	0.43341952	3.09609609	2.83529786
002004	比值	2.47808764	2.482	2.42998027	2.38703339	2.27984344
002005	比值	3.54619565	3.42105263	3.40848806	3.30446194	3.09254498

由表 13.9 可以直接看出，整体上装备仓库的库存量还是合理的，但存在个别情况。如装备型号为 001001004 和 001001005 的库存量则明显偏大，说明库存量远大于部队需求量，这对于部队建设显然是不利的。当然，也存在装备仓库库存量明显小于部队需求量的情况，在型号为 001001003 的装备中体现明显。

13.6.9 装备损耗与需求评价模型的建立与分析

1. 装备损耗情况的分析

部队的装备就是用来使用和训练的，部队的装备使用必须以提高部队战斗力作为出发点和落脚点。部队中装备损耗情况常有发生，而装备损耗会严重影响部队战斗力的提升。通过对装备的损耗情况进行分析，及时掌握装备的动态变化，并对损坏装备及时进行报废和更新，这样才能保证部队的战斗力不会因为装备的不精良而影响战斗力的生成。因此，十分有必要对部队的装备损耗情况进行细致分析。

步骤 1 指标的选取

选取装备损耗情况的指标必然要关乎装备的状态。问题中的数据全面反映了装备的状态，因此我们选取处于待、废两种状态的装备数量占总装备数量的比例（不可用率）为衡量指标。

步骤 2 指标的层次

由于在不同时间下各类别的装备损耗情况存在差异，因此我们对每一年的各类别的装备损耗情况进行分析。通过观察问题的数据发现，2010 年前的统计数据缺失较为严重。因此，我们分析 2010—2014 年的各类别的装备损耗情况。由于所有装备的分类有 16 种，若对 16 种装备一一分析，工作量过大。因此我们取两个层次（6 位码字）作为装备分类的标准，可以分为 6 类（001001、001005、002001、002003、002004、002005）。

步骤 3 划定指标的范围

根据各类装备的不可用率的计算结果，划定不同耗损程度所对应的不可用率范围，将损耗程度划分为大、较大、正常、较小、小等 5 个层次，如表 13.10 所列。

表 13.10 不同耗损程度所对应的不可用率范围划分

耗损程度	小	较小	正常	较大	大
不可用率	0~0.01	0.01~0.02	0.02~0.03	0.03~0.04	>0.04

步骤 4 结果的计算与分析

不同年份下装备类别的不可用率的计算结果如表 13.11 所列。

表 13.11 不同年份下装备类别的不可用率

时间	装备类别	拟增量	装备总数	3.4 类数量	库存数	需求量	不可利用率	损耗度	保障程度指数
2010	1	740045	103221	4823	313205	744868	0.046724988	大	0.420484
	2	18284	24821	326	6828	18610	0.01313404	较小	0.3669
	3	7467	9157	186	2647	7653	0.020312329	正常	0.345877

(续)

时间	装备类别	拟增量	装备总数	3.4类数量	库存数	需求量	不可利用率	损耗度	保障程度指数
2010	4	9422	11549	114	3045	9536	0.009870985	小	0.319316
	5	1244	2436	51	502	1295	0.020935961	正常	0.387645
	6	1305	1949	65	368	1370	0.033350436	较大	0.268613
2011	1	732361	1034082	5102	312559	737463	0.004933845	小	0.42383
	2	17961	24833	337	6912	18298	0.013570652	较小	0.377746
	3	7387	9034	200	2606	7587	0.022138588	正常	0.343482
	4	9279	11542	112	2997	9391	0.009703691	小	0.319135
	5	1241	2434	48	500	1289	0.019720624	较小	0.387898
	6	1300	1953	63	380	1363	0.032258065	较大	0.278797
2012	1	725597	1031834	5193	316858	730790	0.005032786	小	0.433583
	2	17701	25249	524	6928	18225	0.020753297	正常	0.380137
	3	7339	9101	192	2665	7531	0.021096583	正常	0.353871
	4	9341	11591	112	3094	9453	0.009662669	小	0.327304
	5	1232	2425	56	507	1288	0.023092784	正常	0.393634
	6	1285	1938	60	377	1345	0.030959752	较大	0.280297
2013	1	714558	1034676	5136	320258	719694	0.004963873	小	0.444992
	2	17188	25108	526	7089	17714	0.020949498	正常	0.400192
	3	7196	8920	195	2729	7391	0.021860987	正常	0.369233
	4	9279	11542	112	2997	9391	0.009703691	小	0.319135
	5	1215	2434	48	509	1263	0.019720624	较小	0.403009
	6	1248	1973	64	381	1312	0.032437912	较大	0.290396
2014	1	687256	1028742	5374	325466	692630	0.005223856	小	0.469899
	2	16500	25306	563	7273	17063	0.022247688	正常	0.426244
	3	6767	9047	185	2801	6952	0.020448768	正常	0.402906
	4	8900	11549	114	3139	9014	0.009870985	小	0.348236
	5	1165	2436	51	511	1216	0.020935961	正常	0.42023
	6	1203	1968	60	389	1263	0.030487805	较大	0.307997

表 13.11 中数据具体反映了装备的变化情况,能够定量地分析出装备仓库储存情况多大程度上满足了部队需求,为了更加直观地反映出关系,做出分析如图 13.18 所示。

由图 13.18 可知,针对类别 1 装备,2010 年内不可利用率较高,到 2011 年不可利用率大幅度下降,此后一直处于较低水平。据此我们猜想,于 2010 年底该类装备进行了全面的维修或者报废,大幅度改良了该类装备的状态;针对类别 2 装备,不可利用率整体水平居中,随时间推移损耗程度缓慢增大。据此我们建议,应当随时关注该类装备的损耗情况,并适时进行报废与维修;针对类别 3 与类别 5 装备,不可利用率整体水平居中,随时间变化波动幅度很小。据此说明该类装备损耗程度正常,装备整体状态正常。针对类别 4

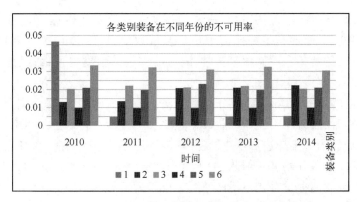

图 13.18 各类别装备在不同年份不可用率

装备,不可利用率的均值和方差均较小。据此说明该类装备损耗程度较小,装备整体状态较好。针对类别 6 装备,不可利用率的方差较小而均值较大。据此说明类别 6 装备的损耗程度长期居于较高水平,该类装备维修与更新不及时。总的来说,装备的整体状态较好,损耗程度为中等水平。

2. 需求保障情况的分析

利用上面分析装备损耗情况的方法,我们基本掌握了装备的损耗情况。在此基础上,以装备耗损情况为依据,深入研究装备储存情况在多大程度上能满足部队的保障需求。

步骤 1　指标的选取

在对问题(3)细致分析的基础上,发现问题的关键在于分析仓库中各类别装备的库存量能否满足部队的各类别装备的需求量,如果满足,比较不同类别装备的满足程度大小。其中需求量为处于待、废两种状态的装备数量与拟增加量之和,库存量为储备数量。因此,我们选定仓库中各类别装备的库存量与部队的各类别装备的需求量的比值(保障程度指数)为衡量指标。

步骤 2　指标的层次

层次划分标准与分析装备的损耗情况相同,此处不再重复叙述。

步骤 3　结果的计算与分析

通过编程可得不同年份下各装备类别的保障程度指数的计算结果。事实上,在相同年份内,6 类装备的保障程度指数相差较小;每种装备的保障程度指数在不同年份变化幅度也不大。装备保障程度指数的数值绝大部分为 30%~45%,普遍存在供应量小于需求量的现象。通过比较表中数据,我们发现库存量远大于处于待、废状态的装备数量,拟增加量明显超过库存数的 2 倍,这说明仓库中的装备储备量完全可以补充部队中装备的耗损量,但拟增加量过大导致了装备的供不应求。因此为了进一步分析原因,我们将需求量中的拟增加数作为突破口。由附件 2 知,部队装备的拟增加数等于编制数减去现有数。然而,结合中国军队的实际情况,由于经济、装备保障能力等各方面因素的影响,部队中人员缺编现象具有常态性,即编制人数大于现有人数。如果完全按照编制数减去现有数来确定拟增加数,容易导致部队的装备拟增加数大于实际的需求量,从一定程度上反映出保障力度在 30% 至 40% 之间。

通过以上分析,得出结论:

虽然通过以上定性、定量的分析,有力地说明了在给定的数据下装备仓库储存量在30%至40%的程度上能够满足部队需求量。但从数值看,结合问题中2015年装备消耗量,我们认为现在的装备仓库储存量正常,满足需求量的程度也正常,但是分析问题必须结合实际。

从中国目前的发展形势看,中国正处于经济高速发展的状态,综合国力的提高必然导致国防实力的提升,装备保障能力则是其中重要的一方面。特别近几年来,全球局势的变化导致中国面对邻国的挑战愈加严重,在严峻的周边形势下,我国不仅加大了新型装备的研究,更多类型的装备开始装备部队,由于受到经济、科技等多种因素的影响,装备的数量积累需要时间,因此储存量存在不足的情况是可以理解的。另一方面,由于部队为了提升战斗力而进行的各种整编改革,从一定程度上必然带来旧装备的淘汰以及原库存的堆积,然而对旧装备的处理也是需要时间的,因而有些装备存储量偏大但是却并不能完全满足新型部队的需求。这些现实状况的分析与表13.11中给出的数据是相吻合,相对应的。

综上所述,我们认为现有装备仓库储备情况能够正常满足部队的保障需求,随着时间的推移,旧装备的逐渐清理及新装备的合理配备,保障能力会逐渐提高。

13.7 模型的评价

13.7.1 模型的特点

数据挖掘问题是当前数据分析的热点问题,涉及统计学、计算机、机器学习、人工智能等许多学科的交叉。在军事领域里,随着信息传递速度的高速提升,如何将这些错综复杂的数据利用数学方法提炼出有用的信息,从而为决策者提供数据支持和辅助决策是非常重要和有价值的。本章介绍的研究,层次清晰、模型合理、求解过程完整。

题目中给出了 5 类信息:部队部署情况表(9493 条记录)、部队装备配置情况表(306480 条记录)、部队装备状况表(163178 条记录)、部队装备储备情况表(15204 条记录)和部队装备消耗情况表(36114 条记录)共530469 条记录,这 5 类信息中,通过部队层次码(BDXH)建立关联,来反映部队装备状况情况,如何利用好这 5 类信息,并从中挖掘出有价值的信息为决策者服务,是这篇本章应当重点考虑的问题。

在数据分析之前,首先对异常数据做清洗和筛选处理,即数据预处理工作,这是数据挖掘工作必要的工作和环节。然后应用离群点检测模型对经纬度异常点和离群点进行了剔除;对部队经纬度和高程数据缺失情况、常态性分析数据(2009 年之前)不完整情况做相关处理;对编制数为0情况做标准化处理。

下面分析几个问题。

问题 1 分析装备的状态(新、堪、待、废)与哪些因素相关联,并说明关联的程度。

与装备的状态有关的因素主要包括以下 3 个方面:

(1) 考虑装备的类别、所处区域与装备状态的相关联程度。分析相同区域,不同装备的相同状态的比率的差异;分析在不同区域内,同种装备的相同状态的比率的差异。

(2) 满编率,即装备的编制数和现有数之比。包括两个方面:不同装备的状态与总体满编率的相关程度;相同装备类别下,不同区域的装备状态与该区域满编率的相关程度。

（3）分别统计处于新、堪、待、废状态的各类别装备数量占总装备数量的比率随时间的变化规律，并据此求出装备状态与时间因素的相关程度。

问题2　分析装备仓库各类装备库存数量的合理性，并提出有针对性的库存管理建议。

（1）仓库层次码与装备库存数量关联的问题。附件中所给数据中仓库层次码与问题1中部队层次码是不能一一对应的，考虑到仓库与装备、装备与部队分别有对应关系，因此通过中间量即装备层次码建立联系。

（2）装备仓库各类装备库存数量的合理性指标如何确定的问题。不考虑装备仓库的类别，直接以装备型号作为统一标准，找出配备此类型装备的部队所需拟增加量，与仓库内此类型装备存储量进行比较，得出定量结果，整体上各类型装备的库存数量还是合理的，但个别类型装备的库存数量存在一定的不合理。

（3）根据计算结果，结合中国军队实际情况给出针对性建议。

问题3　分析装备的损耗，说明现有仓库储备情况在多大程度上能满足部队的保障需求。

装备的损耗与损耗量有关，而装备数量又与装备状态有关，从提取损耗相关指标、确定衡量标准和划定标准范围3个层次入手，科学系统地分析装备损耗和仓库储备满足部队需求的情况。

（1）提取分析装备的损耗情况指标：损耗量。装备损耗量与问题1中的处于待、废状态的装备数量直接相关，因此可以用处于待、废状态的装备数量表示装备耗损量。

（2）确定衡量装备的损耗程度的标准。选定每种装备的待修和待报废两种状态的数量和比率（不可用率）为衡量标准。不可用率越高，则装备损耗程度越大；反之，不可用率越小，则装备损耗程度越小。

（3）量化衡量标准，划定标准范围。根据每种装备的不可用率的计算结果，将损耗程度划分为大、较大、正常、较小、小等5个层次。以需求量与库存量为出发点，可以用库存量与需求量之比作为衡量指标，然后根据计算结果分析仓库储备是否满足部队需求保障情况。

13.7.2　模型的优缺点

（1）数据分析之前，对异常数据做了清洗和筛选处理，即数据预处理工作，这是进行数据挖掘必要的工作和环节。而这一工作也是容易忽略的地方，对于数据挖掘来说数据预处理工作做得扎实一些，对于后面的数据分析工作将起到事半功倍的效果。

（2）将问题中这些错综复杂的数据利用数学方法提炼出有用的信息，从而为决策者提供数据支持和辅助决策是主要工作。在回答装备的关联程度、装备库存数据的合理性、装备的损耗情况及相关的库存管理建议时，"一切以数据说话"，通过得到的数据结果给出有针对性的建议和策略。这也是在进行数据分析、评价或预测时需要注意的问题：即方案或策略一定源于数据分析，只是给出几条方案而没有数据支撑的问题解决方案是不足以说明问题的。

（3）研究层次清晰，模型合理，求解过程完整，辅以图表将结果清晰地展现出来，对结果进行了合理性分析，并提出了有针对性的建议，实现了数据挖掘工作的根本特征。

(4) 为了分析装备的状态(新、堪、待、废)与哪些因素相关联,利用问题中的部队层次码与经度、纬度和高程进行数据分析,将部队分为了 12 类,方便了后面装备库存和消耗状况的分析。如果结合题目要求与生活常识,按照国内外、城市等级相结合,再结合纬度高低及驻地的海拔高度对部队在区域上做出分类,将更加科学合理,更便于进一步分析人员的满编率。

(5) 将 MATLAB,SPSS,Excel 等软件相结合使用对 530469 条记录进行数据分析时,由于数据量较大一定程度上影响了计算的效率,因此考虑运用数据挖掘软件如 R 进行处理来进行数据分析,可以更高效地分析海量数据。

13.7.3 模型的改进方向

(1) 补充人员的因素、装备的维修次数和维修费用、地理环境、国家政策和使用具体的年限等相关信息。

(2) 在分析装备状态与各影响因素的关联度时,进一步量化标准,采用主成分分析法更加准确地比较关联度大小。

第 14 章 战场目标估算与定位问题

14.1 问题描述

当前形势下,精确估算战场目标是制定作战计划的重要工作。作战中,部队往往需要估算作战目标面积,预判敌方观测哨的位置,最终对敌重要阵地实施火力打击。根据作战的需要,某重要作战目标为矩形区域,已知该区域步长为 5m 的网格节点对应的海拔高度。求解下述问题:

(1) 估算所给目标区域内的海拔在 12m 以上部分的地表面积,并分析说明计算精度。

(2) 若敌方指挥部设在 1 号高地上,区域内拟设若干观测哨,实现该区域的全覆盖观测。指挥部的观测点高 10m,最远观测距离 1000m。观测哨观测点高 3m,最远观测距离 500m。研究敌方会在该目标区域内设置多少个观测哨,最优位置设在何处?

14.2 目标区域地表面积计算

利用地理位置信息,目标区域地表面积采用插值法近似计算。已知目标区域如图 14.1 所示。

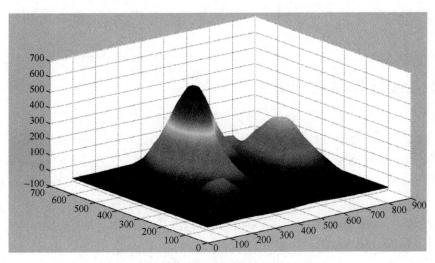

图 14.1 目标区域地貌示意图

14.2.1 目标区域地表面积近似计算

为了计算目标区域表面积,将目标区域投影到 xOy 面,然后将投影区域分割为多个小矩形。每一个小矩形对应于地表曲面上一个空间四边形,连接对角线将空间四边形分割为两个三角形,投影区域分割如图 14.2 和图 14.3 所示。

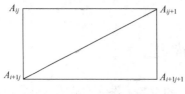 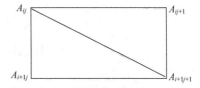

图 14.2 沿斜对角线分割区域　　　　图 14.3 沿主对角线分割区域

下面求两种情况下最小面积值近似空间四边形的面积。

设 $A_{ij}(x_{ij},y_{ij},0)$ 对应地表面点为 $P_{ij}(x_{ij},y_{ij},z_{ij})$,则图 14.2 和图 14.3 中区域对应目标区域面积近似为

$$s(k) = \min\{S_{\triangle P_{ij}P_{i+1j}P_{ij+1}} + S_{\triangle P_{i+1j+1}P_{i+1j}P_{ij+1}}, S_{\triangle P_{ij}P_{i+1j}P_{i+1j+1}} + S_{\triangle P_{i+1j+1}P_{ij}P_{ij+1}}\}$$

将所有四边形的面积相加,即得到目标区域表面积的下界 $S_{\min}$,有

$$S_{\min} = \sum_{k=1}^{12007001} s(k)$$

易知区域分割越细,得到的地表面积与真实值误差越小。为了获得更多的地理位置信息,采用插值方法,这样就可以计算不同分划情况下地表面积计算结果,如表 14.1 所列。

表 14.1 不同划分方式下地表面积近似值

投影小区域面积	地表面积近似值
5m×5m	9729015m²
2m×2m	9754096m²
2m×1m	9758569m²

14.2.2 目标区域地表面积估计

从理论上讲,可以无限细分下去,得到更精确的计算结果。但从实际操作角度看,这种计算方式存在两方面问题:一是计算缺乏地理位置信息,实际使用的地理位置信息是插值的结果,具有一定的误差;二是计算过程中,分划越细,所需的存储量越大,计算机难以承受。根据上述计算结果,假设地表面积近似值与小块区域投影面积存在一定关系,可以表述为

$$A = c_0 s^2 + c_1 s + c_2$$

代入求解,得

$$A = 45.3116s^2 - 2508.3696s + 9763404.4927$$

从而得到小块区域投影面积趋于 0 时地表面积为 9763404.4927m²。

14.2.3 目标区域地表面积计算精度

为了估计目标区域地表面积计算精度,假设目标区域地表为光滑曲面。考虑到图 14.2 和图 14.3 中采用的近似计算方法实际上是一种数值计算曲面面积方法,即使用函数的偏增量与自变量偏增量比值替换偏导数计算曲面面积,如投影区长、宽分别为 a,b 时,曲面面积的近似计算公式为

$$\iint_D \sqrt{1 + z_x^2 + z_y^2}\, \mathrm{d}x\mathrm{d}y$$

$$\approx \frac{ab}{2}\sqrt{1 + \frac{(f(x+a,y) - f(x,y))^2}{a^2} + \frac{(f(x,y+b) - f(x,y))^2}{b^2}}$$

$$+ \frac{ab}{2}\sqrt{1 + \frac{(f(x+a,y) - f(x+a,y+b))^2}{b^2} + \frac{(f(x,y+b) - f(x+a,y+b))^2}{a^2}}$$

式中:$(x,y),(x+a,y),(x,y+b),(x+a,y+b)$ 为投影区域的顶点。当曲面部分为平面时,投影点对应曲面上的 4 点共面,这时面积的计算误差为 0。

为了计算目标区域面积,采用曲面的割平面面积近似曲面面积是一种可行方法。分割越细,割平面对曲面的逼近程度越高,这时割平面与相应曲面的面积差越小,表 14.1 中的数据较好地反映了这一事实。因此,曲面面积的计算精度随投影区域直径下降而提升,理论上可以达到任意精度。

数值计算实验结果表明:插值得到的地理位置信息准确、曲面起伏不大时,曲面面积为 $9763404\mathrm{m}^2$ 的误差不超过 $1000\mathrm{m}^2$。

14.3 观测哨部署问题

在森林防火、生产监控、传感器部署、路面监控、银行监控等工作中,需要合理选择观察哨或传感器的部署位置。为便于描述,把这种问题称为观察哨部署问题。不同的具体问题,有不同的要求,目标也不尽相同。这里重点考虑一种观察哨部署问题:监控对象为空间光滑曲面或者分块光滑曲面,曲面在水平面的投影区域为二维有界闭区域,观察哨设置在曲面上一定高度处,每一个监控点能够监视的区域为监视半径内的可视区域。合理选择观察哨部署位置,使得监视区域覆盖监控目标曲面、观察哨尽可能少。从查阅的文献来看,对这种问题的研究较少。

我们主要分析了影响观察哨监视区域的主要因素,建立了通视性判别模型;然后利用通视性判别模型,实现了给定观察哨部署位置时监视覆盖区域、观察哨部署位置优化模型;最后研究了全覆盖监测区域时监测器部署数量优化模型,较好地解决了这类观察哨部署优化问题。

14.3.1 观察哨部署问题分析

为便于描述曲面,通常把曲面网格化。设曲面 Σ 在水平的投影区域为 D,在三维空间坐标系中用 z 坐标表示曲面上一点的高度,x、y 坐标表示水平面上横坐标与纵坐标,如

图 14.4 所示。这时,曲面用网格上交叉点对应点组成集合 $I=\{(x_i,y_j,z_{ij})\mid i=1,2,\cdots,m,j=1,2,\cdots,n\}$ 表示,不在集合 I 中的曲面上的点,可以利用曲面上的点通过拟合得到。

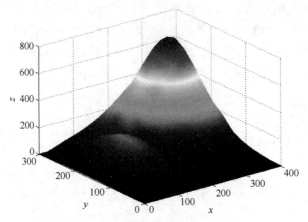

图 14.4 曲面网格化分割示意图

假设对曲面的采样分辨率足够高,若一个正方形网格的 4 个顶点对应曲面上 4 点都落在观察哨的监控区域内时,曲面上任何一点都落在监控区域内,正方形网格的边长为 a。

观察哨部署问题中,需要覆盖目标区域,而且使用观察哨尽可能少,这就使得问题较为复杂:既要考虑观察哨的监控半径,又要考虑通视性要求;既要考虑全区域覆盖,又要考虑使用观察哨尽可能少。对此,把观察哨部署问题分解为 4 个子问题:

(1) 判别空间两点间是否存在通视线?
(2) 给定观察哨部署位置时如何确定监视覆盖区域?
(3) 如何优化一个观察哨部署位置,使得覆盖区域最大?
(4) 覆盖全部目标区域时,如何减少设置观察哨数目?

14.3.2 两点间通视性判别模型

假设若观察哨设置在曲面上点 $P(x_0,y_0,z_0)$ 处,观察哨离地高度为 h,观察哨的监控半径为 r。对于曲面上另外一点 $Q(x_k,y_k,z_k)$,判断监视器(记为 $M(x_0,y_0,h+z_0)$)与 Q 是否存在通视线时,需要判断曲面 Σ 上从 P 到 Q 点的曲线段上任意点 $R(x,y,z)$ 是否挡住视线。假设点 M、Q、R 在 xOy 面的投影分别为 P'、Q'、R',显然 R' 在线段 $P'Q'$ 上,如图 14.5(a)所示。

若存在通视线,如图 14.5(b)所示,则 R 的 z 坐标满足

$$z<z_0+\frac{\sqrt{(x-x_0)^2+(y-y_0)^2}}{\sqrt{(x_k-x_0)^2+(y_k-y_0)^2}}(z_k-z_0) \tag{14.1}$$

$x_0\neq x_k$ 或 $y_0\neq y_k$ 时,式(14.1)可以简化为

$$z<z_0+\frac{x-x_0}{x_k-x_0}(z_k-z_0) \tag{14.2}$$

或

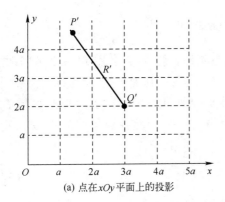
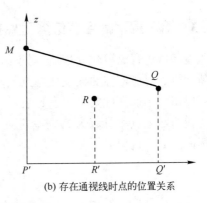

(a) 点在 xOy 平面上的投影　　　　(b) 存在通视线时点的位置关系

图 14.5　通视线判别示意图

$$z<z_0+\frac{y-y_0}{y_k-y_0}(z_k-z_0) \tag{14.3}$$

由于曲面采样率足够高,不考虑 M、Q 确定的弧上所有点,只考虑网格线对应曲面上的点是否遮挡视线。从图 14.5(a)可以看出:M、Q 确定的弧上所有点的横坐标 x 在 x_0 与 x_k 之间变化,而纵坐标 y 在 y_0 与 y_k 之间变化,满足以下直线方程:

$$\frac{x-x_0}{x_k-x_0}=\frac{y-y_0}{y_k-y_0} \tag{14.4}$$

显然,利用式(14.4),给定 M、Q 确定弧上点的横坐标 $x=x_i$ 可以计算纵坐标 y。假设 $y_j<y<y_{j+1}$,利用一阶线性插值式(14.5),可以获得这一点的纵坐标 z 为

$$z=z_{ij}+\frac{y-y_j}{y_{j+1}-y_j}(z_{ij+1}-z_{ij}) \tag{14.5}$$

类似地,给定它的纵坐标 $y=y_j$ 可以计算横坐标 x。假设 $x_i<x<x_{i+1}$,利用一阶线性插值式(14.6),可以获得这一点的纵坐标 z 为

$$z=z_{ij}+\frac{x-x_i}{x_{i+1}-x_i}(z_{i+1j}-z_{ij}) \tag{14.6}$$

如果与 $P'Q'$ 相交的所有网格线上的点 R' 对应曲面上的点 R 都不遮挡视线,而且线段 MQ 的长度不超过监控半径 r,则认为 M 与曲面上点 Q 之间通视;否则观察哨 M 不能监视到曲面上点 Q。假设 1 表示存在通视线,0 表示不存在通视线,M 与曲面上点 Q 之间通视性判别模型为

$$T(M,Q)=1-g(u) \tag{14.7}$$

其中

$$g(u)=\begin{cases}1 & (u>0)\\ 0 & (u\leqslant 0)\end{cases} \tag{14.8}$$

$$u=\sum_R g\left(z_0+\frac{\sqrt{(x-x_0)^2+(y-y_0)^2}}{\sqrt{(x_k-x_0)^2+(y_k-y_0)^2}}(z_k-z_0)-z\right) \tag{14.9}$$

从通视性判别模型可知:判别两点间是否通视的计算量较大。因而具体计算时,应尽可能减少监视器部署时位置变动次数。

14.3.3 给定观察哨部署位置时监视区域模型

监控区域进行离散化处理后,对于给定观察哨部署位置 M,利用 14.3.2 节判别模型,可判断网格点对应监控曲面上任意点 Q 与 M 之间是否存在通视线,而目标曲面被监控的面积可以用满足通视性要求的点数表示。假设监控曲面的总面积为 A_0,投影区域 D 内网格点对应曲面上点的总数为 S_0。给定观察哨位置 M 后,可监控点集记为 $N(M)$,它监控的目标区域面积近似为

$$A(M) = \frac{|N(M)|}{S_0} A_0 \qquad (14.10)$$

式中:$|N(M)|$ 为集合 $N(M)$ 中元素的个数。

对于任意 l 个观察哨,设部署位置为 $M_1, M_2, \cdots, M_l$。由于监控区域的重叠部分不累计,因而这 l 个观察哨监控区域的总面积近似为

$$A\left(\bigcup_{i=1}^{l} M_i\right) = \frac{\left|\bigcup_{i=1}^{l} N(M_i)\right|}{S_0} A_0 \qquad (14.11)$$

如果 $\left|\bigcup_{i=1}^{l} N(M_i)\right| = S_0$,这时设定的曲面上点均被监控,可认为目标区域完全被监控。

14.3.4 观察哨部署位置优化模型

在部署观察哨时,为了实现全区域覆盖,需要合理选择部署位置,使得每一个观察哨监控区域最大化,从而使用观察哨最少。影响观察哨监控区域大小的因素主要是观察哨的监控半径、观察哨离地高度和目标曲面。一般而言,离地高度越大,监控区域越大;监控半径越大,监控区域越大;目标曲面越平坦,监控区域越大。由于监控半径和离地高度是确定的,一个观察哨部署位置优化时主要考虑部署位置,模型为

$$\max |N(M)|$$
$$\text{s. t.} \begin{cases} P = (P_x, P_y, P_z) \in \Sigma \\ M = (P_x, P_y, P_z + h) \end{cases} \qquad (14.12)$$

对 l 个观察哨部署位置优化时不但要考虑部署位置,还要考虑不同观察哨部署位置之间的关系,此时建立模型为

$$\max \left|\bigcup_{i=1}^{l} N(M_i)\right|$$
$$\text{s. t.} \begin{cases} P_i = (P_{ix}, P_{iy}, P_{iz}) \in \Sigma \\ M_i = (P_{ix}, P_{iy}, P_{iz} + h) \end{cases} \qquad (14.13)$$

当目标区域为平面时,求解模型式(14.13)相对比较容易,只需要按照一定方式分割目标区域即可,如图 14.6 所示。

一般而言,目标区域不是平面区域,这时一些凸起部分对观察哨视野影响较大。若曲面 $z = f(x,y)$ 二阶偏导存在。设 z_{xx}, z_{yy} 分别表示 z 对 x、对 y 的二阶偏导函数,z_{xy} 表示 z 对 x 和 y 的混合偏导函数。若 $P(x,y,z)$ 满足

$$\Delta(P) = z_{xx} z_{yy} - z_{xy}^2 > 0$$

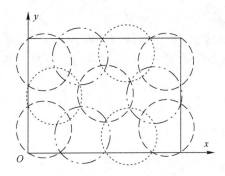

图14.6 平面区域分割示意图

$$z_{xx}<0 \tag{14.14}$$

则把它称为曲面上的凸起点。对于离散情形,定义

$$\begin{cases} z_{xx}=[z(x_{i+1},y_j)-z(x_i,y_j)]-[z(x_i,y_j)-z(x_{i-1},y_j)] \\ z_{yy}=[z(x_i,y_{j+1})-z(x_i,y_j)]-[z(x_i,y_j)-z(x_i,y_{j-1})] \\ z_{zy}=[z(x_{i+1},y_{j+1})-z(x_i,y_{j+1})]-[z(x_{i+1},y_j)-z(x_i,y_j)] \end{cases} \tag{14.15}$$

若 z_{xx}、z_{yy}、z_{xy} 满足式(14.14),则称 (x_i,y_j,z_{ij}) 为离散化曲面上的凸起点。

部署观察哨时,两点间的通视线常常被曲面的凸起部分挡住。因此,把 Δ 值作为启发式信息,优先选择 Δ 值最大的凸起点 P 作为初始部署位置,可以有效增强该点处布置观察哨与监控区域内各点的通视性,减少优化观察哨部署位置时的计算量。

14.3.5 覆盖全部目标区时观察哨数量优化模型

为使部署观察哨的监控区域覆盖目标区域,使用观察哨越多,全部覆盖的可能性越大,而从经济上考虑需要减少观察哨数目。因此,覆盖全部目标区时观察哨数量优化模型为

$$\begin{gathered} \min l \\ \text{s.t.} \\ \left|\bigcup_{i=1}^{l} N(M_i)\right| \geqslant S_0 \\ P_i=(P_{ix},P_{iy},P_{iz}) \in \Sigma \\ M_i=(P_{ix},P_{iy},P_{iz}+h) \end{gathered} \tag{14.16}$$

此模型求解步骤如下:

步骤1 输入曲面投影区域 D 上最小正方形网格宽度 a、网格点的坐标 (x_i,y_j) 以及对应曲面上点集 $I=\{(x_i,y_j,z_{ij})\mid i=1,2,\cdots,m;j=1,2,\cdots,n\}$;输入观察哨设置离地高度 h 和监控半径 r,并设定阈值 ε。

步骤2 按照式(14.14)和式(14.15)计算凸起点。

步骤3 对凸起点 P,若满足 $\Delta(P)>\varepsilon$,则将 $M=(P_x,P_y,P_z)$ 作为观察哨候选部署点。设候选部署点集合为 J。依次从 J 中选择 Δ 最大的点 P 对应 M 作为观察哨初始部署点,在 I 中 P 的邻域内选择更好的部署位置,使得新增加的观察哨覆盖区域最大化。

步骤4 如果目标区域上还有未覆盖区域,则在未覆盖区域中心设置观察哨,直到整个目标区域被覆盖为止。

步骤 5　利用邻域搜索方法,从序列 $M_1,M_2,\cdots,M_l$ 中任选一个 M_i,把它放在最后,其他点顺序不变。如果这时放置在 M_i 处的观察哨在前 $l-1$ 监视器覆盖区域基础上增加的覆盖区域为 0,则可取消放置在 M_i 的观察哨,$l \leftarrow l-1$。重复步骤 5,直到观察哨不能减少为止。

步骤 6　输出结果,退出计算。

14.3.6　求解结果与分析

对图 14.1 中目标区域进行监控,观察哨监控半径为 10m,观察哨离地高度为 1m。确定观察哨的数量及观察哨位置,使得监控区域覆盖整个目标区域。

按照 14.3.5 节模型求解步骤,选择 $\varepsilon = 0.001$,求得凸起点数为 669。设置了 669 个观察哨后,监控区域如图 14.7(a)所示;补充 8 个观察哨到剩余目标区域后,实现了全区域覆盖,如图 14.7(b)所示。

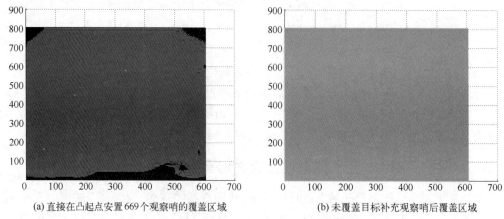

(a) 直接在凸起点安置 669 个观察哨的覆盖区域　　(b) 未覆盖目标补充观察哨后覆盖区域

图 14.7　多个观察哨覆盖区域图

实际上,按上述方式布置的观察哨中,有些观察哨发挥作用不大,甚至监控的区域完全与其他观察哨覆盖区域重叠。由此,采用 14.3.5 节方法可以进一步减少观察哨,优化后只需要 97 个观察哨就可以实现全目标区域监控,观察哨布置点在区域 D 上的分布如图 14.8 所示。

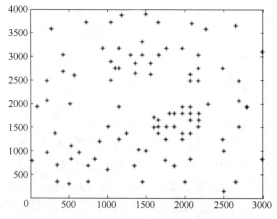

图 14.8　观察哨部署位置在平面区域 D 内的投影

需要明确的是,即使最少必须使用97个观察哨实现全区域监控,观察哨的部署位置也不是唯一的。在优化过程中,发现只用20个观察哨就能监控约75%的目标区域,30个观察哨至少能监控约86%的目标区域。这就说明了复杂的地形导致大量的观察哨发挥的作用并不大,而监控区域重叠部分较多。

14.3.7 小结

本章建立了两点间通视性判别、给定观察哨部署位置监视区域、观察哨部署位置优化和覆盖全部区域时观察哨数量优化模型,提出了模型求解的启发式算法。优先考虑Δ大的凸起点为观察哨初始部署位置,并在此基础上进行优化,避免了大范围搜索观察哨部署位置,提高了计算效率;采用简单方法检验一个观察哨的监控区域是否被其他观察哨监控区域覆盖,较好地解决了观察哨数量优化问题。计算结果表明,这里提出的模型及求解方法,有效解决了观察哨部署问题,但是观察哨是向下监控的。下一步将重点研究向上监控一定区域的观察哨部署优化问题。

第 15 章 装备测试任务调度问题

15.1 问题描述

复杂武器装备作战使用前需要按照一定工序测试维护,测试合格的武器装备才能投入使用。通常情况下,测试车间预设多条测试流水线,每一条流水线上从左至右预先布置了多个工位,任一条流水线上最多同时容纳一定数量的装备接受测试,任意工位任意时刻最多对一台装备进行测试,一台装备任意时刻最多在一个工位接受测试。所有装备从测试车间入口到某一流水线按照固定工位顺序接受测试,测试完后从出口离开测试车间,如图 15.1 所示。为保障作战任务顺利进行,要求全部装备完成测试所需时间越短越好。为了提高测试效率,最简单有效的措施就是选择时间较长的工序采用双工位来缩短测试时间。另一方面,由于装备测试空间有限,增加的工位所需人力物力资源有限,导致工位增加数量极其有限。如何设置有限个双工位,以最大限度地提高测试效率,是一个较为复杂的组合优化问题。

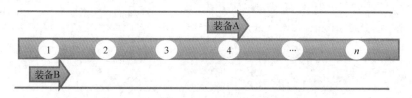

图 15.1 n 个工位上装备测试示意图

15.2 装备测试任务调度问题

装备测试任务调度问题是一种并行任务调度优化问题,它们的特点使得问题精确求解变得较为困难,目前主要采用启发式求解方法获取近似解,如仿真方法、Petri 网、PERT、分支定界法、图染色理论以及智能优化方法等,在计算过程中为简化问题有时采用优先权,而 PERT 方法主要用于计算完工时间。实际问题求解过程中有一些规律可用于简化问题求解,如问题的下界、按照一定规律排列的待测试装备分配方案等。

针对并行测试任务调度问题,为了进一步缩短完成测试任务采取双工位提高效率,对于测试车间存在多条流水线的情况,双工位设置在哪些流水线、哪些工序上,不同的设置方案对应测试任务完成时间不同,这方面的研究工作相对较少。测试任务完成时间不但与双工位设置方案有关,还与每条流水线上待测试装备型号及其数量、测试任务调度方案有关。对此,将装备并行测试流水线双工位设置优化问题分解为双工位设置优化问题、给定双工位设置的并行测试任务调度问题、多流水线装备测试任务分配问题和单流水线装备测试任务调度问题,提出了子问题求解方法,依据各子问题计算结果逐步调整双工位设置方案和装备测试任务分配方案,最终得到优化的双工位设置方案,较好地解决了装备并行测试流水线双工位设置问题。

15.2.1 装备测试任务调度问题数学模型

装备测试任务调度的目的是为了在尽可能短的时间内完成装备测试任务,因而可以选择测试任务完成时间为目标函数。假设共有某类别 m 种不同型号装备等待测试,型号 i 的装备 n_i 台,共有测试流水线 h 条。每台装备最多在 n 个工位完成测试,每个工位执行一道工序,型号 i 的装备在工位 j 上测试时间为 t_{ij}。安排在流水线 $u(u \leqslant h)$ 上测试的第 k 台装备型号为 y_{ku},流水线 u 上测试型号 i 的装备 x_{iu} 台,一条流水线上任意时刻最多 a 台装备处于测试状态,任意工位任何时刻最多只测试一台装备。为简单起见,下面仅考虑 $a=2$,$a>2$ 时可用类似方式得到相应结论。装备测试任务调度问题数学模型为

$$\min \max \left\{ d_{n+1}\left(\sum_{i=1}^{m} x_{i1}, 1\right), \cdots, d_{n+1}\left(\sum_{i=1}^{m} x_{ih}, h\right) \right\}$$

满足约束条件

$$\begin{cases} d_{j+1}(k,u) = \max\{d_j(k,u), d_{j+1}(k-1,u)\} + t_{y_{ku}j} \\ d_{j+1}(1,u) = d_j(1,u) + t_{y_{1u}j} \\ d_1(k,u) = d_{1+n}(k-2,u), k>2 \\ d_1(k,u) = 0, k=1,2 \end{cases} \quad (15.1)$$

$$\sum_{u=1}^{h} x_{iu} = n_i \quad (15.2)$$

$$x_{iu} = \sum_{k=1}^{x_{1u}+x_{2u}+\cdots+x_{mu}} f(y_{ku}, i), \quad i \leqslant m \quad (15.3)$$

$$y_{1u} \neq y_{2u} \quad (15.4)$$

其中

$$x_{iu} = 0,1,\cdots,n_i, i \leqslant m$$

$$y_{ku} = 1,2,\cdots,m$$

$$f(x,y) = \begin{cases} 1 & (x=y) \\ 0 & (x \neq y) \end{cases}$$

约束条件式(15.1)确保一条流水线上最多 2 台装备处于测试状态,并且一个工位最多一台装备处于测试状态;约束条件式(15.2)使得在 h 条流水线上测试完各型号装备;约束条件式(15.3)使得各型号待测试装备都安排到第 u 条流水线;约束条件式(15.4)使得测试装备型号在给定型号范围内。

15.2.2 单一流水线装备测试任务调度问题的下界

流水线 $u(u=1,2,\cdots,h)$ 上待测试装备给定时,各工位测试时间总和为

$$T(u) = \sum_{i=1}^{m} x_{iu} \sum_{j=1}^{n} t_{ij} \qquad (15.5)$$

任何时刻都有二台装备处于测试状态时,测试完全部装备的时间至少为 $T(u)/2$。所有装备都必须在最后一个工位上测试,不妨假设倒数第二台装备测试完后立即在工位 n 上测试最后一台装备,这样完成测试任务时间最短,即单一流水线上完成测试任务所需时间的下界为

$$B(u) = \frac{1}{2}\left(T(u) + \min_{i \leq m}\left\{\frac{t_{in}}{s_n(u)} \mid x_{iu} > 0\right\}\right) \qquad (15.6)$$

流水线上奇偶数序号装备测试任务所需时间分别为 T_o、T_e,则下界为

$$B(u) = \max\left\{\begin{array}{l} T_o, T_e, \\ \min\{T_o, T_e\} + \min\{t_{in} \mid x_{iu} > 0\} \end{array}\right\} \qquad (15.7)$$

15.2.3 单一流水线装备测试任务调度问题求解的启发式方法

给定流水线上待测试装备时,装备测试任务调度问题就是一种排序问题。利用问题的领域知识构造启发式方法,可以实现问题的快速求解。对于单一流水线上装备维修测试任务调度问题,启发式求解方法步骤如算法1所示。

算法1 单一流水线上装备测试任务调度问题求解的启发式方法

步骤1 输入待测试各型装备数量 $x_{iu}(i \leq m)$,输入各型号装备在各工位上测试时间 $t_{ij}(1 \leq j \leq n)$,计算流水线 u 上测试装备总量:

$$s_u = \sum_{i=1}^{m} x_{iu}$$

步骤2 首先将待测试装备测试序号分成两个子集,相应装备在流水线上奇数或偶数序号测试。

步骤3 给定问题初始解 $Y^{(0)} = (y_{1u}^{(0)}, \cdots, y_{s_uu}^{(0)})$,计算目标函数值 $f_0(u)$。

步骤4 改变当前解中测试装备顺序,得到解 Y。

步骤5 计算目标函数值 $f(u)$,如果 $f(u) < f_0(u)$,则 $Y^{(0)} = Y, f_0(u) = f(u)$,返回步骤4,直到不能改变目标函数值,得到当前测试子集划分方式下的近似解。

步骤6 改变两个子集的组成,按式(15.7)计算测试时间下界 $B(u)$,若 $B(u) < f_0(u)$,重复步骤3~5,得到不同子集划分方式下的近似解。

步骤7 比较不同子集划分方式对应近似解的目标函数值,选择最优目标函数值对应近似解为装备测试任务调度问题的解。

在改变测试装备顺序时,通常优先改变对目标函数值改进贡献最大的相邻装备测试顺序。

15.2.4 多流水线待测试装备分配方法

装备测试任务在多条测试流水线上进行时,首先需要进行待测试装备在不同流水线上的分配。实际问题求解过程中,通常需要对多流水线待测试装备进行多次重分配,每次分配都是围绕一个基准方案展开。基准方案中,各流水线上分配的测试任务量尽可能靠近,即每条流水线上各工位完成测试任务所需时间之和与平均任务量之差的平方和最小。

因此,多流水线待测试装备初始分配模型为

$$\min D = \sum_{u=1}^{h} \left(\sum_{i=1}^{m} x_{iu} \sum_{j=1}^{n} \frac{t_{ij}}{s_j(u)} \right)^2$$

满足约束条件

$$\sum_{u=1}^{h} x_{iu} = n_i$$

$$x_{iu} = 0,1,\cdots,n_i, i \leqslant m$$

模型求解步骤如算法2所示。

算法2　多流水线待测试装备初始分配模型求解方法

步骤1　输入待测试各型装备数量 $n_i(i \leqslant m)$,在各工位测试时间 $t_{ij}/s_j(u)(j \leqslant n)$。

步骤2　将各型待测试装备按照每台装备所需测试时间由大到小依次分配到各流水线,已分配测试任务量最小的流水线优先分配任务,直到全部待测试装备分配完毕。

步骤3　计算各流水线分配测试任务总量,调整承担测试任务量最大、最小流水线的测试任务,直到不能调整。

对于实际问题,依据各流水线待测试装备分配结果进一步求解装备测试任务调度问题,计算结果与问题的下界偏差较大。为了进一步降低完成测试任务所需时间,需要对分配给各流水线的待测试装备进行调整。调整时主要围绕初始分配模型的解展开,在目标函数值变化不大的范围内寻找可进一步降低完成测试任务所需时间的解。

15.2.5　装备并行测试任务调度问题求解的启发式方法

装备并行测试任务调度问题求解过程较为复杂,通常把它分解为多个子问题迭代求解,从而得到原问题的解。问题求解步骤如算法3所示。

算法3　装备并行测试任务调度问题求解的启发式方法

步骤1　输入流水线数量 h、工位数 n、装备型号数 m,各型号装备数量 $n_i(1 \leqslant i \leqslant m)$,型号 i 装备在工位上测试所需时间 $t_{ij}(j \leqslant n)$ 以及双工位设置方案 $s_j(u)$。

步骤2　使用算法2计算各流水线待测试装备初始分配方案。

步骤3　使用算法1计算各流水线装备测试任务调度方案,得到这种情况下装备测试任务完成所需时间为

$$T_\mathrm{f} = \max_{1 \leqslant u \leqslant h} f_0(u)$$

步骤4　改变各流水线待测试装备分配方案,使用下界算法计算各流水线装备测试任务完成所需时间的下界 $B(u)$。

步骤5　选择满足 $T_\mathrm{f} > \max\{B(u) \mid u \leqslant h\}$ 的测试装备分配方案。

步骤6　使用算法1计算各流水线装备测试任务调度方案,得到这种情况下装备测试任务完成所需时间 T'_f。

步骤7　如果 $T'_\mathrm{f} < T_\mathrm{f}$,更新测试任务调度方案。否则返回步骤4,直到不存在测试装备分配方案满足 $T_\mathrm{f} > \max\{B(u) \mid 1 \leqslant u \leqslant h\}$。

步骤8　输出计算结果,退出计算。

15.2.6 装备并行测试任务调度问题求解结果与分析

假设现有二条流水线,每条流水线上有7个工位,如表15.1所列。现在需要测试交付使用的装备数量及其在各工位上测试所需时间。

表 15.1 装备型号、数量及测试时间　　　　　　　　　　　　(单位:s)

装备型号	数量	工位1	工位2	工位3	工位4	工位5	工位6	工位7
甲	10	0	0	0	0	8	4	8
乙	10	0	0	15	12	9	5	9
丙	20	16	13	20	14	10	6	10

每一条流水线上最多容纳2台装备同时测试,任意时刻每个工位只能测试一台设备,每台设备均从工位1开始测试(测试时间为0时表示不需要测试),工位7上测试完毕后离开测试流水线。确定3型装备测试任务调度方案,使得测试任务完成时间最短。

为了计算较好地设计装备测试任务调度初始方案,采用算法2求得两条流水线上待测试装备初始分配方案为甲、乙、丙3型装备数量相同,即每条流水线上甲、乙、丙装备分别为5台、5台、10台。求解得到装备测试任务调度方案如表15.2所列,2条流水线上任务调度方案相同,测试任务完成时间为635s。

表 15.2 装备测试任务调度方案

序号	型号	序号	型号	序号	型号	序号	型号	序号	型号
1	甲	5	乙	9	丙	13	丙	17	甲
2	乙	6	乙	10	丙	14	丙	18	甲
3	乙	7	丙	11	丙	15	丙	19	甲
4	乙	8	丙	12	丙	16	丙	20	甲

对于单一流水线上装备测试任务调度,给定20台待测试装备时共涉及36种情况,求解时只需要考虑下界不超过635s的6种情形,计算量大大减少。利用15.2.2的结论可以得到这种情况下装备测试任务调度问题的下界为624s,与当前近似解的目标函数值635s有一定差距。按照算法3,改变两条流水线上待测试装备分配方案,不考虑下界大于635s的分配方案,选择满足条件的新分配方案如表15.3所列。

表 15.3 2条流水线上待测试装备分配方案

流水线	型号甲装备台数	型号乙装备台数	型号丙装备台数
流水线1	4	2	12
流水线2	6	8	8

使用算法3计算新分配方案下装备测试任务调度方案,结果如表15.4所列。

表 15.4 调整后装备测试任务调度方案

序号	型号	序号	型号	序号	型号	序号	型号	序号	型号
1	甲	5	丙	9	丙	13	丙	17	甲
2	乙	6	丙	10	丙	14	丙	18	甲
3	乙	7	丙	11	丙	15	甲		
4	丙	8	丙	12	丙	16	甲		

(a) 流水线 1

序号	型号	序号	型号	序号	型号	序号	型号	序号	型号
1	甲	6	乙	11	丙	16	丙	21	甲
2	乙	7	乙	12	乙	17	丙	22	甲
3	乙	8	乙	13	乙	18	甲		
4	乙	9	乙	14	乙	19	甲		
5	乙	10	丙	15	丙	20	甲		

(b) 流水线 2

待测试装备新分配方案中,流水线 1 承担测试任务量 1248s,完成测试任务所需时间下界 628s,测试任务调度方案对应完成测试时间 632s;流水线 2 承担测试任务量 1232s,完成测试任务所需时间下界 620s,测试任务调度方案对应完成测试时间 624s。因而,完成全部测试任务只需 632s,比初始方案缩短 3s。

求解过程中,利用对问题自身的认识,从任务量最均衡时特殊初始解出发得到较好的近似解,进一步利用给定待测试装备分配方案下测试任务调度问题的下界与当前最优解目标函数值比较,可以预先排除一些分配方案,从而可以减少计算量,提高问题求解效率。如例中,按照算法 3,改变测试任务量分配时,总计 1271 种情形,只需考虑 11 种(两条轨道中最大测试任务量介于 1240s 与 1253s),这样,大大降低了问题求解计算量。

装备测试任务调度问题是一类较为复杂的组合优化问题,结合装备测试任务调度问题的特点构造了问题求解的系列算法,提出了这类问题目标函数值的一种下界,并将问题求解过程分解为各流水线待测试装备分配和给定流水线上待测试装备时测试任务调度。装备测试任务调度问题分解成两个子问题求解的方式大大降低了问题求解的难度,计算结果非常接近最优解,甚至就是最优解,这说明该方法是解决装备测试任务调度问题的一种有效方法。

15.3 装备并行测试流水线双工位设置优化问题

为了进一步缩短完成测试任务采取双工位提高效率,对于测试车间存在多条流水线的情况,双工位设置在哪些流水线、哪些工序上,不同的设置方案对应测试任务完成时间不同,这方面的研究工作相对较少。测试任务完成时间不但与双工位设置方案有关,还与每条流水线上待测试装备型号及其数量、测试任务调度方案有关。

15.3.1 装备并行测试流水线双工位设置优化问题数学模型

装备测试任务调度的目标是测试任务完成时间最小化。假设共有某类别 m 种不同型号装备等待测试,型号 i 的装备共有 n_i 台。每台装备最多在 n 个工位完成测试,每个工位执行一道工序,流水线 $u(u \leq h)$ 型号 i 的装备在工位 j 上测试时间为 $t_{ij}(u)$。安排在流水线 u 上测试的第 k 台装备型号为 y_{ku},流水线 u 上测试型号 i 的装备 x_{iu} 台,一条流水线上任意时刻最多 a 台装备处于测试状态,任意工序任何时刻最多只测试一台装备。为便利,不妨设 $a=2$。装备测试任务调度问题数学模型为

$$\min \max \{ d_n(x_{1u}+x_{2u}+\cdots+x_{mu}, u) \mid u \leq h \}$$

满足约束条件

$$d_{j+1}(k,u) = \max\{d_j(k,u), d_{j+1}(k-1,u)\} + \frac{t_{y_{ku}j}}{s_j(u)}$$

$$d_1(k,u) = d_{1+n}(k-2,u), \quad (k>2, u \leq h)$$

$$d_1(k,u) = 0, \quad (k=1,2, u \leq h) \tag{15.8}$$

$$\sum_{u=1}^{h} x_{iu} = n_i \tag{15.9}$$

$$x_{iu} = 0, 1, \cdots, n_i, i \leq m$$

$$1 \leq y_{ku} \leq m, y_{1u} \neq y_{2u}, u \leq h \tag{15.10}$$

$$x_{iu} = \sum_{k=1}^{x_{1u}+x_{2u}+\cdots+x_{mu}} f(y_{ku}, i), i \leq m, u \leq h \tag{15.11}$$

$$\sum_{j=1}^{n} (s_j(u) - 1) = s - nh \tag{15.12}$$

其中

$$f(x,y) = \begin{cases} 1 & (x=y) \\ 0 & (x \neq y) \end{cases}$$

$$s_j(u) = \begin{cases} 2 & (\text{流水线 } u \text{ 上工序 } j \text{ 使用双工位}) \\ 1 & (\text{其他}) \end{cases}$$

约束条件式(15.8)确保一条流水线上最多2台装备处于测试状态,并且一个工位最多一台装备处于测试状态。约束条件式(15.9)使得在 h 条流水线上测试完各型号装备。约束条件式(15.10)使得测试装备型号在给定型号范围内。约束条件式(15.11)使得各型号待测试装备都安排到2条流水线。约束条件式(15.12)表示双工位总数量为 $s-nh$。

由于问题的复杂性,将装备并行测试流水线双工位设置优化问题分解为双工位设置优化问题、给定双工位设置的并行测试任务调度问题、多流水线装备测试任务分配问题和单流水线装备测试任务调度问题,提出了子问题求解方法,依据各子问题计算结果逐步调整双工位设置方案和装备测试任务分配方案,最终得到优化的双工位设置方案,较好地解决装备并行测试流水线双工位设置问题。

装备并行测试流水线双工位设置优化以15.2节装备并行测试任务调度问题求解结果为基础,计算不同双工位设置方案下完成装备测试任务所需最短时间,经过比较得到最

优双工位设置方案。实际计算过程中,并非所有的双工位设置方案都需要计算该方案相应的装备并行测试任务调度最优方案,计算相应条件下问题的下界并与已得到装备并行测试任务调度方案对应目标函数值比较,就可以确定一些双工位设置方案不是最优方案。装备并行测试流水线双工位设置优化问题求解步骤如算法4所示。

算法 4 装备并行测试流水线双工位设置优化方法

步骤1 输入流水线数量 h、工位数 n、装备型号数 m、各型号装备数量 $n_i(1 \leqslant i \leqslant m)$,型号 i 装备在工位上测试所需时间 $t_{ij}(j \leqslant n)$。

步骤2 输入双工位设置方案 $s_j^{(0)}(u)$。

步骤3 利用算法3计算装备并行测试任务调度方案对应完成测试任务所需时间 f_b。

步骤4 将双工位设置方案变更为 $s_j(u)$。

步骤5 估计完成测试任务所需时间的下界 B:
$$B = \max\{B(u) \mid u \leqslant h\}$$
如果 $B \geqslant f_b$,则返回步骤4;否则执行步骤6。

步骤6 利用算法3计算装备并行测试任务调度方案对应完成测试任务所需时间 f。

步骤7 如果 $f < f_b$,则 $f_b \leftarrow f$,$s_j^{(0)} \leftarrow s_j$,$j \leqslant n$。

步骤8 反复执行步骤4~步骤7,直到完成测试任务所需时间 f_b 不再下降。

15.3.2 装备并行测试流水线双工位设置问题求解及结果分析

假设现有2条流水线,每条流水线上有7个工位,需要测试交付使用的装备数量及其在各工位上测试所需时间,如表15.5所列。

表 15.5 待测试装备数量及各工位测试时间 （单位:min）

型号	台数	工位1	工位2	工位3	工位4	工位5	工位6	工位7
甲	10	0	0	0	0	80	40	80
乙	10	0	0	150	120	90	50	90
丙	20	160	130	200	140	100	60	100

每条流水线上最多容纳2台装备同时测试,任意时刻每个工位最多测试一台设备,每台装备均从工位1开始测试(时间为0时不需要测试),到工位7上测试完毕后离开测试流水线,最多可以设置4个双工位,某一工序采用双工位处理后所需时间减半。试确定双工位设置方案以及相应的最优装备测试任务调度方案,使得测试任务完成时间尽可能短。

为了计算较好的装备测试任务调度方案,按照算法3求得两条流水线上待测试装备初始分配方案为型号甲、乙、丙的装备数量相同,即两条流水线上各有5台甲型装备、5台乙型装备和10台丙型装备。2条轨道都设置双工位,双工位设定在工序3、工序4处。使用算法1求解装备测试任务调度方案如表15.6所列,2条流水线上任务调度方案相同,完成测试时间为5095min。经检验,这一方案也是2条流水线上均配置2个双工位时的最优方案。

表 15.6　装备测试任务调度方案一

序号	型号	序号	型号	序号	型号	序号	型号	序号	型号
1	甲	5	乙	9	丙	13	丙	17	甲
2	乙	6	乙	10	丙	14	丙	18	甲
3	乙	7	丙	11	丙	15	丙	19	甲
4	乙	8	丙	12	丙	16	丙	20	甲

若一条流水线设置 1 个双工位(工序 3),另一条流水线设置 3 个双工位(工序 3、5、7)。按照算法 3,改变两条流水线上待测试装备分配方案,不考虑下界大于 5095min 的分配方案,选择满足条件的新分配方案,使用算法 1 计算新分配方案下装备测试任务调度方案,结果如表 15.7 所列。

表 15.7　2 条流水线上装备测试任务调度方案二

序号	流水线1	流水线2	序号	流水线1	流水线2	序号	流水线1	流水线2
1	甲	甲	7	丙	乙	13	丙	丙
2	乙	乙	8	丙	丙	14		丙
3	乙	乙	9	丙	丙	15		丙
4	乙	乙	10	丙	丙	16		甲
5	乙	乙	11	丙	丙	17		丙
6	丙	乙	12	丙	丙	18		甲

表 15.7 中流水线 1 测试任务完成时间 5080min,而流水线 2 测试任务完成时间只需 4975min,测试完成全部任务的时间存在进一步下降的可能。改变分配方案,并使用算法 1 计算另一个分配方案下装备测试任务调度方案,结果如表 15.8 所列。

表 15.8　2 条流水线上装备测试任务调度方案三

序号	流水线1	流水线2	序号	流水线1	流水线2	序号	流水线1	流水线2	序号	流水线2
1	甲	甲	8	丙	乙	15	丙	乙	22	甲
2	丙	乙	9	丙	乙	16	丙	乙	23	甲
3	丙	乙	10	丙	乙	17	丙	甲	24	甲
4	丙	乙	11	丙	乙	18	丙	甲	25	甲
5	丙	乙	12	丙	乙	19	丙	甲	26	甲
6	丙	乙	13	丙	乙	20		甲		
7	丙	乙	14	丙	乙	21		甲		

表 15.8 中流水线 1 测试任务完成时间 5020min,而流水线 2 测试任务完成时间只需 4955min。装备测试任务调度方案三在二条流水线上完成测试所需时间均小于装备测试任务调度方案二。这说明:合理分配待测试装备分配方案,可以使得测试所需时间进一步缩短。经检验,这一方案也是 2 条流水线设置 1、3 个双工位时的最优装备测试任务调度

方案。

若一条流水线不设置双工位,另一条流水线设置 4 个双工位。首先计算不同设置方案对应下界,如表 15.9 所列。

表 15.9 不同双工位设置方案对应下界　　　　　　　（单位:min）

双工位	下界	双工位	下界	双工位	下界
(1,2,3,4)	5173	(1,3,4,7)	5003	(2,3,5,7)	5035
(1,2,3,5)	5183	(1,3,5,6)	5159	(2,3,6,7)	5198
(1,2,3,6)	5370	(1,3,5,7)	4993	(2,4,5,6)	5322
(1,2,3,7)	5183	(1,3,6,7)	5159	(2,4,5,7)	5166
(1,2,4,5)	5299	(1,4,5,6)	5282	(2,4,6,7)	5322
(1,2,4,6)	5473	(1,4,5,7)	5124	(2,5,6,7)	5353
(1,2,4,7)	5299	(1,4,6,7)	5282	(3,4,5,6)	5009
(1,2,5,6)	5460	(1,5,6,7)	5308	(3,4,5,7)	4860
(1,2,5,7)	5325	(2,3,4,5)	5041	(3,4,6,7)	5009
(1,2,6,7)	5460	(2,3,4,6)	5187	(3,5,6,7)	4998
(1,3,4,5)	5003	(2,3,4,7)	5041	(4,5,6,7)	5138
(1,3,4,6)	5151	(2,3,5,6)	5198		

按照算法 3,给定两条流水线上待测试装备分配方案,不考虑下界大于 5020min 的设置方案中下界最小者,即工序 3、4、5、7 处设置双工位,并使用算法 1 计算该分配方案下装备测试任务调度方案,结果如表 15.10 所列。

表 15.10　2 条流水线上装备测试任务调度方案四

序号	流水线1	流水线2	序号	流水线1	流水线2	序号	流水线1	流水线2	序号	流水线1	流水线2
1	甲	甲	8	丙	乙	15	丙	丙	22	丙	甲
2	丙	乙	9	丙	乙	16	丙	丙	23	丙	甲
3	丙	乙	10	丙	乙	17	丙	丙	24	丙	甲
4	丙	乙	11	丙	乙	18	丙	丙	25	丙	甲
5	丙	乙	12	甲	丙	19	丙	丙	26	丙	甲
6	丙	乙	13	甲	丙	20	丙	丙			
7	丙	乙	14	甲	丙	21	丙	丙			

表 15.9 中流水线 1 测试任务完成时间为 4930min,流水线 2 测试任务完成时间只需 4875min。完成全部测试任务所需时间为 4930min。在一条流水线上设置 4 个双工位的方案还有 34 种,下界都大于 4930min,因而它们对应的装备测试任务调度方案都不是最优方案。经检验,该方案为这种双工位分配情形下的最优调度方案。

综上可知,最优装备测试任务调度方案是在一条流水线上设置 4 个双工位、另一条不设置双工位的装备测试任务调度方案四。如果不使用双工位,完成测试任务需要 6320min,使用双工位只需 4930min,测试任务完成时间可减少 22%,效果明显。

15.3.3 小结

装备并行测试流水线双工位设置问题是一类较为复杂的组合优化问题,结合一类装备并行测试流水线双工位设置问题的特点,将问题分解为多个子问题并构造了子问题求解的算法,并提出了单一流水线装备测试任务调度问题目标函数值的一种下界,下界在问题求解过程中可用于剪除绝大部分不可能得到最优解的分支,提高了问题求解的效率,原问题分解为子问题求解降低了原问题求解的难度,是解决装备测试流水线双工位设置问题的一种有效方法。

参 考 文 献

[1] 占明海. 基于 MATLAB 的高等数学问题求解[M]. 北京:清华大学出版社,2011.
[2] 刘浩,韩晶. MATLAB R2018a 完全自学一本通[M]. 北京:电子工业出版社,2019.
[3] 姜启源,谢金星,叶俊. 数学模型[M]. 4 版. 北京:高等教育出版社,2011.
[4] 司守奎,孙玺菁. 数学建模算法与应用[M]. 3 版. 北京:国防工业出版社,2021.
[5] 陈海霞,赵猷肄,董军章. 基于测角信息的机动目标轨迹预测研究[J]. 光电技术应用,2009,24(4):6-9.
[6] 布朗. 微分方程:一种建模方法[M]. 李兰,译. 上海:上海人民出版社,2012.
[7] 马知恩,周义仓.常微分方程定性与稳定性方法[M].北京:科学出版社,2001.
[8] SANZOTTA M A, CAMPBELL D. Modeling in Calculus I [EB/OL]. http://mcm.ustc.edu.cn/download.htm,2008-9-24.
[9] 申卯兴,曹泽阳,周林.现代军事运筹[M].北京:国防工业出版社,2014.
[10] 范玉妹,徐尔,赵金玲,等. 数学规划及其应用[M]. 北京:机械工业出版社,2018.
[11] 郭张龙,李为民,王刚. 基于遗传算法的目标分配问题研究[J]. 现代防御技术,2002,30(6):3-7.
[12] 李明,石为人. 基于差分进化的多目标异构传感器网络节点部署机制[J]. 仪器仪表学报,2010,31(8):1896-1903.
[13] 明宗锋,刘涛,袁立辉. 基于效用函数的观察哨网部署方案评估[J]. 四川兵工学报,2010,31(1):75-76.
[14] 凡高娟,孙力娟,王汝传,等. 随机分布下有向传感器网络强部署策略[J]. 计算机研究与发展,2010,47:107-110.
[15] 陈中起,任波,张斌. 目标通视性检测建模与仿真[J]. 火力与指挥控制,2010,35(2):45-47.
[16] TUSON A L. No optimization without representation:A knowledge based systems view of evolutionary/neighborhood search optimization [D]. Edinburgh:University of Edinburgh,1999.
[17] 王正元. 基于状态转移的组合优化方法[M]. 西安:西安交通大学出版社,2010.
[18] 毕义明,杨宝珍,杨萍. 导弹批量测试仿真研究[J]. 火力与指挥控制,2003,28(5):98-100.
[19] 丁超,唐力伟,邓士杰. 基于动态优先级的测试任务抢占调度算法[J]. 系统工程与电子技术,2016,38(9):2080-2085.
[20] 周强,司丰炜,修言彬. Petri 网结合 Dijkstra 算法的并行测试任务调度方法研究[J]. 电子测量与仪器学报,2015,2015(6):920-927.
[21] 秦勇,梁旭. 基于混合遗传算法的并行测试任务调度研究[J]. 国外电子测量技术,2016,35(9):72-75.
[22] 陈利安,肖明清,高峰. 人工蜂群算法在并行测试任务调度中的应用[J]. 计算机测量与控制,2012,20(6):1470-1472.
[23] 路辉,李昕. 一种基于分支定界的串行测试任务调度算法[J]. 航空学报,2008,29(1):131-135.
[24] 付新华,肖明清,刘万俊. 一种新的并行测试任务调度算法[J]. 航空学报,2009,30(12):2363-2370.
[25] 夏克寒,牟建华,暴飞虎. 导弹测试流程优化系统设计与实现[J]. 导弹与航天运载技术,2012,

(2):43-46.
[26] LU H, WANG X. Constraint handling technique in test task scheduling problem[J]. Information Technology Journal, 2014, 13(8):1495-1504.
[27] LU H. Dynamic multi-objective evolutionary algorithm based on decomposition for test task scheduling problem[J]. Mathematical Problems in Engineering, 2014, 2014(4):1-25.
[28] LU H, ZHU Z, WANG X, et al. A variable neighborhood MOEA/D for multi-objective test task scheduling problem[J]. Mathematical Problems in Engineering, 2014, 2014(4):1-25.
[29] LU H, NIU R, LIU J, et al. A chaotic nondominated sorting genetic algorithm for the multi-objective automatic test task scheduling problem[J]. Applied Soft Computing Journal, 2013, 13(5):2790-2802.
[30] LI H, ZHANG MM. Non-integrated algorithm based on EDA and Tabu search for test task scheduling problem[C]. IEEE Autotestcon, 2015, 261-268.